高等院校园林专业系列教材

园林工程施工与管理

LANDSCAPE CONSTRUCTION AND MANAGEMENT

王良桂 主编

东南大学出版社·南京

内 容 提 要

园林工程施工与管理是园林工程建设中的核心环节与手段,直接影响园林工程的质量与可持续发展。本书理论联系实际,系统地阐述了园林工程施工、园林工程施工组织设计、园林工程施工管理、园林工程施工招标管理、园林工程施工合同管理、园林工程施工经济管理等;结合园林工程施工与管理的实践,贯彻国家颁发的新标准和规范,充分展现了当代园林工程施工与管理理论和技术方法的新成果。

本书结合案例进行剖析,实用性强。可以作为高等学校风景园林及相关专业的教学用书,也可供城市规划等相关专业从业人员学习参考。

图书在版编目(CIP)数据

园林工程施工与管理/王良桂主编.—南京:东南大学出版社,2009.12(2022.1重印)
(高等院校园林专业系列教材)
ISBN 978-7-5641-1998-0

Ⅰ.园… Ⅱ.王… Ⅲ.园林—工程施工—施工管理—高等学校—教材 Ⅳ.TU986.3

中国版本图书馆 CIP 数据核字(2009)第 231743 号

东南大学出版社出版发行
(南京四牌楼 2 号 邮编 210096)
出版人:江建中
全国各地新华书店经销　南京玉河印刷厂印刷
开本:889 mm×1194 mm　1/16　印张:14.25　字数:445 千
2009 年 12 月第 1 版　2022 年 1 月第 10 次印刷
ISBN 978-7-5641-1998-0
印数:19501—20700 册　定价:27.00 元
本社图书若有印装质量问题,请同读者服务部联系。电话(传真):025-83792328

高等院校园林专业系列教材
编审委员会

主任委员：王　浩　南京林业大学

委　　员：（按姓氏笔画排序）

　　　　　弓　弼　西北农林科技大学
　　　　　井　渌　中国矿业大学艺术设计学院
　　　　　何小弟　扬州大学园艺与植物保护学院
　　　　　成玉宁　东南大学建筑学院
　　　　　李　微　海南大学生命科学与农学院园林系
　　　　　张青萍　南京林业大学
　　　　　张　浪　上海市园林局
　　　　　陈其兵　四川农业大学
　　　　　周长积　山东建筑大学
　　　　　杨新海　苏州科技学院
　　　　　赵兰勇　山东农业大学林学院园林系
　　　　　姜卫兵　南京农业大学
　　　　　樊国胜　西南林学院园林学院

秘　　书：谷　康　南京林业大学

出 版 前 言

推进风景园林建设,营造优美的人居环境,实现城市生态环境的优化和可持续发展,是提升城市整体品质,加快我国城市化步伐,全面实现小康社会,建设生态文明社会的重要内容。高等教育园林专业正是应我国社会主义现代化建设的需要而不断发展的,是我国高等教育的重要专业之一。近年来,我国高等院校中园林专业发展迅猛,目前全国有150所高校开办了园林专业,但园林专业教材建设明显滞后,适应时代需要的教材很少。

南京林业大学园林专业是我国成立最早、师资力量雄厚、影响较大的园林专业之一,是首批国家级特色专业。自创办以来,专业教师积极探索、勇于实践,取得了丰硕的教学研究成果。近年来主持的教学研究项目获国家级优秀教学成果二等奖2项,国家级精品课程1门,省级教学成果一等奖3项,省级精品课程4门,省级研究生培养创新工程6项,其它省级(实验)教学成果奖16项;被评为园林国家级实验教学示范中心、省级人才培养模式创新实验区,并荣获"风景园林规划设计国家级优秀教学团队"称号。

为培养合格人才,提高教学质量,我们以南京林业大学为主体组织了山东建筑工业大学、中国矿业大学、安徽农业大学、郑州大学等十余所院校中有丰富教学、实践经验的园林专业教师,编写了这套系列教材,准备在两年内陆续出版。

园林专业的教育目标是培养从事风景园林建设与管理的高级人才,要求毕业生既能熟悉风景园林规划设计,又能进行园林植物培育及园林管理等工作,所以在教学中既要注重理论知识的培养,同时又必须加强对学生实践能力的训练。针对园林专业的特点,本套教材力求图文并茂,理论与实践并重,并在编写教师课件的基础上制作电子或音像出版物辅助教学,增大信息容量,便于教学。

全套教材基本部分为15册,并将根据园林专业的发展进行增补,这15册是:《园林概论》、《园林制图》、《园林设计初步》、《计算机辅助园林设计》、《园林史》、《园林工程》、《园林建筑设计》、《园林规划设计》、《风景区规划原理》、《园林工程施工与管理》、《园林树木栽培学》、《园林植物造景》、《观赏植物与应用》、《园林建筑设计应试指南》、《园林设计应试指南》,可供园林专业和其他相近专业的师生以及园林工作者学习参考。

编写这套教材是一项探索性工作,教材中定会有不少疏漏和不足之处,还需在教学实践中不断改进、完善。恳请广大读者在使用过程中提出宝贵意见,以便在再版时进一步修改和充实。

高等院校园林专业系列教材编审委员会
二〇〇九年十月

《园林工程施工与管理》
编写组成员

主　编　王良桂
副主编　赵明德　唐世斌
编　委　王良桂　南京林业大学
　　　　赵明德　西北农林科技大学
　　　　唐世斌　广西大学
　　　　吴　武　南京林业大学

前　言

随着我国园林建设事业的蓬勃发展,园林工程施工与管理越来越受到人们的重视,园林工程质量的优劣很大程度上取决于施工与管理水平的高低,这已成为人们的共识。园林工作者亦在精心营造园林的过程中越来越体会到努力学习和掌握园林工程施工与管理方面的理论知识和技能的重要性。传播园林工程施工与管理有关理论与知识,规范施工与管理过程,提高园林工程质量与寿命等等已刻不容缓,这也正是我们编写《园林工程施工与管理》的目的之所在。

从系统性、科学性和实用性的要求出发,本书包括了园林工程施工、园林工程施工组织设计、园林工程施工管理、园林工程施工招投标管理、园林工程施工合同管理、园林工程施工经济管理等园林工程施工与管理的主要内容。同时,本书参照了有关的法律法规内容,充分结合园林工程施工与管理的实践,切实贯彻最新标准和规范,体现当代园林工程施工与管理理论和技术方法的最新成果。

本书理论联系实际,各章节用对应案例进行剖析,成为本书一大特色和创新之处。本书在编写过程中,力求做到教材内容充分考虑园林专业的实际情况,并与职业技能鉴定标准相结合,紧密联系实际,精选内容、加强应用能力的锻炼培养,突出园林特色及其实用性和创新性。

本书由南京林业大学风景园林学院副教授王良桂博士担任主编。各编委分工如下:第1章绪论王良桂执笔,第2章唐世斌执笔,第3章唐世斌执笔,第4章王良桂、唐世斌执笔,第5章王良桂、唐世斌执笔,第6章吴武、唐世斌执笔,第7章王良桂、吴武执笔,第8章赵明德执笔,第9章王良桂执笔,第10章王良桂执笔,第11章王良桂、吴武执笔,第12章吴武执笔。

本书在编写过程中得到了各方面的大力支持和帮助,同时也参阅了许多相关文献和书刊资料,在此向有关作者和同仁表示衷心的感谢。

由于编者认识所限,书中难免有疏漏和不妥之处,恳切希望广大读者提出宝贵意见和建议,以便改正和完善。

王良桂

二〇〇九年十二月

目 录

1 绪论 ··· 1
 1.1 园林工程施工与管理的概念和内容 ··· 1
  1.1.1 园林工程施工与管理的概念 ··· 1
  1.1.2 加强园林工程施工管理的重要意义 ··· 1
  1.1.3 园林工程施工与管理的内容 ··· 1
 1.2 园林工程施工与管理研究进展 ·· 2
  1.2.1 工程项目管理方法概述 ·· 2
  1.2.2 园林工程项目管理的研究 ·· 4
 1.3 园林工程施工与管理的学习方法 ··· 6

2 园林工程施工概述及施工程序 ·· 7
 2.1 园林建设工程概述 ··· 7
  2.1.1 园林工程与园林建设工程的含义 ·· 7
  2.1.2 园林工程的特点 ·· 7
  2.1.3 园林建设工程、园林工程分类 ·· 9
 2.2 园林工程的主要内容 ··· 9
  2.2.1 土方工程 ··· 9
  2.2.2 园林给排水工程 ··· 10
  2.2.3 园林水景工程 ·· 10
  2.2.4 园路铺装工程 ·· 12
  2.2.5 假山工程 ·· 13
  2.2.6 绿化种植工程 ·· 14
  2.2.7 园林供电照明工程 ·· 16
 2.3 园林的建筑工程 ·· 16
  2.3.1 园林建筑的类型 ··· 16
  2.3.2 园林建筑的特点 ··· 17
 2.4 园林工程施工程序 ··· 17
  2.4.1 园林建设程序 ·· 17
  2.4.2 园林工程施工程序 ·· 20

3 园林土方工程施工方法与技术 ·· 22
 3.1 土方工程施工准备工作 ··· 22
  3.1.1 土方工程的基本准备 ··· 22
  3.1.2 清理、平整施工场地 ··· 22
  3.1.3 施工排水 ·· 23
  3.1.4 定点放线 ·· 24
 3.2 土方工程施工方法 ··· 25
  3.2.1 土方的挖掘 ··· 25

3.2.2　土方的转运 ·· 27
　　　3.2.3　土方的填方 ·· 28
　　　3.2.4　土方的压实 ·· 31
　3.3　土石方放坡处理 ··· 33
　　　3.3.1　挖方放坡 ·· 34
　　　3.3.2　填土边坡 ·· 34
　3.4　土方工程的雨季、冬季施工 ·· 35
　　　3.4.1　土方工程的雨季施工 ··· 35
　　　3.4.2　土方工程的冬季施工 ··· 36

4　园林水景工程施工方法与技术
　4.1　园林水体驳岸与护坡工程施工 ·· 37
　4.2　小型水闸工程施工 ·· 38
　　　4.2.1　水闸的作用和类型 ·· 38
　　　4.2.2　水闸的组成 ·· 39
　　　4.2.3　小型水闸的施工 ··· 39
　　　4.2.4　小型水闸机电设备安装 ·· 39
　　　4.2.5　水闸施工中应注意的问题 ··· 40
　4.3　人工湖、池工程施工 ··· 41
　　　4.3.1　湖、池施工测量控制 ··· 41
　　　4.3.2　湖、池填挖、整形及运输 ··· 41
　　　4.3.3　复合土工膜防渗工程 ··· 41
　　　4.3.4　坝体及连接堤工程 ·· 42
　4.4　人工溪流、瀑布工程水景施工 ·· 43
　　　4.4.1　人工溪流、瀑布水景概述 ··· 43
　　　4.4.2　人工溪流、瀑布水景的施工要点 ··· 44
　4.5　喷泉工程施工 ··· 45
　　　4.5.1　喷泉景观的分类和适用场所 ·· 45
　　　4.5.2　喷泉工程施工方法及技术要点 ··· 45

5　园路铺装工程与假山工程的施工方法与技术
　5.1　园路铺装工程施工方法与技术 ·· 47
　　　5.1.1　园路铺装工程施工测量 ·· 47
　　　5.1.2　园路的类型和尺度 ·· 47
　　　5.1.3　园路的结构形式 ··· 47
　　　5.1.4　园路施工 ·· 47
　5.2　假山工程施工方法与技术 ··· 51
　　　5.2.1　置石施工 ·· 51
　　　5.2.2　假山工程施工 ··· 54
　　　5.2.3　园林塑石、塑山工程施工 ··· 58
　5.3　硬质景观施工中的常见问题 ·· 59

6　园林绿化种植工程施工方法与技术
　6.1　乔灌木种植工程施工 ··· 61

  6.1.1 施工工艺流程 ··· 61
  6.1.2 施工原则及主要工序 ··· 61
  6.1.3 现场准备与定点测量、放线 ·· 61
  6.1.4 种植施工 ··· 62
 6.2 大树移栽工程施工 ··· 65
  6.2.1 移栽前制定完整配套移栽方案 ··· 65
  6.2.2 大树移栽技术 ·· 65
  6.2.3 大树移栽后的养护 ··· 66
 6.3 草坪工程施工 ·· 67
  6.3.1 草坪种植坪床准备 ··· 67
  6.3.2 播种建坪 ··· 68
  6.3.3 幼坪管理 ··· 68
  6.3.4 草坪建成后的常年养护管理 ·· 68
 6.4 园林绿化工程施工过程中的常见问题 ··· 70

7 园林水电安装工程施工方法与技术 ··· 72
 7.1 园林给排水工程施工方法与技术 ·· 72
  7.1.1 园林给排水测量 ·· 72
  7.1.2 园林给水工程施工 ··· 74
  7.1.3 园林排水工程施工 ··· 75
  7.1.4 园林喷灌工程 ·· 77
 7.2 园林供电照明工程施工方法与技术 ··· 80
  7.2.1 电气装置安装工程施工 ··· 80
  7.2.2 灯具安装工程施工 ··· 83
  7.2.3 电气安装工程中常见的质量问题及施工要点 ······························· 83

8 园林工程施工组织设计 ·· 87
 8.1 园林工程施工组织设计概述 ··· 87
  8.1.1 园林工程施工组织设计的作用 ··· 87
  8.1.2 园林工程施工组织设计的分类 ··· 87
  8.1.3 园林工程施工组织设计的原则 ··· 88
 8.2 园林工程施工组织编制 ·· 89
  8.2.1 园林工程施工组织编制依据 ·· 89
  8.2.2 园林工程施工组织设计编制程序 ··· 90
  8.2.3 园林工程施工组织设计的主要内容 ·· 90
 8.3 园林工程施工组织设计案例分析 ·· 96
  8.3.1 咸阳迎宾大道 A 标段绿化工程施工组织设计 ······························· 96
  8.3.2 景春花园园林工程建设施工组织设计 ·· 100

9 园林工程施工管理 ·· 112
 9.1 园林工程施工现场管理 ·· 112
  9.1.1 园林工程施工现场管理的概念及其重要意义 ······························· 112
  9.1.2 园林工程施工现场管理的全过程及主要内容 ······························· 113

9.1.3	园林工程施工(工期)进度管理	114
9.2	施工生产要素管理	117
9.2.1	园林工程施工人力资源管理	117
9.2.2	园林工程施工材料管理	121
9.2.3	园林工程施工机械设备管理	123
9.3	园林工程施工质量和技术管理	125
9.3.1	园林工程施工的质量管理	125
9.3.2	园林工程施工的技术管理	128
9.4	园林工程施工安全管理	130
9.4.1	园林工程施工安全管理计划	130
9.4.2	安全管理计划的实施	131
9.4.3	园林工程施工安全检查	131
9.4.4	安全隐患和安全事故处理	131
9.5	园林工程施工竣工后管理	133
9.5.1	园林工程施工竣工验收管理	133
9.5.2	养护期管理	138
9.5.3	交付使用后的管理	140
9.6	园林工程施工管理案例分析	140
9.6.1	工程概况	140
9.6.2	施工管理组织及评析	141
9.6.3	施工现场管理及评析	143
9.6.4	施工质量管理案例及评析	146
9.6.5	施工安全案例及评析	149
9.6.6	施工进度管理及评析	150
10	**园林工程施工招投标管理**	152
10.1	园林工程施工招标	152
10.1.1	招标方式	152
10.1.2	招标程序	153
10.1.3	招标文件的编制	154
10.1.4	招标标底的编制	155
10.1.5	无效标书的认定与处理	156
10.2	园林工程施工投标	157
10.2.1	投标工作程序	157
10.2.2	投标书的内容	161
10.2.3	投标文件的编制	162
10.2.4	投标文件的投送	164
10.3	园林工程施工定标	164
10.3.1	园林工程施工招标的开标	164
10.3.2	园林工程施工招标的评标	165
10.3.3	园林工程施工招标的决标	166
10.4	园林工程施工招投标案例及评析	166
10.4.1	某园林绿化工程施工招标公告	166

  10.4.2 某园林绿化工程招标投标纠纷案例及评析 ……………………………………… 170

11 园林工程施工合同管理 …………………………………………………………………… 172
11.1 园林工程施工合同概述 …………………………………………………………………… 172
  11.1.1 园林工程施工合同签订的作用 …………………………………………………… 172
  11.1.2 施工合同签订的原则和条件 ……………………………………………………… 173
  11.1.3 施工合同的类别 …………………………………………………………………… 174
11.2 园林工程施工合同的签订 ………………………………………………………………… 176
  11.2.1 施工合同签订的程序 ……………………………………………………………… 176
  11.2.2 施工合同签订应注意的事项 ……………………………………………………… 176
11.3 园林工程施工合同管理 …………………………………………………………………… 179
  11.3.1 施工合同管理的方法 ……………………………………………………………… 179
  11.3.2 施工合同的履行 …………………………………………………………………… 181
  11.3.3 施工合同的变更 …………………………………………………………………… 184
  11.3.4 施工合同的终止和解除 …………………………………………………………… 185
11.4 园林工程施工合同案例分析 ……………………………………………………………… 187
  11.4.1 案情摘要 …………………………………………………………………………… 187
  11.4.2 处理结果 …………………………………………………………………………… 188
  11.4.3 法理法律分析 ……………………………………………………………………… 189

12 园林工程施工经济管理 …………………………………………………………………… 190
12.1 园林工程施工经济管理概述 ……………………………………………………………… 190
  12.1.1 园林工程施工经济管理的特点和作用 …………………………………………… 190
  12.1.2 园林工程财务管理 ………………………………………………………………… 190
  12.1.3 园林工程成本管理 ………………………………………………………………… 193
12.2 园林工程概预算 …………………………………………………………………………… 196
  12.2.1 园林工程概预算的作用和内容 …………………………………………………… 197
  12.2.2 园林工程概预算的依据和方法 …………………………………………………… 198
  12.2.3 园林工程施工图预算书的编制 …………………………………………………… 199
  12.2.4 园林工程量清单计价的执行 ……………………………………………………… 204
12.3 园林工程决算与审核审计 ………………………………………………………………… 205
  12.3.1 工程变更与合同价调整 …………………………………………………………… 205
  12.3.2 园林工程索赔与索赔费用的确定 ………………………………………………… 206
  12.3.3 园林工程竣工结算与决算 ………………………………………………………… 209
  12.3.4 园林工程决算审核 ………………………………………………………………… 211
  12.3.5 园林工程审计 ……………………………………………………………………… 213

主要参考文献 …………………………………………………………………………………… 216

1 绪 论

■ **学习目标**

通过本章内容的学习,初步了解园林工程施工与管理的基本概念,掌握管理的基本要点。了解园林工程施工与管理研究的进展,掌握园林工程施工与管理的学习方法,熟悉园林施工与管理的主要职能,能够选择和运用科学系统的管理方法,遵循园林工程项目基本建设程序,实施园林施工项目各阶段的管理工作。

1.1 园林工程施工与管理的概念和内容

1.1.1 园林工程施工与管理的概念

在整个园林工程项目建设周期内,施工阶段的工作量最大,投入的人力、物力、财力最多,园林工程施工管理的难度也最大。

园林工程施工与管理是对园林工程项目组织施工并对施工全过程进行的综合性管理活动。即园林施工企业,或其授权的项目经理部,采取科学方法对施工全过程包括投标签约、施工准备、施工、验收、竣工结算和后续服务等阶段所进行的决策、计划、组织、指挥、控制、协调、教育和激励等措施的综合事务性管理工作。其主要内容有:建立施工项目管理组织、制定科学经济的施工方案、运用先进适用的施工技术,按合同规定实施各项目标控制、对施工项目的生产要素进行优化配置。实现园林工程施工管理的最终目标:按建设项目合同的规定,依照已审批的技术图纸、设计要求和施工方案建造园林,使施工所需各类资源得到合理优化配置,获取预期的环境效益、社会效益与经济效益。

1.1.2 加强园林工程施工管理的重要意义

随着园林建设的不断发展和高科技、新材料的开发利用,使园林工程日趋综合化、复杂化和施工技术的现代化,因而对园林工程的科学组织及对现场施工科学管理是保证园林工程既符合景观质量要求又使成本降到最低的关键性内容,加强园林工程施工管理的重要意义表现在以下几方面:

(1) 是保证项目按计划顺利完成的重要条件,是在施工全过程中落实施工方案,遵循施工进度的基础;

(2) 能保证园林设计意图的实现,确保园林艺术通过工程手段充分表现出来;

(3) 能很好地组织劳动资源,适当调度劳动力,减少资源浪费,降低施工成本;

(4) 能及时发现施工过程中可能出现的问题,并通过相应的措施予以解决,以保证工程质量;

(5) 能协调好各部门、各施工环节的关系,使工程不停工、不窝工,有条不紊地进行;

(6) 有利于劳动保护、劳动安全和开展技术竞赛,促进施工新技术的应用与发展;

(7) 能保证各种规章制度、生产责任、技术标准及劳动定额等得到遵循和落实,以使整个施工任务按质、按量、按时完成。

1.1.3 园林工程施工与管理的内容

园林工程施工管理是一项综合性的管理活动,在施工项目管理的全过程中,为了取得各阶段目标和最终目标的实现,在进行各项活动时,必须加强管理工作。必须强调:施工项目管理的主体是以施工项目经理为首的项目经理部,即作业管理层,管理的客体是具体的施工对象、施工活动及相关生产要素。

1) 建立园林工程施工管理组织

(1) 根据施工项目组织原则,选用适当的组织形式,选聘称职的施工项目经理,组建施工项目管理机构,明确责任、权限和义务;

(2) 在遵守企业规章制度的前提下,根据施工项目管理的需要,制定施工项目管理制度。

2) 制定园林工程施工管理规划

园林工程施工管理规划是对施工项目管理的目标、组织、内容、方法、步骤、重点进行预测和决策，做出具体安排的纲领性文件。施工项目管理规划的内容主要有：

（1）进行工程项目分解，形成施工对象分解体系，以便确定阶段控制目标，从局部到整体地进行施工活动和进行施工项目管理。

（2）建立施工项目管理工作体系，绘制施工项目管理工作体系图和施工项目管理工作信息流程图。

（3）编制施工管理规划，确定管理点，形成文件，以利执行。现阶段这个文件便以施工组织设计代替，重要环节有：做好施工前的各种准备工作；编制工程计划；确定合理工期；拟定确保工期和施工质量的技术措施；通过各种图表及详细的日程计划进行合理的工程管理，并把施工中可能出现的问题纳入工程计划内，做好必要的防范工作。

3) 确定园林工程施工项目的目标控制

施工项目的目标有阶段性目标和最终目标。实现各项目标是施工项目管理的目的所在。因此应当坚持以控制论原理和理论为指导，进行全过程的科学控制。施工项目的控制目标分为：进度控制目标、质量控制目标、成本控制目标、安全控制目标、施工现场控制目标。

由于在施工项目目标的控制过程中，会不断受到各种客观因素的干扰，各种风险因素有随时发生的可能性，故应通过组织协调和风险管理，对施工项目目标进行动态控制。

1.2 园林工程施工与管理研究进展

管理活动自古有之，人们在长期不断的实践中认识到管理的重要性。上世纪以来的管理运动和管理热潮取得了令人瞩目的成果，形成了较完整的管理理论体系。

管理的含义从不同的角度和背景，可以有不同的理解，形成共识的一种观点认为：管理是指一定组织中的管理者，通过有效地利用人力、物力、财力、信息等各种资源，并通过决策、计划、组织、领导、激励和控制等职能，来协调他人的活动，共同去实现既定目标的活动过程。

管理活动作为人类最重要的活动之一，广泛地存在于社会生活之中，是一切有组织的活动中必不可少的组成要素。基本的管理理论是园林施工管理原理和方法的基础。

近年来，我国对园林工程施工与管理的方法作过一些探讨，但事物总是不断发展变化的，现代社会经济总量不断增加，经济全球化、信息化趋势日益增强，发展速度加快，过程复杂，新的行业、领域不断出现，产品开发周期缩短，导致越来越多的"一次性"任务出现，尤其是企业管理正面临着日趋复杂的来自市场和国内外事务的各种问题，涉及到的因素、利益主体越来越多，这些问题是常规的管理办法难以解决或圆满解决的。所幸来自建设工程项目及军事、空间探索等领域的项目管理方法已经提升为项目管理理论和思想，为人们提供了解决社会经济发展中非常规问题的手段，成为一种现代社会解决"一次性问题"的有效工具，在社会经济领域得到广泛应用并且迅速发展。

我国一直在为投资决策的失误付出巨大代价，所以利用科学方法对工程建设项目进行管理，包括评估论证，将是项目建设能否达到预期目的的重要条件。建设工程项目是数量最多、最典型的"项目"，园林工程施工与管理研究是建设工程的重要分支，工程项目管理的实践是项目管理理论的重要渊源；融合了项目管理实践经验的系统的项目管理理论，又为工程项目管理提供了理论工具，使得工程项目管理日益系统化、科学化。

1.2.1 工程项目管理方法概述

工程项目管理方法不仅是具体方法，也包括思想。工程项目建设作为发展经济的重要手段，不仅耗资巨大，而且对周围环境有较大影响，所以必须满足可持续、协调发展的要求，这也是工程项目管理的重要指导思想之一。方法论是对方法的研究。在全球金融危机的现实背景下，可能掀起新一轮工程建设热潮；可持续、协调发展的科学发展观对工程项目建设提出了有一定制约力的宏观控制，这一点要落实到建设项目管理的方法上。工程项目管理的目的不仅是实现具体的目标(工期、质量、费用),也应做到项目建设与环境、社会的协调,否则可能重蹈以前投资失误、失策、失控的覆辙。这也是工程项目管理方法上升到"方法论"的意义之一。

项目管理的理论不仅表现为丰富多样的理论成果,如各种项目管理书籍的面世,更表现在这个领域有了自己的"知识体系",如美国项目管理协会(PMI)于1987年提出并经1996、2000年修订的《项目管理知识体系》,国际项目管理协会1997年推出了《项目管理人员能力基准》,中国双法研究会项目管理研究委员会也于2001年推出《中国项目管理知识体系》。上述各知识体系将项目管理知识划分为若干领域、要素、模块。中国的知识体系有"方法与工具"概念,其他体系没有关于方法的独立专题,而是贯穿于项目管理的各个阶段、过程、领域。

1) 工程项目管理的思想性

工程项目管理体现出来的思想是多方面的,其中最基本的应该是系统思想。系统思想不仅是项目管理的基本思想,也是项目管理理论形成与发展的基础之一。系统思想的科学基础是系统论,其哲学基础是事物的整体观。系统论是20世纪50年代发展起来的,80年代在中国曾在哲学界产生巨大影响,是"三论"(另两论是信息论、控制论)之一。在很大程度上,"项目"与"系统"是一致的,例如二者都有明确的目标、一定限制条件、需要制定计划实现目标并在实施过程中根据信息反馈进行控制等。"系统工程学是为了研究多个子系统构成的整体系统所具有的多种不同目标的相互协调,以期系统功能的最优化、最大限度地发挥系统组成部分的能力而发展起来的一门科学",如果将其中的"系统"改为"项目",将"系统功能"改为"项目目标",这一定义也适用于项目管理。

工程项目管理的系统思想包含两个含义:

一是将工程项目自身作为一个系统来管理,也就是运用系统科学的方法,通过信息反馈与调控,对工程项目进行全面综合管理,包括计划、组织、指挥、协调、控制等,以实现项目的目标。将项目作为一个系统管理体制早已有之,我国古代一些案例如战国李冰修都江堰、宋朝丁渭修复皇宫等都典型地运用了系统思想。项目管理过程即为系统管理过程。

工程项目管理系统思想的第二个含义是工程项目作为一个系统,又是大系统的一个子系统,"大系统"包括项目所在行业、所在地经济、社会环境、以至于地区、国内、国外市场等,要将工程项目放到社会经济系统中,作为社会大系统的子系统看待,特别要注重项目建设与环境、资源、文化、区域发展规划等大系统的协调,符合可持续发展的要求。

工程项目管理以系统思想为基础进行延伸,还有一些其他思想如控制性、目标性、柔性、团队性等。

2) 工程项目管理的技术性

工程项目管理的技术性是项目实施过程中的具体方法或工具,在不同环节有不同的方法。工程项目除了与环境协调的宏观目标,具体应有质量、时间、费用三大目标,前期需经评价,在实施过程中涉及合同、采购、信息、人力资源、风险等的管理,对于上述目标和施工过程中的管理内容,目前都有一定的操作方法,这些方法综合起来,共同控制、协调项目以保证项目建设的成功实施。

对于项目建设的直接管理可分为项目评价、项目直接目标管理、项目过程管理、项目综合管理四个部分,各部分可采用相应的方法。

(1) 项目评价 项目评价主要指经济评价,包括财务评价、国民经济评价,其思路基本一致,只是角度不同,前者只考虑项目本身,后者从国民经济整体考虑(一些效益、费用由于只是在全社会转移而不予考虑,如税金、利息等),同时采用影子价格(资源优化配置状态下的价格)为数据基础。

经济评价主要采用指标分析、比选方法。评价指标有净现值、内部收益率、投资回收期等,通过与基准值比较或各指标间比较,选择较优的方案。只要基础数据确定得当、客观符实,通过指标比较能够选出较优方案。

项目还需进行社会评价,社会评价则带有较大程度的主观性,而且更多考虑项目的整体影响,所以主要体现在思想方法中。项目评价需要认真、客观,才能得出符合实际的结论。

(2) 项目直接目标管理　工程项目直接控制的目标有三个,进度、投资、质量,即按计划的时间、费用、质量完成项目。这三个目标彼此之间有一定互斥性,难以同时达到最优,其实施应以项目整体最优为目标。

① 进度管理　也称时间管理,工程的进度直接影响项目效益的发挥。进度管理的主要方法是网络计划,网络计划以网络图为基础。网络图是反映项目各工作或活动之间逻辑顺序关系的图,它既能反映项目工期,又反映各工作间的相互关系、前后次序,通过对关键线路的分析,找出关键工序,合理统筹安排主、次工作和各项资源,有效控制工期。

② 投资管理　即费用管理。在费用预算内完成项目一直是工程领域追求的目标,可实际上总是存在超支现象,这有投资体制方面的原因,也有管理方法上的原因。

费用管理主要用费用估算和偏差分析法。费用估算是工程项目前期根据设计、市场、有关规定估算投资总额。偏差分析是通过实际完成的工程与计划相比较,分析是否存在偏差并找出偏差原因,以便合理控制费用的方法。费用偏差还要结合工程进度分析,这也可以通过赢值法进行。

③ 质量管理　质量管理的原则是全面实施质量管理,即以质量为中心,项目全员参与,以达到预期目标。全面质量管理既是原则,也有可行的操作程序,即 PDCA 循环(计划、执行、检查、处理),具体的控制方法则有 ABC 分析法(也称主次因素图、排列图方法)、因果分析法、控制图法、直方图法等,这些具体方法的作用在于找出质量偏差原因并加以修正。

(3) 项目过程管理　项目实施过程中有许多内容、环节需要管理,对项目实施影响较大的有:

① 合同管理　合同是约定项目参与各方权利义务关系的协议,是具有法律效力的文件。合同管理的中心是选择合同类型,主要是价格类型,不同形式的价格合同体现了不同风险的分配形式。合同管理一般按标准合同文本执行,可适当加以修正。

② 人力资源管理　项目建设的实现要靠团队进行。从现代管理角度,人们开始把人当作一种资源来开发而不是作为工具来管理,"人力资源管理"一词越来越多地为理论与实践所提及,虽然实际上离这个词的本义还很远。项目人力资源管理方法主要是利用组织结构图、责任分配图进行人员需求分析,落实责任,建立激励机制,调动各参与人的积极性,以保证完成项目。

③ 采购管理　项目建设中设备、材料的采购是一个重要内容,关系到大量投资。采购的原则是既不影响建设,又不要造成积压浪费,影响资金流动。采购管理方法除了计划,主要以库存计算为依据,即根据进度、市场价格因素计算出合理库存量,按进度采购,满足建设需要。

④ 沟通管理　沟通在管理中越来越重要,有效的沟通能极大地提高工作效率,是实现项目各目标的条件。沟通以信息为基础,通过信息的取得、辨别、处理与反馈实现良好的协调。信息技术是沟通管理的主要方法。

⑤ 风险管理　项目风险来自各方面:市场价格变化、业主、供应商、分包商、项目所在地的经济环境等。项目越大,涉及相关人越多,项目风险越大。风险有业主的,也有承包商的。风险管理的原则是对风险作出正确的估计并采取适当措施予以规避或转移(如通过保险、合理磋商合同条款等)。风险管理以风险评估为依据,风险评估有 SWOT(优势、劣势、机会、威胁)分析、概率分析(决策树、蒙特卡洛模拟、敏感性分析、盈亏平衡分析)等方法,各自从不同视角对项目风险作出评价。

(4) 项目综合管理　项目综合管理实际上就是对项目各目标、各环节、各要素、各过程进行全面协调,以保证项目整体效果最优,这也是系统思想在项目实施中的表现。项目综合管理采用计划、统筹、协调的方法。项目综合管理是针对项目系统进行,而不是只对某一个别目标和过程。综合管理是现代项目管理的主要特点。

1.2.2　园林工程项目管理的研究

1) 在园林工程施工中加强项目管理的意义

(1) 有利于合理安排项目进度,有效使用项目资源,确保项目能够按期完成,并降低成本　通过项目管理中的工作分解、网络图和关键路径 PDM、资源平衡、资源优化等一系列项目管理方法和技术的使用,可以尽早地制定出项目的各项任务,并合理安排各项任务的先后顺序,有效安排资源的使用,特别是项目中的关键资源和重点资源,从而保证项目的顺利实施,并有效降低项目成本。

(2) 有利于项目总包与分包的协作,提高项目施工力量的综合战斗力　项目管理提供了一系列人力资源管理、沟通管理的方法,可以增强各施工力量的合作精神,提高项目全体人员的士气和效率。

(3) 有利于降低项目风险,提高项目实施成功率　项目管理中很重要的一部分是风险管理,通过风险管理可以有效降低不确定因素对项目的影响。

(4) 有利于尽早发现项目实施中存在的问题,有效地进行项目控制　项目计划、执行状况的检查、反馈和处理,能够较早发现项目实施中存在的和隐含的问题;可以使项目决策更加有依据,避免了项目决策的随意性和盲目性;可以有效进行项目的知识积累。通过规范的制度,在项目结束时进行总结,以将更多的项目经验转换为企业的财富。

2) 在园林工程施工中加强项目管理的宏观对策

(1) 强化政府在项目管理中的作用　国家应积极引进、学习和借鉴国外先进的项目管理经验,认真总结项目管理经验教训,制定规范的项目管理政策和措施,尽快与国际项目管理接轨。在广泛总结各行各业项目管理经验教训和吸收国际经验的基础上,应制定中国的项目管理实施准则(实施准则是指导和规范项目业主、工程师(业主代理人)和承包人管理行为的基本原则),同时,逐步建立和完善中国的项目管理法规体系。

(2) 建立项目管理知识体系　项目管理知识体系是项目管理学科和专业的基础,世界各国的项目管理专业组织纷纷建立各自国家的项目管理和知识体系。中国应建立适应中国国情的"中国项目管理知识体系",形成中国项目管理学科和专业基础;引进"国际项目管理专业资质认证标准",推动中国的项目管理向专业化、职业化方向发展,使中国项目管理专业人员的资质水平能够得到国际上的认可,这已成为中国项目管理学科和专业发展的当务之急。

(3) 规范项目管理专业人员的培训和资质认定工作　在中国的现有国情下,对以国有资产为主的项目业主,其委任、职责、权限、利益、管理行为和制度等,都有某些特色,急需加以规范。随着中国项目管理研究委员会编写的《中国项目管理知识体系与国际项目管理专业资质认证标准》的出版发行,项目管理 MBA 抢滩中国,中国加入 WTO 催动项目管理热,眼下全国火爆的 WTO 培训市场,说明中国实施现代项目管理新时代的到来。

3) 在园林工程施工中进行项目管理应把握的原则

根据园林施工企业项目管理的状况,制定相应的项目管理流程、制度、方法;同时在组织机构、资源配置、项目经理职权等方面给予项目实施以支持。

(1) 项目实施中应特别强调项目计划的作用,并根据项目的执行情况和项目控制措施进行更新。

(2) 项目计划应包括项目基准计划和项目实施计划　项目基准计划是进行项目评价和项目控制的依据,不能随意变动;而项目实施计划则根据项目执行情况,进行相应调整,控制权限在项目经理,但执行结果应通知相关的项目关系人。

(3) 项目经理应有大局观　项目的成败关系到建设单位、设计单位、监理单位、施工单位的整体利益,应该有大局观,不能将项目成败仅仅看作一方的成败。

(4) 项目的实施应以实现项目的预期目标为依据　不要期望项目实现更多的功能,达到更高的质量要求。衡量项目成功与否的依据为是否达到了项目预期的综合目标(成本、时间、范围、质量)。

(5) 沟通和协调是项目管理中的重要组成部分　人的因素是项目成败的关键,项目建设单位、设计单位、监理单位、施工单位等对于项目的实施都很重要,如何与项目各参与方沟通,平衡他们的利益,把握他们的期望值,对于项目的成功至关重要。

(6) 重视项目总结和项目积累　项目总结应包括技术经验总结、管理经验总结、人员评价等。

4) 加强项目管理过程中的控制

项目管理过程中计划和实际状态之间总会存在一些差异。进度、投资和质量控制就是在比较实际状态和计划之间的差异,并作出必要的调整,使项目向有利的方向发展。

(1) 施工任务书　委派施工任务应有文字记录,如任务较简单,可用责任矩阵描述,而复杂的任务应给每个人任务书。无论采用哪种方式,委派时最好要当面沟通和确认,并得到作业班组及人员的承诺。

(2) 加强施工检查　检查的目的是比较实际情况与计划的差异,以确定当前的状态。较正式的检查方式有例会、周报、汇报;非正式的方式包括口头询问、非工作时间的交流。此外,交付物的质量和提交情况、变更记录也是重要的检查手段。

(3) 制订项目的调整措施　包括增加投入、减少产出、采用新的方法和技术等。无论采取什么措施,调整过程中都要注意及时性、优先性、全面性等基本原则。

1.3　园林工程施工与管理的学习方法

本书全面系统地介绍了园林工程施工与管理的思想与方法,着力于技能实训,并附有必要的工程范例和参考用表,提出了各章节的学习目标、重点难点及相关的工程知识。在学习的过程中应结合工程案例,以工作任务为载体,以工作任务引领知识、技能和态度,在完成工作任务的过程中学习相关知识,发展学生的综合职业能力。

在学习过程中应认真阅读教材及相关的参考资料,自学相关专业理论知识。及时消除前序课程的知识盲点,做好课程的有效衔接。学习中应注重独立思考问题,提出问题并组织讨论。

必须掌握有效的专业文献检索技能,要对文献进行有效的分类整理编辑,并将检索到的"四新"(新材料、新技术、新工艺、新设备)知识应用到自己的工程设计中,认真完成课程设计作业。

在理论知识学习的同时还应注重实践能力的培养锻炼,掌握外出考察参观材料的收集、记录、整理能力和技巧,一定要独立完成参观实习报告,为学习课程、掌握技能打下坚实的基础。

2 园林工程施工概述及施工程序

■ **学习目标**

通过 2~7 章的学习让学生对园林工程施工有一个较为全面的初步印象,以明确学习目标,认识课程的重要性,激发学习动力。这六章将园林工程施工理论与实践结合起来,力争做到理论精炼、实践突出,以满足广大学生实际需求,帮助他们更快、更好地领会相关园林工程施工技术的要点。

园林是在一定地域内运用工程技术和艺术手段,通过因地制宜地改造地形、整治水系、栽种植物、营造建筑和布置园路等方法创作而成的优美的游憩境域。园林包括庭园、宅园、小游园、花园、公园、植物园、动物园等,随着园林学科的发展,还包括森林公园、风景名胜区、自然保护区或国家公园的游览区以及修养胜地。

在园林工程建设过程中,设计工作诚然是十分重要的,但设计仅是人们对工程的构思,要将这些工程构想变成物质成果,就必须要通过工程施工这个环节才能实现。

园林工程施工是指通过有效的组织方法和技术措施,按照设计要求,根据合同规定的工期,全面完成设计内容的全过程。

2.1 园林建设工程概述

2.1.1 园林工程与园林建设工程的含义

1) 园林工程的含义

《中国大百科全书—建筑·园林·城市规划》卷中的"园林工程"条目:

园林工程 园林、城市绿地和风景名胜区中除园林建筑工程以外的室外工程,包括体现园林地貌创作的土方工程、园林筑山工程(如掇山、塑山、置石等)、园林理水工程(如驳岸、护坡、喷泉等工程)、园路工程、园林铺地工程、种植工程(包括种植树木、造花坛、铺草坪等)。研究园林工程原理、工程设计和施工养护技艺的学科称为"园林工程学"。它的任务是应用工程技术来表现园林艺术,使地面上的工程构筑物和园林景观融为一体。

《中华人民共和国行业标准—园林基本术语标准》中的"园林工程"条目:

园林工程 园林中除建筑工程以外的室外工程。

从上述园林工程的含义来讲,园林工程本身是不包含园林建筑工程的。

2) 园林建设工程的含义

园林建设是为人们提供一个良好的休息、文化娱乐、亲近大自然、满足人们回归自然愿望的场所,是保护生态环境、改善城市生活环境的重要措施。

园林建设工程是建设风景园林绿地的工程,泛指园林城市绿地和风景名胜区中涵盖园林建筑工程在内的环境建设工程,包括园林建筑工程、土方工程、园林筑山工程、园林理水工程、园林铺地与园路工程、绿化工程等,它是应用工程技术来表现园林艺术,使地面上的工程构筑物和园林景观融为一体。

2.1.2 园林工程的特点

园林工程的产品是建设供人们游览、欣赏的游憩环境,形成优美的环境空间,构成精神文明建设的精品,它包含一定的工程技术和艺术创造,是山水、植物、建筑、道路等造园要素在特定境域的艺术体现。因此,园林工程和其他工程相比有其突出的特点,并体现在园林工程施工与管理的全过程之中,园林工程的特点主要表现在以下几方面:

1) 生物性与生态性

植物是园林最基本的要素，特别是现代园林中植物所占比重越来越大，植物造景已成为造园的主要手段。由于园林植物品种繁多、习性差异较大、立地类型多样，园林植物栽培受自然条件的影响较大。为了保证园林植物的成活和生长，达到预期设计效果，栽植施工时就必须遵守一定的操作规程，养护中必须符合其生态要求，并要采取有力的管护措施。这些就使得园林工程具有明显的生物性特点。

园林工程与景观生态环境密切相关。如果项目能按照生态环境学理论和要求进行设计和施工，保证建成后各种设计要素对环境不造成破坏，能反映一定的生态景观，体现出可持续发展的理念，就是比较好的项目。进行植物种植、地形处理、景观创作等时，都必须切入这种生态观，以构建更符合时代要求的园林工程。

2) 艺术性与技术性

园林工程的另一个突出特点是具有明显的艺术性，园林工程是一种综合景观工程，它不同于其他的工程技术，而是一门艺术工程。园林艺术是一门综合性艺术，涉及到造型艺术、建筑艺术和绘画、雕刻、文学艺术等诸多艺术领域。园林要素都是相互统一、相互依存的，共同展示园林特有的景观艺术，比如瀑布水景，就要求其落水的姿态、配光、背景植物及欣赏空间相互烘托。植物景观也是一样，要通过色彩、外形、层次、疏密等视觉来体现植物的园林艺术。园路铺装则需充分体现平面空间变化的美感，使其在划分平面空间时不只是具有交通功能。要使竣工的工程项目符合设计要求，达到预定功能，就要对园林植物讲究配置手法，各种园林设施必须美观舒适，整体上讲究空间协调，既追求良好的整体景观效果，又讲究空间合理分隔，还要将层次组织得错落有序，这就要求采用特殊的艺术处理，所有这些要求都体现在园林工程的艺术性之中。缺乏艺术性的园林工程产品，不能成为合格的产品。

园林工程是一门技术性很强的综合性工程，它涉及土建施工技术、园路铺装技术、苗木种植技术、假山叠造技术以及装饰装修、油漆彩绘等诸多技术。

3) 广泛性与综合性

园林工程的规模日趋大型化，要求各工种协同作业。加之新技术、新材料、新工艺的广泛应用，对施工管理提出了更高的要求。园林工程是综合性强、内容广泛、涉及部门较多的建设工程，大的、复杂的综合性园林工程项目涉及到地貌的融合、地形的处理、建筑、水景的设置、给水排水、园路假山工程、园林植物栽种、艺术小品点缀、环境保护等诸多方面的内容；施工中又因不同的工序需要将工作面不断转移，导致劳动资源也跟着转移，这种复杂的施工环节需要有全盘观念、有条不紊；园林景观的多样性导致施工材料也多种多样，例如园路工程中可采取不同的面层材料，形成不同的路面变化；园林工程施工多为露天作业，经常受到自然条件（如刮风、冷冻、下雨、干旱等）的影响，而树木花卉栽植、草坪铺种等又是季节性很强的施工项目，应合理安排，否则成活率就会降低，而产品的艺术性又受多方面因素的影响，必须仔细考虑。要协调解决好诸如此类错综复杂的众多问题，就需要对整个工程进行全面的组织管理，这就要求组织者必须具有广泛的多学科知识与先进技术。

4) 安全性

园林工程中的设施多为人们直接利用，现代园林场所又多是人们活动密集的地段、地点，这就要求园林设施应具备足够的安全性。例如建筑物、驳岸、园桥、假山、石洞、索道等工程，必须严把质量关，保证结构合理、坚固耐用。同时，在绿化施工中也存在安全问题，例如大树移植应注意地上电线、挖掘沟坑应注意地下电缆。这些都表明园林工程施工不仅要注意施工安全，还要确保工程产品的安全耐用。

"安全第一，景观第二"是园林创作的基本原则。这是由于园林作品是给人观赏体验的，是与人直接接触的，如果工程中某些施工要素存在安全隐患，其后果不堪设想。在提倡"以人为本"的今天，重视园林工程的安全性是园林从业人员必备的素质。因此，作为工程项目，要把安全要求贯彻于整个项目施工之中，对于园林景观建设中的景石假山、水景驳岸、供电防火、设备安装、大树移植、建筑结构、索道滑道等均须倍加注意。

5) 后续性与体验性

园林工程中的后续性主要表现在两个方面：一是园林工程各施工要素有着极强的工序性，例如园路工程、栽植工程、塑山工程。工序间要求有很好的衔接关系,应做好前道工序的检查验收工作,以便于后续作业的进行。二是园林作品不是一朝一夕就可以完全体现景观设计最终理念的,必须经过较长时间才能展示其设计效果,因此项目施工结束并不能说明作品已经完成。

提出园林工程的体验性特点是时代的要求,是欣赏主体——人对美感的心理要求,是现代园林工程以人为本最直接的体现。人的体验是一种特有的心理活动,实质上是将人融于园林作品之中,通过自身的体验得到全面的心理感受。园林工程正是给人们提供了这种体验心理美感的场所,这种审美追求对园林工作者提出了很高的要求,即要求组成园林的各个要素都要尽可能做到完美无缺。

2.1.3 园林建设工程、园林工程分类

园林建设工程按造园的要素及工程属性,可将其分为园林工程和园林建筑工程两大部分,而各部分又可分为若干项工程,详见图 2.1。

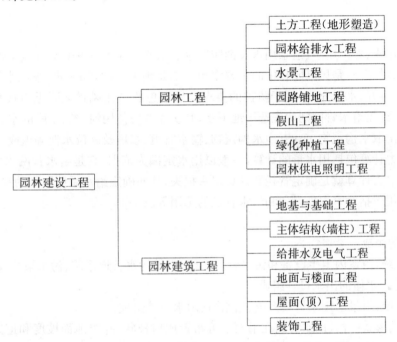

图 2.1 园林建设工程分类框图

随着社会的进步,科学技术的发展,园林建设工程的内容也在不断地更新与创新,特别是自 20 世纪 70 年代末 80 年代初我国改革开放以来,一些先进国家的工程技术新材料、高新技术的引进,使我国传统的古典园林工程的技法得以发扬、充实,并被注入了新的活力。

2.2 园林工程的主要内容

2.2.1 土方工程

土方工程主要依据竖向设计进行土方工程量计算及土方施工、塑造、整理园林建设场地。

土方量计算一般根据附有原地形等高线的设计地形来进行,但通过计算,有时反过来又可以修订设计图中的不足,使图纸更完善。土方量的计算在规划阶段无需过分精确,故只需估算,而在作施工图时,则土方工程量就需要较为精确地计算。土方量的计算方法有:

(1) 用求体积的公式进行土方估算。

(2) 断面法 是以一组等距(或不等距)的相互平行的截面将拟计算的地块、地形单体(如山、溪涧、池、岛等)和土方工程(如堤、沟渠、路堑、路槽等)分截成"段",分别计算这些"段"的体积,再将各段体积累加,以求得该计算对象的总土方量。

(3) 方格网法　方格网法是把平整场地的设计工作与土方量计算工作结合在一起进行的。方格网法的具体工作程序为：

在附有等高线的施工现场地形图上作方格网控制施工场地,依据设计意图,如地面形状、坡向、坡度值等,确定各角点的设计标高、施工标高,划分填挖方区,计算土方量,绘制出土方调配图及场地设计等高线图。

土方施工按挖、运、填、压等施工组织设计安排来进行,以达到建设场地的要求而结束。

2.2.2　园林给排水工程

主要是园林给水工程、园林排水工程。

园林给排水与污水处理工程是园林工程中的重要组成部分之一,必须满足人们对水量、水质和水压的要求。水在使用过程中会受到污染,而完善的给排水工程及污水处理工程对园林建设及环境保护具有十分重要的作用。

1) 园林给水

给水分为生活用水、养护用水、造景用水及消防用水。给水的水源一是地表水源,主要是江、河、湖、水库等,这类水源的水量充沛,是风景园林中的主要水源。二是地下水源,如泉水、承压水等。选择给水水源时,首先应满足水质良好、水量充沛、便于防护的要求。最理想的是在风景区附近直接从就近的城市给水管网系统接入,如附近无给水管网则优先选用地下水,其次才考虑使用河、湖、水库的水。

给水系统一般由取水构筑物、泵站、净水构筑物、输水管道、水塔及高位水池等组成。

给水管网的水力计算包括用水量的计算,一般以用水定额为依据,它是给水管网水力计算的主要依据之一。给水系统的水力计算就是确定管径和计算水头损失,从而确定给水系统所需的水压。

给水设备的选用包括对室内外设备和给水管径的选用等。

2) 园林排水

(1) 排水系统的组成

① 污水排水系统：由室内卫生设备和污水管道系统、室外污水管道系统、污水泵站及压力管道、污水处理与利用构筑物、排入水体的出水口等组成。

② 雨水排水系统：由景区雨水管渠系统、出水口、雨水口等组成。

(2) 排水系统的形式　污、雨水管道在平面上可布置成树枝状,并顺地面坡度和道路由高处向低处排放,应尽量利用自然地面或明沟排水,以减少投资。常用的形式有：

① 利用地形排水　通过竖向设计将谷、涧、沟、地坡、小道顺其自然适当加以组织划分排水区域,就近排入水体或附近的雨水干管,可节省投资。利用地形排水、地表种植草皮,最小坡度为 5‰。

② 明沟排水　主要指土明沟,也可在一些地段视需要砌砖、石、混凝土明沟,其坡度不小于 4‰。

③ 管道排水　将管道埋于地下,有一定的坡度,通过排水构筑物等排出。

在我国,园林绿地的排水,主要以采取地表及明沟排水为宜,局部地段也可采用暗管排水以作为辅助手段。采用明沟排水应因地制宜,可结合当地地形因势利导。

为使雨水在地表形成的径流能及时迅速疏导和排除,但又不能造成流速过大而冲蚀地表土以至于导致水土流失,因而在进行竖向规划设计时应结合理水综合考虑地形设计。

3) 园林污水的处理

园林中的污水主要是生活污水,因其含有大量的有机质及细菌等,有一定的危害。污水处理的基本方法有：物理法、生物法、化学法等。这些污水处理方法常需要组合应用。沉淀处理为一级处理,生物处理为二级处理,在生物处理的基础上,为提高出水水质再进行化学处理称为三级处理。目前国内各风景区及风景城市,一般污水通过一、二级处理后基本上能达到国家规定的污水排放标准。三级处理则用于排放标准要求特别高(如作为景区水源一部分时)的水体或污水量不大时,才考虑使用。

2.2.3　园林水景工程

古今中外,凡造景,无不牵涉及水体,水是环境艺术空间创作的一个主要因素,可借以构成各种格局的园林景观,艺术地再现自然。水有四种基本表现形式:一曰流水,其有急缓、深浅之分;二为落水,水由高处下落则有线落、布落、挂落、条落等,可潺潺细流,悠悠而落,亦可奔腾磅礴,气势恢弘;三是静水,平和宁静,清澈见底;四则为压力水,喷、涌、溢泉、间歇水等表现一种动态美。用水造景,动静相补,声色相衬,虚实相映,层次丰富,得水以后,古树、亭榭、山石形影相依,会产生一种特殊的魅力。水池、溪涧、河湖、瀑布、喷泉等水体往往又给人以静中有动、寂中有声、以少胜多、发人联想的强感染力。

水景工程是城市园林与水景相关的工程总称。它主要包括城市水系规划、水池、驳岸与护坡、小型水闸、人工泉和相应的园林建筑、园林小品及与之相配套的植物配置等几部分。

1) 城市水体规划

城市水系规划的主要任务是为保护、开发、利用城市水系,调节和治理洪水于淤积泥沙开辟人工河湖、兴城市水利而防治水患,把城市水体组成完整的水系。城市水体具有排洪蓄水、组织航运以便进行水上交通和游览、调节城市的气候等功能。河湖在城市水系中有着重要地位,承担排洪、蓄水、交通运输、调节湿度、观光游览等任务。河湖近期与远期规划水位,包括最高水位、常水位和最低水位,是确定园林水体驳岸类型、岸顶高程和湖底高程的依据。水工构筑物的位置、规格与要求应在水系规划中体现出来。园林水景工程除了满足这些要求外,应尽可能做到水工的园林化,使水工构筑物与园林景观相协调,以化解水工与水景的矛盾。

2) 水池工程

水池在城市园林中可以改善小气候条件,又可美化市容,起到重点装饰的作用。水池的形态种类很多,其深浅和池壁、池底的材料也各不相同。规则的方整之池,可显气氛肃穆庄重;而自由布局、复合参差跌落之池,可使空间活泼、富有变化。池底的嵌画、隐雕、水下彩灯等,使水景在工程的配合下,无论在白天或夜晚都能得到各种变幻无穷的奇妙景观。水池设计包括平面设计、立面设计、剖面设计及管线设计。平面设计主要是显示其平面位置及尺度,标注出池底、池壁顶、进水口、溢水口和泄水口、种植池的高程和所取剖面的位置;水池的立面设计应反映主要朝向各立面的高度变化和立面景观;剖面应有足够的代表性,要反映出从地基到壁顶各层材料厚度;水池的管线布置要根据具体情况确定,一般要考虑进水、溢水及泄水等管线。

水池材料多有混凝土水池、砖水池、柔性结构水池。材料不同、形状不同、要求不同,设计与施工也有所不同。园林中,水池可用砖(石)砌筑,具有结构简单,节省模板与钢材,施工方便,造价低廉等优点。近年来,随着新型建筑材料的出现,水池结构出现了柔性结构,以柔克刚,另辟蹊径。目前在工程实践中常用的有:混凝土水池、砖水池。玻璃布沥青蓆水池、再生橡胶薄膜水池、油毛毡防水层(二毡三油)水池等。

各种造景水池如汀步、跳水石、跌水台阶、养鱼池的出现也是人们对水景工程需要多样化的体现,而各种人工喷泉在节日中配以各式多彩的水下灯,变幻奇丽,增添着节日气氛。北京天安门前大型音乐电脑喷泉,无疑是当代高新技术的体现。

3) 驳岸与护坡

园林水体要求有稳定、美观的水岸以维持陆地和水面一定的面积比例,防止陆地被淹或水岸倒塌、或由于冻胀、浮托、风浪淘刷等造成水体塌陷、岸壁崩塌而淤积水中等,破坏了原有的设计意图,因此在水体边缘必须建造驳岸与护坡。园林驳岸按断面形状分为自然式和整形式两类。大型水体或规则水体常采用整形式直驳岸,用砖、混凝土、石料等砌筑成整形岸壁,而小型水体或园林中水位稳定的水体常采用自然式山石驳岸,以做成岩、矶、崖、岫等形状。

在进行驳岸设计时,要确定驳岸的平面位置与岸顶高程。城市河流接壤的驳岸按照城市河道系统规定平面位置建造,而园林内部驳岸则根据湖体施工设计确定驳岸位置。平面图上常水位线显示水面位置,岸顶高程应比最高水位高出一段,以保证湖水不致因风浪拍岸而涌入岸边陆地地面,但具体应视实际情况而定。修筑时要求坚固稳定,驳岸多以打桩或柴排沉褥作为加强基础的措施,并常以条石、块石混凝土、混凝土、钢筋混凝土作基础,用浆砌条石或浆砌块石勾缝、砖砌抹防水砂浆、钢筋混凝土以及用堆砌山石作墙体,用条石、山石、混凝土块料以及植被作盖顶。

护坡主要是防止滑坡、减少地面水和风浪的冲刷,以保证岸坡的稳定,常见的护坡方法有:编柳抛石护坡、铺石护坡。

4) 小型水闸

水闸在园林中应用较广泛。水闸是控制水流出入某段水体的水工构筑物,水闸按其使用功能分,一般有进水闸(设于水体入口,起联系上游和控制进水量的作用)、节制闸(设于水体出口,起联系下游和控制出水量的作用)、分水闸(用于控制水体支流出水)。在进行闸址的选定时,应了解水闸设置部位的地形、地质、水文等情况,特别是各种设计参数的情况,以便进行闸址的确定。

水闸结构由下至上可分为地基、闸底、水闸的上层建筑三部分。进行小型水闸结构尺寸的确定时须了解的数据包括:外水位、内湖水位、湖底高程、安全超高、闸门前最远直线距离、土壤种类和工程性质、水闸附近地面高程及流量要求等。

通过设计计算出需求的数据:闸孔宽度、闸顶高程、闸墙高度、闸底板长度及厚度、闸墩尺度、闸门等。

5) 人工泉

人工泉是近年来在国内兴起的园林水景。随着科技的发展,出现了各种诸如喷泉、瀑布、涌泉、溢泉、跌水等,不仅大大丰富了现代园林水景景观,同时也改善了小气候。瀑布、间歇泉、涌泉、跌水等亦是水景工程中再现水的自然形态的景观。它们的关键不在于大小,而在于能真实地再现。对于驳岸、岛屿、矶滩、河湾、池潭、溪涧等理水工程,应运用源流、动静、对比、衬托、声色、光影、藏引等一系列手法,作符合自然水势的重现,以做到"小中见大"、"以少胜多"、"旷奥由之"。

喷泉的类型很多,常用的有:

① 普通装饰性喷泉　常由各种花形图案组成固定的喷水型;
② 雕塑装饰性喷泉　喷泉的喷水水形与雕塑、小品等相结合;
③ 人工水能造景型　如瀑布、水幕等用人工或机械塑造出来的各种大型水柱等;
④ 自控喷泉　利用先进的计算机技术或电子技术将声、光、电等融入喷泉技术中,以造成变幻多彩的水景。如音乐喷泉、电脑控制的涌泉、间歇泉等。

喷水池的尺寸与规模主要取决于规划所赋予它的功能,它与喷水池所在的地理位置的风向、风力、气候湿度等关系极大,它直接影响了水池的面积和形状。喷水池的平面尺寸除应满足喷头、管道、水泵、进水口、泄水口、溢水口、吸水坑等布置要求外,还应防止水在设计风速下,水滴不致被风大量地吹出池外,所以喷水池的平面尺寸一般应比计算要求每边再加大 50~100 cm。

喷水池的深度:应按管道、设备的布置要求确定。在设有潜水泵时,应保证吸水口的淹没深度不小于 150 cm,在设有水泵吸水口时,应保证吸水喇叭口的淹没深度不小于 50 cm。水泵房多采用地下或半地下式,应考虑地面排水,地面应有不小于 5‰的坡度,坡向集水坑。水泵房应加强通风,为解决半地下式泵房与周围景观协调的问题,常将泵房设计成景观构筑物,如设计成亭、台、水榭或隐蔽在山崖、瀑布之下等。

喷泉常用的喷头形式有:单射流喷头、喷雾喷头、环形喷头、旋转喷头、扇形喷头、多孔喷头、变形喷头、组合喷头等。在进行喷泉设计时,要进行喷嘴流量、喷泉总流量、总扬程等项设计计算。由于影响喷泉设计的因素较多,故在安装运行时还要进行适当的调整,甚至作局部的修改以臻完善。

喷泉中的水下灯是保证喷泉效果的必要措施,特别是在现代技术发达的今天,光、机、电、声的综合应用将会使喷泉技术在园林景观中更具魅力。

2.2.4 园路铺装工程

园路铺装工程着重在园路的线形设计、园内的铺装、园路的施工等方面。

1) 园路

园路既是交通线,又是风景线,园之路,犹如脉络,路既是分隔各个景区的景界,又是联系各个景点的"纽带",具有导游、组织交通、划分空间界面、构成园景的作用。园路分主路、次路与小径(自然游览步道)。主园路连接各景区,次园路连接诸景点,小径则通幽。

园路工程设计中,平面线形设计就是具体确定园路在平面上的位置,由勘测资料和园路性质等级要求以及景观需要,定出园路中心位置,确定直线段。园路纵断面线形设计主要是确定路线合适的标高,设计各路段的纵坡及坡长,保证视距要求,选择竖曲线半径,配置曲线,确定设计线,计算填挖高度,定桥涵、护岸、挡土墙位置,绘制纵断面设计图等。选用平曲线半径,合理解决曲直线的衔接等,以绘出园路平面设计图。

在风景游览等地的园路,不能仅仅看作是由一处通到另一处的旅行通道,而应当是整个风景景观环境中不可分割的组成部分,所以在考虑园路时,要用地形地貌造景,利用自然植物群落与植被建造生态绿廊。

园路的景观特色还可以利用植物的不同类型品种在外观上的差异和乡土特色,通过不同的组合和外轮廓线特定造型以产生标志感。同时尽可能将园林中的道路布置成"环网式",以便组织不重复的游览路线和交通导游。各级园路回环萦绕,收放开合,藏露交替,使人渐入佳境。园路路网应有明确的分级,园路的曲折迂回应有构思立意,应做到艺术上的意境性与功能上的目的性有机结合,使游人步移景异。

风景旅游区及园林中的停车场应设置在重要景点进出口边缘地带及通向尽端式景点的道路附近,同时也应按不同类型及性质的车辆分别安排场地停车,其交通路线必须明确。在设计时综合考虑场内路面结构、绿化、照明、排水及停车场的性质,配置相应的附属设施。

园路的路面结构从路面的力学性能出发,分为柔性路面、刚性路面及庭园路面。

2) 铺装

园林铺地是我国古典园林技艺之一,而在现时又得以创新与发展。它既有实用要求,又有艺术要求,主要用来引导和用强化的艺术手段组织游人活动,表达不同主题立意和情感,利用组成的界面功能分隔空间、格局和形态,强化视觉效果。

铺地要进行铺地艺术设计,包括纹样、图案设计、铺地空间设计、结构构造设计、铺地材料设计等。常用的铺地材料分为天然材料和人造材料,天然材料有:青(红)页岩、石板、卵石、碎石、条(块)石、碎大理石片等。人造材料有:青砖、水磨石、斩假石、本色混凝土、彩色混凝土、沥青混凝土等。如北京天安门广场的步行便道用粉红色花岗岩铺地,不仅满足景观要求,而且有很好的视觉效果。

2.2.5 假山工程

包括假山的材料和采运方法、置石与假山布置、假山结构设施等。

假山工程是园林建设的专业工程,人们通常所说的"假山工程"实际上包括假山和置石两部分。我国园林中的假山技术是以造景和提供游览为主要目的,同时还兼有一些其他功能。

假山是以土、石等为材料,以自然山水为蓝本并加以艺术提炼与夸张,用人工再造的山水景物。零星山石的点缀称为"置石",主要表现山石的个体美或局部的组合。

假山的体量大,可观可游,使人们仿佛置于大自然之中,而置石则以观赏为主,体量小而分散。假山和置石首先可作为自然山水园的主景和地形骨架,如南京瞻园、上海豫园、扬州个园、苏州环秀山庄等采用主景突出方式的园林,皆以山为主,水为辅,建筑处于次要地位甚至点缀。其次可作为园林划分空间和组织空间的手段,常用于集锦式布局的园林,如圆明园利用土山分隔景区、颐和园以仁寿殿西面土石相间的假山作为划分空间和障景的手段。运用山石小品则可作为点缀园林空间和陪衬建筑、植物的手段。假山可平衡土方,叠石可作驳岸、护坡、汀石和花台、室内外自然式的家具或器设,如石凳、石桌、石护栏等。它们将假山的造景功能与实用功能巧妙地结合在一起,成为我国造园技术中的瑰宝。

假山因使用的材料不同,分为土山、石山及土石相间的山。常见的假山材料有:湖石(包括太湖石、房山石、英石等)、黄石、青石、石笋(包括白果笋、乌炭笋、慧剑、钟乳石笋等)以及其他石品(如木化石、松皮石、石珊瑚等)。

1) 置石

置石用的山石材料较少,施工也较简单,置石分为特置、散置和群置。

特置,在江南称为立峰,这是山石的特写处理,常选用单块、体量大、姿态富于变化的山石,也有将好几块山石拼成一个峰的处理方式。散置又称为"散点",这类置石对石材的要求较"特置"为低,以石之组合衬托环境取胜。常用于园门两侧、廊间、粉墙前、山坡上、桥头、路边等，或点缀建筑、或装点角隅，散点要做出聚散、断续、主次、高低、曲折等变化之分。大散点则被称为"群置"，与"散点"之异在于其所在的空间较大，置石材料的体量也较大，而且置石的堆数也较多。

在土质较好的地基上作"散点"，只需开浅槽夯实素土即可。土质差的则可以砖瓦之类夯实为底。大散点的结构类似于掇山。

山石几案的布置宜在林间空地或有树阴的地方，以利于游人休息。同时其安排应忌像一般家具的对称布置，除了其实用功能外，更应突出的是它们的造景功能，以它们的质朴、敦实给人们营造回归自然的意境。

2) 掇山

较之于置石要复杂得多，要将其艺术性与科学性、技术性完美地结合在一起。然而，无论是置石还是掇山，都不是一种单纯的工程技术，而是融园林艺术于工程技术之中，掇山必须是"立意在先"，而立意必须掌握取势和布局的要领，一是"有真有假，作假成真"，达到"虽由人作，宛自天开"的境界，以写实为主，结合写意，山水结合，主次分明。二是因地制宜，景以境出，要结合材料、功能、建筑和植物特征以及结构等方面，做出特色。三是寓意于山，情景交融。四是对比衬托，利用周围景物和假山本身，做出大小、高低、进出、明暗、虚实、曲直、深浅、陡缓等既对立又统一的变化手法。

在假山塑造中，从选石、采石、运石、相石、置石、掇山等一系列过程中总结出了一整套理论。假山虽有峰、峦、洞、壑等变化，但就山石之间的结合可以归结成山体的十种基本接体形式：安、连、接、斗、挎、拼、悬、剑、卡、垂，还有挑、撑等接体方式，这些都是在长期的实践中，从自然山景中归纳出来的。施工时应力求自然，切忌做作。在掇山时还要采取一些平稳、填隙、铁活加固、胶结和勾缝等技术措施。这些都是我国造园技术的宝贵财富，应予高度重视，使其发扬光大。

3) 塑山

在传统灰塑山和假山的基础上，运用现代材料如环氧树脂、短纤维树脂混凝土、水泥及灰浆等，创造了塑山工艺。塑山可省采石、运石之工程，造型不受石材限制，且有工期短、见效快的优点。但它的使用期短是其最大的缺陷。

塑山的工艺过程如下：

(1) 设置基架　可根据石形和其他条件分别采用砖基架、钢筋混凝土基架或钢基架。坐落在地面的塑山要有相应的地基基础处理。坐落在室内屋顶平台的塑山，则必须根据楼板的构造和荷载条件作结构设计，包括地梁和钢架、柱和支撑设计。基架将所需塑造的山形概略为内接的几何形体的桁架，若采用钢材作基架的话，应遍涂防锈漆两遍作为防护处理。

(2) 铺设钢丝网　一般形体较大的塑山都必须在基架上敷设钢丝网，钢丝网要选易于挂灰、泥的材料。若为钢基架则还宜先作分块钢架附在形体简单的基架上，变几何体形为凹凸起伏的自然外形，在其上再挂钢丝网，并根据设计要求用木槌成型。

(3) 抹灰成型　先初抹一遍底灰，再精抹一二遍细灰，塑出石脉和皱纹。可在灰浆中加入短纤维以增强表面的抗拉力量，减少裂缝。

(4) 装饰　根据设计对石色的要求，刷涂和喷涂非水溶性颜色，令其达到设计效果为止。由于新材料新工艺不断推出，第三四步往往合并处理。如将颜料混合于灰浆中，直接抹上加工成型。也有在工场现做出一块块石料，运到施工现场缚挂或焊挂在基础上，当整体成型达到要求后，对接缝及石脉纹理作进一步加工处理，即可成山。

2.2.6　绿化种植工程

包括乔灌木种植工程、大树移植、草坪工程等。

在城市环境中，栽植规划是否能成功，在很大程度上取决于当地的小气候、土壤、排水、光照、灌溉等生态因子。

在进行栽植工程施工前，施工人员必须通过设计人员的设计交底，以充分了解设计意图，理解设计要求,熟悉设计图纸;故应向设计单位和工程甲方了解有关材料,如:工程的项目内容及任务量、工程期限、工程投资及设计概(预)算、设计意图、了解施工地段的状况、定点放线的依据、工程材料来源及运输情况,必要时应作现场调研。

在完成施工前的准备工作后,应编制施工计划,制定出在规定的工期内费用最低的安全施工的条件和方法,优质、高效、低成本、安全地完成其施工任务。作为绿化工程,其施工的主要内容为:

1) 树木的栽植

首先是确定合理的种植时间。在寒冷地区以春季栽植为宜。北京地区春季植树在3月中旬到4月下旬,雨季植树则在7月中旬左右。在气候比较温暖的地区,以秋季、初冬栽植比较相宜,以使树木更好地生长。在华东地区,大部分落叶树都可以在冬季11月上旬树木落叶后至12月中、下旬及2月中旬至3月下旬树木发芽前栽植,常绿阔叶树则在秋季、初冬、春季、梅雨季节均可栽种。

至于栽植方法,种类很多,在城市中常用人行道栽植穴、树坛、植物容器、阳台、庭园栽植、屋顶花园等。

在进行树木的栽植前还要作施工现场的准备,即施工现场场地拆迁、对施工现场平整土地以及定点放线,这些都应在有关技术人员的指导下按技术规范进行相关操作。挖苗是种树的第一步,挖苗时应尽可能挖得深一些,注意保护根系少受损伤。一般常绿树挖苗时要带好土球,以防泥土松散。落叶树挖苗时可裸根,过长和折断的根应适当修去一部分。树苗挖好后,要遵循"随挖、随运、随种"的原则,及时运去种好。在运苗之前,为避免树苗枯干等,应进行包装。树苗运到栽植地点后,如不能及时栽植,就必须进行假植。假植的地点应选择靠近栽植地点、排水良好、湿度适宜、无强风、无霜冻避风之地。另外根据栽植的位置,刨栽植坑,坑穴的大小应根据树苗的大小和土壤土质的不同来决定。施工现场如土质不好,应换入无杂质的砂质壤土,以利于根系的生长。挖完坑后,每坑可施底肥,然后再覆素土不使树根直接与肥料接触,以免烧伤树根。

栽植前要进行修剪。苗木的修剪可以减少水分的散发,保持树势平衡,保证树木的成活,同时也要对根系进行适当的修剪,主要将断根、劈裂根、病虫根和过长的根剪去,剪口也要平滑。栽植较大规格的高大乔木,在栽植后应设支柱支撑,以防浇水后大风吹倒苗木。

2) 大树移植

大树是指胸径达15~20 cm,甚至30 cm,处于生长发育旺盛期的乔木和灌木,要带球根移植,球根具有一定的规格和重量,常需要专门的机具进行操作。

大树移植能在最短的时间内创造出理想的景观。在选择树木的规格及树体大小时,应与建筑物的体量或所留有空间的大小相协调。

通常最合适大树移植的时间是春季、雨季和秋季。在炎热的夏季,不宜大规模的进行大树移植。若由于特殊工程需要少量移植大树时,要对树木采取适当疏枝和搭盖荫棚等办法以利于大树成活。大树移植前,应先挖树穴,树穴要排水良好,对于贵重的树木或缺乏须根树木的移植准备工作,可采用围根法,即于移植前2~3年开始,预先在准备移植的树木四周挖一沟,以刺激其长出密集的须根,创造移植条件。

大树土球的包装及移植方法常用软材包装移植、木箱包装移植、冻土移植以及移植机移植等。移植机是近年来引进和发展的新型机械,可以事先在栽植地点刨好植树坑,然后将坑土带到起树地点,以便起树后回填空坑。大树起出后,又可用移植机将大树运到栽植地点进行栽植。这样做节省劳力,大大提高了工作效率。大树起出后,运输最好在傍晚,在移植大树时要事先准备好回填土。栽植时,要特别注意位置准确,标高合适。

3) 草坪栽植工程

草坪是指由人工养护管理,起绿化、美化作用的草地。就其组成而言,草坪是草坪植被的简称,是环境绿化种植的重要组成部分,主要用于美化环境,净化空气,保持水土,提供户外活动和体育活动场所。

(1) 草坪类型

① 单一草坪 一般是指由某一草坪草品种构成,它有高度的一致性和均匀性,可用来建立高级草坪和

特种草坪,如高尔夫球场的发球台和球盘等。在我国北方常用野牛草、瓦巴斯、匍匐翦股颖来建坪,南方则多用天鹅绒、天堂草、假俭草来建坪。

② 缀花草坪　通常以草坪为背景,间以多年生、观花地被植物。在草坪上可自然点缀栽植水仙、鸢尾、石蒜、紫花地丁等。

③ 游憩草坪　这类草坪无固定形状,一般管理粗放,人可在草坪内滞留活动,可以在草坪内配植孤立树、点缀石景、栽植树群和设施,周围边缘配以半灌木花带、灌木丛,中间留有大的空间空地,可容纳较大的人流。多设于医院、疗养地、学校、住宅区等处。

④ 疏林草坪　是指大面积自然式草坪,多由天然林草地改造而成,少量散生部分林木,其多利用地形排水,管理粗放。通常见于城市近郊旅游休假地、疗养区、风景区、森林公园或与防护林带相结合,其特点是林木夏季可庇荫,冬天有充足的阳光,是人们户外活动的良好场所。

(2) 草坪的兴建

草坪兴建一般分两步进行,在选定草种后,首先是准备场地(坪床)、除杂、平整、翻耕、配土、施肥、灌水后再整平。在此前应将坪床的喷灌及排水系统埋设完毕,下一步则可采用直接播种草籽或分株栽植或铺草皮砖、草皮卷、草坪植生带等法。近年来还有采用吹附法建草坪,即将草籽加泥炭或纸浆、肥料、高分子化合物料和水混合成浆,储在容器中,借助机械加压,喷到坪床上,经喷水养护,无须多少时日即可成草坪。此法机械化程度高,建成的草坪质量好,见效快,越来越受到人们的关注和喜爱。

(3) 草坪的养护

不同地区在不同的季节有不同的草坪养护管理措施、管理方法。常见的管理措施有修剪、灌溉、病虫害防治、除杂草、施肥等,不同的季节,重点不同。

2.2.7　园林供电照明工程

随着社会经济的发展,人们对生活质量的要求越来越高,园林中电的用途已不再仅仅是提供晚间道路照明,各种新型的水景、游乐设施、新型照明光源的出现等等,无不需要电力的支持。

在进行园林有关规划、设计时,首先要了解当地的电力情况:电力的来源、电压的等级、电力设备的装备情况(如变压器的容量、电力输送等),这样才能做到合理用电。

园林照明是室外照明的一种形式,在设置时应注意与园林景观相结合,以最能突出园林景观特色为原则。光源的选择上,要注意利用各类光源显色性的特点,突出要表现的色彩。在园林中常用的照明电光源除了白炽灯、荧光灯以外,一些新型的光源如汞灯(是目前园林中使用较多的光源之一,能使草坪、树木的绿色格外鲜艳夺目,使用寿命长,易维护)、金属卤化物灯(发光效率高,显色性好,但没有低瓦数的灯,使用受到一定限制)、高压钠灯(效率高,多用于节能、照度高的场合,如道路、广场等,但显色性较差)亦在被应用之列。但使用气体等放电时应注意防止频闪效应。园林建筑的立面可用彩灯、霓虹灯、各式投光灯进行装饰。在灯具的选择上,其外观应与周围环境相配合,艺术性要强,有助于丰富空间层次,保证安全。

园林供电与园林规划设计灯具有着密切的联系,园林供电设计的内容应包括:确定各种园林设施的用电量;选择变电所的位置、变压器容量;确定其低压供电方式;导线截面选择;绘制照明布置平面图、供电系统图。

2.3　园林的建筑工程

园林建筑是指在园林中有造景作用,同时供人游览、观赏、休息的建筑物。园林建筑是一门内容广泛的综合性学科,要求最大限度地利用周围环境,在位置的选择上要因地制宜,取得最好的透视线与观景点,并以得景为主。

2.3.1　园林建筑的类型

园林建筑按其用途可分为:

(1) 游憩建筑　有亭、廊、水榭等;

(2) 服务建筑　有大门、茶室、餐馆、小卖部等；
(3) 水体建筑　包括码头、桥、喷泉、水池等；
(4) 文教建筑　有各式展览、阅览室、露天演出场地、游艺场等；
(5) 动、植物园建筑　有各式动物馆舍、盆景园、水景园、温室、观光温室以及各类园林小品，如院墙、影壁、园灯、园椅、花架、露窗等。

2.3.2 园林建筑的特点

园林建筑是中国园林中的一个重要因素。在长期实践中，无论在单体、群体、总体布局以及建筑类型上，都紧密地与周围环境结合。追崇自然，与自然环境相协调是中国园林建筑的一个准则。园林建筑的主要特色在于"巧"（灵活）、"宜"（适用）、"精"（精美）、"雅"（指建筑的格调要幽雅）。这四个字实质上代表了园林建筑从设计到施工要遵循的原则和指导思想。

古代建筑常使用在视觉中心两侧具有相同分量的构图，称为均衡构图。均衡构图分为对称均衡构图及不对称均衡构图。均衡构图给人一种稳定、安全、舒适的感受，是建筑构图中最重要的法则，而在生物界，不论是动物还是植物，在个体构造上都是对称的。但人类赖以生存的自然山川、河流以及植被群落等生存环境却都是不对称的，园林建筑是从属于自然风景，则以不对称构图为主，以更好地与大自然协调。在园林中，突出的应是山水景观，而建筑只是配角，起到一个陪衬和渲染的作用，尺度不宜过大，否则会适得其反，喧宾夺主，破坏了景观。

园林建筑就其所用的承重构件和结构形式来分，主要有：砖木结构、混合结构、钢筋混凝土框架结构、轻钢结构及中国古建筑物的木结构。砖木结构多见于古代园林中的楼、台、亭、阁等。而混合结构是指建筑物的墙柱用砖砌，楼板、楼梯用钢筋混凝土结构，屋顶为木结构或钢筋混凝土结构，这种形式目前在园林建筑中使用较为广泛。我国的古建筑已有几千年的历史，是我国文明史的瑰宝。古代木建筑物的木梁、椽、檩为承重构件是采用独特的技法结构而成的，目前在一些古建筑的修复、仿古建筑的建造中应用较多。

2.4　园林工程施工程序

2.4.1　园林建设程序

建设程序是指建设项目从设想、选择、评估、决策、设计、施工到竣工验收、投入使用，发挥社会效益、经济效益的整个建设过程中，各项工作的先后次序。

园林建设工程作为建设项目中的一个类别，它必须要遵循建设程序。园林建设程序见图2.2。

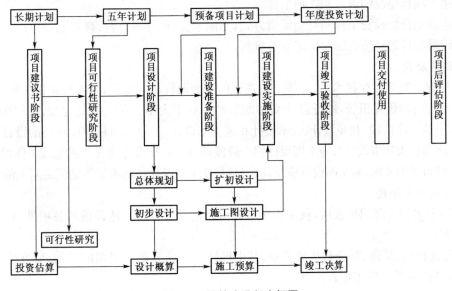

图2.2　园林建设程序框图

根据目前我国基本建设的程序,园林建设程序主要分七个阶段:

1) 项目建议书阶段

园林建设项目建议书是根据当地的国民经济发展和社会发展的总体规划或行业规划等多方面要求,经过调查、预测分析后所提出的;它是投资建设决策前,对拟建设项目的轮廓设想,主要是说明该项目立项的必要性、条件的可行性、获取效益的可靠性,以供上一级机构进行决策之用。

园林建设项目建议书的内容一般应包含以下几方面:

(1) 建设项目的必要性和依据;

(2) 建设项目的规模、地点以及自然资源、人文资源情况及社会地域经济条件;

(3) 建设项目的投资估算以及资金筹措来源;

(4) 建设项目建成后的社会、经济、生态效益估算。

园林建设项目建议书的审批程序是:

按现行规定,凡属大中型的园林建设项目,在上报项目建议书时必须附上初步可行性研究报告;项目建议书首先要报送行业归口主管部门,同时抄送国家发改委(原国家计委);行业归口主管部门初审后再由国家发改委(原国家计委)审批。小型的园林建设项目的项目建议书应按项目隶属关系由部门或地方发改委(原计委)审批。

项目建议书获得批准后即可立项。

2) 项目可行性研究阶段

园林建设项目立项后,根据批准的项目建议书,即可着手进行可行性研究,在详细进行可行性研究的基础上,编制可行性研究报告,为项目投资决策提供科学依据。根据国家发改委发布的计投资〔1991〕1969号文件,"从本文下发之日起,将现行国内投资项目的设计任务书和利用外资项目的可行性研究报告统一称为可行性研究报告,取消设计任务书的名称","所有国内投资项目和利用外资的建设项目,在批准项目建议书以后,并进行可行性研究的基础上,一律编报可行性研究报告,可行性研究报告的编报程序、要求和审批权限与以前的设计任务书(可行性研究报告)一致。"

园林建设项目可行性研究报告的内容主要包含以下几方面:

(1) 园林建设项目建设的目的、性质、提出的背景和依据;

(2) 园林建设项目的规模、市场预测的依据等;

(3) 园林建设项目的现状分析,即项目建设的地点、位置、当地的自然资源与人文资源的状况等;

(4) 园林建设项目的内容,包括面积、总投资、工程质量标准、单项造价等;

(5) 园林建设项目建设的进度和工期估算;

(6) 园林建设项目的投资估算和资金筹措方式,如国家投资、外资合营、自筹资金等;

(7) 园林建设项目的经济、社会、生态效益分析。

3) 项目设计阶段

设计是对拟建工程项目在技术上、经济上所进行的全面而详尽的安排,是园林建设工程的具体化。

根据批准的可行性研究报告,进行设计文件的编制。对于大型、复杂、有特定要求的园林建设项目的设计过程,一般分为三个阶段:初步设计、技术设计和施工图设计;一般的园林建设项目的设计过程仅需要初步设计(有时又称为扩大初步设计)、施工图设计两个阶段即可。初步设计文件要满足施工图设计、施工准备、土地征用、项目材料等的要求;施工图设计应使建设材料、构配件及设备的购置等能满足施工的要求。

4) 项目建设准备阶段

设计文件经上级相关部门批准后,就要切实做好园林建设项目开工建设前的各项准备工作,主要包含以下几方面内容:

(1) 组建筹建机构,征地、拆迁和场地平整,其中拆迁是一项政策性很强的工作,应在当地政府及有关部门的协助下,共同完成此项工作;

(2) 落实和完成施工所用水、电、道路等设施工程及外部协调条件;

(3) 组织设备和材料的订货、落实材料供应,准备施工图纸等;
(4) 组织施工招标投标工作,择优选定施工单位、签订承包合同,确定合同价;
(5) 报批项目施工的开工报告等。

5) 项目建设实施阶段

(1) 园林建设项目建设实施阶段的工作内容　项目施工的开工报告获得批准后,建设项目方能开工建设。项目建设实施阶段的工作内容包括组织项目施工和生产准备。

(2) 园林建设项目的工程施工方式　园林工程施工方式有两种:一种是由实施单位自行施工,另一种是委托承包单位负责完成。承包单位的确定,目前常用的是通过公开招标的方法来决定;其中最主要的是订立承包合同(在特殊的情况下,可采取订立意向合同等方式)。

园林工程施工承包合同的主要内容为:

① 所承担的施工任务的内容及工程完成的时间;

② 双方在保证完成任务前提下所承担的义务和享有的权利;

③ 甲方(项目建设方)支付工程款项的数量、方式以及期限等;

④ 双方未尽事宜应本着友好协商的原则处理,力求完成相关工程项目的协议内容。

(3) 园林建设项目的工程施工管理　园林建设项目工程开工之后,工程管理人员应与技术人员密切合作,共同搞好施工中的管理工作。

园林工程施工管理一般包括:工程管理、质量管理、安全管理、成本管理、劳务管理和文明施工管理等6个方面的内容。

① 工程管理　开工后,工程现场组织行使自主的施工管理。对甲方而言,是如何在确保工程质量的前提下,保证工程的顺利进行,在规定的工期内完成建设项目。对乙方来说,则是以最少的人力、物力投入而获得符合要求的高质量园林产品并取得最好的经济效益。工程管理的重要指标是工程速度,因而应在满足经济施工和质量要求的前提下,求得切实可行的最佳工期,这是获得较好经济效益的关键。

为保证如期完成工程项目,应编制出符合上述要求的施工计划,包括合理的施工顺序、作业时间和作业均衡、成本合理等。在制定施工计划过程中,将上述有关数据图表化,以编制出工程表。工程上也会出现预料不到的情况,因而在整个施工过程中可补充或修正编制的工程表,灵活运用,使其更符合客观实际。

② 质量管理　质量管理是施工管理的核心,是获得高质量产品和获得较高社会效益的基础。其目的是为了有效地建造出符合甲方要求的高质量的项目产品,因而需要确定施工现场作业标准量,并测定和分析这些数据,把相应的数据填入图表中并加以研究运用,进行质量管理。有关管理人员及技术人员正确掌握质量标准,根据质量管理图进行质量检查及生产管理,是确保质量优质稳定的关键。

③ 安全管理　安全管理是一切工程管理的重要内容。这是杜绝劳动伤害、创造秩序井然的施工环境的重要管理业务,也是保证安全生产、实现经济效益的主要措施之一。应在施工现场成立相关的安全管理组织,制定安全管理计划以便有效地实施安全管理,严格按照各工种的操作规范进行操作,并应经常对技术人员和工人包括临时工进行安全教育。

④ 成本管理　园林建设工程是公共事业,甲乙双方的目标应是一致的,就是以最小的投入,将高质量的园林作品交付给社会,以获得最佳的社会、经济和生态效益。因而必须提高成本意识,实行成本管理。成本管理不是追逐利润的手段,利润应是成本管理的结果。

⑤ 劳务管理　劳务管理是指施工过程中对参与工程的各类劳务人员的组织与管理,是施工管理的主要内容之一。应包括招聘合同手续、劳动伤害保险、支付工资能力、劳务人员的生活管理等,它不仅是为了保证工程劳务人员的有关权益,同时也是项目顺利完成的必要保障。

⑥ 文明施工管理　现代施工要求做到文明施工,就是通过科学合理的组织设计,协调好各方面的关系,统筹安排各个施工环节,保证设备材料进场有序,堆放整齐,尽量减少夜间施工对外部环境的影响,做到现场施工协调、有序、均衡、文明。

6) 项目竣工验收阶段

竣工验收是园林建设工程形成园林工程产品的最后一个环节,是全面考核园林建设成果、检验设计和工程质量的重要步骤,也是园林建设转入对外开放及使用的标志。项目施工完成,就应组织竣工验收。

园林建设项目竣工验收阶段的主要内容为:①竣工验收的范围;②竣工验收准备工作;③组织项目验收;④确定项目对外开放日期。

7) 项目后评价阶段

园林建设项目的后评价是工程项目竣工并使用一段时间后(一般是1~2年),再对立项决策、设计施工、竣工使用等全过程进行系统评价的一种技术经济活动,是固定资产投资管理的一项重要内容,也是固定资产管理的最后一个环节;通过建设项目的后评价可以达到肯定成绩、总结经验、研究问题、吸取教训、提出建议、改进工作,不断提高项目决策水平的目的。

目前我国开展建设项目的后评价一般按三个层次组织实施,即项目单位的自我评价、行业评价、主要投资方或各级计划部门的评价。

2.4.2 园林工程施工程序

园林工程施工程序是指进入园林工程建设实施阶段后,在施工过程中应遵循的先后顺序。它是施工管理的重要依据。在园林工程建设施工过程中,能做到按施工程序进行施工,对提高施工速度,保证施工质量、安全,降低施工成本都具有重要作用。

园林工程施工程序一般分为施工前的准备阶段、现场施工阶段两部分。

1) 施工前准备阶段

园林工程建设各工序、各工种在施工过程中首先要有一个准备期。在施工准备期内,施工人员的主要任务是:领会图纸设计的意图、掌握工程特点、了解工程质量要求、熟悉施工现场、合理安排施工力量,为顺利完成现场各项施工任务做好各项准备工作。其内容一般可分为技术准备、生产准备、施工现场准备、后勤保障准备和文明施工准备五个方面。

(1) 技术准备

① 施工人员要认真读懂施工图,体会设计意图,并要求工人都能基本了解;

② 对施工现场状况进行查看,结合施工现场平面图对施工工地的现状了如指掌;

③ 学习掌握施工组织设计内容,了解技术交底和预算会审的核心内容,领会工地的施工规范、安全措施、岗位职责、管理条例等;

④ 熟悉掌握各工种施工中的技术要点和技术改进方向。

(2) 生产准备

① 施工中所需的各种材料、构配件、施工机具等要按计划组织到位,并要做好验收、入库登记等工作;

② 组织施工机械进场,并进行安装调试工作,制定各类工程建设过程中所需的各类物资供应计划,例如山石材料的选定和供应计划、苗木供应计划等;

③ 根据工程规模、技术要求及施工期限等,合理组织施工队伍、选定劳动定额、落实岗位责任、建立劳动组织;

④ 做好劳动力调配计划安排工作,特别是在采用平行施工、交叉施工或季节性较强的集中性施工期间更应重视劳务额配备计划,避免窝工浪费和因缺少必要的工人而耽误工期的现象发生。

(3) 施工现场准备 施工现场是施工的集中空间。合理、科学布置有序的施工现场是保证施工顺利进行的重要条件,应给以足够的重视,其基本工作一般包括以下内容:

① 界定施工范围,进行必要的管线改道,保护名木古树等。

② 进行施工现场工程测量,设置工程的平面控制点和高程控制点。

③ 做好施工现场的"四通一平"(水通、路通、电通、信息通和场地平整)。施工用临时道路选线应以不妨碍工程施工为标准,结合设计园路、地质状况及运输荷载等因素综合确定;施工现场的给水排水、电力等应能满足工程施工的需要;做好季节性施工的准备;平整场地时要与原设计图的土方平衡相结合,以减少

工程浪费;并要做好拆除清理地上、地下障碍物和建设用材料堆放点的设置安排等工作。

④搭设临时设施。主要包括工程施工用的仓库、办公室、宿舍、食堂及必要的附属设施。例如,临时抽水泵站,混凝土搅拌站,特殊材料堆放地等。工程临时用地的管线要铺设好。在修建临时设施时应遵循节约够用、方便施工的原则。

(4) 后勤保障准备　后勤工作是保证一线施工顺利进行的重要环节,也是施工前准备工作的重要内容之一。施工现场应配套简易、必要的后勤设施,例如医疗点、安全值班室、文化娱乐室等。

(5) 文明施工准备　做好劳动保护工作,强化安全意识,搞好现场防火工作等。

2) 现场施工阶段

各项准备工作就绪后,就可按计划正式开展施工,进入现场施工阶段。由于园林工程建设的类型繁多,涉及的工程种类多且要求高,对现场各工种、各工序施工提出了各自不同的要求,在现场施工中应注意以下几点:

(1) 严格按照施工组织设计和施工图进行施工安排,若有变化,需经计划、设计及有关部门共同研究讨论并以正式的施工文件形式决定后,方可实施变更。

(2) 严格执行各有关工种的施工规程,确保各工种技术措施的落实。不得随意改变工种施工,更不能混淆工种施工。

(3) 严格执行各工序间施工中的检查、验收、交接手续的签字盖章要求,并将其作为现场施工的原始资料妥善保管,以明确责任。

(4) 严格执行现场施工中的各类变更(工序变更、规格变更、材料变更等)的请示、批准、验收、签字的规定,不得私自变更和未经甲方检查、验收、签字而进入下一工序,并将有关文字材料妥善保管,作为竣工结算、决算的原始依据。

(5) 严格执行施工的阶段性检查、验收规定,尽早发现施工中的问题,及时纠正,以免造成更大的损失。

(6) 严格执行施工管理人员对质量、进度、安全的要求,确保各项措施在施工过程中得以贯彻落实,以预防各类事故的发生。

(7) 严格服从工程项目部的统一指挥、调配,确保工程计划的全面完成。

3 园林土方工程施工方法与技术

大凡园林工程建设必先动土,园林中对地形的改造与设计最终都是通过土方工程施工来得以实现的;在园林工程建设施工中,土方工程是一项比较艰巨的工作;土方工程施工的速度与质量,会直接影响到后续的其他园林工程,因此必须重视土方工程的施工。

园林土方工程,根据其使用期限和施工要求,可分为永久性土方工程和临时性土方工程两种,但是不论是永久性还是临时性的土方工程,都要求其具有足够的稳定性和密实度,工程质量和艺术造型都应符合原设计的要求;在施工过程中要遵循有关的技术规范和原设计的各项要求,以保证工程的稳定和持久。

3.1 土方工程施工准备工作

土方工程施工的准备工作大体上包括四个方面的内容:

3.1.1 土方工程的基本准备

1)研究和审查施工图纸

检查设计图纸、资料是否齐全,核对平面尺寸和标高,图纸相互间有无错误和矛盾冲突;熟悉和掌握设计内容及各项技术要求,了解工程规模、特点、工程量和质量要求;熟悉土层地质、水文勘察资料;会审施工图纸,搞清建设场地范围与周围地下设施管线的关系;制定好开挖和回填程序,明确各专业工序间的配合关系、施工工期要求;并向参加施工的人员层层进行技术交底。

2)查勘施工现场

摸清工程场地情况,收集施工需要的各项资料,包括施工场地地形、地貌、地质水文、河流、气象、运输道路、植被、临近建筑物、地下基础、管线、电缆坑基、防空洞、地面上施工范围内的障碍物和堆积物状况,供水、供电、通讯情况,防洪排水系统等,以便为施工规划和准备提供可靠的资料和数据。

3)编制施工方案

研究制定现场场地平整、土方开挖施工方案;绘制施工总平面布置图和土方开挖图,确定开挖路线、顺序、范围、底板标高、边坡坡度、排水沟水平位置,以及挖去的土方堆放地点;提出需用施工机具、劳力、推广新技术计划;深开挖还应提出支护、边坡保护和降水方案。

4)修建临时设施和道路

(1)临时设施的修建 应根据土方和基础工程规模、工期长短、施工力量安排等修建简易的临时性生产和生活设施,如工具库、材料库、油库、机具库、修理棚、休息棚、炊炉棚等,同时敷设现场供水、供电等管线,并进行试水、试电等;

(2)临时道路的修建 修筑好施工场地内的临时道路,以供机械进场和土方运输之用,主要临时道路宜结合永久性道路的布置修筑;道路的坡度、转弯半径应符合安全要求,两侧作排水沟。

5)准备机具、物质及人员

(1)机具和物质的准备 做好设备调配,对进场挖掘、运输车辆及各种辅助设备进行维修检查,试运转,并运至使用地点就位;准备好施工用料及工程用料,按施工平面图要求堆放。

(2)人员和质量体系的准备 组织并配备土方工程施工所需各专业技术人员、管理人员和技术工人;组织安排好作业班次;制定和建立较为完善的技术岗位责任制和技术、质量、安全、管理网络体系。

3.1.2 清理、平整施工场地

1)清理场地

在施工场地范围内,凡是有碍于工程的开展或影响工程稳定的地面物和地下物均应予以清理,便于土方施工工作的正常开展。

(1) 建筑物和构筑物的拆除 对施工场地内没有利用价值或不需要保留的所有地上、地下的建筑物和构筑物,如电杆、电线、塔架、管线、坟墓、沟渠、房屋、基础等,在土方施工前均应拆除掉。拆除时,应根据其结构特点,按照一定的次序,并遵循现行《建筑工程安全技术规范》的规定进行操作。操作时可以用镐、铁锤,也可用推土机、挖土机等设备。对施工场地内原有需要保留和利用的建筑物、构筑物,应采取有效防护、加固措施加以保护或搬迁。

(2) 伐除树木 对施工场地内影响施工且没有利用价值的树木,在经有关部门审查同意后,应进行伐除工作;凡土方开挖深度不大于50 cm,或填方高度较小的土方施工,其施工现场及排水沟中的树木,必须连根拔除;清理树蔸除用人工挖掘外,直径在50 cm以上的大树蔸还可用推土机铲除或用爆破法清除。

树木的伐除,尤其是大树的伐除,应慎之又慎;对施工场地内的名木古树或大树以及对施工有一定影响但又有利用价值的树木,要尽量设法保留或进行移植,必要时,则应提请建设单位或设计单位对设计进行修改,以便将大树、古树名木和有价值的树木保存下来。

(3) 其他 在施工场地内的地面、地下和水下发现有管线通过或其他异常物体时,应事先请有关部门协同查清,未查清前,不可动工,以免发生危险或造成其他损失。

在黄土地区或有古墓地区,应在工程基础部位,按设计要求位置,用洛阳铲进行地下墓探,发现墓穴、土洞、地道(地窖)、废井等,应对地基进行局部加固处理。

2) 平整场地

按设计或施工要求范围和标高平整场地,将土方弃到规定的弃土区;对有利用价值的表土进行剥离和保存处理;凡在施工区域内,影响工程质量的软弱土层、淤泥、腐殖土、大卵石、孤石、垃圾、树根、草皮以及不宜作填土和回填料的稻田湿土、冻土等,分别情况采取全部挖除或设排水沟疏干、抛填块石、砂砾等方法进行妥善处理。

3.1.3 施工排水

场地积水不仅不便于施工,而且也影响工程质量,在施工之前,应设法将施工场地内的积水或过高的地下水排除。

1) 排除地面积水

在施工前,根据施工场地地形特点,在场地内设置临时性或永久性排水沟将地面积水排走或排到低洼处,再设水泵排走;或疏通原有排水泄洪系统;排水沟纵向坡度一般不小于2‰,使场地不积水;山坡地区,在离边坡上沿5~6 m处,设置截水沟、排洪沟,阻止坡顶雨水流入开挖基坑区域内,或在需要的地段修筑挡水堤坝阻水;在施工场地内,凡有可能流来地表水的方向,都应设土堤或截水沟、排洪沟,使场地内排水畅通,而且场外的水也不致流入。

2) 排除地下水

在地下水位高的地段和河地湖底挖方时,均应先考虑地下水的排除。排除地下水的方法很多,应根据土层的渗透能力、降水深度、设备条件及工程特点等来选定。一般多采用明排法,简单经济,通过明沟将地下水引至集水井,再用水泵排出。

明沟排除地下水,一般是按排水面积和地下水位的高低来安排排水系统,先定出主干渠和集水井的位置,再定支渠的位置和数目,土壤含水量大且要求排水迅速的,支渠分布应密些,其间距约为150 cm左右,反之可疏导。

在挖湖施工中应先挖排水沟,排水沟的深度应深于水体挖深,沟可一次挖掘到底,也可依施工情况分层下挖,具体采用哪种方式应根据出土方向而定。

除明排法外,排除地下水还有大口井、轻型井点、电渗井点等方法。

采用机械在槽(坑)内挖土时,应使地下水位降至槽(坑)底面50 cm以下,方可开挖土方,且降水作业持续到回填土完毕。

3.1.4 定点放线

在清理场地工作完成后,为了确保施工范围及挖土或填土的标高,应按设计图纸的要求,用测量仪器在施工现场进行定点放线工作,为使施工充分表达设计意图,测设时应尽量精确。

1) 测设控制网

对于大中型园林工程施工场地,为确保施工充分表达设计意图,先应进行全场控制网的测设工作。即根据给定的国家永久性控制点的坐标,按施工总平面要求,引测到现场,在工程施工区域设置控制网,包括控制基线、轴线和水平基准点,并做好轴线控制的测量和校核。控制网要避开建筑物、构筑物、土方机械操作及运输线路,并有保护标志;场地平整应设 10~40 m×10~40 m 的方格网,在各方格网点上做控制桩,并测出各标桩的自然地形标高(原地形标高),作为计算挖、填土方量和施工控制的依据。对建筑物应做定位轴线的控制测量和校核。灰线、标高、轴线应进行复核无误后,方可进行场地的平整和开挖。

2) 平整场地的放线

平整场地的工作是将原来高低不平的、比较破碎的地形按设计要求整理成为平坦的或具有一定坡度坡向的场地,如停车场、集散广场或休闲广场、露天表演场、体育场等。

平整场地的放线一般采用方格网法。用经纬仪或全站仪将图纸上的方格网测设到工地地面上,并在每个角点处立桩,边界上的桩木按图纸要求设置。

桩木的规格及标记方法:桩木一般选用 5 cm×5 cm×40 cm 的木条,其侧面平滑,下端削尖,以便打入土中;桩木上应标示出桩号,桩号要与施工图上的方格网的编号一致,同时还要标示出施工标高,施工标高通常用"+"号表示挖土方,用"-"号表示填土方。

3) 自然地形的放线

自然地形的放线比较困难,尤其是在缺乏永久性地面物的空旷场地;一般是先在施工图上设置方格网,再把方格网测放到施工场地地面上,将设计地形等高线和方格网的交点一一标到地面并立桩,在桩木上应同时标示出桩号和施工标高。

挖湖堆山,首先应确定堆山或挖湖的边界线。

(1) 堆山山体的放线 堆山山体的放线根据堆山的高度情况,有两种放线方法:

第一种是一次性立桩。此法适于堆山高度较低的山体,堆山的相对高度最高处小于 5 m,将各层标高一次性标示在同一桩木上,值得注意的是,堆山时由于土层不断升高,桩木可能被土层埋没,因此桩木的长度应大于每层填土的高度;为便于施工中识别,桩木上不同标高层应用不同的颜色来标示。

第二种是分层放线立桩。此法适于堆山高度较高的山体,一般堆山的相对高度在 5 m 以上时,就应分层放线,分层设立桩标示,从最低的等高线开始,在等高线的轮廓线上,每隔 3~6 m 立一桩木,桩木的长度根据堆山高度灵活选用,桩木材料一般选用竹竿;利用已知水准点的高程测出设计等高线的高度,标示在桩木上,作为堆山时掌握堆高的依据,然后进行填土堆山;在第一层的高度上又继续以同法测设第二层的高度,堆放第二层、第三层填土直至山顶。坡度可用坡度样板来控制。

如采用机械堆山,只要在施工场地标示出堆山的边界线即可,司机参考堆山设计模型,就可堆土,等堆到一定高度后,用水准仪检查标高,不符合设计的地方,用人工加以修整,使之达到设计要求。

(2) 水体的放线 挖湖工程或水体的放线和山体放线基本相同,但由于水体的挖深一般较一致,而且池底常年隐没在水下,放线可以粗放些。水体底部应尽可能平整,不留土墩,以利于养鱼捕鱼等作业。如果水体打算种植水生植物,还要考虑所栽种植物的水体适宜深度。

河湖水体的岸线和岸坡的定点放线应要求准确,这不仅是因为它是水上部分,与造景有关,而且还与水体岸体的稳定性有很大关系。

河湖水体的岸线和岸坡的定点放线可以采用方格网法,也可采用极坐标法,用仪器测设。

方格网法放线同堆山山体。

极坐标法:根据河湖水体的外形轮廓曲线上的拐点(如 1、2、3、4 等)与控制点 A 或 B 的相对关系(方位角度、距离),用仪器将它们测设到施工场地地面上,并一一立桩,然后用较长的绳索把这些点用圆滑的曲线连接起来,即得水体的驳岸轮廓线,再用白灰撒上标记。

湖中等高线的位置也可用上述方法测设,每隔3~5m钉一桩木,并用水准仪按测设设计高程的方法,将要挖深度标示在桩木上,作为掌握深度的依据;也可在湖中适当位置打上几个桩木,标明挖深,便可施工,施工时桩木处暂时留一土墩,以便掌握挖深,待施工完后再把土墩去掉。

为了精确施工,河湖水体的岸坡坡度可采用边坡样板来控制。

如果采用堆土机施工,只要定出河湖水体岸坡边线和边坡样板就可动工,开挖快到设计深度时,用水准仪检查挖深,然后继续开挖,直至达到设计深度。

(3) 狭长形土方工程的放线　狭长形土方工程,如园路、土堤、沟渠等,其放线的步骤是:

第一步,打中心桩,确定中心线。利用测量仪器(如水准仪、经纬仪等),按照设计要求定出中心桩,桩距20~50m不等,视地形的繁简而定。每个桩号应标明桩距和施工标高,桩号可用罗马字母,也可用阿拉伯数字编定;距离用千米+米来表示。

第二步,打边桩,定边线(即开挖线)。一般来说,中心桩定下后,边桩也有了依据,用皮尺就可以拉出,确定出的边线应撒上白灰以便于施工。注意,弯道放线较为困难,为使施工尽量精确,在弯道地段应加密桩距。

沟渠施工如用打桩放线的方法,开挖时易使桩木移动甚至被破坏,影响校核工作;因此,其边坡坡度宜采用龙门板来控制,龙门板构造简单,使用方便,每隔30~100m设龙门板一块,其间距视沟渠纵坡的变化情况而定。板上应标明沟渠中心线位置,沟上口、沟底的宽度等,板上还要设坡度板,用坡度板来控制沟渠纵坡。

3.2　土方工程施工方法

土方工程施工内容包括挖、运、填、压四个方面,其施工方法根据土方工程规模的大小、施工现场的状况、施工条件等因素来决定,可分别采用以下方法:

1) 机械施工

在现代园林土方工程施工中,规模较大、工程量较集中的土方工程,为加快工程施工进度,降低工程造价,应采用机械施工方式进行土方工程施工。

2) 人力施工

在现代园林土方工程施工中,对一些工程量小、施工点分散的土方工程,或因受场地限制等不便使用机械施工的地段,常采用人力施工方式进行土方工程施工。

3) 机械+人力施工

采用机械施工方式进行土方工程施工,可大大加快工程施工进度,节省人力,但因场地限制,在一些偏僻地段或边缘地带等,施工机械常无法到场或机械不便操作,因而需要人力协助完成,形成机械+人力的施工方式。

下面再谈谈土方的挖掘、填方、转运与压实的方法及要则。

3.2.1　土方的挖掘

1) 人力挖方

人力挖方适宜于一般园林建筑、构筑物的基坑(槽)和管沟以及小溪流、假植沟、带状种植沟槽和小范围整地的土方工程。人力挖方的主要施工机具有:尖、平头铁锹,手锤,手推车,梯子,铁镐,撬棍,钢尺,坡度尺,小线或铅丝等。人力挖方的施工流程:确定开挖顺序和坡度→确定开挖边界与深度→分层开挖→修整边缘部位→清底。

人力挖方施工要求:

(1) 足够施工的工作面(作业面)　人力挖方施工要有足够的工作面,人均4~6 m^2,两人操作间距应大于250 cm。

(2) 防止落物、坍塌　在开挖地段附近不得有重物及易坍落物,挖方不得在土壁下进行,以防塌方。

(3) 挖方一般不垂直深度下挖　在挖方施工中一般不垂直向下挖得很深,要有合理的边坡,并要根据土质的疏松或密实情况确定边坡坡度的大小;必须垂直向下挖土的,则在松土情况下挖深不超过 70 cm,中密度的土质不能超过 125 cm,坚硬土挖深不得超过 200 cm;凡超过上述标准的,均须加支撑板或留出足够的边坡。

(4) 岩石地面的挖方施工　对岩石地面进行挖方施工,一般要先行爆破,将地表一定厚度的岩石层炸裂为碎块,再进行挖方施工。爆破施工时,要先打好炮眼,装上炸药雷管,待清理施工现场及其周围地带,确认爆破区无人滞留之后,才点火爆破。爆破施工的最紧要处就是要确保人员安全。

(5) 遵循先深后浅或同时进行的施工程序　遇相邻场地、基坑开挖时,应遵循先深后浅或同时进行的施工程序。挖土应自上而下水平分段分层进行,每层 30 cm 左右;边挖边检查坑底宽度及坡度,不够时及时修整,每 300 cm 左右修一次坡,至设计标高,再统一进行一次修坡清底,检查坑底宽和标高,要求坑底凹凸不超过 1.5 cm。在已有建筑物侧挖基(槽)应间隔分段进行,每段不超过 200 cm,相邻段开挖应待已挖好的槽段基础完成并回填夯实后进行。

(6) 尽量防止扰动地基土　基坑(槽)开挖应尽量防止对地基土的扰动。如人工挖方,基坑(槽)挖好后不能立即进行下道工序时,应预留 15～30 cm 的一层土不挖,待下道工序开始再挖至设计标高。

(7) 地下水位以下挖方,做好持续排水工作　在地下水位以下进行挖方施工时,应在基坑(槽)四侧或两侧挖好临时排水沟和集水井,将水位降低至坑槽底以下 50 cm;排水工作应持续到施工完成(包括地下水位下回填土)。

(8) 一般不宜雨季进行挖方施工　土方开挖一般不宜在雨季进行,如必须进行施工,则应控制施工工作面,工作面不宜过大,应分段、逐片地分期完成;同时,雨季挖方,还应注意边坡的稳定,必要时可适当放缓边坡或设置支撑,并应在施工区域外侧围以土堤或开挖水沟,防止地面水流入,施工时加强对边坡、支撑、土堤等检查。

(9) 一般不宜冬季进行挖方施工　土方开挖一般不宜在冬季施工,尤其是在有冰冻的地区,如必须在冬季施工时,其施工方法应按冬季施工方案进行。开挖基坑(槽)或管沟时,必须防止基础下的基土遭受冻结,如基坑(槽)开挖完毕后有较长的停歇时间,应在基底标高以上预留适当厚度的松土或用其他保温材料覆盖,使地基不得受冻;如遇开挖土方引起邻近建筑物或构筑物的地基和基础暴露时,也应采取防冻措施,以防产生冻结破坏。采用防止冻结法开挖土方时,可在冻结前用保温材料覆盖或将表层土翻耕耙松,其翻耕深度应根据当地气候条件确定,一般不小于 30 cm。

(10) 挖方施工中必须随时保护基桩、龙门板或标杆,以防损坏。

2) 机械挖方

机械挖方适宜于较大规模的园林建筑、构筑物的基坑(槽)和管沟以及园林中的河流、湖泊、大范围整地的土方工程。机械挖方的主要机械有:挖土机,推土机,铲运机,自卸汽车等。

机械挖方的施工流程:确定开挖顺序和坡度→分段分层平均下挖→修边和清底。机械挖方施工要求:

(1) 向机械操作人员作技术交底　在机械作业之前,技术人员应向机械操作人员进行技术交底,使其了解施工场地的情况和施工技术要求,并对施工场地中的定点放线情况进行深入了解,熟悉桩位和施工标高等,对土方施工做到心中有数。

(2) 施工现场布置的桩点和施工放线要明显　由于机械挖方施工作业范围大,为引起施工人员和机械手的注意,要将桩点和施工放线标记明显,可适当加高桩木的高度,在桩木上做出醒目的标志或将桩木漆成显眼的颜色;在施工期间,施工技术人员应和机械手密切配合,随时随地用测量仪器检查桩点和放线情况,以免挖错位置。

(3) 注意保护原地面表土　因原地面表土土质疏松肥沃,适于种植园林植物,所以在挖方工程施工中,对地面 50 cm 厚的表土层(耕作层)挖方时,要先用推土机将施工地段的这一层表面熟土推到施工场地外围,待地形整理停当,再把原表土推回铺好。

(4) 一般要将地下水位降至开挖面以下　在开挖有地下水的土方工程时,应采取措施降低地下水位,一般要降至开挖面以下 50 cm,然后才能开挖。

(5) 夜间施工要有足够的照明　为加快进度,进行夜间挖方施工,应有足够的照明,危险地段应设明显标志,防止错挖或超挖。

(6) 施工道路、桥梁要安全、稳固　施工机械进入现场所经过的道路、桥梁、卸车设施等,应事先经过检查,必要时进行加固或加宽等准备工作。

(7) 机械+人力施工　在机械施工无法作业的部位和修整边坡坡度、清理槽底等,均应配备人工进行。

(8) 基坑(槽)和管沟开挖,不得挖至设计标高以下　采用机械开挖基坑(槽)或管沟时,如不能准确挖至设计基底标高,应在设计标高以上暂留一层土不挖,以便在找平后由人工挖出。

(9) 湖塘挖方施工要则　①在进行湖塘开挖工程中,要保护好施工坐标桩和标高桩。②湖塘底部的挖方作业可以粗放些。湖塘的土方工程因湖塘水位、深度变化比较一致,放水后水面以下部分一般不会暴露,因此湖塘底部只要挖到设计标高处,并将湖底地面推平即可。③湖塘岸线、岸坡施工要求准确。为保证湖塘岸线、岸坡施工的精度,应用边坡样板来控制边坡坡度的施工。

3) 挖方工程质量控制

(1) 挖方工程质量标准

① 严格要求达标的项目　柱基、基坑、基槽、管沟基底和场地基土土质必须符合设计要求,并严禁扰动。

② 允许有偏差的项目　见表3.1。

表3.1　土方工程的挖方和场地平整允许偏差值

项 次	项 目	允许偏差(mm)	检验方法
1	标 高	+0 −50	用水准仪检查
2	长度、宽度	−0	用经纬仪、拉线和尺量检查
3	边坡偏差	不允许	观察或用坡度尺检查

(2) 挖方工程施工需注意的质量问题

① 基底超挖　开挖基坑(槽)或管沟均不得超过基底标高。如个别地方超挖时,其处理方法应取得设计单位的同意,不得私自处理。

② 软土地区桩基挖土时桩基位移　在密集群桩上开挖基坑时,应在打桩完成后,间隔一段时间,再对称挖土,以防桩基位移;在密集桩附近开挖基坑(槽)时,要事先确定防止桩基位移的措施。

③ 基底未保护　基坑(槽)开挖后应尽量减少对基土的扰动,如遇基础不能及时施工或在雨季施工时,应在基底标高以上预留30 cm左右厚的土层,待打混凝土垫层或做基础时再挖至设计标高。

④ 施工顺序不合理　土方开挖宜先从低处进行,分层、分段依次开挖,形成一定坡度,以利排水。

⑤ 施工机械下沉　施工时必须了解土质和地下水位情况;推土机、铲运机一般需在地下水位 50 cm 以上推、铲土;挖土机一般需要在地下水位 80 cm 以上挖土,以防机械自重下沉;正铲挖土机挖方的台阶高度,不得超过最大挖掘高度的1.2倍。

⑥ 开挖尺寸不足,边坡过陡　基坑(槽)和管沟底部的开挖宽度,除应考虑结构尺寸要求外,还应根据施工需要增加工作面宽度,如排水设施、支撑结构等所需要的宽度。

⑦ 基坑(槽)或管沟边坡不直不平,基底不平　应加强检查,随挖随修,并要认真验收。

3.2.2　土方的转运

在土方调配中,一般都按照就近挖方就近填方,采取土石方就地平衡的原则。土石方就地平衡可以极大地减少土方的搬运距离,从而能够节省人力,降低施工费用。土方的转运是挖方工程和填方工程之间的联系纽带,它的转运情况对挖方和填方都有影响。

1) 人力转运土方

人力转运土方一般为短途的小搬运。搬运方式有用人力车拉、用手推车推或由人力肩挑背扛等。人力转运方式常在一些园林局部或小型工程施工中采用。

2) 机械转运土方

机械转运土方通常为长距离运土或工程量很大时的运土,运输工具主要是装载机和汽车。

3) 机械+人力转运土方

根据工程施工特点和工程量大小不同的情况,常常还采取机械和人力相结合的方式转运土方。

4) 土方转运施工要求

(1) 合理进行运输路线的安排、组织　土方转运的关键是运输路线的组织。在土方转运施工过程中,应充分考虑运输路线的安排、组织,尽量使路线最短,以节省运力。土方转运路线一般采用回环式道路。

(2) 应有专人指挥土方的装卸　专人指挥土方的装卸,能够做到装、卸土位置准确,运土路线顺畅,避免混乱和窝工。

(3) 长距离、经过城市街道转运土方　汽车长距离转运土方需要经过城市街道时,车厢不能装载得太满,在驶出工地之前应当将车轮粘上的泥土全扫掉,不得在街道上撒落泥土和污染环境。

3.2.3　土方的填方

土方填方施工的质量好坏,直接影响到今后对地面的使用。填方应满足工程的质量要求,必须根据填方地面的功能和用途,选择合适土质的土壤和施工方法。如作为建筑用地的填方区应以要求将来地基稳定为原则,而绿化地段的填方区土壤则应满足植物种植要求。利用外来土垫地堆山,对土质应该检定放行,劣土及受污染的土壤,不应放入园内,以免将来影响植物的生长和妨害游人健康。

1) 填方的一般要求

(1) 土料要求　填方土料应符合设计要求,保证填方的强度和稳定性,如设计无要求,则应符合下列规定:

① 碎石类土、砂土和爆破石渣(粒径不大于每层铺厚的 2/3,当用振动碾压时,不超过 3/4),可用于表层下的填料;

② 含水量符合压实要求的粘性土,可作各层填料;

③ 碎块草皮和有机质含量大于 8% 的土,仅用于无压实要求的填方;

④ 淤泥和淤泥质土,一般不能用作填料,但在软土或沼泽地区,经过处理,含水量符合压实要求的,可用于填方中的次要部位;

⑤ 含盐量符合规定的盐渍土,一般可用作填料,但土中不得含有盐晶、盐块或含盐植物根茎。

(2) 基底处理

① 场地回填应先清除基底上的草皮、树根、坑穴中积水、淤泥和杂物,并应采取措施防止地表滞水流入填方区,浸泡地基,造成基土下陷;

② 当填方基底为耕植土或松土时,应将基底充分夯实或碾压密实;

③ 当填方位于水田、沟渠、池塘或含水量很大的松软土地段,应根据具体情况采取排水疏干,或将淤泥全部挖出换土、抛填片石、填砂砾石、翻松掺石灰等措施进行处理;

④ 当填方场地地面陡于 1/5 时,应先将斜坡挖成阶梯形,阶高 20～30 cm,阶宽大于 100 cm,然后分层填土,以利于接合和防止滑动。

(3) 填土含水量

① 填土含水量的大小,直接影响到夯实(碾压)质量,在夯实(碾压)前应先试验,以得到符合密实度要求条件下的最优含水量和最少夯实(碾压)遍数。各种土的最优含水量和最大干密度参考数值见表 3.2。

表 3.2　土的最优含水量和最大干密度参考表

序　号	土的种类	变动范围	
		最优含水量(%)(重量比)	最大干密实度(t/m³)
1	砂　土	8～12	1.80～1.88
2	粘　土	19～23	1.58～1.70
3	粉质粘土	12～15	1.85～1.95
4	粉　土	16～22	1.61～1.80

注：1. 表中的最大干密度应以现场实际达到的数字为准；
　　2. 一般性的回填，可不作此项测定。

② 遇到粘性土和排水不良的砂土时，其最优含水量与相应的最大干密度，应用击实试验测定。

③ 土料含水量一般以手握成团、落地开花为适宜。当含水量过大，应采取翻松、晾干、风干、换土回填、掺入干土或其他吸水性材料等措施；入土料过干，则应预先洒水润湿，亦可采取增加压实遍数或使用大功能压实机械等措施。

在气候干燥时，须采取加速挖土、运土、平土和碾压过程，以减少土的水分散失。

2）填方施工方法

(1) 人力填方　人力填方适用于一般园林建筑、构筑物的基坑（槽）和管沟以及室内地坪和小范围整地、堆山的施工。

人力填方的主要机具有：蛙式或柴油打夯机、手推车、筛子(孔径 40～60 mm)、木耙、铁锹（尖头与平头）、2 m 靠尺、胶皮管、小线和木折尺等。

人力填方的施工流程：基底地坪的清整→检验土质→分层铺土、耙平→夯打密实→检验密实度→修整找平验收。

人力填方施工要求：

① 自下而上地分层铺填　一般从场地最低部分开始，由一端向另一端自下而上地分层铺填；

② 铺筑厚度　填筑时每层先虚铺一层土，然后夯实，如采用人工进行夯实，砂质土的虚铺厚度不应大于 30 cm，粘性土不应大于 20 cm；如用打夯机械进行夯实，虚铺厚度不应大于 30 cm；

③ 基坑深浅不一的填筑　当由深浅坑相连时，应先填深坑，相平后与浅坑全面分层填夯；

④ 分段填筑　如果采取分段填筑，交界处应填成阶梯形；

⑤ 墙基及管道回填　墙基及管道回填，应在两侧用细土同时均匀回填、夯实，防止墙基及管道中心线位移。

(2) 机械填方　机械填方适用于较大规模的园林建筑、构筑物的基坑（槽）和管沟以及大面积整地、堆山的施工。

机械填方的主要机具：装运土方的有铲土机、自卸汽车、推土机、铲运机及翻斗车等；碾压的有平碾、羊足碾和振动碾等；其他一般的有蛙式或柴油打夯机、手推车、铁锹（尖头与平头）、2 m 钢尺、20 号铅丝、胶皮管等。

机械填方的施工流程：基底地坪的清整→检验土质→分层铺土→分层碾压密实→检验密实度→修整找平验收。

机械填方施工要求：

① 推土机填方　填方程序宜采用纵向铺填顺序，从挖土区段至填土区段，以 40～60 m 距离为宜；大坡度堆填土不得居高临下，不分层次，一次堆填；推土机运土回填，可采用分堆集中，一次运送的方法，分段的距离约为 10～15 m，以减少运土漏失量；土方推至填方部位时，应提起铲刀一次，成堆卸土，并向前行驶 50～100 cm，利用推土机后退时，将土刮平；用推土机来回行驶进行碾压，履带应重叠一半。

② 铲运机填方　铲运机铺填土区段的长度不应小于 20 m，宽度不应小于 8 m；每层铺土后，利用空车

返回时将地表面刮平；填方顺序一般尽量采用横向或纵向分层卸土，以利于行驶时的初步压实。

③ 汽车填方　自卸汽车成堆卸土时，须配以推土机推土、摊平；填方可利用汽车行驶做部分压实工作，所以行车路线须均匀分布于填土层上；汽车不能在虚土上行驶，卸土推平和压实工作，须采取分段交叉进行。

3）填埋顺序

(1) 先填石方，后填土方　土、石混合填方时，或施工现场有需要处理的建筑渣土而填方区又比较深时，应先将石块、渣土或粗粒废土填在底层，并紧紧地筑实；然后再将壤土或细土在上层填实。

(2) 先填底土，后填表土　在挖方中挖出的原地面表土，应暂时堆放在一旁；而要将挖出的底土先填入到填方区底层，待底土填好后，才将肥沃表土回填到填方区作面层，特别是植物种植区域更应注意这点。

(3) 先填近处，后填远处　近处的填方区应先填，待近处填好后再逐渐填向远处。但每填一处，均要分层填实。

4）填埋方式

(1) 一般的土石方的填埋　填方应从最低处开始，一般的土石方填埋，都应采取分层填筑方式，由下向上整个宽度地分层铺填碾压或夯实，一层一层地填，不应图方便而采取沿着斜坡向外逐渐倾倒的方式。分层填筑时，在要求质量较高的填方中，每层的厚度应为 30 cm 以下，而在一般的填方中，每层的厚度可为 30～60 cm，具体高度视选用的压实机具而定。填土过程中，最好能够填一层就压实一层。

填方应预留一定的下沉高度，以备在行车、堆重物或干湿交替等自然因素作用下，土体逐渐沉落密实。预留沉降量应根据工程性质、填方高度、填料种类、压实系数和地基情况等因素来确定。当土方用机械分层夯实时，其预留下沉高度（以填方高度的百分数计）：砂土为 1.5%，粉质粘土为 3.0%～3.5%。

(2) 自然斜坡的填土　在自然斜坡上填土时，要注意防止新填土方沿着坡面滑落。为了增加新填土方与斜坡的咬合性，应先把斜坡挖成阶梯状，然后再填入土方。这样便可保证新填土方的稳定。

在地形起伏之处，应做好接茬，修筑 1∶2 阶梯形边坡，每一台阶可取高 50 cm、宽 100 cm。分段填筑时每层接缝处应做成大于 1∶1.5 的斜坡，碾迹重叠 50～100 cm，上下层错缝距离不应小于 100 cm。接缝部位不得在基础、墙角、柱墩等重要部位。

(3) 自然山体的堆造　堆造自然式山体，土方的运输和下卸路线应以设计的山头为中心，结合来土方向进行安排，一般采用环形路线，满载土方的车（人）顺环形路线上山，顺次将土沿路线两侧卸下，空载的车（人）沿线路继续前行下山，车（人）不走回头路，不交叉穿行。随着卸土，山势逐渐升高，运土路线也随之升高，这样既组织了车（人）流，又使土山分层上升，部分土方边卸边压实，这不仅有利于土山体的稳定，山体表面也较自然。如果土源有几个来向，运土路线可根据设计地形特点安排几个小环路，小环路以车（人）流不相互干扰为原则。

在堆土过程中，要注意控制堆土的范围。山脚回弯凹进处，要留空不填；山脚凸出位置上，则要按设计填得凸出去。山体边缘部分要按规定要求放坡；堆土到山顶部分时，因作业面越来越窄，要同时对几处山头堆土，以分散车（人）流。

(4) 陡坡堆造　在堆造陡坡时，要用松散的土堆出陡坡是不容易的，需要采取特殊处理。可以用袋装土垒砌的办法，直接垒出陡坡，其坡度可以做到 200% 以上。土袋不必装得太满，装土约 70%～80% 即可，这样垒成的陡坡更为稳定。袋子可选用麻袋、塑料编织袋或玻璃纤维布袋。袋装土陡坡的后面，要及时填土夯实，使山土和土袋陡坡间结成整体以增强稳定性。陡坡垒成后，还需要湿土对坡面培土，掩盖土袋使整个土山浑为一体。坡面上还可栽种须根密集的灌木或培植山草，利用树根和草根将坡土紧固起来。

(5) 悬崖的堆造　土山的悬崖部分用泥土堆不起来，一般要用假山石或块石浆砌做成挡土石壁，然后在石壁背面填土筑实，才能做出悬崖的崖面；在石壁背后，要有一些长条形石条从石壁插入山体中，形成狗牙槎状，以加强山体与石壁的连接，使山壁结构稳定可靠。浆砌崖壁时，不能像砌墙一样做得整整齐齐，而要使壁面凹凸不平，如同自然山壁，崖壁每砌筑 120～150 cm，就应停工几天，待水泥凝固硬化，并在石壁背面填土夯实之后，才能继续向上砌筑崖壁。

5）填方工程质量控制

(1) 填方工程质量标准

① 严格要求项目
- 基底处理必须符合设计要求或施工规范的规定。
- 填方的土料,必须符合设计或施工规范的规定。
- 填方必须按规定分层夯实。取样测定夯实后土的干土质量密度,其合格率不应小于90%,不合格的干土质量密度的最低值与设计值的差,不应大于 1.08 t/cm³,且不应集中。环刀取样的方法及数量应符合规定。

② 允许偏差项目(见表3.3)

表 3.3 土方工程的挖方和场地平整允许偏差值

项 次	项 目	允许偏差(mm)	检验方法
1	顶面标高	+0 −50	用水准仪或拉线和尺量检查
2	表面平整度	20	用2 m靠尺和楔形塞尺量检查

(2) 填方工程施工需注意的质量问题

① 未按要求测定干土质量密度　回填土每层都应测定夯实后的干土质量密度,符合设计要求后才能铺摊上层土。试验报告要注明土料种类、试验日期、试验结论及试验人员签字。未达到设计要求部分,应有处理方法和复验结果。

② 回填土下沉　因虚铺土超过规定厚度或冬季施工时有较大的冻土块或夯实不够遍数,甚至漏夯;回填基底有机杂物或落土清理不干净;以及冬期做散水,施工用水渗入垫层中;受冻膨胀等造成。这些问题均应在施工中认真执行规范的有关各项规定,并要严格检查,发现问题及时纠正。

③ 管道下部夯填不实　管道下部应按标准要求回填土夯实,如果漏夯会造成管道下方空虚,造成管道折断而渗漏。

④ 回填土夯实不密　在夯压时应对干土适当洒水并加以润湿;如回填土太湿同样夯不密实呈"橡皮土"现象,这时应将"橡皮土"挖出,重新换好土再予夯实。

⑤ 在地形、工程地质复杂地区内的填方,且对填方密实度要求较高时,应采取措施(如排水暗沟、护坡桩等)以防填方土粒流失,造成不均匀下沉和坍塌等事故。

⑥ 填方基土为杂填土时,应按设计要求加固地基,并要妥善处理基底下的软硬点、空洞、旧基以及暗塘等。

⑦ 回填管沟时,应防止管道中心线位移和损坏管道,在管道接口处,防腐绝缘层或电缆周围,应使用细粒土料回填。

⑧ 填方应按设计要求预留沉降量,如设计无要求时,可根据工程性质、填方高度、填料种类、密实要求和地基情况等,与建设单位共同确定(沉降量一般不超过填方高度的3%)。

3.2.4 土方的压实

在填方工程进行之中,要伴随着进行土方的压实筑紧工序,填与压两道工序结合展开。

1）土方压实施工方法

(1) 人力夯压　人力夯压适于面积较小的填方区的压筑。人力夯压工具主要有:夯、石砝、铁砝、滚筒、石碾等。

人力夯压施工要求:

① 夯前先将填土初步整平　人力打夯前,应先将填土初步整平。

② 按一定方向分层打夯　打夯要按一定方向进行,一夯压半夯,夯夯相接,行行相连,两边纵横交叉,分层打夯;一般采用60~80 kg的木夯或铁、石夯,由4~8人拉绳,2人扶夯,举高不应小于50 cm,进行人

力打夯,或采用人力拉动石碾、滚筒碾压土层。

③ 基坑(槽)、管沟的回填与夯实　基坑(槽)回填应在相对两侧或四周同时进行,在基坑(槽)及地坪夯实时,行夯路线应由四边开始,然后再夯向中间;管沟回填时,应用人工先在管子周围填土夯实,并应从管道两侧同时进行,直至管顶 50 cm 之上。

④ 人力＋小型夯实机具进行夯压　土方压实施工中,现常借助小型的夯压机具如蛙式夯、内燃夯等进行夯压,一般填土厚度不宜大于 25 cm,打夯之前也应对填土初步整平,用打夯机依次夯打,均匀分布,不留间隙。

(2) 机械压实　机械压实适于面积较大的填方区的夯压作业。机械压实施工机具主要有:碾压机、用拖拉机带动的铁碾、羊足碾、铲运机、推土机等。

机械压实施工要求:

① 机械碾压前,应先初步平实表面　为保证填土压实的均匀性及密实度,避免碾轮下陷,提高碾压效率,在碾压机碾压之前,应先用轻型推土机、拖拉机等推平,低速预压 4～5 遍,使表面初步平实;采用振动平碾压实爆破石渣或碎石类土,也应先静压,而后振压。

② 控制碾压机械行驶速度和压实遍数　碾压机械压实填方时,要控制其行驶速度,一般平碾、振动碾不超过 2 km/h,羊足碾不超过 3 km/h;并要控制压实遍数。

③ 碾压机械应与基础或管道等保持一定的距离　为防止将基础或管道等压坏或使之位移,必须保持碾压机械与基础、管道等之间有一定的距离。

④ 压路机碾压　用压路机进行填方压实,应采用"薄填、慢驶、多次"的方法,填土厚度不应超过 25～30 cm;碾压方向应从两边逐渐压向中间,碾轮每次重叠宽度约 15～25 cm,避免漏压。运行中碾轮边距填方边缘应大于 50 cm,以防发生溜坡倾倒。边角、边坡、边缘压实不到位之处,应辅以人力夯或小型夯实机具夯实。碾压密实度,除另有规定外,应压至轮子下沉量不超过 1～2 cm 为度。每碾压一层完后,应用人工或机械(推土机)将表面拉毛,以利于接合。

⑤ 平碾碾压　采用平碾碾压填方,每碾压完一层,应用人工或机械(推土机)将表面拉毛;土层表面太干时,还应洒水湿润后回填,以保证上、下层接合良好。

⑥ 羊足碾碾压　采用羊足碾碾压时,填土厚度不宜大于 50 cm,碾压方向应从填方区的两侧逐渐压向中心;每次碾压应有 15～20 cm 重叠,同时随时清除粘着于羊足之间的土料;为提高上部土层密实度,羊足碾压过后,宜辅以拖式平碾或压路机补充压平压实。

⑦ 铲运机及运土工具压实　采用铲运机及运土工具进行压实时,铲运机及运土工具的移动须均匀分布于填筑层的整个工作面逐次卸土碾压。

2) 土方压实的工程质量控制

(1) 密实度要求　填方的密实度要求通常以压实系数 λ_c 表示;最大干密度是最优含水量时,通过标准的击实方法确定的。密实度要求一般是由设计者根据工程结构性质、使用要求以及土的性质确定的,如果设计图上没有作规定,可参考表 3.4 的数值。

表 3.4　填土的压实系数 λ_c(密实度)要求

结构类型	填土部位	压实系数 λ_c
砌体承重结构和框架结构	在地基主要持力层范围内 在地基主要持力层范围以下	>0.96 0.93～0.96
简支结构和排架结构	在地基主要持力层范围内 在地基主要持力层范围以下	0.94～0.97 0.91～0.93
一般工程	基础四周或两侧一般回填土 室内地坪、管道地沟回填土 一般堆放物件场地回填土	0.90 0.90 0.85

(2) 土壤含水量控制　为保证土壤的压实质量,土壤应具有最佳的含水量,具体数值的确定,参考表

3.2。表层土太干时,应洒水湿润后,才能继续回填,以保证上、下层接合良好;在气候干燥时,应加快挖土、运土、平土和碾压的速度,以减少土壤水分的散失;当填料为碎石类土(充填物为砂土)时,碾压前应充分洒水湿透,以提高压实的效果。

(3) 铺土厚度和压实遍数　填土每层铺土厚度和压实遍数,应根据土的性质、设计要求的压实系数和使用的压(夯)实机具的性能而定,一般应先进行现场碾(夯)压试验,而后再确定。表 3.5 为压实机械和每层铺土厚度与所需的碾压(夯实)遍数的参考数值。利用运土工具的行驶来压实时,每层铺土厚度不得超过表 3.6 规定的数值。

表 3.5　填方每层铺土厚度和压实系数

压实机具	每层铺土厚度(cm)	每层压实系数(遍)
平　碾	20～30	6～8
羊足碾	20～35	8～16
蛙式打夯机	20～25	3～4
振动碾	6～13	6～8
振动压路机	12～15	10
推土机	20～30	6～8
拖拉机	20～30	8～16
人力打夯	不大于 20	3～4

注:人力打夯时,土块粒径不应大于 5 cm。

表 3.6　利用运土工具压实填方时,每层填土的最大厚度(cm)

项次	填土方法和采用的运土工具	土 的 名 称		
		粉质粘土和粘土	粉 土	砂 土
1	拖拉机拖车和其他填土方法并用机械平土	70	100	150
2	汽车和轮式铲运机	50	80	120
3	手推小车和马车运土	30	60	100

注:平整场地和公路的填方,每层填土的厚度,当用火车运土时不得大于 100 cm,当用汽车和铲运机运土时不得大于 70 cm。

(4) 土方压实施工注意事项

① 从边缘开始碾压,逐渐向中间推进　土方的压实工作应先从边缘开始,逐渐向中间推进。这样碾压,可以避免边缘土被向外挤压而引起坍落现象。

② 分层堆填、分层碾压夯实　填方时必须分层堆填、分层碾压夯实。不要一次性地填到设计土面高度后才进行碾压打夯。如果是这样,就会造成填方地面上紧下松,沉降和塌陷严重的情况。

③ 压实要均匀　碾压、打夯要注意均匀,要使填方区各处土壤密实度一致,避免以后出现不均匀沉降。

④ 松土夯实,先轻后重　在夯实松土时,打夯动作应先轻后重。先轻打一遍,使土中细粉受震落下,填满下层土粒间的空隙,然后再加重打压,夯实土壤。

⑤ 压实后的干密度达到施工要求　填方压实后的干密度应有 90% 以上的符合设计要求,其余 10% 的最低值与设计值之差不得大于 0.08 t/m³。

3.3　土石方放坡处理

在挖方工程和填方工程中,常常需要对边坡进行处理,使之达到安全、合用的施工目的。土方施工所造成的土坡,都应当是稳定的,是不会发生坍塌现象的,而要达到这个要求,对边坡的坡度处理就非常重要。一般的土坡坡度夹角如果小于土壤的自然倾斜角(即土壤安息角)时,土坡就是稳定的,不会发生自然滑坡和坍塌现象。不同土质、不同疏松程度的土方在做坡时能够达到的稳定性是不同的。

3.3.1 挖方放坡

由于受土壤性质、土壤密实度和坡面高度等因素的制约,用地的自然放坡有一定的限制,其挖方和填方的边坡做法各不相同,即使是岩石边坡的挖、填方做坡,也有所不同。在实际放坡施工处理中,可以参考下列各表,来考虑自然放坡的坡度允许值(即高宽比)。岩石边坡的坡度允许值(高宽比)受石质类别、石质风化程度以及坡面高度三方面因素的影响,挖方工程的放坡做法见表3.7、表3.8和表3.9。

表3.7 不同的土质自然放坡坡度允许值

土壤类别	密实度或粘性土状态	坡度允许值(高宽比)	
		坡高在5 m以下	坡高为5~10 m
碎石类土	密实	1:0.35~1:0.50	1:0.50~1:0.75
	中密实	1:0.50~1:0.75	1:0.75~1:1.00
	稍密实	1:0.75~1:1.00	1:1.00~1:1.25
老粘性土	坚硬	1:0.35~1:0.50	1:0.50~1:0.75
	硬塑	1:0.50~1:0.75	1:0.75~1:1.00
一般粘性土	坚硬	1:0.75~1:1.00	1:1.00~1:1.25
	硬塑	1:1.00~1:1.25	1:1.25~1:1.50

表3.8 一般土壤自然放坡坡度允许值

序 号	土 壤 类 别	坡度允许值(高宽比)
1	粘土、粉质粘土、亚砂土、砂土(不包括细砂、粉砂),深度不超过3 m	1:1.00~1:1.25
2	土质同上,深度3~12 m	1:1.25~1:1.50
3	干燥黄土、类黄土,深度不超过5 m	1:1.00~1:1.25

表3.9 岩石边坡坡度允许值

石质类别	风化程度	坡度允许值(高宽比)	
		坡高在8 m以内	坡高8~15 m
硬质岩石	微风化	1:0.10~1:0.20	1:0.20~1:0.35
	中等风化	1:0.20~1:0.35	1:0.35~1:0.50
	强风化	1:0.35~1:0.50	1:0.50~1:0.75
软质岩石	微风化	1:0.35~1:0.50	1:0.50~1:0.75
	中等风化	1:0.50~1:0.75	1:0.75~1:1.00
	强风化	1:0.75~1:1.00	1:1.00~1:1.25

3.3.2 填土边坡

(1)填方的边坡坡度应根据填方高度、土的种类和其重要性在设计中加以规定。当设计无规定时,可按表3.10采用。用黄土或类黄土填筑重要的填方时,其边坡坡度可参考表3.11。

表 3.10 永久性填方边坡的高度限值

项 次	土 的 种 类	填方高度(m)	边坡坡度(高宽比)
1	粘类黄土、黄土、类黄土	6	1:1.50
2	粉质粘土、泥灰岩土	6~7	1:1.50
3	中砂或粗砂	10	1:1.50
4	砾石和碎石土	10~12	1:1.50
5	易风化的岩土	12	1:1.50
6	轻微风化、尺寸25 cm以内的石料	6以内 6~12	1:1.33 1:1.50
7	轻微风化、尺寸大于25 cm的石料,边坡用最大石块,分排整齐铺砌	12以内	1:1.50~1:0.75
8	轻微风化、尺寸大于25 cm的石料,其边坡分排整齐	5以内 5~10 >10	1:0.50 1:0.65 1:1.00

注:1. 当填方高度超过本表规定限值时,其边坡可做成折线形,填方下部的边坡坡度应为1:1.75~1:2.00。
   2. 凡永久性填方,土的种类未列入本表者,其边坡坡度不得大于(α+45°)/2,α为土的自然倾斜角。

表 3.11 黄土或类黄土填筑重要填方的边坡坡度

填土高度(m)	自地面起高度(m)	边坡坡度(高宽比)
6~9	0~3 3~9	1:1.75 1:1.50
9~12	0~3 3~6 6~12	1:2.00 1:1.75 1:1.50

(2) 使用时间较长的临时性填方(如使用时间超过一年的临时道路、临时工程的填方)的边坡坡度,当填方高度小于10 m时,可采用1:1.5;超过10 m时,可做成折线形,上部采用1:1.5,下部采用1:1.75。

(3) 利用填土做地基时,填方的压实系数、边坡坡度应符合表3.12的规定,其承载力根据试验确定,当无试验数据时,可按表3.12选用。

表 3.12 填土地基承载力和边坡坡度值

填土类别	压实系数 λ_c	承载力 f_k(kPa)	边坡坡度允许值(高宽比)	
			坡高在8 m以内	坡高为8~15 m
碎石、卵石	0.94~0.97	200~300	1:1.50~1:1.25	1:1.75~1:1.50
砂夹石(其中碎石、卵石占全重的30%~50%)		200~250	1:1.50~1:1.25	1:1.75~1:1.50
土夹石(其中碎石、卵石占全重的30%~50%)		150~200	1:1.50~1:1.25	1:2.00~1:1.50
粘性土($10<I_P<14$)		130~180	1:1.75~1:1.50	1:2.25~1:1.75

注:I_P——塑性指数。

3.4 土方工程的雨季、冬季施工

3.4.1 土方工程的雨季施工

一般应避免在雨季进行土方工程施工;大面积的土方工程施工也应尽量在雨季前完成。如确需要在雨季时进行土方工程施工,则必须要掌握当地的气象变化,从施工方法上采取积极措施。

在雨季施工前要做好必要的准备工作。雨季施工中特别重要的问题是:要保证挖方、填方及弃土区排水系统的完整和畅通,并在雨季前修成,对运输道路要加固路基,提高路拱,路基两侧要修好排水沟,以利泄水;路面要加铺炉渣或其他防滑材料,并要有足够的抽水设备。

在施工组织与施工方法上,可采取集中力量分段突击的施工方法,做到随挖随填,保证填方质量。也可采取晴天做低处,雨天做高处,在挖土到距离设计标高 20~30 cm 时,预留垫层或基础施工前临时再挖。

3.4.2　土方工程的冬季施工

一般情况下要尽量避免在冬季进行土方工程施工,尤其是在有冰冻的地区,因为冬季土壤冻结后,要进行土方施工是很困难的。但为了争取施工时间,加快建设速度,仍有必要采用冬季施工。

1) 冬季土方的开挖

冬季土方开挖通常采用以下措施:

(1) 机械开挖　冻土层在 25 cm 以内的土壤可用 0.5~1.0 m^3 单斗挖土机直接施工,或用大型推土机和铲运机等综合施工。

(2) 松碎法　可分人力与机械两种。人力松碎适合于冻层较薄的砂质土壤、砂粘土及植物性土壤等,在较松的土壤中采用撬棍,比较坚实的土壤用钢锥。在施工时,松土应与挖运密切配合,当天松破的冻土应当天挖运完毕,以免再度遭受冻结。

(3) 爆破法　适用于松解冻结厚度在 50 cm 以上的冻土。此法施工简便,工作效率高。

(4) 解冻法　方法很多,常用的方法有热水法、蒸汽法和电解法等。

2) 冬季土方施工的运输与填筑

(1) 冬季的土方运输应尽可能缩短装运与卸车时间,运输道路上的冻雪应加以清除,并按需要在道路上加垫防滑材料,车轮可装设防滑链,在土壤运输时须加覆盖保温材料以免冻结;

(2) 为了保证冬季回填土不受冻结或少受冻结,可在挖土时将未冻土堆在一处,就地覆盖保温材料,或在冬季前预存部分土壤,加以保温,以备回填之用;

(3) 冬季回填土壤,除应遵循一般土壤填筑规定外,还应特别注意土壤中的冻土含量问题,除房屋内部及管沟顶部以上 50 cm 以内不得用冻土回填外,其他工程允许冻土的含量,应视工程情况而定,一般不得超过 15%~30%;

(4) 在回填土时,填土上的冰雪应加以清除,对大于 15 cm 厚的冻土应予以击碎,再分层回填,碾压密实,并预留下沉高度。

4 园林水景工程施工方法与技术

4.1 园林水体驳岸与护坡工程施工

园林中驳岸与护坡是园林工程亲水景观中应重点处理的部位。必须在符合技术要求的条件下具有造型美,并同周围景色协调。

1) 园林驳岸的形式与类型

在水景中水为面,岸为域。水景离不开相应岸型的规划和塑造。协调的岸型可使水景更好地呈现水在景园的特色。岸型包括洲、岛、堤、矶、岸各类形式。不同的水型,相应采取不同的岸型,不同的岸型又可以组成多种变化的水景。

(1) 池岸　凡池均有岸,岸式却有规则型与自由型之分。规则型池岸,一般是对称布置的矩形、圆形或对称花样的平面。自由型的池岸,往往随形作岸,形式多样,一池采用多种岸边造型,如用水卵石贴砌岸边配以景观置石,树桩(人工水泥砂浆仿造)排列配以大理石碎块嵌镶贴的岸边,或用白水泥磨石做成的流线型池岸。

(2) 矶蛋　矶蛋是指突出水面的配景石。一般临岸矶蛋多与水栽景相配;位于池中的矶蛋,常暗藏喷水龙头,在池中央溅喷成景。

其他几种岸型如洲、岛、堤在景园中也有采用。

园林驳岸按断面形状可分为整形式和自然式两类。对于大型水体和风浪大、水位变化大的水体以及基本上是规则式布局的园林中的水体,常采用整形式直驳岸,用石料、砖或混凝土等砌筑整形岸壁。对于小型水体和大水体的小局部,以及自然式布局的园林中水位稳定的水体,常采用自然式山石驳岸,或有植被的缓坡驳岸。自然式山石驳岸可做成岩、矶、崖、岫等形状,采取上伸下收、平挑高悬等形式。

2) 园林驳岸施工要点

园林驳岸是起防护作用的工程构筑物,由基础、墙体、盖顶等组成,修筑时要求坚固和稳定。驳岸多以打桩或柴排沉褥作为加强基础的措施。选坚实的大块石料为砌块,也有采用断面加宽的灰土层作基础,将驳岸筑于其上。驳岸最好直接建在坚实的土层或岩基上。如果地基疲软,须作基础处理。近年来中国南方园林构筑驳岸,多用加宽基础的方法以减少或免除地基处理工程。驳岸常用条石、块石混凝土、混凝土或钢筋混凝土作基础;用浆砌条石、浆砌块石勾缝、砖砌抹防水砂浆、钢筋混凝土以及用堆砌山石作墙体;用条石、山石、混凝土块料以及植被作盖顶。在盛产竹、木材的地方也有用竹、木、圆条和竹片、木板经防腐处理后作竹木桩驳岸。驳岸每隔一定长度要有伸缩缝。其构造和填缝材料的选用应力求经济耐用,施工方便。寒冷地区驳岸背水面需作防冻胀处理。方法有:填充级配砂石、焦渣等多孔隙易滤水的材料;砌筑结构尺寸大的砌体,夯填灰土等坚实、耐压、不透水的材料。

3) 护坡工程施工

护坡工程是指边坡防护的一个系统工程,常见的园林护坡工程包括浆砌片石护坡及边沟植草防护、三维植草被网喷播植草绿化防护等。

(1) 浆砌片石护坡

① 整修边坡成整齐的新鲜坡面,坡面不应有树桩、有机质或废物。坡面修整后立即进行护坡铺砌。

② 挖基时基础要嵌入槽内,基础埋置深度符合规范规定和图纸设计要求;砌体选用 30 cm 以上的片石。

③ 砌石护坡在坡面夯实平整,铺设砂砾垫层后即可进行砌筑,垫层厚度要达到设计要求。砌体分层砌

筑,砌筑上层时不振动下层,不在已砌筑好的砌体上抛掷、滚动、翻转和敲击石块。砌体的外露面和坡顶、边口选用较大而平整的石块,并稍加修凿。砌体边坡表面平整,里层码砌填实。砌体砌筑完成后,及时进行勾缝,勾缝采用平缝压槽工艺。

④ 砌筑有渗透水时,应及时排除,以保证基础和砌体砂浆在初凝前不受水浸影响。

(2) 浆砌片石边沟、排水沟　挖方路段的排水设施主要由山坡截水沟、边沟组成;填方路段的排水设施主要由边沟、涵洞等组成。填挖交界较陡处由急流槽(跌水)引导边沟水流进入排水沟或河沟等排水出口。路基排水设施自成体系与天然沟渠相连排除路基范围内的水。均采用机械开挖,人工配合,挤浆法进行施工。

(3) 三维植草被网植草施工　施工工序　清整边坡→开挖沟槽→铺设网垫→固定网垫→撒播草籽→覆土→覆盖草帘、或土、织物,保持水分→养护浇水。

在清除坡面上的杂草、碎石等杂物时,不规则的地方做必要的修整夯实。

在坡顶和坡脚开挖用于固定三维植物网的沟槽,开挖沟槽的进度根据铺网进度适当安排。在坡面上先铺覆 10 cm 厚的种植土。然后铺网,采用从坡顶至坡脚顺铺的方式铺设。植被网保持端正且与坡面紧贴,相邻之间搭接宽度应大于 5 cm,当需要上下搭接时,让上接头压下接头,接头宽度大于 10 cm。植被网固定采用专用竹钉呈梅花形固定,钉与钉之间距 50 cm,上下端用回填土将植被网压在沟槽内夯实。

植草前,先在植被网上均匀撒一层细土,稍盖住网一半即可,将草籽与肥料(以草坪专用复合肥为底肥,用量 15~20 g/m²)及细土按一定比例混合好后,均匀撒在网上,边坡上部分适当增加草籽用量。撒完后用扫帚轻扫一遍,再均匀覆一层细土,盖住网,轻轻拍实,最后覆盖一层麦秸、稻草等,待草长出后可将覆盖物撤掉。草籽根据当地气候、土质进行科学选择,所种草种应具备根深叶茂、匍匐生长、多年生、养护粗放、耐贫瘠、购买方便等特性。

4.2　小型水闸工程施工

4.2.1　水闸的作用和类型

水闸是建在河道、渠道及水库、湖泊岸边,具有挡水和泄水功能的低水头水工建筑物。关闭闸门,可以拦洪、挡潮、抬高水位,以满足上游取水或通航的需要;开启闸门,可以泄洪、排涝、冲沙、取水或根据下游用水需要调节流量。

水闸按其功用可分为:

(1) 节制闸　用以调节上游水位,控制下泄流量。建于河道上的节制闸也称拦河闸。

(2) 进水闸　又称渠首闸。位于江河、湖泊、水库岸边,用以控制引水流量。

(3) 分洪闸　建于河道的一侧,用以将超过下游河道安全泄量的洪水泄入湖泊、洼地等分洪区,及时削减洪峰。

(4) 排水闸　建于排水渠末端的江河沿岸堤防上,既可防止河水倒灌,又可排除洪涝渍水。当洼地内有灌溉要求时,也可关门蓄水或从江河引水。具有双向挡水,有时兼有双向过流的特点。

(5) 挡潮闸　建于河口地段,涨潮时关闸,防止海水倒灌,退潮时开闸泄水,闸门开关频繁,具有双向挡水的特点。

(6) 冲沙闸　用于排除进水闸或节制闸前淤积的泥沙,常建在进水闸一侧的河道上与节制闸并排布置,或建于引水渠内的进水闸旁。

水闸按其形式可分为:

(1) 开敞式　分为胸墙式和无胸墙式,水闸闸室上面是开敞的,当上游水位变幅大,而过闸流量不大时可设胸墙。水闸多采用开敞式,特别当过闸流量大,闸室高度不超过 15 m 时,一般均采用开敞式。

(2) 涵洞式　水闸修建在渠堤之下,可分为有压和无压两种类型。适用于过闸流量小,而闸室较高或位于大堤下的情况。

4.2.2 水闸的组成

水闸由闸室、上游连接段和下游连接段组成。

(1) 闸室是水闸的主体,设有底板、闸门、启闭机、闸墩、胸墙、工作桥、交通桥等。闸门用来挡水和控制过闸流量,闸墩用以分隔闸孔和支承闸门、胸墙、工作桥、交通桥等。底板是闸室的基础,将闸室上部结构的重量及荷载向地基传递,兼有防渗和防冲作用。闸室分别与上下游连接段和两岸或其他建筑物连接。

(2) 上游连接段由防冲槽、护底、铺盖、两岸翼墙和护坡组成,用以引导水流平顺地进入闸室,延长闸基及两岸的渗径长度,确保渗透水流沿两岸和闸基的抗渗稳定性。

(3) 下游连接段一般由护坦、海漫、防冲槽、两岸翼墙、护坡等组成,用以引导出闸水流均匀扩散,消除水流剩余动能,防止水流对河床及岸坡的冲刷。

4.2.3 小型水闸的施工

(1) 挖掘基槽土方 基槽土方采用挖掘机及人工配合进行开挖。基础开挖配合闸室墙体施工分段进行,先测量放线,定出开挖中线及边线,起点及终点,设立桩标,注明高程及开挖深度,用挖掘机开挖,多余的土方装车外运弃土。在施工过程中,应根据实际需要设置排水沟及集水坑进行施工排水,保证工作面干燥以及基底不被水浸。

(2) 地基处理 基础开挖发现有淤泥层或软土层时,需进行换土处理,报请设计及建设单位批准后,才可进行地基处理施工。

(3) 钢筋安装 现浇钢筋基础先安装基础钢筋,预埋墙身竖向钢筋,待基础浇灌完混凝土且混凝土达到设计强度后,进行闸室墙身钢筋安装。

(4) 现浇混凝土基础 将闸室基础按墙体分段,整片进行一次性浇灌,在清理好的垫层表面测量放线,立模浇灌。

(5) 现浇墙身混凝土 现浇钢筋混凝土闸室墙体与基础的结合面,应按施工缝处理,即先进行凿毛,将松散部分的混凝土及浮浆凿除,用水清洗干净,然后架立墙身模板,混凝土开始浇灌时,先在结合面上刷一层水泥浆或垫一层 2~3 cm 厚的 1:2 水泥砂浆再浇灌墙身混凝土。

墙身模板可以采用复合木模板拼装,竖枋用 8 cm×10 cm 木枋间距为 40 cm,用钢管作围檩,用 5 cm× 10 cm 的木枋作斜撑进行支撑,侧模用 ϕ16 的螺栓对拉定位,螺栓间距为 80 cm,螺栓穿孔可采用内径为 20~25 cm 的硬塑料管,拆模时,将螺栓拔出,再用 1:2 水泥砂浆堵塞螺栓孔,墙身模板视高度情况分一次立模到顶和二次立模的办法,一般 4 m 高之内为一次立模,超过 4 m 高的可分二次立模,亦可一次立模。当混凝土落高大于 2.0 m 时,要采用串筒输送混凝土入仓,或采用人工分灰,避免混凝土产生离析。

混凝土采用商品混凝土,用混凝土运输车运至现场,在墙顶搭设平台,用吊机吊送混凝土至平台进行浇灌。混凝土浇灌从低处开始分层均匀进行,分层厚度一般为 30 cm。采用插入式振捣器振捣,振捣棒移动距离不应超过其作用半径的 1.5 倍,并与侧模保持 5~10 cm 的距离,切勿漏振或过振。在混凝土浇灌过程中,如表面泌水过多,应及时将水排走或采取逐层减水措施,以免产生松顶,浇灌到顶面后,应及时抹面,定浆后再二次抹面,使表面平整。

混凝土浇灌过程中应派出木工、钢筋工、电工及试验工在现场值班,发现问题及时处理。

混凝土块的试制作应在现场拌和地点或浇灌地点随机制取,每一工作班组应制作不少于 2 组的试件(每组 3 块)。

混凝土浇灌完进行收浆后,应及时洒水养护,养护时间最少不得小于施工规范的规定,在常温下一般 24 h 即可拆除墙身侧模板,拆模时必须特别小心,切勿损坏墙面。

4.2.4 小型水闸机电设备安装

小型水闸工程启闭机及电气设备购置安装的主要内容为:螺杆式手电两用启闭机的购置与安装,变压器、电动机、低压配电柜、盘、线路、接地、照明等安装。

1) 设备安装前的准备工作

设备安装前要全面检查安装部位的情况、设备构件以及零部件的完整性和完好性,对重要构件应通过预拼装进行检查。埋设部位一、二期混凝土结合面是否已进行凿毛处理并冲洗干净,预留插筋的位置、数量是否符合图纸要求。同时要对设备进行必要的清理和保养。安装工作的焊接、涂装、表面预处理及螺栓连接等均按钢结构制作安装要求进行施工。

2) 启闭机安装

启闭机安装应根据厂家提供的图纸和技术说明书要求进行安装、调试和试运转。安装好的启闭机,其机械和电气设备等的各项性能应符合施工图纸及制造厂家技术说明书的要求。安装启闭机的基础建筑物必须稳固安全,机座和基础构件的混凝土应按施工图纸的规定浇筑,在混凝土强度未达到设计强度时,不准拆除和改变启闭机的临时支撑,更不得进行调试和试运转。启闭机电气设备的安装应符合施工图纸及制造厂家技术说明书的规定,全部电气设备应可靠接地。每台启闭机安装完毕后应对启闭机进行清理,修补已损坏部位,保护油漆,并根据制造厂家技术说明书的要求,灌注润滑油脂。

3) 电气设备安装

电气设备在搬运和安装时应采取防震、防潮、防止框架变形和漆面受损等措施,必要时可将易损部件拆下。当产品有特殊要求时尚应按产品要求动作。要根据设备要求采取保管工作,对有特殊保管要求的电气元件应按规定妥善保管。对所使用的设备和器材均要按图纸进行检查,并符合现行标准和有合格证件。

安装低压配电柜、盘用的紧固件,除地脚螺栓外应用镀锌制品。基础型钢安装要符合要求,接地可靠,安装后其顶部宜高出抹平地面10 mm。盘、柜本体及盘、柜内设备与各构件间接触应牢固,主控制盘、继电保护盘和自动装置等不宜与基础型钢焊死。端子箱安装应牢固、封闭良好,并能防潮、防尘,安装位置应便于检查。盘、柜、台、箱的接地应牢固良好,装有电器的可开启的盘、柜门,应让裸铜软线与接地的金属构架可靠地连接。

电缆线路敷设前应检查电缆型号、电压、规格应符合设计,外观上无损伤,电缆绝缘好,直埋电缆应经直流耐压试验合格。敷设时,在电缆终端头与电缆接头附近可留有备用度,直埋电缆尚应在全长上留有少量富余度,并作波浪形敷设。

所有电气装置中,由于绝缘损坏而可传带的电气装置,其金属部分均应有接地装置。照明灯具配件要齐全,无机械损伤、变形、油漆剥落、灯罩破裂等现象。在砖墙或混凝土结构上安装灯具时,应预埋吊钩、螺栓或采用膨胀螺栓、尼龙塞等。照明装置的接地应牢固,接触良好。

4) 控制系统的调试与试运行

在水闸放水后,要对电气设备进行试运行,经过若干次试运行后方能显示设备的各部件工作正常,同时要有监理工程师在现场进行监督。所有安装工程的交接验收参照GBJ 232-82中各有关章节规定执行。

4.2.5 水闸施工中应注意的问题

1) 混凝土工程的外观质量

小型水闸工程在混凝土施工过程中,由于资金和施工技术等方面的原因,多采用小型钢模板或小型木模板,模板接缝较多,缝隙如果处理不好或稍有渗漏,都会影响混凝土的外观质量,因此在小型水闸工程施工中,尽可能采用大型模板或滑模施工,在满足混凝土内部质量的同时,又可改善外观效果。

2) 翼墙沉陷缝设置

为满足墙下基础不均匀沉陷的要求,翼墙要设置沉陷缝,沉陷缝的设置应从基础开始,而两边缝面应平整垂直,在工程施工中切勿忽视沉陷缝的设置,若完工后设置一条假缝,容易造成工程质量事故,因此要了解沉陷缝的重要性,严格按设计要求施工。

3) 伸缩缝止水橡皮的设置

伸缩缝止水橡皮是防止水体渗漏,对主体工程造成损害,一般分水平止水和垂直止水,施工中止水橡皮漏水有以下几个原因:止水橡皮嵌固不牢;止水橡皮搭接方法不当,搭接方法有热接法和胶接法;水平止水橡皮下的混凝土振捣不实,止水橡皮的施工必须按照规范要求精心组织施工。

4) 闸门止水问题

闸门漏水主要表现在止水橡皮与止水面不在一个平面上,致使止水橡皮与止水滑道之间有缝隙而漏水;从止水橡皮螺栓孔漏水;从底止水橡皮与侧止水橡皮的接头处或止水橡皮接缝处漏水,要解决以上问题的方法是使止水橡皮与门叶顺直合贴或与止水座板或与滑道间无偏离,无缝隙;门叶预留的螺孔与止水压板上的螺孔要对应一致,然后对止水橡皮进行钻孔或冲孔;闸门止水橡皮应尽量定制"门"型橡皮,减少橡皮接头。

4.3 人工湖、池工程施工

水景是由一定的水型和岸型所构成的景域。不同的水型和岸型,可以构造出各种各样的水景,水型可分为湖池、瀑布、溪涧、泉、潭、滩等类。不同的水型和岸型,其施工和用材也都有所区别。景园中的湖池有方池、圆池、不规则池、喷水池等,喷水池又有平面型、立体型、喷水瀑布型等。

4.3.1 湖、池施工测量控制

根据勘测设计单位测设提供的平面控制点、高程控制点、工程地形图等有关测量数据,现场交接各类控制点,并对坝区原设计控制点进行复查和校测,并补充不足或丢失部分。然后根据勘测阶段的控制点,建立满足施工需要的施工控制网,对三等以上精度的控制网点以及湖体轴线标志点处设固定桩,并标明桩号,桩号与设计采用的桩号一致。

在开挖和填筑过程中,定期进行纵横断面坡度测量,并将施测成果绘制成图表,计算出有效方量,方量计算误差不得大于5%。池体削坡前应定出放样控制桩,削坡后应施测断面,并与相应的设计断面比较。

施工期间所有施工放线、坡度、工程量、竣工等测量原始记录、计算成果和绘制的图表,均应及时整理、校核、分类、整编成册,妥为保存归档。

4.3.2 湖、池填挖、整形及运输

开挖前布置好临时道路,并结合施工开挖区的开挖方法和开挖运输机械,规划好开挖区域的施工道路。然后根据各控制点,采用自上而下分层开挖的施工方法。开挖必须符合施工图规定的断面尺寸和高程,并由测量人员进行放线,不得欠挖和超挖。开挖过程中要校核、测量开挖平面的位置、水平标高、控制桩、水准点和边坡坡度等是否符合施工图纸的要求。因湖池开挖面积较大,一般采用挖掘机进行机械开挖,用人工修边坡的方法开挖,由自卸汽车进行土方的装运。

设计边坡开挖前,必须做好开挖线外的危石清理、加固工作。开挖时遇有地下水时,应采取有效的疏导和保护措施。开挖中如出现裂缝和滑动现象,应采取暂停施工和应急抢救措施,并做好处理方案,做好记录。

土方开挖后,对需要回填的部分进行与实际施工条件相仿的现场生产性试验;然后根据设计高程进行回填夯实。填方原则上采用挖方弃土,选择土料粘粒较高,不得含有杂物,有机质含量要小于5%,采用分层填筑、分层压实的施工方法填土。施工时按水平分层由低处开始逐层填筑,每层不得大于50 cm,回填料直径不得大于10 cm,回填土应每填一层,按要求及时取土样试验,土样组数、试验数据等应符合规范规定。边坡回填亦采用此方法。

最后进行修帮和清底。为不破坏基础土壤结构,在距池底设计标高15 cm处预留保护层,采用人工修整到设计标高,并满足设计要求的坡度和平整度。

4.3.3 复合土工膜防渗工程

1) 基层施工

(1) 基础造形和开挖后,须进行削坡,平整碾压或夯实处理,扰动土质的置换与回填,应分层洒水碾压或夯实,每层厚度应不大于400 mm。

(2) 清除基层表面裸露的具有刺破隐患的物质,如砖、石、瓦块、玻璃和金属碎屑、树枝、植物根茎等。基层表面按设计要求铺设砂土、砂浆作为保护层,在施工过程中保持基层不受破坏。

(3) 当面层存在对复合土工膜有影响的特殊菌类时,可用土壤杀菌剂处理。

2) 复合土工膜的铺设施工

(1) 复合土工膜的储运应符合安全规定,运至现场的土工膜应在当日用完。

(2) 复合土工膜铺设前应做好下列准备工作:检查并确认基础支持层已具备铺设复合土工膜的条件;做下料分析,画出复合土工膜铺设顺序和裁剪图;检查复合土工膜的外观质量,记录并修补已发现的机械损伤和生产创伤、孔洞、折损等缺陷;进行现场铺设试验,确定焊接温度、速度等施工工艺参数。

(3) 按先上游、后下游,先边坡、后池底的顺序分区分块进行人工铺设。坡面上复合土工膜的铺设,其接缝排列方向应平行或垂直于最大坡度线,且应按由下而上的顺序铺设。坡面弯曲处应使膜和接缝妥贴坡面。

(4) 铺设复合土工膜时,应自然松弛与支持层贴实,不宜折褶、悬空,避免人为硬折和损伤,并根据当地气温变化幅度和工厂产品说明书,预留出温度变化引起的伸缩变形量。膜块间形成的结点应为 T 字型,不得做成十字型。

(5) 复合土工膜焊缝搭接面不得有污垢、砂土、积水(包括露水)等影响焊接质量的杂质存在;铺设完毕未覆盖保护层前,应在膜的边角处每隔 2~5 m 放一个 20~40 kg 重的沙袋。

(6) 复合土工膜铺设应注意下列事项:铺膜过程中应随时检查膜的外观有无破损、麻点、孔眼等缺陷;发现膜面有缺陷或损伤,应及时用新鲜母材修补。补疤每边应超过破损部位 10~20 cm。

3) 现场连接复合土工膜焊接技术

先用干净纱布擦拭焊缝搭接处,做到无水、无尘、无垢;土工膜平行对齐,适量搭接。焊接宽度为 5~6 cm。然后根据当时当地气候条件,调节焊接设备至最佳工作状态。做小样焊接试验,试焊接 1 m 长的复合土工膜样品。再采用现场撕拉检验试样,焊缝不被撕拉破坏、母材不被撕裂,即为合格。才可用已调节好工作状态的焊膜机逐幅进行正式焊接。

要根据气温和材料性能,随时调整和控制焊机工作温度、带度,焊机工作温度应为 180~200℃。焊缝处复合土工膜应熔结为一个整体,不得出现虚焊、漏焊或超量焊。焊道搭接宽度:80~100 mm;平面和垂直面的自然褶皱分别为:5%~8%;预留伸缩量:3%~5%;边角料剩余量:2%~5%。

破损部位应进行修复,方法是:裁剪规格相同的材料,热熔粘补,聚乙烯胶密封。

焊道处无纺布的连接采用机械缝合。水下管口的密封止水,采用 GB 橡胶止水条密封,金属包扎并作防腐处理。

4) 保护层施工

保护层材料采用满足设计要求的细砂土,其中不得含有任何易刺破土工膜的尖锐物体或杂物。不得使用可能损伤土工膜的工具。

垫层采用筛细土料摊平后人工压实,再铺设砂砾石料保护层。铺放在边坡上,砂土应压实。

在土工膜铺设及焊接验收合格后,应及时填筑保护层。填筑保护层的速度应与铺膜速度相配合。

必须按保护层施工设计进行,不得在垫层施工中破坏已铺设完工的土工膜。保护层施工工作面不宜上重型机械和车辆,应采用铺放木板,用手推车运输的方式。

4.3.4 坝体及连接堤工程

1) 坝基与岸坡处理

坝基与岸坡处理为隐蔽工程,应根据合同技术条款要求以及有关规定,充分研究工程地质和水文地质资料,制定相应的技术措施或作业指导书,报监理工程师批准后实施。必须按照设计要求并遵循有关规定认真施工。

清理坝基、岸坡和铺盖地基时,应将树木、草皮、树根、乱石等全部清除,并认真做好地下水、洞穴等处理。坝肩岸坡的开挖清理工作,自上而下一次完成。凡坝基和岸坡易风化、易崩解的岩石和土层,开挖后不能及时回填者,应留保护层。

坝基与岸坡处理和验收过程中,系统地进行地质描绘、编录,必要时进行摄影、录像和取样、试验。取样时应布置边长 50 cm 的方格网,在每一个角点取样,检验深度应深入清基表面 1 m。若方格网中土层不同,亦应取样。如发现新的地质问题或检验结果与勘探有较大出入时,应及时与建设、设计单位联系。

开挖、填筑过程中必须排除地下水与地表径流。配备抽水泵及柴油发电机,以保证排水的电力供应。

2) 筑坝材料的选择和加工

坝料应充分合理利用工程开挖料,选择挖方土石料渣中符合要求的部分作为坝料。当工程开挖料不足或不能满足要求时,应考虑外购符合要求的筑坝材料。

当坝料中含有杂物,应予以清除。对坝料进行含水率与级配的调整,以满足施工和设计要求。含水率调整主要通过自然干燥或人工加水,使坝料含水率达到施工含水率控制范围,并保持均匀。级配调整主要通过推土机筛选,在推集料的同时,利用推土机上配置的多齿耙,耙除超径颗粒。细料不足时,采用人工掺料的方法进行调整。

对砂砾料进行评价时,首先要检查其级配、小于 5 mm 含量、含泥量、最大粒径、天然干密度、最大与最小干密度等。取少量代表,做比重、渗透系数、抗剪强度、抗渗比降等物理力学性能试验。检查方法用坑探进行,方格网布点,坑距一般采用 50～100 m。检查报告内容应包括:含水率、试验分析成果、代表性料样品、可利用开挖料适用于填筑坝体某一部位的说明书。经检验,砂砾料的质量和数量应满足设计要求,有良好的级配,质量均一,压实后能满足设计要求的强度、变形特性和渗透性。严控坝料质量,必须是合格坝料才能运输上坝。不合格的材料应经处理合格后才能上坝。合格坝料和弃料应分别堆放,不得混杂。存料场的位置应靠近上坝路线,使物料流向顺畅合理。

3) 坝体填筑

坝体填筑必须在坝基、岸坡及隐蔽工程验收合格并经监理工程师批准后,方可填筑。

坝面施工应统一管理、合理安排、分段流水作业,使填筑面层次分明,作业面平整,均衡上升。坝体各部位的填筑必须按设计断面进行。

铺料方法应遵循下列原则:铺料厚度容易控制;铺实过程中料物不产生料级分离;已压实合格的机体,不因上层料物铺筑面遭到破坏;铺料效率高、易操作、便于施工。

料物上坝采用自卸汽车运送。汽车运输铺料方法采用两头进站法,即自卸汽车从坝肩两侧由近及远倒料,推土机向前推平坝料,使坝体不断向中间延伸,最终两头相聚,坝体合拢。层厚不得大于 0.6 m。此方法使推土机平料容易,坝面平整,铺料厚度易控制,汽车轮胎磨损小,且减少施工机械的相互干扰,提高了工作效率。

4) 坝料压实

坝料碾压前先对铺料洒水一次,然后边加水边碾压。加水力求均匀,加水量应通过现场碾压试验确定。

碾压方法应便于施工,便于质量控制,避免或减少欠碾和超碾。采用进退错距法,碾压遍数为 4～8 遍,压实厚度控制为每层 50 cm。要严格控制压实参数,按规定取样测定干密度和级配作为记录。检验方法、仪器和操作方法,应符合国家及行业颁布的有关规程、规范要求。

坝体填筑、压实、坝坡修整同步进行。

4.4 人工溪流、瀑布工程水景施工

4.4.1 人工溪流、瀑布水景概述

对于园林景观而言,水景是景区的灵魂。"水令人远,景得水而活",水是园林中最为活跃、最具魅力的造园元素之一。园林因水而生动,因水而活泼,因水而更加生机盎然。

从景观的角度看,水态可以分为五大类型即喷涌、垂落、流变、静态及跌水。园林式水景通常以人工化水景为多,根据环境空间的不同,模拟水的各种形态,可采取多种手法进行引水造景:跌水、溪流、瀑布、涉水池等等。

1) 瀑布型

瀑布通常的做法是将石山叠高,山下挖池作潭,水自高处泻下。假山上的水源通常是自来水管装于其

中,需要较大的水量时,可用蓄水箱作水源,然后在瀑布上下配以适当植物。

人工瀑布按其跌落形式分为滑落式、阶梯式、幕布式、丝带式等多种,并模仿自然景观,采用天然石材或仿石材设置瀑布的背景和引导水的流向(如景石、分流石、承瀑石等),考虑到观赏效果,不宜采用平整饰面的白色花岗石作为落水墙体。为了确保瀑布沿墙体、山体平稳滑落,应对落水口处山石作卷边处理,或对墙面作坡面处理。人工瀑布因其水量不同,会产生不同视觉、听觉效果,因此,落水口的水流量和落水高差的控制成为设计的关键参数,居住区内的人工瀑布落差宜在1m以下。

2) 溪流型

溪流型属线形水型,水面狭而曲长,水流因势回绕,溪流常利用大小水池之间的高低错落造成。人工溪流中的水态以较薄的水层来展现,通过水底下垫面的铺装和纹理的设计,水景灯光照明,植物景观的配植等,来表现水流和水面的质感、波纹和光影变幻,丰富水景空间。

溪流水岸宜采用散石和块石,并与水生或湿地植物的配置相结合,减少人工造景的痕迹。溪流的形态应根据环境条件、水量、流速、水深、水面宽和所用材料进行合理的设计。溪流分可涉入式和不可涉入式两种。可涉入式溪流的水深应小于0.3m,以防止儿童溺水,同时水底应做防滑处理。可供儿童嬉水的溪流,应安装水循环和过滤装置。不可涉入式溪流宜种养适应当地气候条件的水生动植物,增强观赏性和趣味性。溪流的坡度应根据地理条件及排水要求而定。普通溪流的坡度宜为0.5%,急流处为3%左右,缓流处不超过1%。溪流宽度宜在1～2m,水深一般为0.3～1m左右,超过0.4m时,应在溪流边采取防护措施(如石栏、木栏、矮墙等)。

4.4.2 人工溪流、瀑布水景的施工要点

1) 施工准备

溪流、瀑布水景的主体结构施工常用钢筋混凝土,施工需要主要是建筑材料、饰面材料,以及防水材料。

(1) 建筑材料 钢筋用于加固水池底面和侧壁的混凝土结构;通常用PO32.5以上的普通水泥及白水泥;中砂和中等颗粒石子。

(2) 饰面材料 水景结构内侧面的饰面材料,常用白瓷砖、马赛克、水磨石面,高档的要求可用釉面地砖、大理石等。池岸的饰面,常用水磨石面、高级陶瓷地砖面、大理石面和花岗岩板面。

(3) 防水防渗漏材料 防水材料有两类,第一类是与水泥拌合使用的防水剂;第二类是可涂刷在面层的涂料。

2) 水景组景的布局安排与放线

施工前,首先要根据水景布局图和施工图,并结合施工现场的具体情况,对水景中瀑布、溪流的具体位置进行安排。安排时要考虑的问题有:瀑布、溪流的给排水问题、水电路的管道走向问题、基础问题、瀑布的供水问题、各种设置与构筑物本身的关系问题。再根据安排好的位置尺寸进行布局安排与放线。

3) 施工要点

(1) 浇筑要求 水景结构通常用混凝土浇筑,池边与池底浇筑为一整体,如溪流深度大于500mm,应用钢筋混凝土浇筑。在地面以下浇筑溪流时,水下的土基部分应做密实。其混凝土厚度可为100～150mm。在楼板面上做水池时,水池的混凝土厚度为100mm左右,水池的深度最好不要大于400mm。

(2) 防渗防漏的处理方法

① 池体浇筑时的防漏方法 当水池基体浇筑完毕,并浇水保养24h后便可进行防漏施工。如果防水要求很高,可使用防水混凝土浇筑池体,用于混凝土的防水材料通常为防水粉和避水剂。水池基体浇筑完后的防漏方法是采用防水砂浆抹面,抹面要分两次进行,每次抹面层厚10mm左右,待第二次防水砂浆初凝时,要将其面压实抹光。

② 防水抹面层砂浆的配制 防水抹面砂浆配制时,先将避水剂与水先拌合,避水剂的用量为所需水泥量的5%左右。然后将拌合好的避水浆液掺入水泥和中砂内搅拌。

应当注意的是,不是所有的防水剂、避水剂都能作为水池的混凝土基体和内面层砂浆的防水材料。因

为有些牌号的防水剂,只能补漏而不能大面积承重。所以采用防水剂要了解清楚后再使用。

③ 面层的防水涂层 为了使防水防漏更可靠,在水池基本和抹面防水砂浆完成后,再在水池内表面涂刷一层防水涂料,然后再进行饰面施工。

(3) 饰面施工 水池的饰面关键在于池岸的施工。边岸饰面时应做工精致,不可粗制滥造马虎施工。当用小卵石贴砌池岸时,卵石应经过筛选,大小基本一致。贴砌矿石用白水泥砂浆铺底,然后把卵石撒铺在白水泥砂浆层上,再拍压卵石,使其镶嵌其中,但要露出布置均匀的卵石光滑表面。大理石矿块嵌镶池岸时,往往要根据大理石的天然色彩和大小块来安排嵌铺,色彩与大小块的布置要均匀和协调。嵌铺方式又分为无缝铺和留缝铺两种。无缝铺就是在大理石碎块之间用白水泥填满缝隙,留缝铺就是大理石碎块之间不完全填满白水泥,使大理石碎块之间有凹下的纹路。但这两种方式嵌贴时,其大面一定要平整。其他瓷砖饰面、大理石整板饰面、花岗岩整板饰面同普通地面施工。但在镶贴时可用防水砂浆来铺贴施工。

(4) 人工瀑布的回水方式 人工瀑布的回水方式大都采用自循环式。即采用水泵,从池内吸水,并将水供至瀑布的源头,瀑布水再回落至水池内,周而复始地循环。如果池内水变少时,可打开补水阀门,将新鲜自来水加入池内。

4.5 喷泉工程施工

喷泉是西方园林中常见的景观。主要是以人工形式在园林中运用,利用动力驱动水流,根据喷射的速度、方向、水花等创造出不同的喷泉状态。因此喷泉施工中要控制水的流量,对水的射流控制是制作喷泉的关键环节。

4.5.1 喷泉景观的分类和适用场所

表 4.1 喷泉景观的分类和适用场所

名 称	主 要 特 点	适用场所
壁 泉	由墙壁、石壁和玻璃板上喷出,顺流而下形成水帘和多股水流	广场,居住区入口,景观墙,挡土墙,庭院
涌 泉	水由下向上涌出,呈水柱状,高 0.6~0.8 m,可独立设置也可以组成图案	广场,居住区,庭院,假山,水池
间歇泉	模拟自然界的地质现象,每隔一定时间喷出水柱和汽柱	溪流,小径,泳池边,假山
旱地泉	将喷泉管道和喷头下沉到地面以下,喷水时水流回落到广场硬质铺装上,沿地面坡度排出。平常可作为休闲广场	广场,居住区入口
跳 泉	射流非常光滑稳定,可以准确落在受水孔中,在计算机控制下,生成可变化长度和跳跃时间的水流	庭院,园路边,休闲场所
跳球喷泉	射流呈光滑的水球,水球大小和间歇时间可控制	
雾化喷泉	由多组微孔喷嘴组成,水流通过微孔喷出,似雾状,多呈柱形和球形	庭院,园路边,休闲场所
喷水盆	外观呈盆状,下有支柱,可分多级,出水系统简单,多为独立设置	园路边,庭院,休闲场所
小品喷泉	从雕塑上口中的器具(罐、盆)和动物(鱼、龙)口中出水,形象有趣	广场,群雕,庭院
组合喷泉	具有一定规模,喷水形式多样,有层次,有气势,喷射高度高	广场,居住区,入口

4.5.2 喷泉工程施工方法及技术要点

(1) 熟悉设计图纸和掌握工地现状施工前,应首先对喷泉设计图有总体的分析和了解,体会其设计意图,掌握设计手法,在此基础上进行施工现场勘察,对现场施工条件要有总体把握,哪些条件可以充分利用,哪些必须清除等。

(2) 做好工程事务工作是根据工程的具体要求,编制施工预算,落实工程承包合同,编制施工计划、绘制施工图表、制定施工规范、安全措施、技术责任制及管理条例等。

(3) 准备工作

① 布置好职工生活及办公用房等临时设施。仓库按需而设,最大限度地降低临时性设施的投入。

② 组织材料、机具进场,各种施工材料、机具等应有专人负责验收登记,根据施工进度,制订购料计划,材料进出库时要履行手续,认真记录,并保证用料的规格质量。

③ 做好劳务调配工作,应视实际的施工方式及进度计划合理组织劳动力,特别采用平行施工或交叉施工时,更应重视劳力调配,避免窝工浪费。

(4) 回水槽施工方法

① 核对永久性水准点,布设临时水准点,核对高程。

② 测设水槽中心桩,管线原地面高程,施放挖槽边线,划定堆土、堆料界线及临时用地范围。

③ 槽开挖时严格控制槽底高程,决不超挖,槽底高程可以比设计高程提高 10 cm,做预留部分,最后用人工清挖,以防槽底被扰动而影响工程质量。槽内挖出的土方,堆放在距沟槽边沿 1.0 m 以外,土质松软的危险地段要采用支撑措施,以防沟槽塌方。

④ 槽底素土夯实,槽四边围使用 MU5.0 毛石,M5 水泥砂浆砌筑。

• 原材料的选用:为了降低水化热,采用 32.5 级矿渣水泥;考虑混凝土可泵性,降低收缩,保证强度,提高混凝土的耐久性和抗裂性,采用 5～31.5 mm 的连续径粒碎石;为了达到混凝土拌和物 28.5 ℃ 的出灌温度,采用深井地下水搅拌;在混凝土中掺和 UEA 膨胀剂和超缓型高效泵送剂,补偿混凝土的收缩,延缓水化物的释放,减少底板的温度应力,提高可泵性;在混凝土中掺入粉煤灰,提高可加工性,增大结构密度和增强耐久性。

• 浇筑方法:要求一次性浇筑完成,不留施工缝,加强池底及池壁的防渗水能力。混凝土浇筑采用从底到上"斜面分层、循序渐进、薄层浇筑、自然流淌、连续施工、一次到顶"的浇筑方法。

• 振捣:应严格控制振捣时间、振捣点间距和插入深度,避免各浇筑带交接处的漏振。提高混凝土与钢筋的握裹力,增大密实度。

• 表面及泌水处理:浇筑成型后的混凝土表面水泥砂浆较厚,应按设计标高用刮尺刮平,赶走表面泌水,初凝前,反复碾压,用木抹子搓压表面 2～3 遍,使混凝土表面结构更加致密。

• 混凝土养护:为保证混凝土施工质量,控制温度裂缝的产生,采取蓄水养护。蓄水前,采取先盖一层塑料薄膜,再盖一层草袋,进行保湿临时养护。

⑤ 溢水、进水管线的安装参照设计图纸。

⑥ 管线施工完毕,安装水箅子盖板 常用涌泉的水箅子盖板为不锈钢材质,四角固定使用不锈钢圈;回水槽的水箅子长度按设计要求现场确定,四边采用不锈钢管焊接加固。

(5) 施工结束后严格按规范拆除各种辅助材料,对水体水面、水岩及喷水池进行清洁消毒处理,进行自检,如:排水、供电、彩灯、花样等,一切正常后,开始准备验收资料。

5 园路铺装工程与假山工程的施工方法与技术

5.1 园路铺装工程施工方法与技术

园路是指绿地中的道路、广场等各种铺装地坪。它是园林不可缺少的构成要素,是园林的骨架、网络。园路的规划布置,往往反映不同的园林面貌和风格。园路除了组织交通、运输,主要还有其景观上的要求:组织游览线路,提供休憩地面,园路、广场的铺装、线型、色彩等本身也是园林景观的一部分。

5.1.1 园路铺装工程施工测量

园路在不同风格的园林规划中,有自由、曲线的方式,也有规则、直线的方式,因此园路测量、放线的质量直接关系到整个园林工程的效果。测量的主要方法详见本书中有关测量的内容,主要测量步骤为:

1) 地形复核

对照园路广场竖向设计平面图,复核场地地形。各坐标点、控制点的自然地坪标高数据,有缺漏的要在现场测量补上。

2) 园路放样

按照设计图所绘的施工坐标方格网,将所有坐标点测设到场地上并打桩定点。然后以坐标桩点为准,根据广场设计图,在场地地面上放出园路的边线及主要地面设施的范围线和挖方区、填方区之间的零点线。

5.1.2 园路的类型和尺度

一般的园路分为以下几种:

(1) 主要道路　联系全园,必须考虑通行、生产、救护、消防、游览车辆。宽 7~8 m。

(2) 次要道路　沟通各景点、建筑,通轻型车辆及人力车。宽 3~4 m。

(3) 林荫道、滨江道和各种广场。

(4) 休闲小径、健康步道　双人行走 1.2~1.5 m,单人 0.6~1 m。健康步道是近年来最为流行的足底按摩健身方式。通过行走卵石路按摩足底穴位达到健身目的,但又不失为园林一景。

5.1.3 园路的结构形式

(1) 面层　路面最上的一层。它直接承受人流、车辆的荷载和风、雨、寒、暑等气候作用的影响。因此要求坚固、平稳、耐磨,有一定的粗糙度,少尘土,便于清扫。

(2) 结合层　采用块料铺筑面层时在面层和基层之间的一层,用于结合、找平、排水。

(3) 基层　在路基之上。它一方面承受由面层传下来的荷载,一方面把荷载传给路基。因此,要有一定的强度,一般用碎(砾)石、灰土或各种矿物废渣等筑成。

(4) 路基　路面的基础。它为园路提供一个平整的基面,承受路面传下来的荷载,并保证路面有足够的强度和稳定性。如果路基的稳定性不良,应采取措施,以保证路面的使用寿命。此外,要根据需要进行道牙、雨水井、明沟、台阶、种植地等附属工程的设计。

5.1.4 园路施工

1) 基土

(1) 施工流程　现场勘测→平整(开挖)→分层压(夯)实。

(2) 施工工艺

① 根据设计要求,勘测现场基土,对土质和土壤状况进行分析判断,并确定基土标高,是否填土或开挖。在淤泥、淤泥土质及杂填土、冲填土等软弱土层上施工时,应按设计要求对基土进行更换或加固。

② 根据设计结构要求,确定基土标高,判断是否平整填土或开挖土方。

• 淤泥、腐殖土、冻土、耕植土和有机物含量大于8%的土壤不得用作填土。膨胀土作为填土时,应进行技术处理。

• 填土前宜取土样用击实试验确定最优含水量与相应的最大干密度,如土料含水量偏高,可采用翻松、晾晒或均匀掺入干土等措施;如土料含水量偏低,可采用预先洒水湿润等措施。

• 在做墙、柱基础处填土时,应重叠夯填密实,在填土与墙柱相连处,也可以采取设缝进行技术处理。

• 用碎石、卵石等作基土表层加强时,应均匀铺成一层,粒径宜为40 mm,并应压(夯)入湿润的土层中。

(3) 相关标准及规范 分层压(夯)实的要求:

① 机械压实 每层虚铺厚大于300 mm;② 蛙式打夯机夯实每层虚铺厚不大于250 mm;③ 人工夯实每层虚铺厚不大于200 mm;④ 当基土下非湿陷性土层,用沙土为填土时,可随浇水随压(夯)实。每层虚铺厚度不大于200 mm。

施工应严格执行《地基与基础工程技术规范》、《建筑地基处理技术规范》、《土方与爆破工程施工及验收规范》、《建筑地面工程施工及验收规范》。

2) 铺装地坪基层施工

(1) 灰土垫层

① 施工流程 备料→拌料→铺设压实

② 施工工艺

• 根据设计要求,进行熟化石灰与粘土的备料,放在不受地下水浸湿的基土上即可。

• 按设计要求备料,一般灰土拌合料中熟化石灰:粘土体积比宜为3:7。当采用粘煤灰或电石渣代替熟化石灰作垫层时,其粒径不得大于5 mm;拌合料的体积比应通过试验确定;灰土拌合料应拌合均匀,颜色一致,并保持一定温度。加水量宜为拌合料总重量的16%。

• 对拌合料进行铺设,应分层随铺随夯,不得隔日夯实,亦不得受雨淋。夯实后表面要平整,经晾干后方可进行下道工序施工。

③ 相关标准及规范 灰土垫层厚度不应小于100 mm。生石灰中的灰块不应小于70%;使用前3~4天洒水粉化;粒径不得大于5 mm;雨粘土拌合堆放8 h后使用。拌合粘土粒径不得大于15 mm,每层虚铺厚度宜为150~250 mm。施工应严格执行《建筑地面工程及验收规范》。

④ 施工注意事项 随铺随夯,不得隔日夯实,不能受雨淋;施工间歇后继续铺设前,接槎处应清扫干净,铺设后接槎处应重叠夯实;粘土中不得含有机杂质。

(2) 砂垫层和砂石垫层

① 施工流程 备料→拌料→铺设夯实

② 施工工艺

• 根据设计要求进行备料,砂或砂石中不得含有草根等有机杂质,石子的最大粒径不得大于垫层的2/3。砂宜选用坚硬的中砂或中粗砂;对砂石进行拌料,以防摊铺不均匀。

• 根据设计厚度要求(一般砂垫层厚度不小于60 mm;砂石垫层厚度要求不宜小于100 mm)进行铺设夯实,砂垫层铺平后,应洒水湿润,并宜采用机具振实,振实后密度要符合设计要求;砂石垫层应摊铺均匀,不得有粗细颗粒分离现象,压前应洒水使砂石表面保持湿润,采用机械碾压或人工夯实时,均不小于三遍,并压(夯)至不松动为止。

③ 相关标准及技术规范 砂垫层厚度不小于60 mm;砂石垫层厚度不小于100 mm;施工应严格执行《建筑地面工程施工及验收规范》。

(3) 碎石垫层和碎砖垫层

① 施工流程 备料→铺设压(夯)实

② 施工工艺

• 根据要求选用强度均匀和未风化的石料、碎石、砖,不得采用风化、酥松、夹有瓦片和有机杂质的砖料;

- 垫层要均匀摊铺,碎石要分层。碎石垫层表面空隙应以粒径为 5~25 mm 的细石子填补,碎砖垫层分层摊铺,洒水湿润后采用机具夯实,表面平整,夯实后的厚度不应大于虚铺厚度的 3/4。

③ 相关标准及规范 施工应严格执行《建筑地面工程施工及验收规范》,碎石厚度不应小于 60 mm;碎砖垫层厚度不应小于 100 mm;碎砖料一般粒径不应大于 60 mm。

④ 施工注意事项 石料一般最大粒径不得大于垫层厚度的 2/3;在已铺设的碎砖垫层上,不得用锤击的方法进行砖料加工。

(4) 炉渣垫层

① 施工流程 备料→拌料→铺设压实

② 施工工艺

- 根据设计要求进行备料,炉渣垫层应备:a. 炉渣;b. 水泥、炉渣;c. 水泥、石灰、炉渣。三种都可以用作拌合料铺设。炉渣内不应含有机杂质和未燃尽的煤块。粒径不应大于 40 mm,并且粒径在 5 mm 以下的体积不得超过总体积的 40%,石灰的粒径一般不得大于 5 mm。
- 按要求进行均匀拌料,炉渣或水泥炉渣垫层采用的炉渣,使用前应浇水闷透;水泥石灰炉渣,垫层采用的炉渣,应先用石灰浆或用熟化石灰浇水闷透,且闷透时间都不小于 5 天。
- 铺设并压实拍平,当垫层厚度大于 120 mm 时,应分层铺设,每层压实后的厚度不应大于虚铺厚度的 3/4。

③ 施工注意事项

- 炉渣垫层拌合料应拌合均匀,并应控制加水量,铺设时垫层表面不得呈现泌水现象;
- 在垫层铺设前,基层应清扫干净并洒水湿润;
- 当炉渣垫层内埋设管道时,管道周围宜用细石混凝土予以稳固;
- 炉渣垫层施工完毕后应养护,并应待其凝固后方可进行下一道工序施工。

(5) 水泥混凝土垫层

① 施工流程 备料→立边模等→搅拌浇铸

② 施工工艺 按设计要求备料;要求混凝土强度等级不应小于 C10;根据现场要求带线立模,以保证平整度;搅拌并分压段进行浇铸。

③ 相关标准及规范 垫层厚度不小于 60 mm;强度等级不应小于 C10;施工应严格执行《建筑地面工程施工及验收规范》。

④ 施工注意事项

- 垫层厚度不得小于 60 mm;
- 分压段应结合变形缝位置,不同材料的建筑地面连接处按设备基础的位置进行划分;
- 浇铸前,表面应予湿润;并按设计要求施工;埋设锚柱或木砖等要预流孔洞。

3) 铺装地坪找平层施工

(1) 施工流程 备料→清理面层→铺设找平层

(2) 施工工艺

① 根据要求进行备料,一般找平层采用水泥沙浆、水泥混凝土和沥青沙浆、沥青混凝土等几种物料铺设,具体确定条件应符合合同类面层的要求。

② 在铺设找平层前,应将下一层表面清理干净。当找平层下有松散填充料时应予铺平振实。下一层为水泥混凝土垫层时,应予湿润。当表面光滑时,应划(凿)毛,铺设时先刷一遍水泥浆,其水灰比宜为 1:4~1:5,并随刷随铺。

③ 根据垫层要求,铺设找平层,保持表面平整,并做好养护工作。

(3) 相关标准和规范 施工应严格执行《建筑地面工程施工及验收规范》。

(4) 施工注意事项

① 水泥沙浆体积比不宜小于 1:3;水泥混凝土强度等级不应小于 C15。

② 在预制钢筋混凝土板上铺设找平层前,板缝填嵌施工,要求板缝内清理干净,保持湿润。填缝采用细石混凝土,其强度等级不应小于C20,其嵌缝高度应小于板面10~20 mm,表面不宜压光。

③ 在预制钢筋混凝土板上铺设找平层时,其板端间应按设计要求采取防裂构造措施。

④ 在有防水要求的地面或楼面上铺设找平层时,应对立管、套管、地漏与地面(楼面)节点之间进行密封处理,并在管四周留出三条8~10 mm的沟槽,采用防水卷材或防水涂料裹住管口和地漏。

4) 铺装地坪施工隔离层和填充层施工

(1) 施工流程　表面清理→放线定标高→铺设→检测

(2) 施工工艺

① 检查所用的材料是否符合现行的产品标准规定,并应经国家法定的检测单位检测。

② 铺设隔离层和填充层时其下一层的表面应平整、洁净和干燥,并不得有空鼓、裂缝和起砂现象。

③ 根据设计要求,放线定标高,控制铺设层厚度和区域。

④ 当采用松散材料做填充层时,应分层,铺平拍实;当采用板、块状材料做填充层时,应分层错缝铺设,每层应选用同一厚度的板、块材料。

⑤ 当采用沥青胶结料粘贴板块状填充层材料时,应边刷边贴边压实,防止板、块材料翘起。

⑥ 防水隔离层铺设完后,应作蓄水检查。蓄水深度宜为20~30 mm。24 h内无渗漏为合格,并做记录。

(3) 相关标准和规范　施工应严格执行《房屋工程技术规范》、《地下防水工程施工及验收规范》、《建筑地面工程施工及验收规范》。

(4) 施工注意事项

① 当隔离层采用水泥砂浆或水泥混凝土作为地面与楼面防水时,应在水泥砂浆或水泥混凝土中掺防水剂;

② 涂刷沥青胶结料的温度不应低于160℃,并应随即将预热的绿豆砂均匀撒入沥青胶结料内,压入1~1.5 mm,绿豆砂的粒径宜为2.5~5 mm,预热温度宜为50~60℃;

③ 防水卷材铺设应粘实、平整,不得有皱折、起鼓、翘边和封口不严等缺陷,被挤出的沥青胶结料应及时刮去。

5) 铺装地坪面层施工

(1) 施工准备

① 材料　铺装地坪面层石材的品种、规格、图案、颜色按设计图验收,并应分类存放。

② 作业条件　做好地面的防水层和保护层;地面预埋件及水电设备管线等施工完毕并经检查合格;在四周做好水平控制线及花样品种分隔线。

(2) 操作工艺　基层清理→贴灰饼冲筋→铺结合层砂浆→弹控制线(按放样设计)→铺砖→敲平→拨缝→修整→嵌缝隙。

(3) 清理基层　基层施工时,必须按规范要求预留伸缩缝;以地面±0.00的抄平点为依据,在周边弹一套水平基准线进行抄平。水泥砂浆结合层厚度控制在10~15 mm。最后清扫基层表面的浮灰、油渍松散砼和砂浆,并用水清洗湿润。

(4) 弹线　根据板块分块情况,挂线找中,在装修区取中点,拉十字线,根据水平基准线,再标出面层标高线和水泥砂浆结合层线,同时还需弹出流水坡度线。

(5) 试拼

① 根据规矩线,对每个装修区的板块,按图案、颜色、纹理试拼达到设计要求后,按两方向编号排列,按编号放整齐。同一装修区的花色、颜色要一致。缝隙如无设计规定,不大于1 mm。

② 根据设计要求把板块排好,检查板块间缝隙,核对板块与其他管线、洞口、构筑物等的相对位置,确定找平层砂浆的厚度,根据试排结果,在装修区主要部位弹上互相垂直的控制线,引到下一装修区。

(6) 铺装结合层　采用1∶3的干硬性水泥砂浆,洒水湿润基层,然后用水灰比为0.5的素水泥浆刷一遍,随刷随铺干硬性水泥砂浆结合层。根据周边水平基准线铺砂浆,从里往外铺,虚铺砂浆比标高线高出3~5 mm,用括尺赶平、拍实,再用木抹子搓平找平,铺完一段结合层随即安装一段面板,以防砂浆结硬。铺张长度应大于1 m,宽度超出板块宽 20~30 mm。

(7) 铺面层　铺镶时,板块应预先浸湿晾干,拉通线,将石板跟线平稳铺下,用橡皮锤垫木轻击,使砂浆振实,缝隙、平整度满足要求后,揭开板块,再浇上一层水灰比为 0.5 的水泥素浆正式铺贴。轻轻锤击,找直找平。铺好一条,及时拉线检查各项实测数据。注意锤击时不能砸边角,不能砸在已铺好的板块上。块料路面的铺砌要注意以下几点:

① 石板块与基层空鼓　主要由于基层清理不干净;没有足够水分湿润;结合层砂浆过薄(砂浆虚铺一般不宜少于 25~30 mm,块料座实后不宜少于 20 mm 厚);结合层砂浆不饱满以及水灰比过大等。

② 相邻两板高低不平　板块本身不平;铺贴时操作不当;铺贴后过早上人将板块踩踏等(有时还出现板块松动现象),一般铺贴后两天内严禁上人踩踏。

(8) 灌、擦缝　板块铺完养护 2 天后在缝隙内灌水泥浆、擦缝。水泥色浆按颜色要求,在白水泥中加入矿物颜料调制。灌缝 1~2 h 后,用棉纱蘸色浆擦缝。缝内的水泥浆凝结后,再将面层清洗干净。

(9) 成品保护　铺装完后严禁早期上人走动,表面覆盖锯末、席子、编织袋等予以保护。

6) 园林铺装石材泛碱现象处理

(1) 泛碱现象　湿贴天然石墙面在安装期间,石材板块会出现似"水印"一样的斑块,随着镶贴砂浆的硬化和干燥,"水印"会稍微缩小,甚至有些消失,其孤立、分散地出现在板块中,室内程度不严重,影响外观不大。但是,随着时间推移,特别是外墙反复遭遇雨水或潮湿天气,水从板缝、墙根等部位侵入,天然石的水斑逐渐变大,并在板缝连成片,板块局部加深、光泽暗淡、板缝并发析出白色的结晶体,长年不褪,严重影响外观,此种现象称为泛碱现象。

(2) 原因分析

① 天然石材结晶相对较粗,存在许多肉眼看不到的毛细管,花岗岩细孔率为 0.5%~1.5%,大理石细孔率为 0.5%~2.0%,其抗渗性能不如普通水泥砂浆,花岗岩的吸水率为 0.2%~1.7% 是较低的,水仍可通过石材中的毛细管浸入面传到另外一面。天然石材的这种特性及毛细孔的存在,为粘接材料中的水、碱、盐等物质的渗入和析出并形成泛碱提供了通道。

② 粘结材料产生含碱、盐等成分的物质。主要为镶贴砂浆析出 $Ca(OH)_2$(氢氧化钙)并跟随多余的拌合水,沿石材的毛细孔游离入侵板块,拌合水越多,移动到砂浆表面的 $Ca(OH)_2$ 就越多,水分蒸发后,$Ca(OH)_2$ 就存积在板块里。其他,如在水泥中添加了含有 Na^+ 的外加剂,粘土砖土壤含有的 Na^+、Mg^{2+}、K^+、Ca^{2+}、Cl^-、SO_4^{2-}、CO_3^{2-} 等,遇水溶解,会渗透到石材毛细孔里,形成"白华"等现象。粘结材料产生的含碱、盐等成分物质是渗入石材毛细孔产生泛碱的直接物质来源。

③ 水的渗入　由于外墙接缝用水泥细砂砂浆勾缝,防水效果差;地面水(或潮湿)沿墙体或砂浆层侵入石材板;安装时对石材洒水过多等原因,使水入侵石材板,并溶入 $Ca(OH)_2$ 和其他盐类物质进入石材毛细管形成泛碱。可见,水是泛碱物质的溶剂和载体。

(3) 治理办法　天然石材墙面一旦出现泛碱现象,由于可溶性碱(或盐)物质已沿毛细孔渗透到石材里面(渗出石板表面的可以清除),很难清除,故应着重预防。泛碱发生后只可作以下补救:

① 尽快对墙体、板缝、板面等全面进行防水处理,防止水分继续入侵,使泛碱不再扩大。

② 可使用市面上的石材泛碱清洗剂,该清洗剂是由非离子型的表面活性剂及溶剂等制成的无色半透明液体,对于部分天然石材表面泛碱的清洗有一定的效果。但是在使用前,一定要先作小样试块,以检验效果和决定是否采用。

5.2　假山工程施工方法与技术

5.2.1　置石施工

置石是以石材或仿石材布置成自然露岩景观的造景手法。置石还可结合它的挡土、护坡和作为种植床或器设等实用功能,用以点缀风景园林空间。置石能够用简单的形式,体现较深的意境,达到"寸石生情"的艺术效果,有"无园不石"之说。现存江南名石有苏州清代织造府(在今苏州第十中学)的瑞云峰、留园的冠云峰、上海豫园的玉玲珑和杭州花圃中的皱云峰;而最老的置石则为无锡惠山的"听松"石床,镌刻唐代书法家李阳冰篆"听松"二字。

1) 园林置石常用石材

(1) 斧劈石 产于我国较多地区,犹以江苏武进、丹阳的斧劈石最为有名。斧劈石属硬质石材,其表面皱纹与中国画中"斧劈皴"相似,四川川康地区也有大量此类石材,但因石质较软,可开凿分层,又称"云母石片"。斧劈石属页岩,经过长期沉淀形成,含量主要是石灰质及碳质。同时色泽上虽以深灰、黑色为主,但也有灰中带红锈或浅灰等变化,这是因石中含铁量及其他金属含量的成分变化所致。斧劈石因其形状修长、刚劲,造景时做剑峰绝壁景观,尤其雄秀,色泽自然。但因其本身皱纹凹凸变化反差不大,因此技术难度较高,而且吸水性能较差,难以生苔,盆景成型后维护管理也有一定难度。现在在大型园庭布置中多采用这种石材造型。

(2) 太湖石 有南北两种太湖石。

① 南太湖石 俗称太湖石,是一种多孔玲珑剔透的石头,因盛产于太湖地区而古今闻名,与雨花石、昆石并称为江南三大名石。李斗《扬州画舫录》载:"太湖石乃太湖石骨,浪击波涤,年久孔穴自生"。太湖石的形成,首先要有石灰岩。苏州太湖地区广泛分布2亿~3亿年前的石炭、二叠、三叠纪时代形成的石灰岩,成为太湖石的丰富的物质基础。尤以3亿年前石炭纪时,深海中沉积形成的层厚、质纯的石灰岩最佳。往往能形成质量上乘的太湖石。由于丰富的地表水和地下水沿着纵横交错的石灰岩节理裂隙,无孔不入地溶蚀,精雕细凿,或经太湖水的浪击波涤、天长日久使石灰岩表面及内部形成许多漏洞、皱纹、隆鼻、凹槽。不同形状和大小的洞纹鼻槽有机巧妙地组合,就形成了漏、透、皱、瘦,奇巧玲珑的太湖石。苏州留园的冠云峰,苏州十中的瑞云峰,上海豫园的玉玲珑,杭州西湖的皱云峰,被称为太湖石中的四大珍品。

② 易州怪石 亦称北太湖石。产于易县西部山区,其石质坚硬、细腻润朗,颜色为瓦青。以奇秀、漏透、皱瘦、浑厚、挺拔、秀丽为特征。由于大自然的造化,使太湖石千姿百态,玲珑剔透,形态荒诞怪异,别具特色。有的像飞禽,形似孔雀梳羽、祥云缭绕、彩蝶飞舞;有的小巧可爱像小狗静卧,憨态可掬;有的像玉兔活灵活现;有的浑厚、壮观,酷似骏马奔腾;有的挺拔如山峰叠起雄伟宏大,形成一幅幅逼真美丽的图画,让人遐想,令人陶醉,成为建造园林假山、点缀自然景点理想的天赐材料。

(3) 吸水石 别名上水石,该石上水性能强,盆中蓄水后,顷刻可吸到顶端。石上可栽植野草、苔藓,青翠苍润,为制作盆景的佳石。沙积石,暄而脆,但吸水性很强;石灰石硬度稍高,结构比沙积石细密。上水石易于造型,由于暄而脆,可随意凿槽、钻洞、雕刻出心中理想的形象。上水石中大大小小的天然洞穴很多,有的互相穿连通气,小的洞穴如气孔,这就是吸水性强的主要原因。在上水石的洞穴中,填上泥土可植花草,大的洞穴可栽树木,由于石体吸水性强,植物生长茂盛,开花鲜艳。上水石可以散发湿气,用它造假山或盆景,都有湿润环境的作用。上水石系古苔藓虫化石,距今约有一亿三千万~一亿九千万年。石质坚硬,呈黄、褐、白等色,外形美观多姿,大部分呈管状、中空、条纹式,独具特色。山坡沟谷均有分布,属石灰岩,质地上乘。

① 北京上水石 产于北京市北京房山区西南部的十渡。该石状似蜂窝,上面有大小不一孔穴,吸水性较好,采回后把外表的黄泥冲刷洗净,石上可栽树植草,是制作山石盆景的佳材。

② 山东上水石 产于山东省临朐县龙岗镇、上林镇等地和青石山区河谷中,以及平邑县铜石镇、天宝山乡一带。该石呈灰白色、灰褐色;石上有很多天然的大小洞,有的互相连通,有的小如气孔,具较高吸水性能;石性较脆,可凿槽钻洞、雕刻,易造型,常用于制作假山或盆景。此上水石分沙积石和石灰石两种。沙积石暄而脆,但吸水性很强;石灰石也称泉华,硬度稍高,结构比沙积石细密。产于平邑县铜石镇大圣堂和天宝山乡小圣堂附近的泉华,为脉状产出,矿石部分出露地表,部分深埋地层。

③ 河北上水石 产于河北省邯郸市磁县、保定市易县等地。该石上水性能强,盆中蓄水后,倾刻可吸到顶端。石上可栽植野草、苔藓,青翠苍润,为制作盆景的佳石。磁县地下的上水石蕴藏丰富,分布在京广铁路以西地区,埋深0~30 m,厚度4~6 m。易县上水石产于城西北16 km处的千佛山一带,山坡沟谷均

有分布,属石灰岩,质地上乘。

④ 山西上水石 产于山西省阳泉市平定县娘子关一带。该石颜色呈棕红、土黄、橙黄等色,质地较软,带有许多洞孔,显蓬松状。石体上布满纵横交错的管状孔,容易加工成"奇峰异洞"等景观造型,但加工、砍凿时用力不能太猛,否则容易断裂。上水石吸水迅速,在倾刻间能将水吸至石头顶端,浸湿整块石体,石上可随意植绿,是制作盆景的上佳石料。鉴别真假吸水石的方法:把吸水石放在浅水里,大部分露在外面,看会不会上水,上水能力越好说明质量越好。

2) 置石的选材与加工

(1) 置石的选材 置石种类繁多,大都从大自然中采掘而得,其质地、色泽、皱纹都具有天然本质。选材时,首先要注意应根据石材的自然特征,确定其适合做那种自然景观的造型,如果选择的是一组皱纹直立简炼、形状长条、轮廓自然的砂积石为一景石的素材时,肯定地说,这些素材最适宜做剑峰峻峭、高耸挺拔的造型景观,选材时要注意,素材的质地、种类、皱纹一定要统一,一处景石,最好只用一种类别的素材,色彩不可差异太大。

(2) 置石的加工

① 山体轮廓的敲削 在制作景石进行选材时,首先要对石材的顶部轮廓线进行观察,引发构思,反复推敲,不论硬石、软石,在轮廓线排列起伏不明显时,都要对其进行敲削,使之起伏鲜明,富有节奏感。

② 截锯与粘合 有些时候,一块石材是不能构成一处景石完整画面的,因此要进行多块石材组合而形成景观。而石材一般都是天然未经加工的,因此必须根据景观要求进行石材的锯截、连接和粘合,锯截石材用切割机或钢锯进行,也可用锤子敲断理平的方式进行。然后再用水泥或水泥兑色,或用其他粘合剂粘接成形。

③ 理纹与错落 一般说来一处景石要求在石体皱纹上达到大致一致,这样显得景观画面较为统一。但因石材本身的差异性,因此在尽量选择纹理自然、线条一致的前提下,有时要对一些纹理皱法不明显或纹理差异较大的石材进行理纹,理纹一般用剔、掏、敲、锯的方式进行,视石材的软硬性质而定,若有的纹理实在不能理出,则可用大致色泽一致的石材进行错落拼接,形成大的块面的皱纹明显凹凸的现象,达到景观统一、生动的要求。

3) 园林置石常用的施工方法及其特点

(1) 特置 又称孤置山石、孤赏山石,也有称其为峰石的。特置山石大多由单块山石布置成独立性的石景,常在环境中作局部主题。特置常在园林中作入口的障景和对景,或置于视线集中的廊间、天井中间、漏窗后面、水边、路口或园路转折的地方。此外,还可与壁山、花台、草坪、广场、水池、花架、景门、岛屿、驳岸等结合来使用。特置山石施工特点有:

① 特置选石宜体量大,轮廓线突出,姿态多变,色彩突出,具有独特的观赏价值。石最好具有透、瘦、漏、皱、清、丑、顽、拙的特点。

② 特置山石为突出主景并与环境相协调,通常石前"有框"(前置框景),石后有"背景"衬托,使山石最富变化的那一面朝向主要观赏方向,并利用植物或其他方法弥补山石的缺陷,使特置山石在环境中犹如一幅生动的画面。

③ 特置山石作为视线焦点或局部构图中心,应与环境比例合宜。

(2) 对置 把山石沿某一轴线或在门庭、路口、桥头、道路和建筑物入口两侧作对应的布置称为对置。对置由于布局比较规整,给人严肃的感觉,常在规则式园林或入口处多用。对置并非对称布置,作为对置的山石在数量、体量以及形态上无须对等,可挺可卧,可坐可偎,可仰可俯,只求在构图上的均衡和在形态上的呼应,这样既给人以稳定感,亦有情的感染。

(3) 散置 散置即所谓的"攒三聚五、散漫理之,有常理而无定势"的作法。常用奇数三、五、七、九、十一、十三来散置,最基本的单元是由三块山石构成的,每一组都有一个"3"在内。

散置对石材的要求相对比特置低一些,但要组合得好。常用于园门两侧、廊间、粉墙前、竹林中、山坡上、小岛上、草坪和花坛边缘或其中、路侧、阶边、建筑角隅、水边、树下、池中、高速公路护坡、驳岸或与其他景物结合造景。它的布置特点在于有聚有散、有断有续、主次分明、高低起伏、顾盼呼应、一脉既毕、余脉又起、层次丰富、比例合宜、以少胜多、以简胜繁、小中见大。此外，散置布置时要注意石组的平面形式与立面变化。在处理两块或三块石头的平面组合时，应注意石组连线总不能平行或垂直于视线方向，三块以上的石组排列不能呈等腰三角形、等边三角形和直线排列。立面组合要力求石块组合多样化，不要把石块放置在同一高度，组合成同一形态或并排堆放，要赋予石块自然特性的自由。

(4) 群置 应用多数山石互相搭配布置称为群置或称聚点、大散点。群置常布置在山顶、山麓、池畔、路边、交叉路口以及大树下、水草旁，还可与特置山石结合造景。群置配石要有主有从，主次分明，组景时要求石之大小不等、高低不等、石的间距远近不等。群置有墩配、剑配和卧配三种方式，不论采用何种配置方式，均要注意主从分明、层次清晰、疏密有致、虚实相间。

4) 现代园林置石施工的发展趋势

新时代要建造符合现代精神风貌的新颖的园林。在现代造园中，园林中不是为置石而置石，现代园林置石的发展趋势应是：适应现代人亲近自然的心理特征，以生态效益为目的，利用新材料、新技术创造富有时代气息的置石作品，与其他物质要素紧密结合，以求共同建造优美的富于生机的自然景观，创造清新宁静的生态环境。

新材料、新技术正广泛应用于现代园林置石中。利用水泥、灰泥、混凝土、玻璃钢、有机树脂、GRC（低碱度玻璃纤维水泥）作材料，进行"塑石"，正在现代园林中兴起。塑石的优点是造型随意、多变，体量可大可小，色彩可多变，重量轻，节省石材，节省开支。特别适用于施工条件受限制或承重条件受限制的地方，如屋顶花园。缺点是寿命短，人工味较浓。解决这个缺点，可用少量天然石材与塑石配合进行造型设计，用植物进行修饰，真中含假，假中有真，既节省石材，又减少了塑石的人工味，不失为一种良策。随着科技日益进步，塑石材料、技术亦会大有改进，塑石定会更加贴近天然山石本色，达到"假"石宛如"真"石的境界。

5.2.2 假山工程施工

园林假山所指的"假山"，是相对于自然形成的"真山"而言的。一般按体量大小分为：小型假山，用景石叠成的山形景观，主峰高度 4 m 以上，用景石 60 t 以下者为小型；60~200 t 者为中型；大型假山，用景石叠成的山形景观，主峰高度 4 m 以上，用景石 200 t 以上或占地面积 20 m² 以上；同时堆砌台基、山洞、水景的为组合型假山。

1) 假山的材料

(1) 石料 假山基础的用石是承重假山体的负荷结构。一般选用花岗岩毛石或砂岩毛石，石块大小以人工搬运砌筑方便为宜，约为 40 cm×50 cm×50 cm。

(2) 砂 砂是岩石风化后的产物。按它的来源分，有砂、河砂与河砂，按颗粒大小分，平均粉径大于 0.5 mm 的为粗砂；0.35~0.5 mm 为中砂；0.25~0.35 mm 为细砂。在假山工程中，中砂为基础抹浆或搅拌混凝土用；细砂用于嵌缝修饰性水泥砂浆的配合。

(3) 碎石 碎石是指破碎后的具有一定粒径的混凝土骨料石。它也分粗、中、细三种：粗碎石——粒径约为 60 mm；中碎石——粒径约为 30 mm；细碎石——又叫瓜片石或叫细石，粒径为 10~15 mm，用细碎石拌成的混凝土叫细石混凝土。碎石在假山工程中有两个用途：其一是做混凝土基础用；其二是对假山芯部大空隙的灌浆填实用。

(4) 水泥 水泥是以含有较多碳酸钙、氧化硅等成分的石灰岩、白垩土（高岭土、瓷土）以及粘土为原料，用球磨机封闭研细后，再经过 1 300~1 450℃ 的煅烧成石膏为以硅酸钙为主要矿物成分的熟料，然后加入 2%~5% 的生石膏（$CaSO_4 \cdot 2H_2O$）或熟石膏（$CaCO_3 \cdot 1/2H_2O$），再磨细，就成为灰色粉末状的材料。由于水泥浆不仅能在潮湿环境中硬结，而且还能在水中硬结，因而便成了现代假山工程中乐于使用的胶结材料了。然而，也正是由于水泥容易水化硬结，因此在贮存时要严防受潮，并不宜久存，一般以出厂时间不超过 3~6 个月为好。在使用前再做一次鉴定，以确保工程质量。

2) 园林假山的基础施工

堆叠假山和建造房屋一样，必须先做基础，即所谓的"立基"。首先按照预定设计的范围，开沟打桩。

基脚的面积和深浅,则由假山山形的大小和轻重来决定。一般假山基础的开挖深度,以能承载假山的整体重量而不至于下沉,并且能在久远的年代里不变形的要求为原则。同时也必须做到假山工程造价较低而施工简易的要求。

假山除非坐落在天然岩基上,否则都需要做基础。基础的做法有如下几种:

(1) 桩基　多用于水中的假山或假山驳岸。以柏木桩或杉木桩为主,木桩顶面的直径在 10～15 cm,平面布置按梅花形排列,故称"梅花桩"。桩边至桩边的距离约为 20 cm,其宽度视假山底脚的宽度而定。如做驳岸,少则三排,多则五排。桩的类型有两种,一种是直打到硬层的,称为"支撑桩";另一种是用来挤实土壤的,称为"摩擦桩"。桩长一米多至两米不等,视土层厚度而定,一般桩顶要露出湖底十几厘米至几十厘米,其间用块石嵌紧,再用花岗石压顶。条石上面才是自然形态的山石。条石应置于低水位线以下,自然山的下部也在水位线下。

除了木桩之外,也有用钢筋混凝土桩的。由于我国各地的气候条件和土壤情况各不相同,所以有的地方,如扬州地区为长江边的冲积砂层土壤,土壤空隙较多,通气较多,加之土壤潮湿,木桩容易腐烂,所以传统上还采用"填充桩"的方法。所谓填充桩,就是用木桩或钢杆打桩到一定的深度,将其拔出,然而在桩孔中填入生石灰块,再加水捣实,其凝固后便会有足够的承载力,这种方法称为"灰桩";如用碎瓦砾来充填桩孔,则称为"瓦砾桩"。其桩的直径约为 20 cm,桩长一般在 60～100 cm,桩边的距离为 50～70 cm。苏州地区因其土壤粘性相对较强,土壤本身比较密实,对于一般的陆地置石或小型假山,常采用石块尖头打入地下作为基础,称为"石钉桩",再在缝隙中夹填碎石,上用碎砖片和素土夯实,中间铺以大石块;若承重较大,则在夯实的基础上置以条石。北京圆明园因处于低湿地带,地下水成了破坏假山基础的重要因素,包括土壤的冻胀对假山基础的影响,所以其常用在桩基上面打灰土的方法,以有效地减少地下水对基础的破坏。

(2) 灰土基础　某些北方地区,因地下水位不高,雨季比较集中,这样便使灰土基础有个比较好的凝固条件。灰土一经凝固,便不透水,可以减少土壤冻胀的破坏。所以在北京古典园林中,对位于陆地上的假山,多采用灰土基础。灰土基础的宽度一般要比假山底面的宽度宽出 50 cm 左右,即所谓的"宽打窄用"。灰槽的深度一般为 50～60 cm。2 m 以下的假山,一般是打一步素土,再一步灰土。所谓的一步灰土,即布灰 30 cm 左右,踩实到 15 cm 左右后,再夯实至 10 cm 多的厚度。2～4 m 高的假山,用一步素土、两步灰土。灰土基础对石灰的要求,必须是选用新出窑的块灰,并在现场泼水化灰,灰土的比例为 3∶7,素土要求是颗粒细匀不掺杂质的粘性土壤。在北方地下水位低,雨季集中的地方,陆地上的假山可采用灰土基础灰土凝固后不透水,可减少土壤冻胀的破坏。

(3) 混凝土基础　近代假山一般多采用浆砌块石或混凝土基础,这类基础耐压强度大,施工速度快。块石基础常用没有造型和没有多少利用价值的假山石,或花岗岩毛石、废条石等筑砌,所以也称毛石基础。这种基础适用于中小型假山。其基础的厚度根据假山的体量而定,一般高在 2 m 左右的假山,其厚度在 40 cm 左右;4 m 左右的假山,其厚度则在 50 cm 左右;毛石基础的宽度应比假山底部宽出 30 cm 以上。毛石需满铺铺平,石块之间相互咬合,搭配紧密,缝隙用碎石及 C15～C20 的水泥砂浆或混凝土灌实作平,使它连成整体。堆叠大型假山则常采用钢筋混凝土板基础,先需要挖土到设计所需的基础深度,人工夯实底层素土,再用 C15～C20 的混凝土做厚 7～10 cm 的垫层,然后再在上面用钢筋扎成 20 cm 左右见方的网状钢筋网,最后用混凝土浇注灌实,经一周左右的养护后,方可继续施工。

3) 山石结体的施工

假山虽有峰、峦、洞、壑等各种变化,但就山石相互之间的结合而言,却可以概括为十多种基本形式。北京的"山子张"张蔚庭老师傅总结过"叠石十字诀",即"安、连、接、斗、跨、拼、悬、剑、卡、垂"还有挑、撑等,江南一带则流传为九字诀,即"叠、竖、垫、拼、挑、压、钩、挂、撑"。两相比较,有些是共有的字,有些称呼不同内容一样,可见南北匠师是一脉相承的,现将这些字诀在施工中的含意说明如下:

(1) 安　是安置山石的意思。放一块山石叫做"安"一块山石。特别强调放置要安稳,其中又分单安、双安与三安。双安是在两块不相连的山石上面安一块山石,构成洞、岫等变化。三安则是三石上安一石,使之形成一体。安石强调一个"巧"字,即本来不具备特殊形体的山石,经过安石以后,可以组成具有多种形体变化的组合体,这就是《园冶》中所说的"玲珑安巧"的含义。

(2) 连 山石之间水平方面的衔接称为"连"。"连"不是平直相连,而要错落有致、变化多端。有的连缝紧密,有的疏连,有的续连。同时要符合皴纹分布的规律。

(3) 接 山石之间竖间衔接称为"接"。"接"既要善于利用天然山石的茬口,又要善于补救茬口不够吻合的所在。使上下茬口互咬。同时要注意山石的皴纹。一般来说竖纹与竖纹相接,横纹与横纹相连,但有时也可以有所变化。

(4) 斗 是仿自然岩石经水冲蚀成洞穴的一种叠石造型。叠置中取两块竖向造型的,姿态各异的山石分立两侧,上部用一块上凸下凹的山石压顶,构成如两羊头角对顶相斗的形象。

(5) 挎 如山石某一侧面过于平滞,可以旁挂一石以全其美,称为"挎"。挎石可利用茬口交合或上层镇压来稳定。

(6) 拼 在比较大的空间里,因石材太小,单置时体量不够时,可以将数块以至数十块山石拼成一整块山石的形象,这种做法称为"拼"。如在缺少完整石材的地方需要特置峰石,也可以采用拼峰的办法。

(7) 悬 对仿溶洞的假山洞的结顶,常用此法。它是在上层山石内倾环拱形成的竖向洞口中,插进一块上大下小的长条形的山石。由于山石的上端被洞口卡住,下端便可倒悬空中。以湖石类居多。

(8) 剑 山石竖长,直立如剑的做法为"剑"。多用于各种石笋或其他竖长的山石(如青石,木化石等),立"剑"可以造成雄伟昂然的景观,也可作为小巧秀酌的景象,因地、因石而制宜。作为特置的剑石,其地下部分必须有足够的长度以保证稳定。一般立"剑"都自成一景,如与其他山石混杂,则显得不自然。并且立刻要避免"排如炉烛花瓶,列似刀山剑树",忌"山、川、小"形的排列。

(9) 卡 是在两山石间卡住一悬空的小石。要造成"卡",必须使左右两块山石对峙,形成一个上大下小的楔口,而被卡的山石也要上大下小,使正好卡在楔口中而自稳。"卡"的做法一般用在小型的假山中,如在大中型假山中容易因年久风化而坠落伤人。

(10) 垂 从一块山石顶偏侧部位的企口处,用另一山石倒垂下来的做法称为"垂"。也即处于峰石顶头旁的侧悬石。用它造成构图上的不平衡中的均衡感,给人以惊险的感觉。对垂石的设计与施工,特别要注意结构上的安全问题,可以用暗埋铁杆的办法,再加水泥浆胶结,并且要用撑木撑住垂石部分,待水泥浆充分硬结后再去除。"垂"不宜用在大型假山上。

(11) 挑 又称出挑。即指石籍下石支承而挑伸于下石之外侧,并用数倍的重力镇压于山石内侧的做法为"挑"。"挑"石应用横向纹理的山石,以免断裂。如果挑头轮廓线太单调,可以在上面接一块小石来弥补,这块小石称为"飘",挑石每层出挑的长度约为山石本身的 1/3,要求出挑浑厚,而且要巧安后坚的山石,使观者但见"前悬"而不知"后坚"。在重量计算时,应把前悬山石上面站人的荷重也估计进去,使之"其状可骇"而又"万无一失"。

(12) 撑 或称戗。即用斜撑的力量来稳固山石的做法。要选择合适的支撑点,使加撑后在外观上形成脉络相连的整体。如扬州个园的夏山洞,苏州拙政园假山洞内都有用山石来加固洞腔的,使结构与景观达到统一。

以上是北京"山子张"的叠山要诀。下面简述江南"九字诀"的施工含意:

(1) 叠 "岩横为叠",是说要使假山造成较大的岩状山体时,就得横着叠石,构成这种岩体的横阔竖直的气派。如网师园的云岗造型,就是用"叠"为主的手法而构成的。用"叠"的手法施工时应注意水平的层次要明显。

(2) 竖 "峰立为竖",是说要将假山造成一座矗立状的峰体,应取竖向的岩层结构。如苏州藕园的悬崖,就是峰立为竖的佳例。在"竖"的施工造型中,应注意拼接要咬紧无隙,或有意偏侧错安,造成参差错落的意趣。

(3) 垫 "垫"的施工含意有两层:一是对于横向层状结构的山石,如卧伏,要形成实中带虚的意趣,特垫以石块,构成出头之状;二是对任何造型的山石,在施工中都要注意片石嵌紧垫实,这也是要求假山结构牢固所必须的施工手法之一。

(4) 拼 "配凑则拼"。选可以搭配的山石凑在一起组石成型,组型成景要拼出主、次关系,要注意色泽、纹理的统一。

(5) 挑 "石横担伸出为挑"。在假山造型中,可用于竖向山顶收峰石,使有惊险的韵味,也可用于山腰中,以打破纯属竖向的呆滞感。在挑石上,特别在出挑部分,可以再压以竖向山石,形成"下挑上压"的造型。

(6) 压 "偏重则压",即在横挑出来的造型石的后方配压以竖向或横向的山石,使重心平稳,"压"与"挑"是相辅相承的施工造型关系。

(7) 钩 "平出多时应变为钩",即山石按横平方向伸出过多时就应变化方向形成"钩"。"钩"实际上是在横挑出来的山石端部,加一块向上的或向下的小石块,形成钩状的造型。对"钩"的施工要求,一是要选择纹理与横向配合有折转质感的山石;二是要压实接稳。这对于向上的"钩"来说是比较容易做到的,对于向下的"钩"(悬石),要用暗榫(铁件)卡在两石之穴中,在装暗榫的两石接触面抹以灰浆,然后轻轻将榫吻合,使两石间密切结合,下面用撑木撑住,待灰浆硬结后方可取走撑木。

(8) 挂 "石倒悬侧为挂"与北派十字诀的"悬"相同。

(9) 撑 "石偏斜要撑","石悬顶要撑",与北派十字诀的"撑"一致。

综上所述,无论南派或是北派,这些叠石的基本方式都是从自然山石景观中归纳出来的。如庐山"仙人桥"就是"挑"的自然景观;云南石林就是"剑"所在之本。以上提出的是假山造型中的典型施工手法,在运用时,决不能生搬硬套,形成公式化,而应该追求山体的诗情画意,灵活地运用这些叠石的手法。

4) 假山的分层结构

叠石本无显著的层次区分,但为了分析的方便,也为了一定的结构要求,按其部位来分大致有三层。

(1) 基石 即头层安,俗称"拉底"。它必须立于基础之上,有稳固的底层。基石为"叠石之本",假山造型中所有竖向与横向的发挥,全看基石的安置。

① 用材 多选用巨型或中型之石块。体形不用太美,但需坚硬、耐压。

② 施工要点

活用 用石必须灵活,力求不同形体、大小参差混用,避免大小一样的石连安;

找平 将山石的最大而平坦之面朝上,用眼力找平,然后在其下面垫石,使之稳固;

错安 安石排列,必犬牙相错,高低不一,首尾拼连成不同形状;

朝向 安基必须考虑假山的朝向,要将每块石的凹凸多变的一面朝向游人视线集中的一面(即主立面);

断续 基石避免筑成墙基式,应有断有续,有整有零;

并靠 成组安石,接口靠紧,搭接稳固。

(2) 中层 位于基石之上,为叠山的主要构成部分,其艺术手法丰富多变,下面从结构上加以分析。

① 用材 凡石型佳美者多用于此,但必须注意在特别受力点处一定要用坚实的石块,以免发生危险。

② 施工要点

平稳 与安基相同,使石块大面朝上安放平稳。

连贯 叠石不论如何错综复杂,须所有石连靠块相接,使上下左右连贯成一体。

避碴 即避免闪露出狭小石面,因为它既不能再行叠石,又非常难看,俗称为"闪碴露尾"。

偏安 每置一石,必要考虑其继续发展的可能。常用的方法就是"偏安",即在下层石面之上,再行叠石必须放于一侧,但避免连续同侧而安,应有错交之势,以破其平板。

避"闸" 所谓"闸"就是用板状石块直立地撑托起搭连作用之条石,状如闸板或建筑支柱,造型呆板,应避免使用。

后坚 无论挑、挎、悬、垂等,凡有前沉现象者必先以数倍之重力稳压其内侧,将重心回落,方可再行施工。

重心　凡叠石应考虑双垂重力问题,一是山石本身重心,二是全局重心。无论如何变化,总重力线绝不能超出底面。要找出山石的重心,否则会因立面不稳而倾斜。

　　巧安　叠石要利用石形,巧妙地搭接叠落,避免上下左右平垂一致,而形成规则式的墙面状。因此必须广其思路,充分了解每块石的形状,并在下层叠石时就为它创造必要的条件。

　　(3) 立峰　俗称"收头",为叠山的最后一道工序。其材料选用"纹"、"体"、"面"、"姿"最佳者。

　　不同峰顶及其施工要点:

　　① 堆秀峰　其结构特点在于利用丰厚强大的压力镇压全局。它必须保证山体的重力线垂直底面中心,并起均衡山势的作用。

　　峰石本身所用单块山石,也可由多块山石拼接,但要注意不能过大而压塌山体。

　　② 流云峰　此式偏重于挑、飘、环、透的做法。因在中层已大体有了较为稳固的结果关系,因此在收头时,只要把环透飞舞的中层收合为一。峰石本身可能完成一个新的环透体,也可能作为某一挑石的后坚部分。这样既不破坏流云或轻松的感觉,又能保证叠石的安全。

　　③ 剑立峰　凡用竖向石姿纵立于山顶者,称为剑立峰。安放时最主要的是力求重心均衡,剑石要充分落实,并与周围石体靠紧。

5.2.3　园林塑石、塑山工程施工

　　假山的材料有两种,一种是天然的山石材料,仅仅是在人工砌叠时,以水泥作胶结材料,以混凝土作基础而已;还有一种是水泥混合砂浆、钢丝网或GRC(低碱度玻璃纤维水泥)作材料,人工塑料翻模成型的假山,又称"塑石"、"塑山"。

1) 塑石、塑山施工的特点

　　(1) 可以塑造较理想的艺术形象——雄伟、磅礴富有力感的山石景,特别是能塑造难以采运和堆叠的巨型奇石。这种艺术造型较能与现代建筑相协调。此外还可通过仿造,表现黄蜡石、英石、太湖石等不同石材所具有的风格。

　　(2) 可以在非产石地区布置山石景,可利用价格较低的材料,如砖、砂、水泥等。

　　(3) 施工灵活方便,不受地形、地物限制,在重量很大的巨型山石不宜进入的地方,如室内花园、屋顶花园等,仍可塑造出壳体结构的、自重较轻的巨型山石。

　　(4) 可以预留位置栽培植物,进行绿化。

2) 塑石、塑山现场塑造的一般施工步骤

　　(1) 建造骨架结构　骨架结构有砖结构、钢架结构,以及两者的混合结构等。砖结构简便节省,对于山形变化较大的部位,要用钢架悬挑。山体的飞瀑、流泉和预留的绿化洞穴位置,要对骨架结构做好防水处理。

　　(2) 泥底塑型　用水泥、黄泥、河沙配成可塑性较强的砂浆在已砌好的骨架上塑型,反复加工,使造型、纹理、塑体和表面刻划基本上接近模型。

　　(3) 塑面　在塑体表面细致地刻划石的质感、色泽、纹理和表层特征。质感和色泽根据设计要求,用石粉、色粉按适当比例配白水泥或普通水粉调成砂浆,按粗糙、平滑、拉毛等塑面手法处理。纹理的塑造,一般来说,直纹为主、横纹为辅的山石,较能表现峻峭、挺拔的姿势;横纹为主、直纹为辅的山石,较能表现潇洒、豪放的意象;综合纹样的山石则较能表现深厚、壮丽的风貌。为了增强山石景的自然真实感,除了纹理的刻划外,还要做好山石的自然特征,如缝、孔、洞、烂、裂、断层、位移等的细部处理。一般来说,纹理刻划宜用"意笔"手法,概括简练;自然特征的处理宜用"工笔"手法,精雕细琢。

　　(4) 设色　在塑面水分未干透时进行,基本色调用颜料粉和水泥加水拌匀,逐层洒染,需要做出点岩石的肌理,比如:凹凸、褶皱。在石缝孔洞或阴角部位略洒稍深的色调,待塑面九成干时,在凹陷处洒上少许绿、黑或白色等大小、疏密不同的斑点,以增强立体感和自然感。

3) 塑石、塑山新材料、新工艺

　　GRC是玻璃纤维强化水泥(Glass Fiber Reinforced Cement)的简称,或称GFRC。其基本概念是将一

种含氧化锆（ZrO_2）的抗碱玻璃纤维与低碱水泥砂浆混合固化后形成一种高强的复合物。"GRC"于1968年由英国建筑研究院（BRF）马客达博士研究成功并由英国皮金顿兄弟公司（Pilkinean Brother Co.）将其商品化，后又用于造园领域。目前，在美国、加拿大、中国香港等地已用该材料制作假山，取得了较好的艺术效果。

GRC用于假山造景，是继灰塑、钢筋混凝土塑山、玻璃钢塑山后人工创造山景的又一种新材料、新工艺。它具有可塑性好、造型逼真、质感好、易工厂化生产，材料重量轻、强度高、抗老化、耐腐蚀、耐磨、造价低、不燃烧、现场拼装施工简便的特点。可用于室内外工程。能较好地与水、植物等组合创造出美好的山水景点。目前多采用的是喷吹式生产GRC山石构件。

5.3 硬质景观施工中的常见问题

硬质景观工程是园林工程的一个重要组成部分，做好硬质景观工程施工是实现园林景观设计的重要保证，但实际施工中常常出现施工工艺不到位，违反施工规程等情况，影响到整个工程的质量，施工部门应予充分重视。下面介绍硬质景观工程施工中常见的一些问题：

1）车行道在与人行道或健康步道交叉口处路面出现纵向和斜向裂缝，进而下陷

原因分析：人行道和健康步道一般路基较薄，路面常用渗水好的材料，在交接部位雨水容易渗入车行道路基，使路基承载力降低，造成道路下沉开裂。当较高的人行道向车行道找坡时，在接口处雨水径流较多，破坏情况更易发生。

改进措施：将道路交接处的路缘石深埋，减少渗水对路基的影响；将车行道基层向人行道加宽，在交接处铺不透水的平石或地砖。

2）车行道路面在靠近立缘石处开裂，并随着车辆的碾压出现翻浆和下陷

原因分析：立缘石构造处理不当造成。在一些构造较薄的道路施工中发现，立缘石安装既无基础又没铺在道路基层上，而是直接放在土基上，下面仅垫干砂，外侧回填杂土，造成立缘石固定不牢易向外倾斜，水从立缘石与路面间的缝隙及立缘外侧进入路基土层，使土层软化，路面开裂，进而水从裂缝进入路基造成翻浆下沉。

改进措施：严格按道路工程的要求施工，立缘石做灰土基础或铺在道路的基层上，并用石灰砂浆粘结，外侧用足够厚度的灰土固定，立缘石间用水泥砂浆粘结，立缘石与路面的接缝用沥青填塞。道路较薄时可将立缘石处的基层局部加厚。

3）雨后广场地面积水时间过长，局部地面和排水口周边塌陷，影响舒适度和安全性

原因分析：广场地面不平整及没做适当的排水坡，造成排水不通畅；地面垫层不均匀密实，排水井壁没做防渗处理造成塌陷；地面材料选择不当，造成积水时间长。

改进措施：做好场地的找坡。较小场地应向周边找坡，较大场地分区找坡；组织好排水。较大场地内部需设排水明沟或暗沟，排水沟除了位置选择要合理外，明沟与地面的交接要圆滑，暗沟排水口的位置要恰当；做好排水口井壁和井底的防渗处理，防止外部土壤流失造成地面塌陷。可用混凝土浇筑，砖砌井壁应用水泥砂浆砌筑，内外两侧抹防水砂浆，外侧范围回填灰土夯实。井口水箅子应在空隙以下，避免轮椅的小轮和拐杖的尖头掉入；合理选用地面材料，除有剧烈体育活动的场地选用硬质地面外，休闲活动场地宜用透水或半透水地面，避免积水。

4）在休闲和游戏场地上的涉水池、沙坑等常有池壁和隔墙，池壁、隔墙等构件断面形式、连接方式存在锐角尖刺等危险隐患，构件的尺寸或色彩不当，易造成忽视和错觉而发生危险

原因分析：构造设计欠细化和深入，施工操作欠妥。

改进措施：设计中对那些常与人特别是儿童接触的构件，表面应选光滑或有弹性的材料（如面砖和橡胶），棱角处做成倒棱或圆角，最好用橡胶保护层；金属焊接应将焊点磨光，螺栓连接应控制螺杆长度并用圆头螺母封头；高度较小或相对尺寸差别较小的构件要醒目。

5) 当地面有较大高差和设花坛时常会设置挡土墙，清水砖墙表面出现泛碱、风化，混水砖墙饰面空鼓剥落等问题

原因分析：土中的水从背部和底部进入墙体，造成墙面泛碱、风化，在高温或冻涨作用下造成墙面的起鼓剥落。

改进措施：优先采用混凝土墙或石墙做挡土墙；砖砌挡土墙，应用水泥砂浆砌筑，与土接触的内侧做防水层(如用防水砂浆抹面后涂热沥青两度)，在墙内高于地面处设防潮层，墙上留泄水口。为使块材地面铺设时调整方便及接缝隐蔽，挡墙根部可内收。

6) 在造景中，为遮挡视线、屏蔽噪声常设置景墙，墙体多呈独立状态，四面临空，容易出现粗糙的墙体表面污染严重、在贴面类饰面中饰面层空鼓剥落等问题

原因分析：墙体污染主要是顶部灰尘被雨水冲刷渗入墙面引起，也有空中灰尘的附着；装饰层剥落有面层粘结不牢和基层未干透就做饰面等施工原因；也有因顶部或底部构造不合理造成渗水，在冻涨作用下造成开裂，寒冷地区尤为明显。

改进措施：顶面面砖铺贴尽可能减少接缝并做排水坡；顶面面砖压盖侧面面砖，避免出现朝天缝，墙面采用光滑密实材料，面砖接缝要密实。若顶部能做挑檐效果更好；采用砖、砌块等多孔材料砌墙时，墙脚处应做防潮层，防止地下水汽进入墙身。

在硬质景观工程施工中还存在其他的一些问题，但只要施工者树立"质量第一"的意识，严格按施工规范进行施工，就能杜绝质量隐患，创建优质的景观工程。

6 园林绿化种植工程施工方法与技术

在园林工程施工中,绿化种植造景是不可缺少的关键环节。园林绿化种植工程施工主要指乔木、灌木、草坪、花卉及水生植物在园林造景中的运用。不同的地理位置,不同的气候特征,使植物在实践中的应用多样灵活。此外,水源、气候、地形地貌、土壤条件对园林植物习性及应用的影响也十分深远。

6.1 乔灌木种植工程施工

6.1.1 施工工艺流程

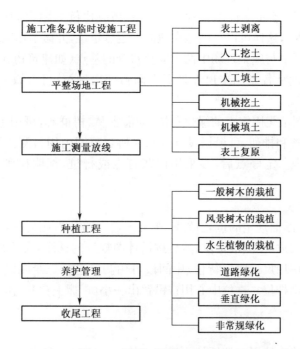

图 6.1 园林工程施工流程图

6.1.2 施工原则及主要工序
(1) 施工人员施工前要认真熟悉、理解设计意图,看懂设计图纸,严格按照设计图纸进行施工。
(2) 抓住施工的栽植季节,合理安排施工进度。了解各种乔灌木植物及花草的生物学特性和生态学特性,以及施工现场状况,合理安排施工进度。
(3) 乔灌木种植的主要工序为:整地→种植物的定位、放线→挖穴、槽→播种或花苗种植→施茎肥→填种植土。

6.1.3 现场准备与定点测量、放线
1) 现场准备
施工现场保证树木成活和健壮成长的措施包括:
(1) 清理杂物　清除施工场地内的建筑垃圾及杂物等。
(2) 挖填土　按要求将绿化地段整理出预定的地形。对土方工程应先挖后填,并注意对新填土的碾压夯实,并适当增加土量,以防下雨后自行下沉。
(3) 平整场地　整地要做到因地制宜,应结合地形进行整理,除满足树木生长对土壤的要求外,还应注

意地形地貌的美观。整地工作应分两次进行,第一次在栽植乔灌木以前进行;第二次则在栽植乔灌木之后及铺草坪或其他地被植物之前进行。

(4) 改良土壤　土壤改良多采用消毒、深翻熟化、客土改良、培土与掺沙和施有机肥等措施。

(5) 土壤的深翻熟化　为根系生长创造良好条件,促使根系向纵深发展。深翻的时间一般以秋末冬初为宜,在一定范围内,翻得越深效果越好。深翻应结合施肥、灌溉同时进行。深翻后的土壤,必须按土层状况处理,通常维持原来的层次不变,就地耕松后掺和有机肥,再将新土放在下部,表土放在表层。

2) 定点、放线

园林绿化种植工程一般线路较长,施工测量项目较多,而且多为定点,定线测量,普通仪器测量极为不便。为满足施工需要,建议采用先进的测绘仪器全站仪取代经纬仪和水准仪。利用全站仪的极坐标测设功能可极大地方便点的测量定位。

(1) 片状林带定点放线

① 仪器法　利用全站仪定点、放线。

② 网格法　用皮尺、测绳等在地面上按照设计图的相应比例等距离画好正方格(如 10 m×10 m、15 m×15 m、20 m×20 m 等),这样可以正确地在地面上定点定位,并撒上白灰标明。

③ 交会法　找出设计图上与施工现场中两个完全符合的基点(如建筑物、电线杆等),量准植物树点位与该两基点的相互距离,分别从各点用皮尺在地面上画弧交出种植点位,撒上白灰或钉木桩,做好标记。此法适用于面积较小的地段。

④ 目测法　对于设计图上无固定点的绿化种植,如灌木丛、树群等,可用上述方法画出树群树丛的栽植范围,其中每株树木的位置和排列,可根据设计要求在所定范围内用目测法进行确定,定点时注意植株的生态要求并注意自然美观。定好点后,多采用白灰打点或打桩,标明树种,栽植数量(灌木丛树群)、坑径。

(2) 成排树木的定点放线

行道树行位按设计的横断面规定的位置放线,在有固定马路牙内侧为准,没有路牙的道路,以道路路面的中心线为准。用钢尺(或皮尺)测准定位,然后按设计图规定的株距,大约每 10 株左右钉一个定位桩。较直且距离较长的道路,首尾用尺量距定行位,中间段可用测竿进行三竿测定位,这样可加快进度。行位确定之后,用皮尺或测绳定出株位。株位中心用铁锹铲出一小坑,撒上白灰,作定位标记。

6.1.4　种植施工

1) 树坑的挖掘

树坑挖掘质量的好坏,将直接影响植株的成活和生长。在坑穴挖掘前,应先了解地下管线和隐蔽物埋设情况。坑穴定点放线注意事项:

(1) 树坑定点放线应符合设计图纸要求,位置必须准确,标记明显;

(2) 设坑定点时应标明中心点位置,树坑应标明边线;

(3) 定点标志应标明树种名称、规格;

(4) 树坑定点遇有障碍影响株距时,应与设计单位取得联系,进行适当调整。

开挖树坑的大小,应根据苗木根系、土球直径和土壤情况而定。按规定的尺寸,沿四周垂直向下挖穴。如果坑内土质差或瓦砾多,则要求清除瓦砾垃圾,最好是更换种植土。如果种植土太贫瘠,则先要在穴底垫一层壤土,厚度在 5 cm 以上。

2) 苗木的移栽

苗木的选择,除了根据设计提出对规格和树形的要求外,要注意选择长势好、无病虫害、无机械损伤、树形端正、根须发达的苗木。

起苗时间和栽植树时间最好能紧密配合,做到随起随栽。为了挖掘方便,起苗前 1~3 天可适当浇水使泥土松软。起苗时,常绿苗应当带有完整的根团土球。土球的大小一般可按树木胸径的 10 倍左右确定。对于特别难成活的原树种要考虑中大土球。土球高度一般可比宽度少 5~10 cm。一般的落叶树苗也多带有土球。

3）苗木的运输

苗木装卸运输时应轻吊轻放,避免损伤苗木和造成散球。起吊带土球的小型苗木时,应用绳网兜住土球吊起,不得用绳索捆根颈起吊。裸根乔木长途运输时,应覆盖并保持根系湿润。装车时应顺序码放整齐,并应加垫层防止磨损树干。花灌木运输时可直立装车。

4）苗木的移植

苗木运到现场1天后不能按时栽种,或是栽种后苗木有剩余的,都要进行假植。不同的苗木假植时,最好按苗木种类、规格分区假植,以方便绿化施工。移植区的土质不宜太泥泞,地面不能积水,在周边地带的移植苗木上面应设遮光网,减弱光照强度。对珍贵树种和非种植季节所需的苗木,应在合适的季节起苗,并用容器假植。

（1）带土球的苗木假植　可将苗木树冠捆扎收缩起来,使每一棵树苗都是土球挨土球,树冠靠顺,密集地挤在一起。然后,在土球层上盖一层壤土,填满土球间缝隙,再对树冠及土球均匀地洒水,使上面湿透,以后仅保持湿润,或把带着土球的苗木临时性地栽到一块绿化用地上,土球埋入土中一定的深度。苗木成行列式栽好后,浇水保持一定湿度即可。

（2）裸根苗木假植　裸根苗木必须当天种植。当天不能植的苗木应进行假植。裸根苗木,一般采取挖沟假植方式,先要在地上挖浅沟,然后将裸根苗木一棵棵紧靠着斜栽到沟中,使树梢朝向西边或朝向南边。在根蔸上分层覆土,层层插实。以后,经常对枝叶喷水,保持湿润。

5）苗木的定植

（1）定植树施工的一般方法　将苗木的土球放入种植穴内,使其居中;再将树干立起扶正,使植物保持垂直;然后分层回填种植土,填土后将树根稍向上提一提,使土面能够盖住树木的根颈部位,初步栽好后还应检查一下树干是否仍保持垂直;最后,把余下的穴土绕根颈一周进行培土,做成环形的拦水围堰。其围堰的直径应略大于种植穴的直径。围堰土要拍压密实,不能松散。

（2）带土球树木必须踏实空底土层,而后置入种植穴,填土踏实。

（3）绿篱成块种植或群植时,应由中心向外顺序退植;坡式种植时由上向下种植;大型块植或不同彩色丛植时,宜分区分块进行。

（4）对排水不良的种植穴,可在穴底铺10～15 cm砂砾或盲沟,以利于排水。

（5）栽植较大的乔木时,在定植树后应加支撑,以防浇水后大风吹倒苗木。

（6）定植施工注意事项

① 种植时根系必须舒展,填土应分层夯实,种植密度与原种植线一致;

② 规则式种植应保持对称平衡,相邻植株规格应合理搭配,高度、干径近似,树木应保持直立,不得倾斜,注意观赏面的合理朝向;

③ 种植带土球树木时,不易腐烂的包装物必须拆除。

6）灌水和支撑

（1）定植灌水　树木定植后应在稍大于种植穴直径的周围,筑成高10～15 cm的灌水土堰。新植树木应在当日浇透第一遍水,第一次灌水称为头水。头水要浇透,使泥土充分吸收水分,灌头水主要目的是通过灌水将土壤缝隙填实,保证树根与土壤紧密结合以利根系发育。水灌完后应作一次检查,如果踩得不实树身会倒歪,要注意扶正。以后应根据当地情况及时补水。尤其是大苗,在气候干旱时,灌水极为重要。每一次连续灌水后,要及时封堰,以免蒸发和土表开裂透风。粘性土壤,宜适量浇水;根系发达的树种,浇水量宜较多;肉质根系树种,浇水量宜少。秋季种植的树木,浇足水后可填封穴越冬。干旱地区或遇干旱天气时,应增加浇水次数。干热风季节,应对新发芽放叶的树冠喷雾,宜在上午10时前和下午15时进行。

（2）植后支撑　树木定植、灌水完毕后,一定要加强围护,用围栏、绳子围好,以防人为损害,必要时派人看护。树木种植后支撑固定的规定如下:种植胸径在5 cm以上的乔木,应在下风向设置支柱固定。支柱应牢固,绑扎树木处应夹垫物,绑扎后的树干应保持直立。攀缘植物种植后,应根据植物生长需要,进行绑扎或牵引。

7) 养护与管理

养护与管理是一项经常性的工作。为了使所栽植的各种绿地植物不仅成活率高,而且能生长得更好,就必须根据这些植物的生物学特性、生长发育规律和当地的具体生态条件,制定一整套符合实情的科学管理措施。

绿化植物的养护管理工作,必须一年四季不间断地进行,其内容有灌水、排水、除草、中耕、施肥、修剪整形、病虫害防治、防风防寒等。

(1) 灌水与排水

① 根据树种不同、栽植年限不同确定灌水和排水量。冬春季风多,树木易失水,如果水跟不上,树木易干枯,如观花树种,特别是花灌木的灌水量和灌水次数均比一般的树要多;而对于水曲柳、枫杨、垂柳、意杨、水松、水杉等喜欢湿润土壤的树种,则应注意灌水。刚刚栽种的树种一定要灌3次水,方可保证成活。

② 根据不同的土壤情况进行灌水和排水,对种在砂地的树木要勤灌水,因砂土保水能力差,灌水次数应当增加,应小水勤浇,并施有机肥增加保水保肥性。低洼地也要小水勤浇,注意不要积水。较粘重的土壤保水力强,灌水次数和灌水量应当减少,并施入有机肥和河沙,增加通透性。

③ 灌水应与施肥、中耕、除草、培土、覆盖等土壤管理措施相结合,因为灌水和保水是一个问题的两个方面,保水可以减少水分的消耗,满足树木对水分的要求并可减少灌水的次数。栽后浇水一定要跟上。

(2) 施肥

① 施肥特点 对植物施肥应以有机肥为主,适当施用化学肥料,要掌握植物需肥的特性,树木在整个生产期氮肥需求量是不同的,树木在春季、夏季初需肥较多,树木在生长后期,对氮和水分的需求量一般较少,用控制灌水和施肥;树木除需要氮肥外还需要一定的钾、磷肥。同时应了解肥料的性质与施肥时期的关系,如易流失、易挥发的速效性和施后被土壤固定肥料,如碳酸氢铵、过磷酸钙等宜在植物需肥前施入;迟效性肥料如有机肥,因需腐烂分解矿质化后才能被植物吸收利用,故需提前施入;同一肥料因施用时间不同而效果不一样。

② 施肥方法 土壤施肥方法要与树木的根系分布特点相适应。施肥方式以基肥为主,基肥与追肥兼施。绿地树木种类繁多,在施肥种类、用量和方法等方面存在差异,应根据栽培环境特点采用不同的施肥方法。具体施肥的深度和范围与树种、树龄、土壤和肥料性质有关。施肥方法有环状沟施肥,放射状开沟施肥、条沟状施肥、穴施、撒施、水施等。

(3) 病虫害防治 绿化植物病害的发生是在一定的环境条件下受病源物的浸染造成的。病源物传染植物使其发病的过程称为病程,病程可分为接触期、侵入期、潜伏期、发病期4个时期。病害发展到最后一个阶段病源物就会繁殖、传播和扩大、蔓延。养护期间要采取科学的方法防治病害,避免造成绿护植物的大面积病害。绿化树木主要的虫害有天牛、木虱、潜叶蛾、潜叶虎、介壳虫、金龟子等。近年来在乔木灌木中木虱为害较严重,其次是介壳虫,采用常规杀虫剂、速扑杀、介特灵等均能达到防治效果。主要的病害有:根腐病、白粉病、炭疽病等,常用的防治药物有托布津、多菌灵、炭疽病等,常用浓度800~1 000倍。除了药物防治外,栽培上要经常清理枯枝落叶,保持清洁,同时要排除渍水,必要时修剪后喷药。

(4) 中耕除草 中耕可增加土壤透气性、提高土温、促进肥料的分解,有利于根系的生长。中耕深度以栽种植物及树龄而定,浅根性中耕宜浅,深根性中耕宜深。中耕宜在晴天或雨后2~3天进行。中耕次数:花灌木一年内至少1~2次;小乔木至少隔年一次,夏季中耕结合除草一举两得,宜浅些,秋后中耕宜深些,且可结合施肥进行。

(5) 防寒

① 加强栽培管理、适当施肥、灌水,增加树木抗寒能力;

② 注意栽植防护林和设置风障,预防和减轻冻害;

③ 保护树干,入冬前用稻草或草绳将不耐寒树木的主干包裹起来,包裹高度在1.5 m或分枝处;用石灰水加盐或石硫合剂对主干涂白,降低病虫害的传播、蔓延。养护期间要采取科学的防病虫害措施,避免

造成绿护植物的大面积伤害。

6.2 大树移栽工程施工

大树移栽工程是城镇园林绿化施工中的一项重要内容。大树移栽施工的成败优劣直接影响到绿化工程的效果和效益。因此,必须进行精心策划和准确掌握大树移栽的配套技术以及加强栽后的精细管理,以确保大树移栽的成功。

6.2.1 移栽前制定完整配套移栽方案

大树移栽一般是指胸径 20 cm 以上的落叶乔木和胸径 15 cm 以上的常绿乔木。因移栽树种、年龄、季节、距离、地点等不同而移栽难易不同,必须制定完整配套的移栽方案。

1) 树种及规格选择

根据园林绿化施工的要求,坚持适地适树原则,确定好树种品种及规格。规格包括胸径、树高、冠幅、树形、树相、树势等。树种不同移栽难易不同,一般易于成活的树种有银杏、柳、杨、梧桐、臭椿、槐、李、榆、梅、桃、海棠、雪松、合欢、榕树、枫树、罗汉松、五针松、木槿、暴马丁香、梓树、忍冬等;较难成活的树种有柏类、油松、华山松、金钱松、云杉、冷杉、紫杉、泡桐、落叶松、核桃、白桦等。一般选用乡土树种,经过移栽和人工培育比异地树种、野生树种容易成活,树龄越大成活越难,选择时不要盲目追新求大。应根据确定好的树种、品种和规格,通过多渠道联系和实地考察及成本分析确定好树种的来源,并落实到具体树木。同时做好移栽前各项准备工作,如:大树处理、修路、置办设备工具、配备移植人员,办好准运证和检疫证等。

(1) 选苗的技巧 要选择成活率高的树苗:
① 长势缓慢,树冠丰满,树杆低,树皮厚,树体老结的树成活率高;
② 根系生长受到障碍物阻挠无法向外扩张的树移植成活率高;
③ 选择移植过的大树、苗圃里的树、公路边的树和房前屋后的树;
④ 选择便于挖掘、吊装及运输的树;容器苗移植成活率高。

(2) 选苗的关键点:
① 看起苗时能带多少根系,特别是须根,须根多的苗才是要选的好苗;
② 山苗的根系粗大,须根在根系远端,带土困难,且须根少,土质与种植地的土质有可能不一样,不利于移植成活;不要选又高又瘦的树苗,大多这种形态的树不易移植成活。

2) 施工区域的树种规划及定植穴

根据绿化工程要求做出详细的树种规划图,确定好定植点,并根据移栽大树的规格挖好定植穴,准备好栽植时必需的设备、工具及材料,如吊车、铁锹、支撑柱、肥料、水源及浇水设备、地膜等。

3) 运输线路勘测及设备准备

根据运输要求,提早考察运输线路,如路面宽度、质量、横空线路、桥梁及负荷、人流量等做好应对计划,准备好运输相关的设备,如:汽车、吊车、绑缚及包装材料等。

4) 大树移栽技术及相关人员培训

根据大树移栽要求,制定好相关移栽技术规程并进行人员培训,明确分工和责任,协调联动,确保移栽工作准确、有序地进行。

6.2.2 大树移栽技术

1) 大树移栽的时期

北方最佳移栽时期是早春,大树带土球移栽及较易成活的落叶乔木裸根栽,加重修剪,均可成活。需带大土球移栽较难成活的大树可在冬季土壤封冻时带冻土移栽,但要避开严寒期并做好土面保护和防风防寒。春季以后尤其是盛夏季节,由于树木蒸腾量大,移栽大树不易成活,如果移栽必须加大土球,加强修剪、遮阳、保湿也可成活,但费用加大。雨季可带土移栽一些针叶树种,由于空气湿度大也可成活。落叶后至土壤封冻前的深秋,树体地上部处于休眠状态,也可进行大树移栽。南方地区尤其是冬季气温较高的地区,一年四季均可移栽,落叶树还可裸根移栽。

2) 大树处理

移栽大树必须做好树体的处理,对落叶乔木应对树冠根据树形的要求进行重修剪,一般剪掉全部枝叶的1/3～1/2;树冠越大,伤根越多,移栽季节越不适宜,越应加重修剪,尽量减少树冠的蒸腾面积。对生长快、树冠恢复容易的槐、枫、榆、柳等可进行去冠重剪。需带土球移栽的不用进行根部修剪,裸根移栽的应尽量多保留根须,并对根须进行整理,剪掉断根、枯根、烂根,短截无细根的主根,并加大树冠的修剪量。对常绿乔木树冠应尽量保持完整,只对一些枯死枝、过密枝和树干上的裙枝进行适当处理,根部大多带土球移栽不用修剪。为了保证大树成活,促进树木的须根生长,常采用多次移栽法、预先断根法、根部环剥法,提早对根部进行处理。起树前还应把树干周围2～3m以内的碎石、瓦砾、灌木丛等清除干净,对大树要用三根支柱进行支撑以防倒伏引起工伤事故及损坏树木。成批移栽大树时,还要对树木进行编号和定向,在树干上标定南北方向,使其移栽后仍能保持原方位,以满足其对阳光的需求。

3) 大树挖掘和包装

国内目前普遍采用人工挖掘软材包装移栽法,适用于挖掘圆形土球,树木胸径为10～15cm或稍大的常绿乔木,用蒲包、草片或塑编材料加草绳包装。也可采用木箱包装移栽法,适用于挖掘方形土台,树木的胸径为15～25cm的常绿乔木。北方寒冷地区可用冻土移栽法。落叶乔木一般采用休眠期树冠重剪,尽量保留较大较多根须的裸根移栽法,挖掘包装相对容易。大树移栽时,必须尽量加大土球,一般按树木胸径的6～8倍挖掘土球或方形土台进行包装,以尽量多保留根须。泥球起挖与包扎的关键点是:

① 起挖工具准备要充分;起挖时间越短越利于成活。

② 起挖时碰到粗大根必须用锋利的铲或锯子切断,不可用锹硬性铲断;超大规格的树应预先缩坨断根。

③ 起挖泥球大小必须符合规范;泥球包扎腰箍与网络以"紧"为准则。起挖时有主根的树木尽可能保留主根,特别是山苗,以免养分流失,影响成活率。

④ 施工中要注意泥球起挖包扎的好坏,这将直接影响树木移植的成活率。

4) 大树的吊运

大树吊运是大树移植中的重要环节之一,直接关系到树的成活、施工质量及树形的美观等。一般采用起重机吊装或滑车吊装、汽车运输的办法完成。树木装进汽车时,要使树冠向着汽车尾部,根部土块靠近司机室。树干包上柔软材料放在木架上,用软绳扎紧,树冠也要用软绳适当缠拢,土块下垫木板,然后用木板将土块夹住或用绳子将土块缚紧在车厢两侧。一般一辆汽车只吊运一株树,若需装多株时要尽量减少互相影响。无论是装、运、卸时都要保证不损伤树干和树冠以及根部土块。非适宜季节吊运时还应注意遮阳、补水保湿,减少树体水分蒸发。

装运要点与技术处理主要有以下三点:

① 争取最短时间完成挖掘到栽植的过程;

② 装运中保护泥球不松散,泥球两边用土包固定;注意保护枝杆与树皮不被磨损;

③ 喷洒蒸腾抑制剂,最大程度减少树叶的蒸发,对成活大有好处;

④ 罩上遮阳网,减少叶片晃动,减少树木的招风面,树体需用绳与车厢紧密连接。

5) 大树定植

大树运到后必须尽快定植。首先按照施工设计要求,按树种分别将大树轻轻斜吊于定植穴内,撤除缠扎树冠的绳子,配合吊车,将树冠立起扶正,仔细审视树形和环境,移动和调整树冠方位,将最美的一面向空间最宽最深的一方,要尽量符合原来的朝向,并保证定植深度适宜,然后撤除土球外包扎的绳包或箱板(草片等易烂软包装可不撤除,以防土球散开),分层夯实,把土球全埋于地下。做好拦水树盘,灌足透水。

6.2.3 大树移栽后的养护

大树移栽后的精心养护,是确保移栽成活和树木健壮生长的重要环节之一,绝不可忽视。

1) 支撑树干

大树移栽后必须进行树体固定,以防风吹树冠歪斜,同时固定根系利于根系生长。一般采用三柱支架固定法,将树牢固支撑,确保大树稳固。一般一年之后大树根系恢复好方可撤除。

2) 水肥管理

大树移栽后立即灌一次透水,保证树根与土壤紧密结合,促进根系发育,然后连续灌3次水,灌水后及时用细土封墒或覆盖地膜保墒和防止表土开裂透风,以后根据土壤墒情变化注意浇水。浇水要掌握"不干不浇,浇则浇透"的原则,在夏季还要多对地面和树冠喷水,增加环境湿度,降低蒸腾。移栽后第一年秋季,应追施一次速效肥,第二年早春和秋季也至少施肥2~3次,以提高树体营养水平,促进树体健壮。

3) 生长素处理

为了促发新根,可结合浇水加入200 mg/L的萘乙酸或ABT生根粉,促进根系快速发育。

4) 包裹树干

在地上部分的枝干截口涂上保护剂,为了保持树干湿度,减少树皮水分蒸发,可用浸湿的草绳从树干基部密密缠绕至主干顶部,再将调制好的粘土泥浆糊满草绳,以后还可经常向树干喷水保湿。盛夏也可在树干周围搭荫棚或挂草帘。北方冬季用草绳或塑料条缠绕树干还可以防风防冻。

5) 根系保护

北方的树木特别是带冻土移栽的树木,移栽后需要泥炭土、腐殖土或树叶、秸秆以及地膜等对定植穴树盘进行土面保湿,早春土壤开始解冻时,再及时把保湿材料撤除,以利于土壤解冻,提高地温促进根系生长。此外,大树移栽后,两年内应配备工人进行修剪、抹芽、浇水、排水、设风障、包裹树干、防寒、防病虫害、施肥等一系列养护管理,在确认大树成活后,才能进行正常管理。

6.3 草坪工程施工

草坪已成为城市绿化美化的重要组成部分,草地植被,在单位绿化中种植面积较大,种植于平地为广场草坪,种植在坡壁和山丘为草丘(草山)。草地植被,水土保持效果好,使黄土不至于裸露,绿油油的草地使人心旷神怡。

草坪种植与管理直接影响草坪的质量与效果。草坪种植与管理是通过人工对适合于本地地理气候、土壤条件的牧草品种经过对坪床进行科学的规划、设计、平整等技术处理后,经播种、发芽、生长、喷灌、施肥、修剪等一系列的种植与管理程序,最终达到预期的设计与观赏效果的技术管理养护和操作规程。

6.3.1 草坪种植坪床准备

草坪种植准备工作的好坏直接影响草坪的品质。草坪一经播种,再发生由于坪床准备不完善而引起的失误往往难以挽回,所以草坪种植过程中坪床的准备是非常关键的。场地的准备一般包括杂草灭除、坪床清理、土壤耕翻、平整、设置排灌系统、施肥等工作。

1) 土壤准备与处理

草坪种植地上要有25 cm深的土壤,并要彻底清除杂草根、甲虫、虫卵、碎石等异物。

2) 排灌系统设置

场坪应配备有喷水灌溉设施和相应的管道设备,为了保证安全与节约用水,设计采用低矮式喷水型方法为宜。

3) 杂草防除

耕翻土地时用人工清除和用化学方法在播种前进行灭杀。常用除草剂有草甘膦、五氯酚钠,分别为内吸型和触杀型,可杀灭多年生和一年生杂草,每亩用量250 mL。

4) 坪床平整

坪床平整工作分粗平整和细平整两步进行,粗平整是在场地施肥并深翻后,即将场地予以粗平整,粗平整时,应将标准杆钉在固定的坡度水平之间,使整个坪床保持良好的水平面,然后铲除高出的部分,添填低洼部分,填方时应考虑到填土的下陷问题,细致土通常下沉 15%～20%。细平整:由于草坪草通常较轻且细小,所以播种前应使土壤表面保持松、平、细、绵,保证草坪的顺利出苗,并形成良好的地表覆盖,可用细齿耙将床坪耙 2 遍,再用磙将坪床磙 3 遍。

  5) 施肥

  由于成坪后不可能再在土壤的根区大量施肥,而土壤的质地与肥力好坏直接影响到草坪草的根系生长与发育,从而又影响到建成草坪的质量与寿命。因此在建坪前应施入足够的有机肥,保证草坪的正常生长和长效性。有机肥必须是经过充分沤熟的粪肥,以防止将杂草种子和病虫源带入土壤,每平方米有机肥的用量为 10 kg,使肥料与土壤充分混合均匀,播种前可施入无机复合肥、磷肥每亩各 20 kg 要与表层土壤充分混合均匀。

6.3.2 播种建坪

  适宜草种的选择是草坪场地直播建坪的重要一环。根据不同地区的经纬度,气候条件和建坪具体情况,选择适宜的草种,才可保证建坪的成功率和草坪的质量。

  (1) 播种量 为使草坪达到致密茂盛,具有较高的密度,良好的弹性和旺盛的再生能力,播种量应按草籽发芽率、草坪单位面积、发芽后的分蘖性选择适当的播种量。

  (2) 播种时间 确定播种时间主要应多考虑草坪与环境之间的关系,应给草坪草以足够的生长发育期限,以使其渡过"危机期",如高温高湿、干旱、杂草蔓延、寒冷期,避免在"危机期"播种,以防造成发芽率不高、缺苗、杂草共生或抗旱能力差的弱苗。

  (3) 播种方式 草坪播种要求种子均匀地散在坪床上,并使种子掺和到 1～1.5 cm 厚的土层中。播种分机械播种和手工播种两种,机械播种完后将坪床用细齿耙轻轻耙平,然后用 5～100 kg 重的磙子震压,使种子与表土充分接触,再用草袋覆盖其上后立即喷水,喷水深度以浸透土层 5～10 cm 为宜。

6.3.3 幼坪管理

  (1) 灌水 新建的草坪不及时浇灌是失败的重要原因。干旱对种子的萌芽是十分有害的,特别是幼苗期对水分特别敏感,缺水会导致窒息而死。

  (2) 灌水频率以少量多次为原则,一天早晚各一次,用喷灌强度较小的喷灌系统,以雾状水喷灌避免种子被冲刷。

  (3) 每次灌水深度以浸透表层土 3～5 cm 为宜,避免地表有积水。随着草坪的发育,灌水次数相应减少,每次灌水量相应加大。

  (4) 施肥 发现幼苗颜色变浅、泛黄、生长发育缓慢,则表明缺肥,应施以复合肥和尿素,施用量为 10～15 天,施用 3.5～4 kg/亩,宜少量多次,切忌一次施用量太大而造成幼苗被烧死,同时每次施肥后应立即喷灌一次水。

  (5) 清除杂草 幼苗期是杂草危害较严重的时期,此时杂苗容易被发现,容易清除,应集中人力及时拔除,否则会严重影响幼苗的生长发育,造成坪床不整齐、不美观。

  (6) 补苗 在出苗不全或被破坏而使草坪不能完全覆盖的地方,可以松土补播或用移栽方法进行补苗。

  (7) 修剪 新种植的草坪应勤刈剪,保持坪面整齐美观,增加枝条分蘖。在幼苗长到 10 cm 高时,即要修剪,刈剪去的部分,一定要在刈剪前草坪高度的 1/3 以内,如果多于这个量,将会造成由于叶面面积损失过多而造成光合作用能力急剧下降,使幼苗枯死。

6.3.4 草坪建成后的常年养护管理

  草坪是人们实践活动直接干预而形成的一种植被系统,因此草坪建成以后,随之而来的就是日常的管护和定期的培育管护工作。而且,一块建成草坪的外观优美,色泽及耐用程度以至草坪的寿命等等,都与草坪的养护所采取的手段、养护机具、养护管理水平与措施等息息相关。因此掌握正确的管理理论与技术,采取适当的措施,因地制宜、有利有节地对建成草坪加以养护与管理,才能达到科学建坪,科学管理之目的,形成美观、整洁、舒适的草坪。

1) 草地养护原则

均匀一致，纯净无杂，四季常绿。据资料介绍，在一般管理水平情况下绿化草地可按种植时间的长短划分为四个阶段。一是种植至长满阶段，指初植草地，种植至一年或全覆盖（100%长满无空地）阶段，也叫长满期。二是旺长阶段，指植后2～5年，也叫旺长期。三是缓长阶段，指植后6～10年，也叫缓长期。四是退化阶段，指植后10～15年，也叫退化期。在较高的养护管理水平下草地退化期可推迟5～8年。连地针叶草的退化期比台湾草迟3～5年，大叶草则早3～5年。

2) 绿化种植的阶段养护

在栽培学中，常言道"种三管七"，绿化中种植的都是有生命的植物，不少单位在园林绿化时，往往规划设计高标准，施工养护低水平，造成好景不长。在绿化养护管理上，要了解种植类型和各种品种的特征与特性，关键抓好肥、水、病、虫、剪五个方面的养护管理工作。

(1) 恢复长满阶段的管理　按设计和工艺要求，新植草地的地床要严格清除杂草种子和草根草茎，并填上纯净客土刮平压实10 cm以上才能贴草皮。贴草皮有两种：一是全贴、二是稀贴。稀贴一般20 cm×20 cm一方块草皮等面积留空稀贴，全贴无长满期，只有恢复期7～10天，稀贴有50%的空地需一定的时间才能长满，春季贴和夏季贴的草皮长满期短，仅1～2个月，秋冬贴则长满慢，需2～3个月。

在养护管理上，重在水、肥的管理，春贴防渍，夏贴防晒，秋冬贴防风保湿。一般贴草后一周内早晚喷水一次，并检查草皮是否压实，要求草根紧贴客土。贴后两周内每天傍晚喷水一次，两周后视季节和天气情况一般两天喷水一次，以保湿为主。施肥植后一周开始到三个月内，每半月施肥一次，用1%～3%的尿素液结合浇水喷施，前稀后浓，以后每月一次亩用2～3 kg尿素，雨天干施，晴天液施，全部长满草高8～10 cm时，用剪草机剪草。除杂草，早则植后半月，迟则一月，杂草开始生长，要及时挖草除根，挖后压实，以免影响主草生长。新植草地一般无病虫，无需喷药，为加速生长，后期可用0.1%～0.5%的磷酸二氢钾浇水喷施。

(2) 旺长阶段的管理　草地植后第二年至第五年是旺盛生长阶段，观赏草地以绿化为主，所以重在保绿。水分管理，翻开草茎，客土干而不白，湿而不渍，一年中春夏干，秋冬湿为原则。施肥应轻施薄施，一年中4～9月少，两头多，每次剪草后亩用1～2 kg尿素。旺长季节，以控肥控水控制长速，否则剪草次数增加，养护成本增大。剪草，是本阶段的工作重点，剪草次数多少和剪草质量的好坏与草地退化和养护成本有关。剪草次数一年控制在8～10次为宜，2～9月平均每月剪一次，10月至下年1月每两个月剪一次。剪草技术要求：一是草高最佳观赏为6～10 cm，超过10 cm可剪，大于15 cm时，会起"草墩"，局部呈勾瘩状，此时必剪。二是剪前准备，检查剪草机动力要正常，草刀锋利无缺损，同时检净草地细石杂物。三是剪草机操作，调整刀距，离地2～4 cm（旺长季节低剪，秋冬高剪），匀速推进，剪幅每次相交3～5 cm，不漏剪。四是剪后及时清净草叶，并保湿施肥。

(3) 缓长阶段的管理　植后6～10年的草地，生长速度有所下降，枯叶枯茎逐年增多，在高温多湿的季节易发生根腐病，秋冬易受地志虎（剃枝虫）伤害，工作重点：注意防治病虫害。据观察，台湾草连续渍水三天开始烂根，排干渍水后仍有生机，连续渍水七天，90%以上烂根，几乎无生机，需重新贴草皮。渍水1～2天烂根虽少，但排水后遇高温多湿有利病菌繁殖，导致根腐病发生。用托布津或多菌灵800～1 000倍，喷施病区2～3次（2～10天喷一次），防治根腐病效果好。高龄地志虎（剃枝虫）在地表把草的基部剪断，形成块状干枯，面积逐日扩大，为害迅速，造成大片干枯。检查时需拨开草丛才能发现幼虫。要及早发现及时在幼虫低龄期用药，一般用甲胺硫磷或速扑杀800倍泼施，为害处增加药液，三天后清掉为害处的枯草，并补施尿素液，一周后开始恢复生长。

缓长期的肥水管理比旺长期要加强，可进行根外施肥。剪草次数控制在每年7～8次为好。

(4) 退化阶段的管理　植后10年的草地开始逐年退化，植后15年严重退化。水分管理，干湿交替，严禁渍水，否则加剧烂根枯死，加强病虫害的检查防治，除正常施肥外，每10～15天用1%尿素和磷二钾混合液根外施肥，或者用商品叶面保，叶面肥如大丰田等根外喷施，效果很好。对局部完全枯死处可进行全贴补植。退化草地剪后复青慢，全年剪草次数不宜超过6次。另外，由于主草稀，易长杂草，需及时挖除。此期需全面加强管理，才能有效延缓草地的退化。

3) 绿化养护管理的技术措施

（1）修剪　草坪的修剪是草坪管理措施中的一个重要环节。草坪只有通过修剪，才能保持一定的高度和平整洁净的外观。

① 修剪的目的　草坪修剪目的主要在于在允许的范围内去除草坪表面的多余部分，控制不理想的营养生长，保持和刺激草坪的顶端生长，维持草坪的理想高度和平整的表面。

在草坪草所能允许的修剪范围内，草坪修剪得越低矮，坪观显得越优美，质地越均匀整洁；而草坪草生长过高时，则显得杂乱，品质下降，影响草坪的外观和使用，从而失去其经济价值、使用价值及观赏价值。另外双子叶杂草的生长点都位于植株顶端，适当的修剪能因减去生长点而抑制杂草的侵入，并降低单子叶杂草的竞争能力。多次的修剪还能防止杂草种子的形成，减少杂草种子的来源。修剪的另外一个目的就是保持草坪的致密、匍匐与多叶，避免其形成多茎、直立的状况。

② 修剪原理与修剪高度　植物都具有再生特点，草坪草经修剪后，有三个再生部位。a. 被剪去的上部叶片的老叶仍可保持继续生长；b. 修剪时未被伤害的幼叶可长大；c. 草坪草可以蘖分叶，分蘖节可以产生部分枝叶，所以草坪草可以频繁修剪。

草坪草的修剪留草高度因草坪的类型、用途和生长状况而定，一般草坪草的适宜留草高度为 3～5 cm，并且当草坪草生长到约 8 cm 时要及时修剪。

草坪草的修剪应遵循 1/3 的原则，来确定剪除部分的高度与修剪频繁率，如果一次剪除的草太多，即多于草总量的 1/3，则会由于叶面积的大量损失而导致草坪草光合能力的急剧下降，影响草坪草的正常生长，从而影响草坪草的质量与寿命。

③ 修剪时间与修剪频率　修剪时间与草坪的生长发育状况和阶段有关。不同的草坪草其生长发育的最佳时间不同，在适宜生长阶段草坪草生长迅速，分蘖旺盛。因此，修剪时间多放在草坪的适应生长时间，修剪次数也较频。冷季型草坪草其生长发育旺盛期在夏季，6～8 月份，所以应集中在这个时间修剪，又由于冷季型草坪在冬季停止生长，在越冬前需贮备一定的养分，进行光合作用，所以北方草坪草的最后一次修剪时间不能太迟，应保证草坪的养分贮备恢复生长到以抵抗冬季寒冷的气候条件。

草坪的修剪频率也是根据具体草坪的留草高度而定，并应遵循 1/3 的原则，所以草坪的留草高度越低，需修剪的次数越高，频率就越大。

（2）施肥　施肥是草坪养护培育的重要措施，适时的施肥为草坪提供生长发育所需养料，改善草坪质地和持久性。已建成草坪每亩施肥 2 次，早春与早秋。3～4 月早春肥可使草坪草提前 2 周左右发芽、提前返青、还可使冷季型草坪草在夏季一年生杂草萌生之前恢复损伤与生长，加厚草皮，对杂草起抑制作用。8～9 月的早秋肥不仅可延长青绿期至晚秋或早冬，有助于草坪的越冬，还可促进第二年生长和新分蘖枝根茎的生长。

建成草坪的施肥多为全价肥，即：含有 N、P、K 的无机肥，常用的有硝酸铵、硫酸铵、过磷酸钙、硫酸钾、硝酸钾等。北方草坪每次每亩的用量一般为 5～8 kg，N∶P∶K 约为 10∶8∶6，切记浓度不能过大，以免灼伤草坪。

（3）灌水　草坪草组织含水量达 80% 以上，水分含量下降就会产生萎芽，下降到 60% 时就会导致草坪死亡，适宜的灌水对维持草坪的正常生长发育与新陈代谢，促进草坪草体内养分的吸收及运转，保持草坪草体温度的恒定有很大意义。黄昏是灌水的最好时间，灌水量多少以耗水量而定，冷季草坪草在夏季生长旺盛应 1～2 天灌水一次，或每月补充 10 cm 左右的水。天气炎热时更多一些，一般可检查土壤中水的实际深度，当土壤润湿到 20 cm 时，草坪草就有足够的水分供给了。

6.4　园林绿化工程施工过程中的常见问题

1) 雨天栽植

绿化施工人员为抢时，抓进度，头顶大雨栽植苗木，这种行为似乎可减少浇水一环，实则两败俱伤，一是施工人员易感冒生病,二是根部被糊状泥土埋压,通透性极差,不利于苗木的成活生长。

2) 带袋栽植

绿化施工人员为了省工常将苗木连同营养袋一同埋入土中,这种省工的行为虽然能保证苗木栽后短时间内的成活,但由于塑料袋较难腐烂,限制了苗木根系向土壤四周生长,从而易形成"老小株"苗;同时塑料袋经长时间腐烂后对土壤的理化性状会造成一定的破坏。建议对袋苗必须先除去塑料营养袋后再栽植为宜。

3) 垃圾地上栽植

绿化施工人员开穴栽苗时,对穴内的垃圾诸如塑料袋、石灰渣、砖石块等不予清除,将苗木直接栽植,苗木在这种恶劣的小环境中成活率无疑极低。建议在开穴时遇到建筑垃圾或生活垃圾等杂物时,一定要清理彻底然后再栽植,确保建植绿地的质量。

4) 栽植过深或过浅

绿化施工人员易忽视苗木土球的大小和苗木根系的深浅而将苗木放入穴中覆土而成,这样对小苗和浅根性苗木易造成栽植过深埋没了根颈部,苗木生长极度困难,甚至因根部积水过多而窒息;对大苗木和深根性苗木易造成栽植过浅,根部易受冻害和日灼伤,风吹易倒伏等。建议要视苗木的大小和苗木根系的深浅来确定栽植深度,以苗木根颈部露于表土层为宜。

5) 未能及时浇透水

绿地栽植过程中遇到降雨或乌云压境时,施工人员常忽视了栽后浇水的环节,这极易因雨水量不够导致苗木缺水而死亡。建议待雨停后立即补浇水一次,保证浇透浇足。

7 园林水电安装工程施工方法与技术

7.1 园林给排水工程施工方法与技术

7.1.1 园林给排水测量

园林给排水测量是园林给排水工程施工的第一步。这项工作对于实现设计意图十分重要。

1) 一般原则

(1) 尊重设计意图　施工测量应该尊重设计意图。一般情况下，各级管道的走向和坡向、喷头和阀门井的位置均应严格按照设计图纸确定，以保证管网的最佳水力条件和最小管材用量，满足园林工程的要求。

(2) 尊重客观实际　施工测量必须尊重客观实际。园林绿化工程在实施过程中存在着一定的随意性，这种随意性加上绿化工程的季节性，时常要求现场解决设计图纸与实际地形或绿化方案不符的矛盾，需要现场调整管道走向，以及喷头和阀门井的位置，以保证最合理的喷头布置和最佳水力条件。其次，园林绿化区域里的隐蔽工程较多，在喷灌工程规划设计阶段，可能因为已建工程资料不全，无法掌握喷灌区域里埋深较浅的地下设施资料，需要在施工测量甚至在施工时对个别管线和喷头的位置进行现场调整。

(3) 由整体到局部　施工测量同地形测量一样，必须遵循"由整体到局部"的原则。测量前要进行现场踏勘，了解测量区域的地形，考察设计图纸与现场实际的差异，确定测量控制点，拟定测量方法，准备测量时使用的仪器和工具。若需要把某些地物点作为控制点时，应检查这些点在图上的位置与实际位置是否符合。如果不相符应对图纸位置进行修正。

(4) 按点、线、面顺序定位测量　对于封闭区域，测量定位时应按点、线、面的顺序，先确定边界上拐点的喷头位置，再确定位于拐点之间沿边界的喷头位置，最后确定喷灌区域内部位于非边界的喷头位置。按照点、线、面的顺序进行喷头定位，有利于提前发现设计图纸与实际情况不符的问题，便于控制和消化测量误差。

2) 施工测量的要求

(1) 施工测量必须符合施工图纸及《工程测量规范》的有关要求；

(2) 对建设单位提供的控制点，在复核无误、精度符合要求后方可引用；

(3) 施工场区控制网按要求的导线精度设置平面控制网；

(4) 施工场区内按施工情况需要增设水准点，测量精度必须按要求的水准测量精度进行测量。

3) 施工测量的组织与措施

工程施工测量分为控制点的复核、控制网的建立、平面轴线定位、放线等阶段。应对整个工程进行全过程的跟踪测量。

(1) 施工放测前按要求将测量方案设计意见报告监理审批。内容包括施测的方法和计算方法，操作规程、观测仪器设备和测量专业人员的配备等。

(2) 工程施工中组建以测量工程师和测量工组成的测量小组，分别负责仪器操作、投点、现场记录、成果整理等工作，有严密的责任制度和程序，分工明确、责任到人。

(3) 仪器和工具按照规定的日期、方法及专门检测单位进行标定。

(4) 要加强对测量用所有控制点的保护，防止移动和破坏；一旦发生移动和破坏，立即报告监理，并协商补救措施。

(5) 对所有测量资料注意积累，及时整理，作好签证，及时提出成果报告提供给监理检测审批，以便完整绘入竣工文件。

4) 施工测量方法

常用的实测方法有直角坐标法、极坐标法、交会法和目测法。具体做法按所采用的仪器和工具不同有以下几种：

(1) 钢尺、皮尺或测绳测量　这种方法简单易行，但必须在较为开阔平坦、视线良好的条件下进行。用尺子或测绳的测量方法也称直角坐标法，这种方法只适合于基线与辅线是直角关系的场合。

(2) 经纬仪测量　当施工区域的内角不是直角时，可以利用经纬仪进行边界测量。用经纬仪测量需用钢尺、皮尺或测绳进行距离丈量。

(3) 平板仪测量　平板仪测量也叫图解法测量。但必须注意在测量过程中，要随时检查图板的方向，以免因图板的方向变化，出现误差过大，造成返工。

无论采用哪种方法确定施工区域的边界，都需要进行图纸与实际的核对。如果两者之间的误差在允许范围内，可直接进行定位，并同时进行必要的误差修正。如果误差超出允许范围，应对设计方案作必要的修改，然后按修改后的方案重新测量。定位完成之后，根据设计图纸在实地进行管网连接，即得沟槽位置。确定沟槽位置的过程称为沟槽定线。沟槽定线前，应清除沟槽经过路线的所有障碍物，并准备小旗或木桩、石灰或白粉等物，依测定的路线定线，以便沟槽挖掘。

5) 施工测量

(1) 平面控制测量　根据总平面图和建设单位提供的施工现场的基准控制点，用全站仪在场区按要求的导线精度进行测角、测距，联测的数据精度满足测量规范的要求后，即将其作为工程布设平面控制网的基准点和起算数据。

(2) 工程定位放线　根据设计图纸，计算待测点坐标，应用全站仪的坐标测量模式进行测量，测量点必须进行复核。全站仪坐标测量示意图如图7.1。

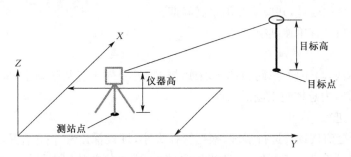

图7.1　全站仪坐标测量示意图

(3) 高程控制测量　测定地面点高程的测量工作，称为高程测量，根据仪器不同分为水准测量，三角高程测量，气压高程测量。水准测量原理是利用水准仪提供一条水平线，借助竖立在地面点的水准尺，直接测定地面上各点间的高差，然后根据其中一点的已知高程，推算其他各点的高程。

水准测量所用的仪器有：水准仪，水准尺和尺垫三种。DS3型微倾水准仪由望远镜、水准器和基座等部件构成。水准尺有双面水准尺和塔尺两种。尺垫用于水准测量中竖立水准尺和标志转点。使用微倾水准仪的基本操作程序为：安置仪器→粗略整平(简称粗平)→调焦和照准→精确整平(简称精平)→读数。

水准测量方法：为了统一全国的高程系统，满足各种比例尺测图、各项工程建设以及科学研究的需要，在全国各点埋设了许多固定的高程标志，称为水准点，常用"BM"表示。水准点有永久性和临时性两种。水准测量通常是从某一已知高程的水准点开始，引测其他点的高程。在一般的工程测量中，水准路线主要有三种形式：闭合水准路线，附合水准路线，支线水准路线。水准测量的测站检核方法有变动仪高法和双面尺法。

水准测量成果计算：计算水准测量成果时，要先检查野外观测手簿，计算各点间高差，经检核无误，则根据野外观测高差计算高差闭合差。若闭合差符合规定的精度要求，则调整闭合差，最后计算各点的高程。

微倾水准仪的检验与校正:微倾水准仪有四条轴线,轴线应满足的条件:圆水准器轴平行于仪器竖轴、十字丝横丝垂直于仪器竖轴、水准管轴平行于视准轴。

水准测量误差及其消减方法:水准测量误差一般分为观测误差、仪器误差和受外界条件影响产生的误差。观测误差主要包括整平误差、照准误差、估读误差,要消减此类误差在观测时必须使用符合气泡居中,视距线不能太长,后视观测完毕转向前视,要注意重新转动微倾螺旋令气泡居中才能读数,切记不能转动脚螺旋;仪器误差主要包括仪器本身误差、调焦误差、水准尺误差,仪器虽经校正,但还会存在一些误差,比如水准管轴不平行于视准轴的误差,观测时只要将仪器安置于距前后视距等距离处,就可消除这项误差,仪器安置于前后视尺等距离处,可消除调焦误差,观测前对水准尺进行检验,尺子的零点误差,使单程观测站数为偶数时即可消除;受外界条件影响产生的误差主要包括仪器升降的误差、天气情况的影响,因此应选晴天进行测量,整平前要将三脚架固定牢固,以消减此类误差。

精密水准仪和水准尺:精密水准仪是能够提供水平视线和精确照准读数的水准仪。主要用于国家一、二等水准测量和高精度的工程测量中。

7.1.2 园林给水工程施工

1) 管道选材

(1) 管道选材及接口　目前埋地排水管材选用范围有碳钢管、球墨铸铁管、灰口铸铁管、预制混凝土管、预制钢筋混凝土管、各类塑料管、玻璃钢管、有衬里的金属管、不锈钢管等。

(2) 管道基础　根据设计管顶覆土的深度要求不同,管道基础可分为素土基础、碎石基础、混凝土基础,施工中沟槽应采取适当的排水措施防止基土扰动,遇到软弱地基再另作处理。

2) 园林给水的特点

(1) 地形复杂　需认真确定供水最不利点;
(2) 用水点分散　需找出合理有序的供水路线;
(3) 用途多样　需分别处理,并应错开用水高峰期;
(4) 饮用水要求较高　宜单独供给。

3) 给水管道安装

施工原则为先深后浅,自下而上;跨越挡土墙或结构物处要先于墙基础施工,采取有力措施,保护既有管线;分段开挖见缝插针,为总体施工创造条件。

施工方法分为五步进行

(1) 管沟开挖　开挖前现场要进行清理,根据管径大小,埋设深度和土质情况,确定底宽和边坡坡度。根据施工方案采用机械开挖或人工开挖,一般当挖深较小,或避免振动周围及需探查时才用人工开挖。使用机械开挖时,底部预留20 cm用人工清理修整,不得超挖。挖出的土方不应堆在坡顶,以免因荷载增加引起边坡坍塌,多余土方要及时运走。沟底不应积水,应有排水和集水措施,及时将水用抽水泵排走。

(2) 给水管道基础
① 在管基土质情况较好的地层采用天然素土夯实;
② 管基在岩石地段采用砂基础,砂垫层厚度为150 mm,砂垫层宽度为$D+200$ mm;
③ 管基在回填土地段,管基的密实度要求达到95%再垫砂200 mm厚;
④ 管基在软地基地段时,请设计验槽,视具体情况现场处理。

(3) 管道安装　给水管道及管件应采用兜身吊带或专用工具起吊,装卸时应轻装轻放,运输时应垫稳、绑牢,不得相互撞击;接口及管道的内外防腐层应采取保护措施。

管节堆放宜选择使用方便、平整、坚实的场地,堆放时必须垫稳,堆放高度应符合规范规定。使用管节时必须自上而下依次搬运。

管道在贮存、运输中不得长期受挤压;安装前,宜将管、管件按施工设计的规定摆放,摆放的位置应便于起吊及运送。管道应在沟槽地基、管基质量检验合格后安装,安装时宜自下游开始,承口朝向施工前进的方向。

接口工作坑应配合管道铺设的方向及时开挖,开挖尺寸应符合规范规定。管节下沟槽时,不得与槽壁支撑与槽下的管道相互碰撞;沟内运管不得扰动天然地基。管道安装时,应将管节的中心及高程逐节调整正确,安装后的管节应进行复测,合格后方可进行下一道工序的施工;应随时清扫管道中的杂物,给水管道暂时停止安装时,两端应临时封堵。管道安装完毕后进行水压试验,试验压力为 1.0 MPa。

给水管道施工应严格按设计及施工规范进行,按验收标准进行管道打压和隐蔽验收。

(4) 管道试验 给水管道安装完成后,应进行强度和严密性试验。为了保证给水管道水压试验的安全,需做好以下两项工作:

① 准备工作 先安装后背:根据总顶力的大小,预留一段沟槽不挖,作为后背(土质较差或低洼地段可作人工后背)。后背墙支撑面积,应根据土质和试验压力而定,一般土质可按承压 15 t/m² 考虑。后背墙面应与管道中心线垂直,紧靠后背墙横放一排枋木,后背与枋木之间不得有空隙,如有空隙则要用砂子填实。在横木之前,立放 3~4 根较大的枋木或顶铁,然后用千斤顶支撑牢固。试压用的千斤顶必须支稳、支正、顶实,以防偏心受压发生事故。漏油的千斤顶严禁使用。试压时如发现后背有明显走动时,应立即降压进行检修,严禁带压检修。管道试压前除支顶外,还应在每根管子中部两侧用土回填 1/2 管径以上,并在弯头和分支线的三通处设支墩,以防试压时管子位移,发生事故。

再设排气门:根据在管道纵断上,凡是高点均应设排气门,以便灌水时适应排气的要求。两端管堵应有上下两孔,上孔用以排气及试压时安装压力表,下孔则用以进水和排水。排气工作很重要,如果排气不良,既不安全,也不易保证试压效果。必须注意使用的高压泵,其安装位置绝对不可以设在管堵的正前方,以防发生事故。

② 试压 应按试压的有关规定执行:管道分段试压的长度,一般不超过 1 000 m,试验压力按设计要求为 1.1 MPa。

试压段两端后背和管堵头接口,初次受力时,需特别慎重,要有专职人员监视两端管堵及后背的工作状况,另外,还要有一人来回联系,以便发现问题及时停止加压和处理,保证试压安全。试压时应逐步升压,不可一次加压过高,以免发生事故。每次升压后应随即观察检查,在没有发现问题后,再继续升压,逐渐加到所规定的试验压力为止。

加压过程中若有接口泄漏,应立即降压修理,并保证安全。

(5) 管道回填 管道回填应在管道安装,管道基础完成后并井室砂浆强度达到设计标号 70% 后进行。回填分两步进行:先填两侧及管顶 0.5 m 处,预留出接口处,待水压试验、管道安装等合乎要求后再填筑其余部分。回填应对称、分层进行,每层约 30 cm,按要求夯实,以防移位,逐层测压实度。

7.1.3 园林排水工程施工

园林绿地的排水主要采用地表及明沟排水方式为宜,采用暗管排水只是局部的地方采用,仅作为辅助性的。采用明沟排水应因地制宜,不宜搞得方方正正,而应该结合当地地形情况,因势利导,做成一种浅沟式,适宜植物生长的形式。

1) 排水管施工方法

(1) 施工流程为 沟槽开挖→基坑支护→地基处理→基础施工→管道安装→基坑回填土。

(2) 管沟开挖 一般采取平行流水作业,避免沟槽开挖后暴露过久,引起沟槽坍塌;同时可充分利用开挖土进行基坑回填,以减少施工现场的土方堆积和土方外运数量。根据现况管线的分布和实际地质情况,拟采用人工配合机械开挖的方法。人工填土层用机械开挖和人工开挖,分别按规范要求采用放坡系数,开挖沟底宽,应比管道构筑物横断面最宽处侧加宽 0.5 m,以保证基础施工和管道安装有必要的操作空间,开挖弃土应随挖随运,以免影响交通;场地开阔处,开挖弃土应置于开挖沟槽边线 1.0 m 以外,以减少坑壁荷载,保持基坑壁稳定;沟槽开挖期间应加强标高和中线控制测量,以防超挖。当人工开挖沟槽深度超过 2.0 m 且地质情况较差时,需对坑壁进行支撑。当采用机械开挖至设计基底标高以上 0.2 m 时,应停止机械作业,改用人工开挖至设计标高。

(3) 地基处理 管沟开挖完毕,按规定对基底整平,并清除沟底杂物,如遇不良地质情况或承载力不符合设计要求应及时与建设、设计、监理单位协商,根据实际情况分别采用重锤夯实,换填灰土、填筑碎石、排水、降低水位等方法处理。经检查符合设计及有关规定要求后及时完成基础施工以封闭基坑。

(4) 管道安装　管道安装应首先测定管道中线及管底标高,安装时按设计中线和纵向排水坡度在垂直和水平方向保持平顺,无竖向和水平挠曲现象。排水管道安装时,管道接口要密贴,接口与下管应保持一定距离,防止接口振动。管道安装前应先检查管材是否破裂,承插口内外工作面是否光滑。管材或管件在接口前,用棉纱或干布将承口内侧和插口外侧擦拭干净,使接口面保持清洁,无尘砂与水迹。当表面沾有油污时,用棉纱蘸丙酮等清洁剂擦净。连接前将两管接口试插一次,使插入深度及配合情况符合要求,并在插入端表面画出插入承口深度的标线。然后套入橡胶圈,为了使插入容易可以在橡胶圈内涂抹肥皂水作为润滑剂。承插接口连接完毕后,及时将挤出的粘结剂擦干净,不得在连接部位静置固化时间强行加载。

(5) 管沟回填　回填前应排除积水,并保护接口不受损坏。回填填料符合设计及有关规定要求,施工中可与沟槽开挖、基础处理、管道安装流水作业,分段填筑,分段填筑的每层应预留 0.3 m 以上与下段相互衔接的搭接平台。管道两侧和检查井四周应同时分层、对称回填夯实。管道胸腔,部分采用人工或蛙式打夯机(基础较宽)每层 0.15 m 厚分层填筑夯实,管顶以上采用蛙式打夯机,每层 0.3 m 厚,分层填筑夯实,回填密实度严格按回填土的压实度标准执行。

2) 雨污排放系统施工

雨污排放系统施工前,先由技术部门复核检查井的位置、数量,管道标高、坡度等。现场测量图纸设计的市政雨污系统接口标高和现场实测口的是否一致,确定无误后再进行施工。施工时总体上遵循由下而上的顺序进行,具体顺序如下:

(1) 雨水井、污水井、检查井的施工　首先将现场的雨污管引出,确定井的位置,再根据图纸上的标高确定井的深度。然后进行挖土、垫层、砌筑抹灰等施工。各分项工程施工工艺参照前阶段结构和装饰施工的分项工程施工方案。施工注意事项:

① 当管道基础验收后,抗压强度达到设计要求,基础面处理平整和洒水润湿后,严格按设计要求砌筑检查井。

② 工程所用主要材料,符合设计规定的种类和标号;砂浆随拌随用,常温下,在 4 h 内使用完毕,气温达 30℃ 以上时,在 3 h 内使用完毕。

③ 立皮数杆控制每皮砖砌筑的竖向尺寸,并使铺灰、砌砖的厚度均匀,保证砖皮水平。

④ 铺灰砌筑应横平竖直、砂浆饱满和厚薄均匀、上下错缝、内外搭砌、接槎牢固。随时用托线板检查墙身垂直度,用水平尺检查砖皮的水平度。圆形井砌筑时随时检测直径尺寸。

⑤ 井室砌筑时同时安装踏步,位置应准确。踏步安装完成后,在砌筑砂浆未达到规定抗压强度前不得踩踏。

⑥ 检查井接入圆管的管口与井内壁平齐,当接入管径大于 300 mm 时,砌砖圈加固。

⑦ 检查井砌筑至规定高程后,及时安装浇筑井圈,盖好井盖。

⑧ 井室做内外防水,井内面用 1:2 防水砂浆抹面,采用三层做法,共厚 20 mm,高度至闭水试验要求的水头以上 500 mm 或地下水以上 500 mm,两者取大值。井外面用 1:2 防水砂浆抹面,厚 20 mm。井建成后经监理工程师检查验收后方可进行下一道工序。

(2) 雨水、污水管安装　雨水、污水排水管材插口与承口的工作面,应表面平整,尺寸准确,既要保证安装时插入容易,又要保证接口的密封性能。管材及配件在运输、装卸及堆放过程中严禁抛扔或激烈碰撞,避免阳光暴晒以防变形和老化。管材、配件堆放时,放平垫实,堆放高度不超过 1.5 m;对于承插式管材、配件堆放时,相邻两层管材的承口相互倒置并让出承口部位,以免承口承受集中荷载。

3) 雨水、污水管道的闭水试验

排水管道闭水试验是在试验段内灌水,井内水位应为试验段上游管内顶以上 2 m(一般以一个井段为一段),然后,在规定的时间里,观察管道的渗水量是否符合标准。

试验前,用1∶3水泥砂浆将试验段两井内的上游管口砌24 cm厚的砖堵头,并用1∶2.5砂浆抹面,将管段封闭严密。当堵头砌好后,养护3～4天达到一定强度后,方可进行灌水试验。灌水前,应先对管接口进行外观检查如果有裂缝、脱落等缺陷,应及时进行修补,以防灌水时发生漏水而影响试验。

漏水时,窨井边应设临时行人便桥,以保证灌水及检查渗水量等工作时的安全。严禁站在井壁上口操作,上下沟槽必须设置立梯、戴上安全帽,并预先对沟壁的土质、支撑等进行检查,如有异常现象应及时排除,以保证闭水试验过程中的安全。

4) 工艺和安全要求

管道安装应采用专用工具起吊,装卸时应轻装轻放,运输时应平稳、绑牢、不得相互撞击;管节堆放宜选择使用方便、平整、坚实的场地,堆放时应垫稳,堆放层高应符合有关规定,使用管节时必须自上而下依次搬运。

管道应在沟槽地基、管基质量检验合格后安装,安装时宜自下游开始,承口朝向施工前进的方向,管节下入沟槽时,不得与槽壁支撑及槽下的管道相互碰撞,沟内运管不得扰动天然地基。槽底为坚硬地基时,管身下方应铺设砂垫层,其厚度须大于150 mm;与槽底地基土质局部遇有松软地基、流沙等,应与设计单位商定处理措施。

管道安装时,应将管节的中心及高程逐节调整正确,安装后的管节应进行复测,合格后方可进行下一工序的施工。还应随时清扫管道中的杂物,管道暂时停止安装时,两端应临时封堵。

雨期施工时必须采取有效措施,合理缩短开槽长度,及时砌筑检查井,暂时中断安装的管道应临时封堵,已安装的管道验收后应及时回填土;做好槽边雨水径流疏导路线的设计,槽内排水及防止漂管事故的应急措施;雨天不得进行接口施工。

新建管道与已建管道连接时,必须先检查已建管道接口高程及平面位置后,方可开挖。给水管道上采用的闸阀,安装前应进行启闭检验,并宜进行解体检验。沿直线安装管道时,宜选用管径公差组合最小的管节组对连接,接口的环向间隙应均匀,承插口间的纵向间隙不应小于3 mm。

检查井底基础与管道基础同时浇筑,排水管检查井内的流槽,宜与井壁同时砌筑,表面采用水泥砂浆分层压实抹光,流槽应与上下游管道底部接顺。

给水管道的井室安装闸阀时,井底距承口或法兰盘的下缘不得小于100 mm,井壁与承口或法兰盘外缘距离不应小于250 mm(DN400 mm)。闸阀安装应牢固、严密、启用灵活、与管道直线垂直。

井室砌筑应同时安装踏步,位置应准确,踏步安装后,在砌筑砂浆未达到规定的强度前不得踩踏,砌筑检查井时还应同时安装预留支管,预留支管的管径、方向、高程应符合设计要求,管与井壁衔接处应严密,预留支管的管口宜采用低强度等级的水泥砂浆砌筑封口抹平。

检查井接入的管口应与井内壁平齐,当接入管径大于300 mm时应砌砖圈加固,圆形检查井砌筑时,应随时检测直径尺寸,当四面收口,每层收进不应大于30 mm,当偏心收口时,每层收进不应大于50 mm。

砌筑检查井、雨水口的内壁应采用水泥砂浆勾缝,内壁抹面应分层压实,外壁应采用水泥砂浆搓缝挤压密实。检查井及雨水口砌筑至设计标高后,应及时浇筑或安装顶板、井圈、盖好井盖。雨期砌筑检查水井及雨水口时,应一次砌起,为防止漂管,可在侧墙底部预留进水孔,回填土前应封堵。雨水口位置应符合设计要求,不得歪扭,井圈与井墙吻合,井圈与道路边线相邻边的距离应相等,雨水管的管口应与井墙平齐。

管道施工完毕,在回填土前,雨水管道则应采用闭水法进行严密性试验,试验可分段进行,管道试验合格后,方可进行土方回填。回填土时,槽底至管顶以上50 cm范围内不得含有机物及大于50 mm的砖、石等硬块,应分层回填,分层夯实,每层厚度不得大于250 mm,回填土的密实度必须满足有关要求。

7.1.4 园林喷灌工程

园林喷灌是将灌溉水通过由喷灌设备组成的喷灌系统或喷灌机组,形成具有一定压力的水,由喷头喷射到空中,形成细小的水滴,均匀地喷洒到土壤表面,为植物正常生长提供必要水分的一种先进灌水方法。与传统的地面灌水方法相比,喷灌具有节水、节能、省工和灌水质量高等优点。喷灌的总体设计应根据地形、土壤、气象、水文、植物配置条件,通过技术、经济比较确定。

1) 喷灌系统的组成

(1) 水源　一般多用城市供水系统作为喷灌水源,另外,井泉、湖泊、水库、河流也可作为水源。在绿地的整个生长季节,水源应有可靠的供水保证。同时,水源水质应满足灌溉水质标准的要求。

(2) 首部枢纽　其作用是从水源取水,并对水进行加压、水质处理、肥料注入和系统控制。一般包括动力设备、水泵、过滤器、加药器、泄压阀、逆止阀、水表、压力表,以及控制设备,如自动灌溉控制器、衡压变频控制装置等。首部枢纽设备的多少,可视系统类型、水源条件及用户要求有所增减。当城市供水系统的压力满足不了喷灌工作压力的要求时,应建专用水泵站或加压水泵室。

(3) 管网　其作用是将压力水输送并分配到所需灌溉的绿地区域,由不同管径的管道组成,如干管、支管、毛管等,通过各种相应的管件、阀门等设备将各级管道连接成完整的管网系统。喷灌常用的塑料管有硬聚氯乙烯管(PVC-U)、聚乙烯(PE)管等。应根据需要在管网中安装必要的安全装置,如进排气阀、限压阀、泄水阀等。

(4) 喷头　喷头用于将水分散成水滴,如同降雨一般比较均匀地喷洒在绿地区域。喷头是喷灌系统中最重要的部件,喷头的质量与性能不仅直接影响到喷灌系统的喷灌强度、均匀度和水滴打击强度等技术要素,同时也影响系统的工程造价和运行费用,故应根据植物配置和土壤性质的不同选择不同的喷头。

2) 施工工序

喷灌系统施工安装的总要求是,严格按设计进行,必须修改设计时应先征得建设单位、设计单位同意。喷灌系统施工工序:施工准备→施工放样→立标制桩、分组放线→水源管沟开挖→安装主管管线及线缆安装支管管线→安装各种控制阀及砌闸阀井→泵站管沟夯实、回填土→安装球道分控制器→冲洗管道→安装喷头、快速给水阀→管道试运行、电路试运行。

3) 施工准备

(1) 根据园林工程设计的总体布局,认真进行现场查勘,做到心中有数,了解当地冻土层厚度,确定给水管线的埋深度。

(2) 在进行施工之前先要询问建设单位水源位置,并测下静态水压。

(3) 按照设计要求,采购喷灌系统的所有设备和材料,要预先了解各种设备、材料的型号、性能,并掌握其安装技术。

4) 喷灌施工放样

先喷头后管道,对于每一块独立的喷灌区域,施工放样时应先确定喷头位置,再确定管道位置。管道定位前应对喷头定位结果进行认真核查,包括喷头数量和间距。放样方法是将绿地喷灌区域分为闭边界区域和开边界区域两类。园林绿化喷灌的区域一般属于闭边界区域。草场、高尔夫球场等大型绿地喷灌区域多为开边界区域。对于不同的喷灌区域,施工放样的方法有所不同。

(1) 闭边界喷灌区域首先应该确定喷灌区域的边界　在大多数情况下,喷灌区域与绿化区域基本吻合。并且在工程施工放样前,绿化区域已经确定,所以很容易确定喷灌区域的边界,可直接按照点、线、面的顺序确定喷头位置,进而结合设计图纸确定管道位置。然而,在有些情况下,喷灌区域与绿化区域不相吻合,或喷灌工程施工时绿化区域尚没有在实地确定,需要通过现场实测确定喷灌区域的边界。

(2) 开边界喷灌区域没有明确的边界,或者喷灌区域的边界不封闭,无法完全按照点、线、面的顺序进行喷头定位　如大型郊外草场、绿地、高尔夫球场等。对于开边界喷灌区域,首先应该确定喷灌区域的特征线(称为"基线")。特征线可以是场地的几何轴线、局部边界线或喷灌技术要求明显变化的界线等。完成特征线测量后,再以特征线为基准进行喷头定位,进而根据设计图纸进行沟槽定线。

喷头之间的间距应选用喷头直径的50%~60%,例如两个喷洒半径为10 m的雨鸟7500c喷头,两个喷头之间的间距应选用20×50%~60%,为10 m至12 m比较合适,当然有时候还要看给水的压力、当地的气候条件等,点喷头时先把控制点、边角点点上,统计管材管件数量。通常的布置方式选用正三角形布置,喷头间距为喷头直径的50%~60%,正方形布置注意一个限制因素就是最大间距对角线的限制。

5) 绿化喷灌系统施工

不同形式的喷灌系统，其管道施工的内容也不同。移动式喷灌系统只是在绿地内布置水源（井、渠、塘等），主要是土石方工程，而固定式喷灌系统则还要进行管道的铺设。

（1）喷灌管沟的开挖　土方施工根据现场的土质及地下水位情况，根据图纸设计埋深确定沟槽放坡，开挖方案一般采取人工开挖，注意及时将沟槽内积水排除，严禁泡槽。开挖时要把表层土与下面的阴土或者建筑垃圾分开放置，管沟要找好坡度，沟下面不要有尖锐的东西，要做到平与直，满足设计和施工规范的要求。

（2）绿地喷灌系统的管道安装　管道安装是绿地喷灌工程中的主要施工项目，固定式喷灌系统管道施工的技术要求较高，为保证施工质量，施工时最好有设计人员和喷灌系统的管理人员参加。这样一方面可以保证施工能符合设计要求，另一方面也便于管理人员熟悉整个喷灌系统的情况，及时维修管理。

① 管道安装的施工要求　管道铺设应在槽床标高和管道基础质量检查合格后进行。管道的最大承受压力必须满足设计要求，不得采用无测压试验报告的产品。铺设管道前要对管材、管件、密封圈等进行一次外观检查，有质量问题的不得采用。金属管道在铺设之前应预先进行防锈处理。铺设时如发现防锈层损伤或脱落应及时修补。

在昼夜温差变化较大的地区，刚性接口管道施工时，应采取防止因温差产生的压力而破坏管道及接口的措施。胶合承插接口不宜在低于5℃的气温下施工。管材应平稳下沟，不得与沟壁或槽床激烈碰撞。一般情况下，将单根管道放入沟槽内粘接。当管径小于32 mm时，也可以将2或3根管材在沟槽上接好，再平稳地放入沟槽内。

干支管均应埋在当地冰冻层以下，并应考虑地面上变动荷载的压力来确定最小埋深，管子应有一定纵向坡度，使管内残留的水能向水泵或干管的最低处汇流，并装有排气阀以便在喷灌季节结束后将管内积水全部排空。在安装法兰接口的阀门和管件时，应采取防止造成外加拉应力的措施。口径大于100 mm的阀门下应设支墩。

管道在铺设过程中可以适当弯曲，但曲半径不得小于管径的300倍。在管道穿墙处，应设预留孔或安装套管，在套管范围内管道不得有接口，管道与套管之间应用油麻堵塞。管道穿越铁路、公路时，应设钢筋混凝土板或钢套管，套管的内径应根据喷灌管道的管径和套管长度确定，便于施工和维修。

管道安装施工中断时，应采取管口封堵措施，防止杂物进入。施工结束后，铺设管道时所用的垫块应及时拆除。管道系统中设置的阀门井的井壁应勾缝，管道穿墙处应进行砖混封堵，防止地表水夹带泥土泄入。阀门井底用砾石回填，满足阀门井的泄水要求。

② 管道连接　对于不同材质的管道，其连接方法也不相同。现在聚氯乙烯管在绿地喷灌系统中被普遍采用。聚氯乙烯管道的辖接方式有冷接法和热接法。虽然这两种方法都能满足喷灌系统管网设计要求和使用要求，但冷接法无需加热设备，便于现场操作，故被广泛用于绿地喷灌工程。根据密封原理和操作方法的不同，冷接法又可分为胶合承插法、密封圈承插法和法兰连接法，不同连接方法的条件及选择的连接管件也不相同。因此，在选择连接方法上，应根据管道规格、设计工作压力、施工环境以及操作人员的技术水平等因素综合考虑，合理选择。

（3）地埋式喷头安装的程序

① 安装前必须对喷头喷洒角度进行预置　可调扇形喷洒角度的喷头，出厂时大多设置在180°，因此在安装前应根据实际地形对扇形喷洒角度的要求，把喷头调节到所需角度。另外有的喷头如雨鸟R-50，还应将滤网进水口设置为与喷嘴标号一致。

② 根据设计选择喷嘴　按照喷灌系统设计要求选择合适的喷嘴，以保证达到想要的流量和设计半径。

③ 安装过程中注意喷头顶部与地面等高　这就要求在安装喷头时喷头顶部要低于松土地面，为以后的地面沉降留有余地，或在草坪地面不再沉降时再安装喷头。

④ 喷头与支管连接最好采用铰接接头或柔性连接，可有效防止由于机械冲击，如剪草机作业或人为活动而引起的管道喷头损坏。同时，采用铰接接头，还便于施工时调整喷头的安装高度。

⑤ 在一些公共区域,为了防止人为破坏,可以选择安装防盗接头,如雨鸟 PVRA 喷头专用防盗接头,将其安装在喷头进口处。如果有人试图将喷头旋转拧下,该接头与喷头会一起旋转,从而可以起到防盗保护的作用,另外也可以选择安装套管,同样可以起到防盗作用。

(4) 管沟回填　先在管材上面回填一层好土,再把原先挖出的土回填,大的建筑垃圾要清理走,回填前应对土质进行检验(土类、含水量等),禁止回填杂草及腐殖土。

7.2　园林供电照明工程施工方法与技术

7.2.1　电气装置安装工程施工

园林工程电气设备一般从专业厂家采购,成套的和非标准的动力照明配电箱均由生产厂提供,按设计图纸和厂方产品技术文件核对其电气元件是否符合要求,元器件必须是国家定点厂的产品,并对双电源切换箱、动力配电箱、控制箱要做空载控制回路的动作实验,确认产品是否合格。

1) 配电柜安装

(1) 施工程序　设备开箱检查→二次搬运→基础型钢制作安装→配电柜体就位→配电柜接线→试验调整→送电试运行。

(2) 设备开箱检查　设备和器材到达现场后,安装和建设单位应在规定期限内,共同进行开箱验收检查;包装及密封应良好,制造厂的技术文件应齐全。型号、规格应符合设计要求,附件备件齐全。

配电柜本体外观应无损伤及变形,油漆完整无损。配电柜内部电器装置及元件、绝缘瓷件齐全,无损伤及裂纹等缺陷。

(3) 配电柜二次搬运　配电柜吊装时,柜体上有吊环时,吊索应穿过吊环;无吊环时,吊索应挂在四角主要承力结构处,不得将吊索挂在设备部件上吊装。吊索的绳长度应一致,以防受力不均,柜体变形或损坏部件。

在搬运过程中要固定牢靠,防止磕碰,避免元件、仪表及油漆的损坏。

(4) 基础型钢制作安装　配电柜在室内的位置原则上是按图施工,如图纸无明确规定时,应按下列标准施工:

① 低压配电屏离墙安装时距墙体不应小于 0.8 m,低压配电屏靠墙安装时距墙体不应小于 0.05 m;巡视通道宽不应小于 1.5 m。配电柜需要安装在基础型钢上,型钢选用 10 号槽钢。

② 基础型钢制作好后,应按图纸所标位置或有关规定,配合土建工程进行预埋。

③ 安装基础型钢时,应用水平尺找正、找平。基础型钢安装的不直度及水平度,每米长度应小于 1 mm,全长应小于 5 mm;基础型钢的位置偏差及不平行度全长均应小于 5 mm。基础型钢顶部宜高出室内地面 10 mm。

(5) 基础型钢接地　埋设的配电柜的基础型钢应做良好的接地。一般用 40 mm×4 mm 镀锌扁钢在基础型钢的两端分别与接地网进行焊接,焊接面为扁钢宽度的 2 倍。

(6) 配电柜安装

① 配电柜组立　配电柜与基础型钢采取螺栓固定。配电柜单独安装时,应找好配电柜正面和侧面的垂直度。成列配电柜安装时,可先把每个配电柜调整到大致的位置上,就位后再精确地调整第一面配电柜,再以第一面配电柜的柜盘面为标准逐台进行调整。配电柜组立安装后,盘面每米高的垂直度应小于 1.5 mm,相邻两盘顶部的水平偏差应小于 2 mm;成列安装时,盘顶部水平偏差应小于 5 mm。

② 配电柜接地　成套柜应装有专用接地铜排,接地铜排与柜体连接成电气通路,接地铜排应用等截面的铜排与配电柜基础接地干线扁钢牢固连接。接地铜排与零排相互绝缘。配电柜与基础型钢采用螺栓固定,每台柜宜单独与 PE 母排做接地连接,用不小于 6 mm^2 的铜导线与柜上的 PE 母排接地端子连接牢固。配电柜上装有电器的可开启的柜门、隔离刀闸底座和二次回路接地线应以绝缘铜软线与接地母排可靠连接。所有负荷端的 PE 接地线从接地铜排引出,并预留供检修用的接地装置不少于 3 个。

③ 配电柜内设备安装与检验

• 成套配电柜内设备的安装与检验：机械闭锁、电器闭锁应动作准确、可靠；动触头与静触头的中心线应一致，触头接触紧密；二次回路辅助开关的切换接点应动作准确，接触可靠。

• 抽屉式配电柜内设备安装与检验：抽屉推拉应灵活轻便，无卡阻、碰撞现象，抽屉应能互换；抽屉的机械连锁或电器连锁装置应动作正确可靠，断路器分闸后，隔离触头才能分开；抽屉与柜体间的二次回路连接插件应接触良好；抽屉与柜体间的接触及柜体框架的接地应良好。

(7) 配电柜内母线安装　必须符合设计要求。

① 母线应镀锌，表面应光滑平整，不应有裂纹、变形和扭曲缺陷。

② 金属紧固件及卡件必须符合设计要求，应是镀锌制品的标准件。

③ 绝缘材料及瓷件的型号、规格、电压等级应符合设计要求。外观质量无损伤及裂纹，绝缘良好。

④ 母线采用螺栓连接时，螺栓、平垫、弹簧垫必须匹配齐全，螺栓紧固后丝扣应露出螺母外 5～8 mm。

⑤ 母线相序排列必须符合规范要求，安装应平整、整齐、美观。

(8) 配电柜内二次回路接线

① 按配电柜工作原理图逐台检查柜内的全部电气元件是否与要求相符，其额定电压和控制、操作电压必须一致。

② 按照电气原理图检查柜内二次回路接线是否正确。

③ 控制线校线后要套上线号，将每根芯线煨成圈，用镀锌螺丝、垫圈、弹簧垫连接在每个端子板上。并应严格控制端子板上的接线数量，每侧一般一端子压一根线，最多不超过两根，必须在两根线间加垫圈。多股线应涮锌，严禁产生断股缺陷。

(9) 配电柜内馈电电缆安装

① 馈电电缆进入柜内要做热缩电缆头，相线要套热缩相色带，电缆头制作好后，要牢固固定在柜底部电缆支架上。相线过长要加装绝缘橡胶垫用卡子固定在柜体上。

② 电缆头与设备连接时相应颜色要一致。

③ 16 mm^2 以上的导线要用压线鼻子和设备连接。电缆头的相线要顺直，不要受外力扭曲。压线鼻子和设备连接要用套筒扳手紧固，力矩要适宜。

(10) 配电柜试验与调整　试验应符合"电气装置安装工程电气设备交接试验标准"的有关规定。

① 一次设备试验调整

• 试验内容：配电柜框架、母线、避雷器、低压瓷瓶、电流互感器、低压开关等的吸收比和交流耐压试验；

• 调整内容：接触器、中间继电器、时间继电器调整以及机械连锁调整。

② 二次控制回路试验调整

• 绝缘电阻测试：小母线在断开所有其他并联支路时，不应小于 10 MΩ；二次回路的每一支路和断路器、隔离开关的操动机构的电源回路等，均不小于 1 MΩ。

• 交流耐压试验：试验电压为 1 000 V。当回路绝缘电阻值在 10 MΩ 以上时，可采用 2 500 V 兆欧表代替，试验持续时间为 1 min；48 V 及以下回路可不做交流耐压试验；回路中有电子元件设备的，试验时应将插件拔出或将两端短接。

• 模拟试验：按图纸要求，接通临时控制和操作电源，分别模拟试验控制、连锁、操作继电保护和信号动作，应正确无误、灵敏可靠。

(11) 成品保护

① 配电箱柜在现场搬运时应防止磕碰表面油漆或划伤。

② 现场安装好配电柜后，要及时锁住门。室内需要装修时，要用防水盖布盖严，不得进入尘土和杂物。

③ 配电小间的门要由专人看管，闲杂人等不得随便进入，防止器件丢失。

④ 在没有进行工程验收前,不经允许配电柜不能用作临时用电。
⑤ 在进行通电使用前,安排有操作经验的电工进行操作,并且有专人监护。
⑥ 配电柜安装后,应采取塑料布包裹严密,避免碰坏,弄脏电具、仪表。

(12) 质量记录　配电柜、绝缘导线产品出厂合格证;配电柜安装工程预检、自检、互检记录;设计变更洽商记录,竣工图;电气绝缘电阻测试记录和各种试验报告;配电柜安装分项工程质量检验评定记录。

(13) 安全消防措施
① 安装电工和电气焊工必须持证上岗。
② 参加施工人员认真学习安全操作规程,建立岗位责任制。
③ 绝缘电阻测试时必须两人操作,防止电击伤人。
④ 在正式电气工程通电前,保护接地线必须连接可靠,标识明显。
⑤ 绝缘工具的护套护垫应完好、无破损;老化严重要及时更换。
⑥ 进行电气焊接操作时必须有人"看火",防止火渣引燃周围物品。施焊场所需配备灭火器和灭火用水。电气焊作业完毕后要认真检查现场有无起火隐患,确认安全后方可离开现场。

2) 电气管线施工

(1) 施工顺序　测量放线→开挖沟槽、井坑→验槽、地基处理(砼基础)→敷设管道、填充砂土或砼包封→留拉线钢丝、堵头→隐蔽验收→回填夯实→交验。

(2) 电线管、电缆管敷设
① 设计选用电线管、电缆管暗敷,施工按照电线管、电缆管敷设分项工程施工工艺标准进行,要严把电线管、电缆管进货关;接线盒、灯头盒、开关盒等均要有产品合格证。
② 埋管要与园建施工密切配合,开挖沟槽,处理地基,找准标高。对于填砂包封的排管,铺一层砂夯实,安装一层排管,再铺一层砂,依次安装上面几层排管;对于砼包封的排管,铺一层砼,捣实,安装一层排管,再铺一层砼,依次安装上面几层排管;对于钢筋砼包封的排管,在最上一层安装钢筋网,浇注砼,排管安装完毕验收合格,回填细土,分层夯实,密实度95%以上。
③ 暗配管应沿最近线路敷设并减少弯曲,弯曲半径不应小于管外径的10倍,与建筑物表面距离不应小于15 mm,进入落地式配电箱管口应高出基础面50～80 mm,进入盒、箱管口应高出基础面50～80 mm,进入盒、箱管口宜高出内壁3～5 mm。
④ 按规范要求适当加设分线盒,配管安装时穿好相应的镀锌铁丝引线并在两端管中留有余地,穿导线前先将两端用橡胶皮盖盖好,以防异物进入及穿导线时挂伤导线。
⑤ 管线支吊架设置应符合规范要求,平稳、牢固、美观,采用镀锌U型卡将管道固定在支节架上。

(3) 管内穿线
① 管内穿线要严把电线进货关,电线的规格型号必须符合设计要求并有出厂合格证,到货后检查绝缘电阻、线芯直径、材质和每卷的重量是否符合要求,应按管径的大小选择相应规格的护口,尼龙压线帽、接线鼻子等规格和材质均要符合要求。
② 穿线的管路和导线的规格、型号、报数、回路等必须符合设计要求,穿线前后均应检查导线的绝缘。
③ 导线的连接头不能增加电阻值,不能降低原绝缘强度,受力导线不能降低原机械强度。
④ 穿线时注意同一交流回路的导线必须穿于同一管内,不同回路、不同电压的导线,不得穿入同一管内,但以下几种情况除外:标准电压为50 V以下的回路;同一设备或同一流水作业线设备的电力回路和无特殊防干扰要求的控制回路;同一花灯的几个回路;同类照明的几个回路,但导管内的导线总数不应多于8根。
⑤ 导线预留长度:接线盒、开关盒、插座盒及灯头盒为15 cm,配电箱内为箱体周长的1/2。

(4) 电缆敷设
① 敷设前详细检查电缆的规格、型号、截面、电压等级、绝缘电阻、外观等是否符合设计及规范要求。
② 埋地电缆敷设采用人力施放的常规方法进行。

7.2.2 灯具安装工程施工

灯具安装工程是园林工程中的重要组成部分,白天,园林景观是在阳光照射下形成的,夜晚,除月色外,园林景观则要由精心布置的照明来呈现,照明本身对园景的形成也有很大影响。

1) 灯具安装工程施工内容

园林灯具安装工程主要包括:园灯安装、霓虹灯安装、彩灯安装、雕塑、雕像的饰景照明灯具安装、旗帜的照明灯具安装、喷水池和瀑布的照明等。

2) 灯具安装

在灯具安装施工前应做好测量放线和定位工作,测量结果应符合设计要求。

(1) 灯具、光源按设计要求采用,所有灯具应有产品合格证,灯内配线严禁外露,灯具配件齐全。

(2) 根据安装场所检查灯具是否符合要求,检查灯内配线,灯具安装必须牢固,位置正确,整齐美观,接线正确无误。3 kg 以上的灯具,必须预埋吊钩或螺栓,低于 2.4 m 灯具的金属外壳应做好接地。

(3) 艺术灯杆组立是关键工序,艺术灯杆吊装前应根据灯杆的高度、重量,合理选择吊装设备。10 m 灯杆采用 8 t 汽车吊安装,灯杆吊装时,应由专业起重工操作吊装,当艺术灯杆落位时,在相互垂直的两个方向配备经纬仪进行检测、校正。沿线路方向位移偏差控制在 20 mm 以内,垂直线方向位移偏差控制在 10 mm 以内,杆梢主向位移不大于杆直径的 1/5。

(4) 各种水下灯具应根据设计要求,找专业厂家联系,色彩及亮度应符合设计配备要求。

(5) 安装完毕,摇测各条支路的绝缘电阻合格后,方允许通电运行。通电后应仔细检查灯具的控制是否灵活、准确,开关与灯具控制顺序要相对应,如发现问题必须先断电,然后查找原因,进行修复。

(6) 开关插座安装

① 各种开关、插座的规格型号必须符合设计要求,并有产品合格证。安装开关插座的面板应端正、严密并与墙面平。成排安装的开关高度应一致。

② 开关接线应由开关控制相线,同一场所的开关切断位置应一致,且操作灵活,接点接触可靠。插座接线注意单相两孔插座左零右相或下零上相,单相三孔及三相四孔的接地线均应在上方。交、直流电或不同电压的插座安装在同一场所时,应有明显区别,且其插座应配套,均不能相互代用。

7.2.3 电气安装工程中常见的质量问题及施工要点

1) 施工单位资质及施工人员资格证

(1) 常见问题 不按建设程序办事,没有资质或资质等级不符合要求的施工单位承包工程,施工人员没有规定的资格证、上岗证,致使安装工程达不到规定指标的要求。

(2) 施工要点 电气安装工程是一项具有很强专业性的工种,要求施工单位必须具有当地供电部门认可的资质证书才可施工。施工部门应协助建设单位及总包单位认真审查分包单位的资质,提出审查意见,按照公平竞争的原则选好施工单位。有关现场施工人员,也应逐一检验其资格证、上岗证,确保持证上岗,保证安装质量。

2) 电气主要设备和材料

(1) 常见问题

① 无产品合格证、生产许可证、技术说明书和检验报告等文件资料;

② 导线电阻率、熔点、机械性、截面值、绝缘值、温度系数等性能指标达不到要求;

③ 电缆绝缘电阻小、抗腐蚀性差、耐压耐温性低,绝缘层与线芯严密性差;

④ 动力、照明配电箱、插座外观差,几何尺寸达不到要求,钢板、塑料外壳厚度不够,影响箱体强度,耐腐蚀性达不到要求;

⑤ 开关、插座导电值与标称值不符,导电金属片弹性不强、接触不好、易发热,达不到安全要求,塑料产品阻燃性低、耐温、安全性能差;

⑥ 灯具、光源质量差,机械强度差,防水防腐性能差,使用寿命短;

⑦ 各种电线管壁薄、强度差、镀锌管的镀锌层质量不符合要求、耐折性差。

(2) 施工要点

① 严格执行见证取样、监督抽检制度　实行建筑电气工程主材(PVC电线槽、电线管、电线电缆、漏电开关、空气开关)见证取样、监督抽检制度,要求施工公司配合当地质监部门做好现场的见证取样、监督抽检工作,作为施工工程师应该认证执行和配合。

② 做好电气设备材料进场检验　电气设备、材料进入施工现场以后,施工工程师应检查到货材料是否符合规范要求,核对设备、材料的型号、规格、性能等参数是否与设计一致,清点说明书、合格证、零配件,并进行外观检查,做好开箱记录,并妥善保管。

③ 对于监督抽检不符合建设单位设计要求的材料一律禁止使用。

3) 防雷接地及等电位联接

(1) 常见问题

① 引下线、均压环、避雷带搭接处有夹渣、焊瘤、虚焊、咬肉、焊缝不饱满、没有敲掉焊渣等缺陷;

② 避雷带变形严重、支架脱落、引下点间距偏大、不预留引下线外接线;

③ 屋面金属物(管道、梯子、旗杆、设备外壳等)未与防雷系统相连;

④ 以金属管代替PE线、等电位连接、桥架及金属管、电器柜、箱、门等跨接地线线径不足;

⑤ 设备的"接地排"未与接地干线直接连接,而是通过支架、基础槽钢过渡,连接不同的金属物接地线未考虑电化腐蚀的影响;

⑥ 插座接地线相互串接,安装高度低于2.4 m的灯具可接近金属导体的未接地。

(2) 施工要点

① 避雷带应采用搭接焊接、搭接长度应大于$10d$(d为全钢筋直径),采用双面焊且焊接处应防腐,不允许用螺纹钢代替圆钢做搭接钢筋;

② 搭接处焊缝应饱满、平整、均匀(特别是对立焊、仰焊),及时敲掉焊渣,及时补焊不合格的焊缝;

③ 屋面金属物应与引下线相连;

④ 等电位连接支线不应小于6 mm²的铜导体,桥架及金属管、带电的柜门或箱门等跨接地线需用截面积不小于4 mm²的铜芯软导线;

⑤ 设备(动力柜、发电机、水泵等)的"地排"必须与接地干线直接连接,其基础槽钢应跨接接地且有接地标识,有震动的地方接地排应有防松措施,施工前还应考虑电化腐蚀的影响并采用合适的材料连接;

⑥ 插座接地线接入插座端子前采用焊接或"T"接,避免由于端子松动造成后续插座接地失效;低于2.4 m的灯具的可接近裸露导体应有专用的接地螺栓及标识且必须接地可靠。

4) 电线管敷设

(1) 常见问题

① 用薄壁管代替厚壁管,黑铁管代替镀锌管,PVC管代替金属管;

② 穿线管弯曲半径太小,并出现弯瘪、弯皱,严重时出现"死弯",管子超长或转弯时不按规定设过渡盒;

③ 电缆管多层重叠,电线管成排紧贴,影响土建施工,管子埋墙、埋地深度不够;

④ 电线管进入配电箱不顺畅,露头长度不合适,管口不平整,不用保护圈,未紧锁固定;

⑤ 金属管丝扣连接处和通过中间接线盒时不跨接钢筋,不接地或接地不牢;

⑥ 预埋PVC电线管时用胶钳夹扁拧弯管口。

(2) 施工要点

① 严格要求按照设计和规范下料配管,施工专业工程师要严格把关,管材不符合要求不准施工,预埋PVC电线管时,管壁厚度要求不低于1.8 mm。

② 按下面要求检查电线管的弯曲半径:明配管只有一个90°弯时,弯曲半径应≥4倍管外径;两个或三个90°弯时,弯曲半径应≥6倍管外径;暗配管的弯曲半径应≥6倍管外径;埋入地下和混凝土内的管子弯曲半径应≥10倍管外径。

配管超过以下长度应在适当位置加过渡盒:直线50 m;30 m,无弯曲;20 m,一个90°弯曲;15 m,两个

90°弯曲;8 m,三个 90°弯曲。

③ 电线管敷设应尽量避免重叠、交叉,不能并排紧贴,应分开间隔放置,管子进入墙内或地面内,管子外表面距墙面、地面深度应尽量≥20 mm,管道敷设要求"横平竖直"。

④ 电线管进入配电箱要平整,露长宜为 3～5 mm,管口要用护套并锁紧箱壳,进入落地式配电箱的电线管,管口宜高出配电箱基面 50～80 mm。

⑤ 钢管丝扣连接处和中间接线盒应采用专用接地卡跨接,管道必须按规范要求可靠接地,进入配电箱的镀锌管用专用接地卡和≥2.5 mm 的双色 BV 导线与箱体连接牢固,直径≥40 mm 的管子进入配电箱可以用点焊法固定在箱体上,并刷防锈漆。

⑥ 预埋 PVC 电线管时,禁止用胶钳将管口夹扁,应用符合管径的 PVC 塞头封盖管口,并用胶布绑扎牢固。

5) 导线穿管、连接、包扎、色标等

(1) 常见问题

① 导线弯曲扭拉进线管,在管内、线槽内接线;

② 导线排列不整齐、松散、没有包扎捆绑,线头裸露;

③ 多根单线压在一起,多股线不用铜接头、不搪锡,螺栓少垫圈、弹簧片等;

④ 相线与 N 线、PE 线色标不明确、相互混淆。

(2) 施工要点

① 导线穿管前应检查管口的"纳子"和防护套、管内是否有杂物,如有应先清除,管内、线槽内严禁接头;

② 导线编排要横平竖直,线头保持长度一致,插入接线端子后不应有导体裸露,铜接头与导线连接处要用与导线相同颜色的绝缘胶布紧密包扎;

③ 在每个接线柱和接线端子上的连接导线不超过 2 根,而且中间需加平垫圈,不允许 3 根以上连接;

④ 多股导线的连接,应用镀锌铜接头压接,裸露导线应搪锡,凡是搪锡的线头要把焊油渣清除干净,防止导线氧化;

⑤ 相线与 N 线、PE 线的色标应区分清楚,即 L1 相—黄色、L2 相—绿色、L3 相—红色、N 线用浅蓝色或蓝色、PE 线必须用黄绿双色导线,单相时一般宜用红色。

6) 配电箱的配线、安装

(1) 常见问题

① 配电箱体不按图纸设置、坐标偏移明显,箱体不平直;

② 箱盒固定不牢,箱内有沙浆、杂物未清除干净;

③ 箱壳开孔不符合要求,破坏油漆保护层,箱盒不做防锈防腐处理;

④ 落地动力箱不接地,重复接地导线截面不够,线头裸露,布线不整齐,导线不留余量。

(2) 施工要点

① 配电箱应按图纸要求设置,箱体左右、前后盒位允许偏差≤50 mm,高度应按图纸说明,如没有说明,一般场合不低于 1.3 m,托儿所、住宅和小学不低于 1.8 m;

② 模板拆除后,要及时清理箱内杂物和锈斑,刷防锈防腐漆,预埋箱盒时,要固定牢、密封好;

③ 箱体开孔与进线箱不匹配时,必须用机械开孔或要求厂家重新加工,并要做好防腐处理;

④ 动力箱的箱体接地点和导线必须显露出来,不能在箱底焊接,接地导线应满足规范最小截面要求;

⑤ 箱体内的线头不能裸露,布线要整齐美观,绑扎固定,导线要留有一定的余量,一般要求 10～15 cm 余量。

7) 开管、插座的底盒、面板安装接线

(1) 常见问题

① 线盒预埋太深,标高不一,面板与墙体有隔缝、油漆,不平直;

② 开关、插座的相线、零线、PE线有串接现象；
③ 开关、插座的导线线头裸露、螺栓松动，导线余量不足，盒内有杂物。
(2) 施工要点
① 安装面板时要横平竖直，应用水平仪调校，保证安装高度统一，线盒预埋过深时，应加装线盒，安装面板后要饱满补缝，不允许留有缝隙，另外要做好清洁保护工作；
② 加强监督工作，确保开关、插座中的相线、零线、PE线不串接；
③ 安装时先清除盒内砂浆等杂物，安装后线头要整齐、不裸露，单芯线在插入线孔时应拧成双股，用螺丝拧紧，确保牢固压紧导线；
④ 开关、插座内的导线应留有一定的余量，一般以100～150 mm为宜。

8) 室外灯具（路灯、草坪灯、庭园灯等）的安装
(1) 常见问题
① 灯杆松动、生锈、掉漆；室外灯具没有接地或者接地安装不合要求；
② 灯罩太薄，容易破损、脱落；
③ 草坪灯、地灯的灯泡瓦数太大，使用时灯罩温度过高，容易烫伤人或者灯罩边角锋利容易割伤人。
(2) 施工要点
① 选用合格的灯具，在沿海城市由于空气潮湿，一定要选用较好的防锈灯杆，灯罩应具有较强的抗台风强度；
② 路灯、草坪灯、庭园灯和地灯必须有良好的接地，灯杆的接地极必须焊接牢固，接头处搪锡，路灯电源的PE保护线与灯杆接地极连接时必须用弹簧垫片压顶后再拧上螺母；
③ 60 W的灯泡表面温度可达到137～180℃，100 W的可达到170～216℃，所以在选用地灯、草坪灯的灯泡时，如果安装60 W以上的灯泡，容易使保护罩温度过高而烫伤人；另外，灯罩的边角不能太锋利，以免割伤人。

8 园林工程施工组织设计

■ **学习目标**

本章通过对园林工程施工组织设计内容的认真学习和具体实例的深入了解,学会怎样编制园林工程施工组织设计。

8.1 园林工程施工组织设计概述

园林工程建设不是单纯的栽植工程,而是一项与土木、建筑等其他行业协同工作的综合性工程,因而精心做好施工组织设计是施工前的必需环节。

园林工程施工组织设计是有序进行施工管理的开始和基础;是园林工程建设单位在组织施工前必须完成的一项法定的技术性工作;是以施工项目为对象进行编制,用以指导其建设全过程各项施工活动的技术、经济、组织、协调和控制的综合性文件。

8.1.1 园林工程施工组织设计的作用

园林工程施工组织设计是以园林工程(整个工程或若干单项工程)为对象编写的用来指导工程施工的技术性文件。其核心内容是如何科学合理地安排好劳动力、材料、设备、资金和施工方法这5个主要的施工因素。根据园林工程的特点和要求,以先进的、科学的施工方法与组织手段使人力和物力、时间和空间、技术和经济、计划和组织等诸多因素合理优化配置,从而保证施工任务依质量要求按时完成。

园林工程施工组织设计是应用于园林工程施工中的科学管理手段之一,是长期工程建设中实践经验的总结,是组织现场施工的基本文件和法定性文件。因此,编制科学的、切合实际的、可操作的园林工程施工组织设计,对指导现场施工、确保施工进度和工程质量、降低成本等都具有重要意义。

园林工程施工组织设计,首先要符合园林工程的设计要求,体现园林工程的特点,对现场施工具有指导性。在此基础上,要充分考虑施工的具体情况,完成以下4部分内容。

(1) 依据施工条件,拟定合理施工方案,确定施工顺序、施工方法、劳动组织及技术措施等;

(2) 按施工进度,搞好材料、机具、劳动力等资源配置;

(3) 根据实际情况,布置临时设施、材料堆置及进场实施;

(4) 通过组织设计,协调好各方面的关系,统筹安排各个施工环节,做好必要的准备和及时采取相应的措施,确保工程顺利进行。

8.1.2 园林工程施工组织设计的分类

园林工程施工组织设计一般由5部分构成。

(1) 叙述本项园林工程设计的要求和特点,使其成为指导施工组织设计的指导思想,贯穿于全部施工组织设计之中。

(2) 在此基础上,充分结合施工企业和施工场地的条件,拟定出合理的施工方案。在方案中要明确施工顺序、施工进度、施工方法、劳动组织及必要的技术措施等内容。

(3) 在确定了施工方案后,在方案中按施工进度搞好材料、机械、工具及劳动力等资源的配置。

(4) 根据场地实际情况,布置临时设施、材料堆置及进场实施方法和路线等。

(5) 组织设计出协调好各方面关系的方法和要求,统筹安排好各个施工环节的连接。提出应做好的必要准备和及时采取的相应措施,以确保工程施工的顺利进行。

实际工作中,根据需要,园林工程施工组织设计一般可分为投标前施工组织设计和中标后施工组织设计两大类。

1) 投标前施工组织设计

投标前施工组织设计,是作为编制投标书的依据,其目的是为了中标。主要内容如下:

(1) 施工方案、施工方法的选择,对关键部位、工序采用的新技术、新工艺、新机械、新材料以及投入的人力、机械设备的决定等;

(2) 施工进度计划,包括网络计划、开竣工日期及说明;

(3) 施工平面布置,水、电、路、生产、生活用地及施工的布置,与建设单位协调用地;

(4) 保证质量、进度、环保等项计划必须采取的措施;

(5) 其他有关投标和签约的措施。

2) 中标后施工组织设计

园林工程中标后的施工组织设计一般可分为:园林工程施工组织总设计、单项园林工程施工组织设计和分项园林工程作业设计3种。

(1) 园林工程施工组织总设计　施工组织总设计是以整个工程为编制对象,依据已审批的初步设计文件拟定的总体施工规划。一般由施工单位组织编制,目的是对整个工程的全面规划和有关具体内容的布置。其中,重点是解决施工期限、施工顺序、施工方法、临时设施、材料设备以及施工现场总体布局等关键问题。

(2) 单位园林工程施工组织设计　单位工程施工组织设计是根据经会审后的施工图,以单位工程为编制对象,由施工单位组织编制的技术文件。

① 编制单位工程施工组织设计的要求
- 单位工程施工组织设计编制的具体内容,不得与施工组织总设计中的指导思想和具体内容相抵触;
- 按照施工要求,单位工程施工组织方案的编制深度,以达到工程施工阶段即可;
- 应附有施工进度计划和现场施工平面图;
- 编制时要做到简练、明确、实用,要具有可操作性。

② 编制单项园林工程施工组织设计的内容　说明工程概况和施工条件;说明实际劳动资源及组织状况;选择最有效的施工方案和方法;确定人、材、物等资源的最佳配置;制定科学可行的施工进度;设计出合理的施工现场平面图等。

(3) 分项园林工程作业设计　多由最基层的施工单位编制,一般是对单项工程中某些特别重要部位或施工难度大、技术要求高、需采取特殊措施的工序,才要求编制出具有较强针对性的技术文件。例如园林喷水池的防水工程,瀑布出水口工程,园路中健身路的铺装,护坡工程中的倒滤层,假山工程中的拉底、收顶等。其设计要求具体、科学、实用并具有可操作性。

8.1.3 园林工程施工组织设计的原则

园林工程施工组织设计要做到科学、实用,这就要求在编制思路上应吸收多年来工程施工中积累的成功经验;在编制技术上要遵循施工规律、理论和方法;在编制方法上应集思广益,逐步完善。因此,园林工程施工组织设计的编制应遵循下列基本原则:

1) 遵循国家法规、政策的原则

国家政策、法规对施工组织设计的编制有很大的影响,因此,在实际编制中要分析这些政策对工程施工有哪些积极影响,并要遵守哪些法规,如合同法、环境保护法、森林法、园林绿化管理条例、环境卫生实施细则、自然保护法及各种设计规范等。在建设工程承包合同及遵照经济合同法而形成的专业性合同中,都明确了双方的权利和义务,特别是明确的工程期限、工程质量保证等,在编制时应予以足够重视,以保证施工顺利进行,按时交付使用。

2) 符合园林工程特点,体现园林综合艺术的原则

园林工程大多是综合性工程,并具有随着时间的推移其艺术特色才能逐渐发挥和体现出来的特性。因此,组织设计的制定要密切配合设计图纸,要符合原设计要求,不得随意更改设计内容。同时还应对施工中可能出现的其他情况拟定防范措施。只有吃透图纸，熟悉造园手法，采取针对性措施，编制出的施工组织设计才能符合施工要求。

3) 采用先进的施工技术，合理选择施工方案的原则

园林工程施工中，要提高劳动生产率、缩短工期、保证工程质量、降低施工成本、减少损耗，关键是采用先进的施工技术、合理选择施工方案以及利用科学的组织方法。因此，应视工程的实际情况、现有的技术力量、经济条件，吸纳先进的施工技术。目前园林工程建设中采用的先进技术多应用于设计和材料等方面。这些新材料、新技术的选择要切合实际，不得生搬硬套，要以获得最优指标为目的，做到施工组织在技术上是先进的，经济上是合理的，操作上是安全可行的，指标上是优质高标准的。

施工方案应进行技术经济比较，比较时数据要准确，实事求是。要注意在不同的施工条件下拟定不同的施工方案，努力达"五优"标准，即做到所选择的施工方法和施工机械最优，施工进度和施工成本最优，劳动资源组织最优，施工现场调度组织最优和施工现场平面最优。

4) 周密而合理的施工计划，加强成本核算，做到均衡施工的原则

施工计划产生于施工方案确定后，根据工程特点和要求安排的，是施工组织设计中极其重要的组成部分。施工计划安排得好，能加快施工进度，保证工程质量，有利于各项施工环节的把关，消除窝工、停工等现象。

周密而合理的施工计划，应注意施工顺序的安排，避免工序重复或交叉。要按施工规律配置工程时间和空间上的次序，做到相互促进，紧密搭接；施工方式上可视实际需要适当组织交叉施工或平行施工，以加快速度；编制方法要注意应用横道流水作业和网络计划技术；要考虑施工的季节性，特别是雨季或冬季的施工条件；计划中还要正确反映临时设施设置及各种物资材料、设备的供应情况，以节约为原则，充分利用固有设施，减少临时性设施的投入；正确合理的经济核算，强化成本意识。所有这些都是为了保证施工计划的合理有效，使施工保持连续均衡。

5) 确保施工质量和施工安全，重视园林工程收尾工作的原则

施工质量直接影响工程质量，必须引起高度重视。施工组织设计中应针对工程的实际情况，制定出切实可行的保证措施。园林工程是环境艺术工程，设计者呕心沥血的艺术创造，完全凭借施工手段来体现。为此，要求施工必须一丝不苟，保质保量，并进行二次创作，使作品更具艺术魅力。

"安全为了生产，生产必须安全"，施工中必须切实注意安全，要制定施工安全操作规程及注意事项，搞好安全教育，加强安全生产意识，采取有效措施作为保证。同时应根据需要配备消防设备，做好防范工作。

园林工程的收尾工作是施工管理的重要环节，但有时往往难以引起人们的重视，使收尾工作不能及时完成，而因园林工程的艺术性和生物性特征，使得收尾工作中的艺术再创造与生物管护显得更加重要。这实际上将导致资金积压，增加成本，造成浪费。因此，应十分重视后期收尾工程，尽快竣工验收，交付使用。

8.2 园林工程施工组织编制

8.2.1 园林工程施工组织编制依据

园林工程施工组织是一项复杂的系统工程，编制时要考虑多方面因素方能完成。不同的组织设计其主要依据不同，分为园林工程项目施工总设计编制依据和园林单项工程施工组织设计编制依据。

1) 园林工程项目施工总设计编制依据

(1) 园林建设项目基础文件　建设项目可行性研究报告及批准文件；建设项目规划红线范围和用地批准文件；建设项目勘察设计任务书、图纸和说明书；建设项目初步设计或技术设计批准文件，以及设计图纸和说明书；建设项目总概算或设计总概算；建设项目施工招标文件和工程承包合同文件。

(2) 工程建设政策、法规和规范资料　关于工程建设报建程序有关规定；关于动迁工作有关规定；关于园林工程项目实行施工监理有关规定；关于园林建设管理机构资质管理有关规定；关于工程造价管理有关规定;关于工程设计、施工和验收有关规定。

(3) 建设地区原始调查资料 地区气象资料;工程地形、工程地质和水文地质资料;土地利用情况资料;地区交通运输能力和价格资料;地区绿化材料、建筑材料、构配件和半成品供应情况资料;地区供水、供电、供热、通信能力和价格资料;地区园林施工企业状况资料;施工现场地上、地下的现状,如水、电、通信、煤气管线等状况。

(4) 类似施工项目经验资料 类似施工项目成本控制资料;类似施工项目工期控制资料;类似施工项目质量控制资料;类似施工项目技术新成果资料;类似施工项目管理新经验资料。

2) 园林单项工程施工组织设计编制依据

(1) 单项工程全部施工图纸及相关标准图;
(2) 单项工程地质勘察报告、地形图和工程测量控制网;
(3) 单项工程预算文件和资料;
(4) 建设项目施工组织总设计对本工程的工期、质量和成本控制的目标要求;
(5) 承包单位年度施工计划对本工程开竣工的时间要求;
(6) 有关国家方针、政策、规范、规程和工程预算定额;
(7) 类似工程施工经验和技术新成果。

8.2.2 园林工程施工组织设计编制程序

施工组织设计必须按一定的先后顺序进行编制,才能保证其科学性和合理性。常用施工组织设计的编制程序如下:

(1) 熟悉园林施工工程图,领会设计意图,收集有关资料,认真分析、研究施工中的问题;
(2) 将园林工程合理分项并计算各自工程量,确定工期;
(3) 确定施工方案、施工方法,进行技术经济比较,选择最优方案;
(4) 编制施工进度计划(横道图或网络图);
(5) 编制施工必需的设备、材料、构件及劳动力计划;
(6) 布置临时施工、生活设施,做好"三通一平"工作;
(7) 编制施工准备工作计划;
(8) 绘出施工平面布置图;
(9) 计算技术经济指标,确定劳动定额、加强成本核算;
(10) 拟定技术安全措施;
(11) 成文报审。

8.2.3 园林工程施工组织设计的主要内容

园林施工组织设计的内容一般是由工程项目的范围、性质、特点、施工条件和景观艺术、建筑艺术的需要来确定的。由于在编制过程中有深度上的不同,无疑反映在内容上也会有所差异。但不论哪种类型的施工组织设计都应该包括工程概况、施工方案、施工进度计划表和施工现场平面布置图等,简称"一图一表一案"。

1) 工程概况

工程概况是对拟建工程的基本性描述,目的是通过对工程的简要说明,了解工程的基本情况,明确任务量、难易程度、质量要求等,以便合理制定施工方法、施工措施、施工进度计划和施工现场布置图。

工程概况内容如下:

(1) 说明工程的性质、规模、服务对象、建设地点、建设工期、承包方式、投资额及投资方式;
(2) 施工和设计单位名称、上级要求、图纸状况、施工现场的工程地质、土壤、水文、地貌、气象等因子;
(3) 园林建筑数量及结构特征;
(4) 特殊施工措施以及施工力量和施工条件;
(5) 材料的来源与供应情况、"三通一平"条件、运输能力和运输条件;

(6) 机具设备供应、临时设施解决方法、劳动力组织及技术协作水平等。

2) 施工准备工作

园林工程施工准备工作是指对设计图纸和施工现场确认核实后进行的施工准备。按准备工作范围可分为:全场性施工准备、单位(或单项)工程施工条件准备和分部(或分项)工程作业条件准备。施工准备工作的具体内容如下:

(1) 技术准备

① 认真做好扩大初步设计方案的审查工作 园林工程施工任务确定以后,应提前与设计单位接洽,掌握扩大初步设计方案的编制情况,使方案的设计在质量、功能、艺术性等方面均能适应当前园林建设发展水平,为其工程施工扫除障碍。

② 熟悉和审查施工工程图纸 园林建设工程在施工前应组织有关人员研究熟悉设计图纸的详细内容,以便掌握设计意图,确认现场状况为编制施工组织设计,提供各项依据。审查工程施工图纸通常按图纸自审、会审和现场签证三个阶段进行。

• 图纸自审由施工单位主持,并要求写出图纸自审记录。

• 图纸会审由建设单位主持,设计和施工单位共同参加,并应形成"图纸会审纪要",由建设单位正式行文、三方面共同会签并盖公章,作为指导施工和工程结算的依据。

• 图纸现场签证是在工程施工中,依据技术核定和设计变更签证制度的原则,对所发现的问题进行现场签证,作为指导施工、竣工验收和结算的依据。在研究图纸时,特别需要注意的是特殊施工说明书的内容、施工方法、工期以及所确认的施工界限等。

③ 原始资料调查分析 原始资料调查分析,不仅要对工程施工现场所在地区的自然条件、社会条件进行收集、整理、分析和对不足部分作补充调查,还包括工程技术条件的调查分析。调查分析的内容和详尽程度以满足工程施工要求为准。

④ 编制施工图预算和施工预算

• 施工图预算应按照施工图纸所确定的工程量、施工组织设计拟定的施工方法、建设工程预算定额和有关费用定额,由施工单位编制。施工图预算是建设单位和施工单位签订工程合同的主要依据,是拨付工程价款和竣工决算的主要依据,也是实行招投标和工程建设包干的主要依据,是施工单位安排施工计划、考核工程成本的依据。

• 施工预算是施工单位内部编制的一种预算。在施工图预算的控制下,结合施工组织设计的平面布置、施工方法、技术组织措施以及现场施工条件等因素编制而成的。

⑤ 编制施工组织设计 拟建的园林建设工程应根据其规模、特点和建设单位要求,编制指导该工程施工全过程的施工组织设计。

(2) 物资准备 园林建设工程物资准备工作内容包括土建材料准备、绿化材料准备、构(配)件和制品加工准备、建筑安装机具准备和生产工艺设备准备5部分。

① 土建材料准备 土建材料准备主要是根据施工预算进行分析,按照施工进度计划要求,按材料名称、规格、使用时间、材料储备定额和消耗定额进行汇总,编制出材料需要量计划,为组织备料、确定仓库、场地堆放所需要物资的面积和组织运输等提供依据。

② 绿化材料准备 按种植设计所要求的苗木种类、规格、数量从苗圃或其他苗木生产地号苗和确定种子的来源,按种植工程施工计划起苗、运苗并栽植。

③ 构(配)件和制品加工准备 根据施工预算提供的构(配)件和制品的名称、规格、质量与消耗量,确定加工方案和供应渠道以及进场后的储存地点和方式,编制出其需要量计划,为组织运输、确定堆场面积等提供依据。

④ 建筑安装机具准备 根据采用的施工方案,安排施工进度,确定施工机械的类型、数量和进场时间,确定施工机具的供应办法和进场后的存放地点和方式,编制建筑安装机具的需要量计划,为组织运输、确定堆场面积等提供依据。

⑤ 生产工艺设备准备　按照拟建工程生产工艺流程及工艺设备的布置图，提出工艺设备的名称、型号、生产能力和需要量，确定分期分批进场的时间和保管方式，编制工艺设备需要量计划，为组织运输、确定堆场面积等提供依据。

(3) 劳动组织准备　劳动组织准备包括如下内容：

① 确定的施工项目管理人员应是有实际工作经验和相应资质证书的专业人员，确定拟建工程项目施工的领导机构人员和名额，坚持合理分工与密切协作相结合，把有施工经验、有创业精神、工作效率高的人选入领导机构；认真执行因事设职、因职选人的原则。

② 建立精干的施工队组　认真考虑专业、工种的合理配合；技工、普工的比例应满足合理的劳动组织，要符合流水施工组织方式的要求；确定建立施工队组，坚持合理、精干的原则；同时制定出工程的劳动量、需要量计划。

③ 集结施工力量，组织劳动力进场　按照开工日期和劳动力需要量计划，组织劳动力进场。同时要进行安全、防火和文明施工等方面的教育，并安排好职工的生活。

④ 向施工队组、工人进行施工组织设计、计划和技术交底　在工程开工前，向施工队组及工人进行施工组织设计、计划和技术交底，以保证工程严格地按照设计图样、施工组织设计、安全操作规程和施工验收规范等要求进行施工，施工组织设计、计划和技术交底的内容有工程的施工进度计划，作业计划；有施工组织设计，尤其是施工工艺质量标准、安全技术措施、降低成本措施和施工验收规范的要求；有新结构、新材料、新技术和新工艺的实施方案和保证措施；有图样会审中所确定的有关部位的设计变更和技术核定等事项。交底工作按管理系统逐级进行，由上而下直到工人队组。工人接受施工组织设计、计划和技术交底后，要组织其成员进行认真的分析研究，弄清关键部位、技术标准、安全措施和操作要领，必要时进行示范，并明确任务及做好分工协作，同时建立健全岗位现任制和保证措施。

⑤ 建立健全各项管理制度，内容包括　工程质量检查、验收制度；工程技术档案管理制度；建筑材料（构件、配件、制品）及植物材料的检查验收制度；技术现任制度；施工图样学习与会审制度；技术交底制度；职工考勤、考核制度；工地及班组经济核算制度；材料出入库制度；安全操作制度；机具使用保养制度。

(4) 施工现场准备　大中型的综合园林工程建设项目应做好完善的施工现场准备工作。

① 施工现场控制网测量　根据给定永久性坐标和高程，按照总平面图要求，进行施工场地控制网测量，设置场区永久性控制测量标桩。

② 做好"四通一清"，认真设置消火栓　确保施工现场水通、电通、道路通、通信畅通和场地清理；应按消防要求，设置足够数量的消火栓。园林工程建筑中的场地平整要因地制宜，合理利用竖向条件，既要便于施工，减少土方搬运量，又要保留良好的地形景观，创造立体景观效果。

③ 做好施工现场的补充勘探　对施工现场做补充勘探是为了进一步寻找地下隐蔽物，以便及时拟定处理隐蔽物的方案并进行实施，为土方施工基础工程创造有利条件。

④ 建造施工设施　按照施工平面图和施工设施需要量计划，建造各项施工设施，为正式开工准备好用房。

⑤ 组织施工机具进场　根据施工机具需要量计划，按施工平面图要求，组织施工机械、设备和工具进场，按规定地点和方式存放，并应进行相应的保养和试运转等项准备工作。

⑥ 组织施工材料进场　根据各项材料需要量计划，组织其有序进场，按规定地点和方式存货堆放；植物材料一般应随到随栽，不需提前进场，若进场后不能立即栽植的，要选择好假植地点，严格按假植技术要求，认真假植并做好养护工作。

⑦ 做好季节性施工准备　按照施工组织设计要求，认真落实雨季施工和高温季节施工项目的施工设施和技术组织措施。

(5) 施工场外协调

① 材料选购、加工和订货　根据各项材料需要量计划，同建材生产加工、设备设施制造、苗木生产单位

取得联系,签订供货合同,保证按时供应。植物材料因为没有工业产品的整齐划一,所以要在去多家苗圃仔细号苗的基础上,选择符合设计要求的优质苗木。园林中特殊的景观材料如山石等需要事先根据设计需要进行选择以作备用。

② 施工机具租赁或订购　对于本单位缺少且需用的施工机具,应根据需要量计划,同有关单位签订租赁合同或订购合同。

③ 选定转、分包单位,并签订合同　理顺转、分包的关系,但应防止将整个工程全部转包的方式。

3) 施工方法和施工措施

施工方法和施工措施是施工方案的有机组成部分,施工方案优选是施工组织设计的重要环节之一。因此,根据各项工程的施工条件,提出合理的施工方法,拟定保证工程质量和施工安全的技术措施,对选择先进合理的施工方案具有重要作用。

(1) 拟定施工方法的原则　在拟定施工方法时,应坚持以下基本原则:

① 内容要重点突出,简明扼要,做到施工方法在技术上先进,在经济上合理,在生产上实用有效;

② 要特别注意结合施工单位的现有技术力量、施工习惯、劳动组织特点等;

③ 还必须依据园林工程工作面大的特点,制定出灵活易操作的施工方法,充分发挥机械作业的多样性和先进性;

④ 对关键工程的重要工序或分项工程(如基础工程),比较先进的复杂技术,特殊结构工程(如园林古建)及专业性强的工程(如自控喷泉安装)等均应制定详细、具体的施工方法。

(2) 施工措施的拟定　在确定施工方法时不单要拟定分项工程的操作过程、方法和施工注意事项,而且还要提出质量要求及其应采取的技术措施。这些技术措施主要包括:施工技术规范、操作规程的施工注意事项、质量控制指标及相关检查标准;季节性施工措施;降低施工成本措施;施工安全措施及消防措施等。同时应预料可能出现的问题及应采取的防范措施。

例如卵石路面铺地工程,应说明土方工程的施工方法,路基夯实方式及要求,卵石镶嵌方法(干栽法或湿栽法)及操作要求,卵石表面的清洗方法和要求等。驳岸施工中则要制定出土方开槽、砌筑、排水孔、变形缝等施工方法和技术措施。

(3) 施工方案技术经济分析　由于园林工程的复杂性和多样性,每项分工程或某一施工工序可能有几种施工方法,产生多种施工方案。为了选择一个合理的施工方案,提高施工经济效益,降低成本和提高施工质量,在选择施工方案时,进行施工方案的技术经济分析是十分必要的。

施工方案的技术经济分析方法有定性分析和定量分析两种。前者是结合经验进行一般的优缺点比较,例如是否符合工期要求;是否满足成本低、经济效益高的要求;是否切合实际,操作性是否强;是否达到一定的先进技术水平;材料、设备是否满足要求;是否有利于保证工作质量和施工安全等。定量的技术经济分析是通过计算出劳动力、材料消耗、工期长短及成本费用等诸多经济指标后再进行比较,从而得出好的施工方案。在比较分析时应坚持实事求是的原则,力求数据确凿才能具有说服力,不得变相润色后再进行比较。

4) 施工计划

园林工程施工计划涉及的项目较多,内容庞杂,要使施工过程有序,保质保量完成任务必须制定科学合理的施工计划。施工计划中的关键是施工进度计划,它是以施工方案为基础编制的。施工进度计划应以最低的施工成本为前提,合理安排施工顺序和工程进度,并保证在预定工期内完成施工任务。它的主要作用是全面控制施工进度,为编制基层作业计划及各种材料供应计划提供依据。工程施工进度计划应依据总工期、施工预算、预算定额(如劳动定额,单位估价)以及各分项工程的具体施工方案、施工单位现有技术装备等进行编制。

(1) 施工进度计划编制的步骤　①工程项目分类及确定工程量;②计算劳动量和机械台班数;③确定工期;④解决工程间的相互搭接问题;⑤编制施工进度;⑥按施工进度提出劳动力、材料及机具的需要计划。

根据上述编制步骤,将计算出的各因子填入施工进度计划(见表8.1)中,即成为最常见的施工进度计划;这种格式也称横道图(或条形图)。它由两部分组成,第一部分是工程量、人工、机械的计算数量;第二部分是用线段表达施工进度的图表,可表明各项工程的搭接关系。

表 8.1 施工进度计划

工程编号	工程量		劳动量	机械		每天工作人数	工作日	施工进度									
								X 月			$(X+1)$ 月			$(X+2)$ 月			…
	单位	数量		名称	数量			1~10	11~20	21~31	1~10	11~20	21~31	1~10	11~20	21~31	…

(2) 施工进度计划的编制

① 工程项目分类 将工程按施工顺序列出。一般工程项目划分不宜过多,园林工程中不宜超过 25 个,应包括施工准备阶段和工程验收阶段。分类时视实际情况需要而定,宜简则简,但不得疏漏,着重于关键工序。

园林工程常见的分部工程目录有:准备及临时设施工程;平整建筑用地工程;基础工程;模板工程;混凝土工程;土方工程;给水工程;排水工程;安装工程;地面工程;抹灰工程;瓷砖工程;防水工程;脚手架工程;木工工程;油饰工程;供电工程;灯饰工程;栽植整地工程;掇山工程;栽植工程;收尾工程。

在一般的园林绿化工程预算中,园林工程的分部工程项目常趋于简单,通常分为:土方工程、基础奠基工程、砌筑工程、混凝土及钢筋混凝土工程、地面工程、抹灰工程、园林路灯工程、假山及塑山工程、园路及园桥工程、园林小品工程、给排水工程及管线工程等。

② 计算工程量 工程量可按施工图和工程计算方法逐项计算求得,并应注意工程量单位的一致。

③ 计算劳动量和机械台班量 某项工程劳动量 = 该工程的工作量/该工程的产量定额(或等于该项工程的工程量×时间)

时间定额 = 1/产量定额(各种定额参考各地的施工定额手册)

需要机械台班量 = 工程量/机械产量(或等于工程量×机械时间定额)

④ 确定工期(即工作日) 所需工期 = 工程的劳动量(工日)/工程每天工作的人数

工程项目的合理工期应满足三个条件,即最小劳动组合、最小工作面和最适宜的工作人数。最小劳动组合是指明某个工序正常安全施工时的合理组合人数,如人工打夯至少应有 6 人才能正常工作。最小工作面是指明每个工作人员或班组进行施工时有足够的工作面,并能充分发挥劳动者潜能,确保安全施工时的作业面积,例如土方工程中人工挖土最佳作业面积每人 4~6 m²。最适宜的工作人数即最可能安排的人数,它不是绝对的,根据实际需要而定,例如在一定工作面范围内,依据增加施工人数以缩短工期是有限度的,但可采用轮班制作业形式达到缩短工期的目的。

⑤ 编制施工进度计划 编制施工进度计划应使各施工段紧密衔接并考虑缩短工程总工期。为此,应分清主次,抓住关键工序。首先分析消耗劳动力和工时最多的工序。如喷水池的池底、池壁工程,园路的基础和路面装饰工程等。待确定主导工序后,其他工序适当配合、穿插或平行作业,做到作业的连续性、均衡性、衔接性。

编好进度计划初稿后应认真检查调整,看看是否满足总工期,衔接是否合理,劳动力、机械及材料能否满足要求。如计划需要调整时,可通过改变工程工期或各工序开始和结束的时间等方法调整。

⑥ 落实劳动力、材料、机具的需要量计划 施工计划编制后即可落实劳动资源的配置。组织劳动力、调配各种材料和机具并确定劳动力、材料、机械进场时间表。时间表是劳动、材料、机械需要量计划的常见表格形式。现介绍劳动力需要量计划(见表8.2),各种材料(建筑材料、植物材料)、配件、设备需要量计划(见表8.3),工程机械需要量计划(见表8.4)。

表8.2 劳动力需要量计划

序号	工程名称	人数	月 份												备注
			1	2	3	4	5	6	7	8	9	10	11	12	

表8.3 各种材料(建筑材料、植物材料)、配件、设备需要量计划

序号	各种材料、配件、设备名称	单位	数量	规格	月 份												备注
					1	2	3	4	5	6	7	8	9	10	11	12	

表8.4 工程机械需要量计划

序号	机械名称	型号	数量	使用时间	退场时间	供应单位	月 份					备注
							1	2	3	…	11	12	

5) 施工现场平面布置图

施工现场平面布置图是用以指导工程现场施工的平面图,它主要解决施工现场的合理工作问题。施工现场平面图的设计主要依据工程施工图、本工程施工方案和施工进度计划。布置图比例一般采用(1∶200~1∶500)。

(1)施工现场平面布置图的内容 ①工程临时范围和相邻的部位;②建造临时性建筑的位置、范围;③各种已有的确定建筑物和地下管道;④施工道路、进出口位置;⑤测量基线、监测监控点;⑥材料、设备和机具堆放场地、机械安置点;⑦供水供电线路、加压泵房和临时排水设备;⑧一切安全和消防设施的位置等。

(2)施工现场平面布置图设计的原则

① 在满足现场施工的前提下应布置紧凑,使平面空间合理有序,尽量减少临时用地。

② 在保证顺利施工的条件下,为节约资金,减少施工成本,应尽可能减少临时设施和临时管线。要有效利用工地周边可利用的原有建筑物作临时用房;供水供电等系统管网应最短;临时道路土方量不宜过大,路面铺装应简单,合理布置进出口;为了便于施工管理和日常生产,新建临时房应视现场情况多做周边式布置,且不得影响正常施工。

③ 最大限度减少现场运输,尤其避免场内多次搬运 场内多次搬运会增加运输成本,影响工程进度,应尽量避免。方法是将道路做环形设计,合理安排工序、机械安装位置及材料堆放地点;选择适宜的运输方式和运距;按施工进度组织生产材料等。

④ 要符合劳动保护、技术安全和消防的要求　场内的各种设施不得有碍于现场施工,而应确保安全,保证现场道路畅通。各种易燃物品和危险品存放应满足消防安全要求,严格管理制度,配置足够的消防设备并制作明显识别的标记。某些特殊地段,如易塌方的陡坡要有标注并提出防范意见和措施。

(3) 现场施工布置图设计方法　一个合理的现场施工布置图有利于现场顺利均衡地施工。其布置不仅要遵循上述基本原则,同时还要采取有效的设计方法,按照适当的步骤才能设计出切合实际的施工平面图。主要设计方法如下:

① 现场勘察,认真分析施工图、施工进度和施工方法。

② 布置道路出入口,临时道路做环形设计,并注意承载能力。

③ 选择大型机械安装点,材料堆放处等　园林工程山石吊装需要起重机械,应根据置石位置做好停靠地点选择。各种材料应就近堆放,以利于运输和使用。混凝土配料,如砂石、水泥等应靠近搅拌站。植物材料可直接按计划送到种植点;需假植时,就地就近假植,以减少搬运次数,提高成活率。

④ 设置施工管理和生活临时用房　施工业务管理用房应靠近施工现场,并注意考虑全天候管理的需要。生活临时用房可利用原有建筑,如需新建,应与施工现场明显分开,在园林工程施工现场规划时可沿工地周边布置,以减少对景观的影响。

⑤ 供水供电管网布置　施工现场的给排水是施工的重要保障。给水应满足正常施工、生活和消防需要,合理确定管网。如自来水无法满足工程需要时,则要布置泵房抽水。管网宜沿路埋设,施工场地应修筑排水沟或利用原有地形满足工程需要,雨季施工时还要考虑洪水的排除问题。

现场供电一般由当地电网接入,应设临时配电箱,采用三相四线制方式供电,保证动力设备所需容量。供电线路必须架设牢固、安全,不影响交通运输和正常施工。

实际工作中,可制定几个现场平面布置方案,经过分析比较,最后选择布置合理、技术可行、方便施工、经济安全的方案。

8.3　园林工程施工组织设计案例分析

施工组织设计是组织现场施工的基本文件和法规,是一个优秀园林工程公司在长期的工程建设中实践经验的系统总结。因此,编制科学的、切合实际的、操作性强的施工组织设计,对指导现场施工、确保施工进度和工程质量,降低成本都具有重要意义。本节选用两个实例,实例1为招标前的施工组织设计;实例2为中标后的施工组织设计。

8.3.1　咸阳迎宾大道A标段绿化工程施工组织设计

1) 项目概况

咸阳迎宾大道向南深入城区,北连西安-咸阳国际机场,中途与文林路、咸宋路、四号路等道路相交。迎宾大道规划红线宽度为101 m,道路模式为三板四带式,中间机动车道宽度为23 m,路侧隔离带宽度为2.5 m,非机动车道宽度为5 m,人行道宽度为1.5 m,路侧绿带宽度为30 m。道路绿地率为64.4%。全线长7.5 km。其中A标段内规划有道路绿化带(路侧隔离带、路侧绿地、中间隔离带)、路侧绿地中的道路、广场、小品、雕塑等硬质景观。

2) 项目经理部组成(图8.1)

项目经理:×××　　　　职责:对整个项目的生产、经营管理工作全面负责
技术负责人:×××　　　职责:对整个项目的生产、经营管理的技术工作全面负责
现场施工负责:×××　　职责:对整个项目的生产现场具体工作全面负责

3) 施工部署及总平面布置(图8.2)

公司项目部统一安排部署,召开动员大会,同时成立施工现场指挥所,组建技术生产办公室、苗木计划供应部和财务部。由项目经理向各部、室下达具体任务,确保工程按施工进度计划和施工要求顺利进行,在保质保量的前提下,圆满完成各项施工任务。

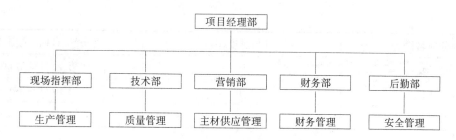

图 8.1　施工组织机构框架图

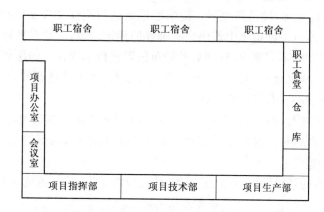

图 8.2　施工总平面布置

4）施工进度计划

（1）绿化苗木施工进度计划

① 在合同签订之日起 6 日内，提供更为详细的施工组织安排。

② 项目部计划自合同签订之日起 3 日内进入工地，对各绿化地段进行现场安排，落实施工任务；3 日至 10 日对绿化地段进行全面整地，清理现场杂物及建筑垃圾，外运指定地点。10 日至 35 日组织人力、设备，完成换土任务。35 日至 45 日完成绿地灌溉系统的主支管及配套设施的安装及预埋工作，同时对土壤结构和物理化性质进行分析评价，采取相应措施优化土壤结构，保证绿地有良好的生长环境条件。

③ 45 日至 65 日完成乔灌木及地被植物的栽植。

④ 65 日至 75 日完成草坪的播种，并完成苗木的修剪。至此，绿化苗木栽植工程及草坪种植工程结束。同时合理安排好苗木后期的养护工作。

⑤ 交工之日起完成绿化苗木的一年养护工作，至此，全面竣工。

⑥ 每周周末把已完成的经监理工程师签证合格的绿化工程，编写工程量统计表一式四份，经施工技术主管和甲方现场人员审签后报送甲方。

⑦ 绿化工期为 75 日

（2）园路、广场及园林小品施工进度计划

① 在合同签订之日起 6 日内，提供更为详细的施工组织安排。

② 项目部计划自合同签订之日起 3 日内进入工地，对各绿化地段进行现场安排，落实施工任务（具体见表 8.5）。

表 8.5　园路、广场及园林小品施工进度计划

工程分项名称	计划进度(d)	开工日期～竣工日期
微地形起伏	25	第 10 日～第 35 日
园　路	30	第 10 日～第 40 日
广　场	30	第 10 日～第 40 日

续表8.5

工程分项名称	计划进度(d)	开工日期~竣工日期
花池	10	第40日~第50日
马车雕塑	40	第40日~第80日
日晷雕塑	30	第40日~第70日

5) 绿化工程的施工方案和措施

(1) 现场整理,绿化用地整理,堆设微地形　使绿地地面达到招标文件上的技术规范要求。施工方法为人工清除垃圾,外运指定地点。种植土中若仍含有细碎的建筑垃圾,需要对种植土过筛30 cm深,并根据乔木、灌木和草坪对土层厚度的不同要求,分别对其分布位置进行不同程度的深翻。

接着组织人力、设备,完成微地形的换土任务及堆设微地形;客土的选择要求是首先要土质为壤土,肥沃;其次是土源要近,减少运输费用,降低换土成本。

接下来对土壤结构和理化性质进行分析评价,采取相应措施优化土壤结构,保证绿地有良好的生长环境条件。如土壤酸碱度的调节(偏酸性的土壤用磨细的石灰石粉改良;偏碱性的土壤用硫酸亚铁改良)和土壤肥力的增加(施基肥和追肥)。

(2) 苗木的栽植　苗木的栽植顺序:在施工现场,精确放线定点,挖栽植坑→栽植乔木→栽植灌木→播种草坪→苗木的修剪。

① 乔木的栽植　如果气候等自然条件允许,可以首先进行绿地内乔木的栽植,因为乔木相对灌木而言,缓苗期要长一些。栽植时,要注意运用合理的栽植技术。

• 常绿乔木的栽植:A标段内的常绿乔木有塔柏、白皮松、雪松、桂花、广玉兰、大叶女贞等。除白皮松、雪松外,其他树种移植时土球直径不小于60 cm,白皮松、雪松移植时土球直径不小于80 cm。移植前应对苗木进行适当的修剪,如疏枝、疏叶等,提高苗木的成活率。

• 落叶乔木的栽植:A标段内的落叶乔木有栾树、刺槐、元宝枫、碧桃、紫薇、红叶李、樱花、白玉兰、银白杨等,银白杨、白玉兰、栾树、樱花、红叶李移植时土球直径不小于40 cm,元宝枫、碧桃、紫薇等中小乔木移植时土球直径不小于30 cm;刺槐等生长力旺盛的乔木可以裸根移植,但移植时根系直径应不小于40 cm;同时,移植前应对苗木进行适当的修剪,如疏枝、疏叶等,提高苗木的成活率。

(3) 灌木的栽植　用灌木组成图案时,应以设计图纸为准进行放线,同时遵循美观大方的原则,进行适当的局部改造,如线条的流畅性调整等。

① 常绿灌木的栽植　A标段内的常绿灌木有石楠球、小叶女贞球、龙柏球、小叶女贞、金叶女贞、腊梅等,其中石楠球、小叶女贞球、腊梅等移植时土球直径大小不小于30 cm,金叶女贞、龙柏球、小叶女贞等移植时土球直径不小于20 cm;同时,移植前应对苗木进行适当的修剪,如疏枝、疏叶等,提高苗木的成活率。栽植时,要注意运用合理的栽植技术。

② 落叶灌木的栽植　A标段内的落叶灌木有榆叶梅、连翘、木槿、花石榴、丁香、紫荆、迎春、丰花月季、红叶小檗等,其中榆叶梅、连翘、木槿、花石榴、紫荆移植时土球直径不小于20 cm,其他移植时土球直径不小于10 cm;移植前,应对苗木进行适当的修剪,如疏枝、疏叶等,提高苗木的成活率。栽植时,要注意运用合理的栽植技术。

(4) 花卉的栽植　A标段内的草花有菊花、牡丹、芍药、一串红等,其他植物移植时土球直径不小于10 cm。

(5) 草坪草播种　草坪草播种前,应对场地30 cm范围内的土层进行粗平整和细平整。粗平整包括排灌设施的埋设、换土、清理垃圾、填土等,其中有些程序前面已经做过了,那么就进行一些未做工序;细平整包括改良材料的施用、肥料的拌施和表面的细平整。改良材料选用硫酸亚铁,按$40 \sim 50 \, g/m^2$均匀施入,通过中耕翻入土壤中可以达到充分的中和。施肥包括基肥和追肥。基肥最好选用有机肥,深施;追肥选用无机肥,浅施。施肥和改良材料使用结束后,即用钉耙细细平整土壤,做到土层表面平整,排水坡度适当。

草坪播种时,首先要选用优良的种子;其次,要在无风的时候进行播种,将混播草种按事先设计的比例均匀混合后,将其一分为二,一半横向播种,一半竖向播种。种子播种好后,用细钉耙沿一个方向轻轻地把草种耙到土中。然后用震压滚多方向滚压。最后用秸秆轻轻覆盖。

6) 园路、广场、园林小品的施工方案和措施

(1) 园路、广场的施工方案

① 施工顺序　准确放线→素土夯实→灰土夯实→结合层、道牙和广场面层的铺设。

② 施工方法　以人行道道牙为参考点,运用中心定位法进行广场的准确放线工作,确定半圆广场的中心、半圆周及置石的位置;运用电夯进行素土夯实工作和3∶7一步灰土夯实,然后预埋道牙和置石,用搅拌机再进行20 cm厚1∶2的水泥砂浆结合层的搅拌并人工铺设广场的花岗岩片石面层。

③ 施工措施　所有施工程序都要求连接合理,并由施工队技术骨干力量进行质量把关和施工;同时注意置石的观赏性和功能性(即上表面光滑,适宜乘客临时休息)。

(2) 园林小品的施工方案　马车雕塑、日晷雕塑等在施工时要注意造型的艺术性和结构的合理性,同时要注意地基的稳定性,要严格按设计图纸施工。具体由技术负责人严格把关,由工程师召集技术人员研究具体施工方法和措施,保质保量地完成园林小品的施工。

7) 质量、安全保证措施

(1) 质量保证措施　严格执行CJJ/T 82-99"城市绿化工程竣工及验收规范",严格按照设计图纸施工、严格执行设计要求,不得随意更换苗木品种和规格,确需变更时,应征得甲方同意。

建立技术管理体系,加强技术管理制度,是质量合格的保证。加强图纸会审制度,发现设计与实际现场有矛盾,及时研究解决办法;加强技术交底工作,向基层交代清楚施工任务、施工日期、技术要领等,避免盲目施工,影响质量,延误工期。

建立技术责任制,明确技术职责范围。选择责任心强、懂技术、业务强的人员负责工作,做到"谁领导的施工队及施工区,谁负责到底"。

重视特殊技术人员的作用,使用新技术、新工艺。尽量保持苗木根系完整,使用生长素、保水剂和生根粉,促进苗木生根萌发,保证成活率。

严把质量关,接受工程监理的检查,栽植过程的每一道程序,必须经甲方监理人员签字后,方可进行下一道工序。

为使工程质量达到优良,应达到以下标准和要求:

① 施工现场清理　采用人工清理方法,使施工现场达到现场无树根、无砖块、无石砾、无灰渣、无杂草的质量标准。

② 土方施工　定点放线并用方格网法确定挖、填、运、压四项内容的土方量,实施全面整地,使绿地平整,高度适中,土壤颗粒细小。注意土壤肥力的改良,为植物追加二胺,并加施锌拌磷(按每亩1 kg使用)。

③ 苗木栽植　按照前面的施工方法和措施严格进行施工。根据不同的栽植方式完成苗木的定位放线工作,按工程进度分树种、类型将苗木分期、分批按量调运到场,做到当日到苗,当日栽完,并及时灌水、回剪,确保成活。

总的来说,苗木的施工质量要达到以下目标:乔木栽植点合理准确,树型大小一致,生长健壮;所用苗木质量达到设计要求,生长健壮,无病虫害;植物组成的图案美观大方;草坪草生长健壮,成坪均匀度好。

④ 养护与管理　我公司对绿化苗木的后期养护管理设计如下:

• 在苗木的养护期内,由我公司技术人员对绿化苗木进行合适的修剪,并进行及时的病虫害防治工作,以美化环境为原则,保证苗木的正常生长。

• 对草坪进行合理的修剪,根据草坪草生长情况,每月保证在2~3次。

(2) 安全保证措施　在整个施工期间,严格按照有关规定加强安全生产管理。

① 施工现场的领导和职工要强化安全意识,不得忽视任何环节的安全要求,要加强劳动纪律,克服麻痹思想。

② 认真勘察现场各种隐患的存在情况,及时研究制定必要的安全措施,以确保周围居民、建筑物和相邻管线的安全。

③ 建立完善的安全生产体系,成立相应的安全组织,做到"专管成线,群管成网",确保施工期间已开放的行人及车辆的安全。

④ 建立健全安全技术教育制度、安全保护制度、安全技术措施制度、安全考勤制度、奖惩制度、伤亡事故报告制度和安全应急制度等。

⑤ 严格贯彻执行各种技术规范和操作规程,如交通安全管理制度、防寒防冻措施实施细则、沙尘危害工作管理细则及危险物安全管理制度。

⑥ 制定具体的施工现场安全措施,并做好安全技术交底工作。现场内要建立良好的安全作业环境,如悬挂安全标志,标贴安全宣传品,佩戴安全袖章、徽章,举办安全技术讨论会、演示会,召开定期安全总结会议等。

⑦ 想方设法避免伤亡事故的发生。但是,一旦发生伤亡事故,就要以高度的责任感严肃认真对待,采取果断措施,立即送往就近医院抢救受伤人员,专款及时救治;同时保护好事故现场,报告有关部门,组织人员进行事故调查,查明原因,分清责任;原因调查清楚后,要根据事故程度,严肃处理有关责任人员,并采取针对性措施,避免事故再次发生;要及时清理事故现场,做好事故记录工作。

8) 主要材料购置计划

A标段内的绿化工程所需苗木的购置供应计划由项目经理亲自负责,并建立完善的采购、验收、包装、运输、卸装、保管等一系列供应苗木梯队体系,根据工程施工进展需要,使苗木购置工作有条不紊。

苗木在保证质量的前提下,优先考虑购置当地苗木,并切实把好苗木质量关。做到四不栽:不带土球不栽、根系不完整不栽、不符合苗木规格不栽、有病虫害苗木不栽。

进场苗木在栽植前按技术规范的要求分批进行抽查检验,合格后方可使用,否则坚决不用。

9) 劳动力安排

劳动力来源以公司项目部业务骨干力量为主,必要时就近解决临时劳力,由公司技术人员亲自培训上岗,实行定额管理、计件工资,保证工程质量和进度。

劳动力安排计划:30～50人/日,根据工程进度合理安排增减,保证工程质量和进度,如期完成。

10) 文明施工措施

(1) 加强宣传力度,按时上下班,合理加班,营造施工现场和谐气氛;

(2) 文明用语,不讲脏话,不打架斗殴;以身作则,维护公司形象;

(3) 公司文明管理、文明施工、安全施工;同时协调好工队与工队、工队与住户、公司与甲方领导及监理、职工与民工等各种关系,使大家施工心情舒畅,一心一意搞好时代绿化工程,为咸阳市广大居民和来宾提供一个美丽的工作、休闲和旅游环境。

8.3.2 景春花园园林工程建设施工组织设计

1) 编制依据

(1) 景春花园园林工程建设招标文件;

(2) 景春花园园林工程建设图纸;

(3) 国家有关工程施工规范和验收标准。

2) 施工准备计划

(1) 施工技术准备

① 勘察现场,根据业主和监理单位的平面控制点和水准点,按园林建筑总平面图要求,在工程施工区域设置测量控制网,并做好控制轴线和水平基准点的测量。

② 通过审图,熟悉图纸内容,了解设计要求施工达到的技术标准,明确工艺流程。对图纸进行自审,组织各工种的施工管理人员对本工种的有关图纸审查,掌握和了解图纸中的细节。在自审的基础上,组织土建、水电安装等专业的有关技术人员,共同核对图纸,消除差错,协商施工配合事项。

③在项目工程师的指导下,认真编制该工程的施工组织设计,作为工程施工生产的指导文件,并报公司有关部门审核后,报建设单位和监理公司审批。

(2)劳动力准备

①选择高素质的施工班组,参加本工程施工。根据施工组织设计的施工程序和施工总进度计划要求,确定各段劳动力的需用量。

②为进场作准备,对工人进行技术、安全和法制教育,教育工人树立"质量第一,安全第一"的正确思想。使施工班组明确有关质量、技术、安全、进度等要求,遵守有关施工和安全技术法规和地方治安规定。

③做好后勤工作安排,为进场工人解决食、住等问题,以便进场人员能够迅速地投入施工,充分调动职工的生产积极性。

(3)材料进场准备

①根据施工组织设计中的施工进度计划和施工预算中的工料分析,编制工程所需建筑材料用量计划;根据材料用量计划,做好备料、供料工作及进场计划。

②根据施工总平面布置要求,确定和准备进场材料的暂放场地,并做好保管工作。

(4)施工机械准备

按施工组织设计中确定的施工方法,为需进场安装的机械设备做好准备工作。机械设备进场后按规定地点和需要布置,并进行相应的保养和试运转等工作,以保证施工机械能正常运转。

3)施工方案

根据工程图纸要求和现场情况,准备组织园建施工队伍进场流水施工,工期按常规编排,共49日,其中可以根据甲方对工程进度的特殊要求及与其他施工队伍的配合,灵活调整、增加施工队伍数量,保证总体工期进度。施工进度控制网络计划见图8.3。

(1)工程准备

①熟悉图纸,及时与设计方沟通,进行技术交底,掌握图纸内容,进行深化设计;

②与甲方协调,按照甲方要求及时调整施工进度计划;

③提出临时计划与甲方协商,进行临时搭建施工用水、用电的布置及现场土方平衡工作;

④组织劳动力、材料及施工机械进场。

(2)施工过程布置

①本工程涉及园建、水电、绿化工程等多种专业,结合本工程特点在施工队伍的组织上考虑队伍进场。园建施工队负责整个景区园建工程。

②施工时各专业交叉流水作业,互不干扰,以园建施工队的施工顺序为主线,各专业相互配合(见图8.3)。

③具体原则先地下,后地上,先做水、电埋设,再做结构施工、钢结构安装,最后完成地面铺装、园林小景及饰面工程等。

土建分部工程根据设计图纸,包括景墙、花池、溪流、旱溪、喷水广场、拱桥、水亭、水池、爬山廊、木平台、铺装等工程及其他附属设施。

(3)各分项工程的流程

• 景墙、花池　测量定位→开槽→素土夯实→混凝土垫层→砖砌体→面层;

• 溪流、旱溪、喷水广场、拱桥、水亭、水池、爬山廊、木平台　测量定位→开槽→素土夯实→垫层→支模→扎钢筋→浇注→养护→拆模→面层;

• 铺装　测量定位→地基处理→垫层→混凝土层→面层。

4)主要分项工程的施工方法

(1)土方工程

小型土方工程施工前就应结合施工现场实际情况,采取挖方或填方工程。进行土方平衡计算,按照土方运距最短,运程合理和各个工程项目的施工顺序做好调配,减少重复搬运。土方开挖时,应防止附近已有建筑物或构筑物、道路、管线等发生下沉和变形。必要时应与设计单位、建设单位协商采取有效的保护措施。

土方工程施工中,应经常测量和校核平面位置,水平标高和边坡坡度等是否符合设计要求,平面控制木桩和水准点也应分期复测和检查是否正确。

平整场地的表面坡度应符合设计要求,如设计无要求时,一般应向排水沟方向做成不小于0.2%的坡度。平整后的场地表面应逐点检查,检查点的间距不宜大于20 m。

夜间施工时,应合理安排施工项目,防止挖方超挖或铺填超厚。施工场地应根据需要安设照明设施,在危险地段应设明显标志。

采用机械施工时,必要的边坡修理和场地边角、小型沟槽的开挖或回填等,可用人工或小型机具配合进行。

① 挖方工程 永久性挖方边坡坡度应符合设计要求。当工程地质与设计资料不符,需修改边坡坡度时,应由设计单位确定。土方开挖宜从上到下分层分段依次进行,随时做成一定的坡势,以利于泄水,并不得在影响边坡稳定的范围内积水。应做好地面和地下排水设施。

在挖方弃土时,应保证挖方边坡的稳定。弃土堆坡脚至挖方上边缘距离,应根据挖方深度、边坡坡度和土方性质确定。弃土应连续堆置,其顶面应向下倾斜,防止水流入挖方场地。在挖基础土方时发现文物应马上报告并保护好文物。若采用机械,挖方应设专职人员指挥。暂停施工时,所有人员及施工机械都撤至指定地点。

② 填方工程 填方基底的处理应符合设计要求 填方施工前,应根据工程特点、填料种类设计压实系数、施工条件与合理压实机具,并确定埋料含水量控制范围、铺土厚度和压实遍数的参数。若无设计要求,应符合下列要求:基底上的树墩及主根应拔除;坑穴应清除积水、淤泥和杂物,并分层回填夯实;在土质较好的平坦地上填方时,应分层碾压夯实;当填方基底为耕土或松土时,应将其基底碾压密实。

填方前,应对填方基底和已完成的隐蔽工程进行检查和中间验收,并做好记录。碎石类土或石渣用作埋料的,其最大粒径不得超过铺填厚度的2/3,铺填时大块料不应集中,且不得填在分段接头处。在填方夯实时,发现裂缝应洒水花、拌匀、整平,再次夯压;发现局部软弹橡皮土等情况时,应将其挖出换填含水量适当的土后重新夯填处理。

(2) 模板工程

① 应保证工程结构和构件各部分形状尺寸和相互位置的正确;

② 具有足够的承载能力、刚度和稳定性,能可靠地承受新浇筑混凝土的自重和侧压力以及在施工过程中产生的荷载;

③ 模板应构造简单,拆装方便,并便于钢筋的绑扎、安装、混凝土的浇筑和养护的要求;

④ 模板接缝不应漏浆;

⑤ 模板与混凝土的接触面应刷隔离剂,严禁隔离剂玷污钢筋与混凝土接触处;

⑥ 竖向模板和支架部分多安装在基土上时,应加设垫板,且基土必须坚实并有排水措施;

⑦ 模板及其支架在安装过程中必须设置防倾斜临时固定设施;

⑧ 模板在拆除时应符合拆除条件,待混凝土达到规定强度后方可拆除;

⑨ 侧模,在混凝土强度能保证其表面棱角不因拆除模板而受损坏后再拆除;

⑩ 底模,在混凝土强度符合施工的要求时方可拆除。

(3) 钢筋工程

① 按施工平面图规定的位置清理,平整好钢筋堆放场地,准备好垫木,然后按绑扎顺序分类堆放钢筋,如有锈蚀应预先进行除锈处理;

② 核对图纸,配料单与料牌区实物中的钢材号、规格尺寸、形状、数量是否一致,如有问题及时解决;

③ 清理好垫层,弹好墙线、柱边线;熟悉图纸,确定研究好钢筋绑扎安装顺序;

④ 墙筋绑扎：
- 底板混凝土上放线后应再次校正预埋插筋，位移严重时需要按规定认真处理，必要时应与设计单位共同商定。墙模宜"跳间支模"以利钢筋施工。
- 先绑 2~4 根竖筋，并画好分档标志，然后于下部及齐胸处绑两根横筋定位，并在横筋上画好分档标志，然后绑其余竖筋，最后绑其余横筋。
- 墙筋应逐点绑扎，其搭接长度和位置应符合设计和规范要求，搭接处应在中心和两端用铁丝绑牢。
- 双排钢筋之间应绑间距支撑。
- 在双排钢筋外侧绑扎砂浆垫块，以保证保护层厚度。
- 配合其他工种安装预埋铁及管件。预留洞口，其位置、标高均应符合设计要求。
- 钢筋的表面必须清洁。带有颗粒状或片状老锈，经除锈后仍留有麻点的钢筋严禁按原规格使用。
- 钢筋的规格、形状、尺寸、数量、间距、锚固长度、接头设置必须符合设计和施工规范要求。
- 焊接接头力学性能试验结果必须符合钢筋焊接及验收专门规定。

⑤ 柱筋绑扎：
- 按图纸要求间距计算好每根柱箍筋数量，先将箍筋都套在下层伸出的搭接筋上，然后立柱子的钢筋，在搭接长度内，绑扎扣不少于 3 个，绑扣要向里。如果柱子主筋采用光圆钢筋搭接时，角部弯钩应与模板成 45°，中间钢筋的弯钩应与模板成 90°。
- 绑扎接头的搭接长度按设计要求，如无设计要求时，应符合如表 8.6 所示的规定。
- 绑扎接头的位置应相互错开，在受力钢筋直径 30 倍区段范围内（且不小于 500 mm），有绑扎接头的受力钢筋截面面积占受力钢筋总截面面积应符合受拉区不得超过 25%，受压区不得超过 50% 的规定。
- 在立好的柱子钢筋上用粉笔画好箍筋间距，然后将已套好的箍筋往上移动，由上往下宜采用缠扣绑扎。箍筋与主筋垂直，箍筋转角与主筋交点均需绑扎，主筋与箍筋非转角部分的相交点成梅花式交错绑扎。箍筋的接头（即弯钩叠合处）应沿柱子竖向交错布置。有抗震要求的地区，柱箍筋端头应弯成 135°，平直长度不小于 10d。
- 如箍筋采用 90°搭接，搭接处应焊接，单面焊缝深度不小于 10d。
- 柱筋保护层 垫块应绑在柱立筋外皮上，间距一般为 100 mm，以保证主筋保护层厚度的正确。
- 当柱截面尺寸有变化时，柱钢筋收缩位置，尺寸要符合要求。
- 如设计要求箍筋设拉筋，拉筋应钩住箍筋。

表 8.6 绑扎接头的搭接长度

钢筋级别	受拉区	受压区
Ⅰ	30d	20d
Ⅱ	35d	25d
Ⅲ	40d	30d

注：d 为钢筋直径。

(4) 混凝土工程

① 混凝土搅拌
- 根据测定砂石含水率调整配合比中的用水量。雨天应增加测定次数。
- 根据搅拌机每盘各种材料用量及车皮质量等，分别固定好水泥、砂、石各个磅秤的数量。磅秤应定期校验维护以保护计量的准确。搅拌机相同应设置混凝土配合比的标志牌。
- 正式搅拌前搅拌机先空车试运转，正常后方可正式装料搅拌。
- 砂、石、水泥必须严格按需用量分别过秤，加水也必须严格计量。
- 加料顺序一般为先倒石子，再倒水泥，后倒砂子，最后加水。如掺入粉煤灰的拌和物，应在倒水泥时

一并倒入,如需要掺入添加剂,应按规定与水同时掺和;
- 搅拌第一盘可以在装料时适当少装一些石子或适当增加水泥或水;
- 混凝土搅拌时间,400 L自落式搅拌机一般不应少于1.5 min;
- 混凝土坍落度一般控制在5~7 cm,每台班应做两次试验。

②混凝土运输
- 混凝土自搅拌机卸出后,应及时用翻斗车、手推车或吊斗运至浇灌地点。运送混凝土时,应防止水泥浆流失。若有离析现象,应在浇灌前进行人工拌和;
- 混凝土从搅拌机中卸出后到浇灌完毕的延续时间,当混凝土强度为C30及其以下时,气温高于25℃时不得大于90 min,C30以上时不得大于60 min。

③混凝土浇筑、振捣
- 施工缝在浇筑前,宜先铺5 cm厚与混凝土配合比相同的水泥砂浆豆石混凝土;
- 对柱浇灌时应先将振捣棒插入柱底根部,使其振动,再灌入混凝土,应分层浇灌、振捣,每层厚度不超过60 cm,边下料边振捣,连续作业浇灌到顶;
- 混凝土振捣　振捣柱子时,振捣棒尽量靠近内墙插;
- 浇灌混凝土时应注意保护钢筋位置,随时检查模板是否变形、位移,螺栓、吊杆是否松动、脱落以及漏浆现象,并派专人修理;
- 表面抹平　对振捣完毕的混凝土,应用木抹子将表面压实、抹平,表面不得有松散混凝土。

④混凝土养护。在混凝土捣完12 h以内,应对混凝土加强覆盖并养护。常温时每日浇水两次养护,养护时间不少于7昼夜。

⑤填写混凝土施工记录,制作混凝土试块,用以检验混凝土强度。

(5) 砌筑工程

①砌块浇水　黏土砖必须在砌筑前一天浇水湿润,一般以水浸入砖四边1.5 cm为宜,含水率为10%~15%,常温施工不得用干砖,雨季不得使用含水率达到饱和状态的砖砌墙。

②砂浆搅拌　砂浆配合比应采用质量比,计量精度水记为±2%,砂、灰膏控制在±5%以内,宜采用机械搅拌,搅拌时间不少于1~5 min。

③组砌方法　组砌方法应正铺,一般采用满丁满条排砖法;砌筑时,必须里外口交槎或留踏步槎,上下层错缝,宜采用"三一"砌砖法(一铲灰、一块砖、一挤揉),严禁用水冲灌缝的操作方法。

④排砖撂底　基础大放脚的撂底尺寸及收退方法,必须符合设计图纸规定,如是一层一退,里外均应砌丁砖,如是两层一退,第一层为条,第二层砌丁;基础大放脚的转角处,应按规定放土分头,其数量为一砖半厚墙放3块,两砖墙放4块,依此类推。

⑤砌筑
- 基础墙砌筑前,其垫层表面应清扫干净,洒水湿润;
- 盘墙角,每次盘墙角高度不应超过5层砖;
- 基础大放脚　砌到墙身时,要拉线检查轴线及边线,保证基础墙身位置正确。同时要对照皮数杆的砖层标高,如有高低差时,应在水平灰缝中逐渐调整,使墙的层数与皮数杆一致;
- 基础墙的墙角每次砌墙高度不超过5层砖,随盘随靠平、吊直,以保证墙身横平竖直,砌墙应挂通线,二四墙反手挂线,三七以上应双面挂线;
- 基础垫层标高不等或有局部加深部位,应从低处往上砌筑,并经常拉通线检查,保持砌体平直通顺,防止砌成螺钉墙;
- 砌体上下错缝,每处无4层砖通缝;
- 砖砌体接槎处灰缝砂浆密实,缝、砖平直,每处接槎部位水平灰缝厚度不小于5 mm或透亮的缺陷不超过5个;
- 预埋拉结筋数量、长度均符合设计要求、施工规范,留置间距偏差不超过1层砖。

⑥ 防潮层　抹灰前应将基础墙顶面清扫干净、浇水湿润，随即抹防水砂浆，一般厚为20 mm,防水粉量约为水泥质量的3%～5%。

(6) 抹灰工程

① 混凝土外墙板
- 基层处理　若表面很光滑，应对其表面进行"毛化处理"；
- 吊垂直、套方找规矩　按墙面上已弹好的基准线，分别吊垂直套抹方灰饼，并按灰饼冲筋，控制平整度；
- 抹底层砂浆　刷掺10%水重的107胶水泥浆一遍，紧跟1∶3水泥砂浆，每遍厚度宜在5～7 mm，分层分遍与所充筋抹平，并用大杠刮平找直，用木抹子搓毛；
- 抹面层砂浆　底层砂浆抹好后，第二天即可抹面层砂浆；
- 养护　水泥砂浆抹灰层应在湿润条件下养护。

② 砖墙
- 基层处理　将墙面残存的废余砂浆、污垢、灰尘等清扫干净，并用水浇墙，将砖缝中的尘土冲掉并将墙面湿润；
- 吊垂直、套方找规矩与抹灰工程相同；
- 抹底层砂浆可用1∶3水泥砂浆或常温时采用1∶0.5∶4混合砂浆，底灰应分别与所充筋抹平，用大杠横竖刮平，用木抹子搓毛，凝固后浇水养护。

③ 质量标准
- 表面光滑、洁净，接搓平整，线角顺直清晰；
- 护角符合施工规范及验收标准；
- 不得有空鼓、脱层和裂缝现象出现。

(7) 钢结构工程

① 材质要求
- 钢材应附有质量证明书，并符合设计文件的要求；
- 钢材表面锈蚀、麻点或划痕的深度不得大于该钢材厚度负偏差值的一半，断口处如有分层缺陷，应会同有关单位研究处理；
- 连接材料和涂料均应附有质量证明书，并符合设计文件的要求和国家标准的规定；
- 严禁使用药皮脱落或焊芯生锈的焊条，受潮结块或已烤烧过的焊剂，以及锈蚀、碰伤或混批次的变强度螺栓。

② 钢结构制作
- 放料和号料，应根据工艺要求预留焊接收缩余量及切割、刨边和铣平等加工余量；
- 切割前，应将钢材表面切割区域内的铁锈、污油等清除干净，切割后，断口上不得有裂纹和大于1.0 mm的缺棱，并应清除边缘上的熔瘤和飞溅物等；
- 切割截面与钢材表面，不垂直度应不大于钢材厚度的10%，且不得大于2.0 mm；
- 精密切割的零件，其表面粗糙度不得大于0.03 mm；
- 钢结构的矫正弯曲和边缘加工应符合设计和规范要求；
- 在组装前，连接表面及沿焊缝每边30～50 mm范围内的铁锈、毛刺和油污等必须清除干净。

③ 钢结构的焊接
- 焊工应经过考试并取得合格证后方可施焊。
- 焊条和粉芯、焊丝使用前必须按照质量证明书和规定进行烘干，低氢型焊条应经过烘干后放在保温箱内随用随取。
- 首次采用的钢种和焊接材料，必须进行焊接工艺性能和力学性能实验，符合要求后方可采用。
- 多层焊接应连续施焊，其中每一层焊道焊完后，应及时清理，如发现有影响焊接质量的缺陷，必须清除后再焊。
- 要求焊成凹面的贴角焊缝,必须采取措施使焊缝金属与母材间平缓过渡。如需加减凹面的焊缝,不得在其表面留下切痕。
- 焊缝出现裂纹时,焊工不得擅自处理,应申报焊接技术负责人查清原因,定出修补措施后方可处理。低合金结构钢在同一处的返修不得超过两次。
- 严禁在焊缝区以外的母材上打火引焊。在坡口内起弧的局部面积应熔焊一次,不得留下弧坑。
- 对接和T形接头的焊缝,应在焊件的两端配置引入和引出板,其材质和坡口形式应与焊件相同。焊接完毕用气割切除并修磨平整,不得用锤击落。

构件制作完成后,检查部门应按照施工图的要求和规范规定,对成品进行检查验收。外形和几何尺寸的允许偏差应符合设计和施工规范的要求。

④ 钢结构的安装
- 装卸运输和堆存,均不得损坏构件,要防止变形。堆放应放置在垫木上,已变形的构件应予矫正,并重新检验。
- 应根据现场安装顺序,逐批送到安装现场。
- 构件安装采用综合安装的施工方法。
- 已安装的结构单元,在检测调整时,应考虑外界环境影响出现的自然变形。
- 对有特殊要求的节点,相接触的两个平面必须保证有70%紧贴,边缘最大间隙不得大于0.8 mm。
- 各类构件的连接接头必须经过检查合格后方可紧固和焊接。

⑤ 钢结构验收提供的资料
- 钢结构竣工图,施工图和设计变更文件;
- 在安装过程中所达成的协议文件;
- 安装所用的钢材和其他材料的质量证明书和试验报告;
- 隐蔽工程中间验收记录,构件调整后的测量资料以及安装质量评定资料;
- 焊缝质量检验资料,焊工编号或标志;
- 高强度螺栓检查的记录;
- 钢结构工程试验记录。

(8) 面层施工
① 涂料
- 涂料工程的等级和产品的品种应符合设计和现行有关产品国家标准的规定;
- 涂料工程中所使用的腻子,应坚实牢固,不得粉化、起皮和裂纹;
- 水性和乳液涂料施涂时的环境温度,应按产品说明书的温度控制,应木料表面施涂;
- 施涂涂料前,应将木料表面上的灰尘、污垢清除干净;
- 木料表面的缝隙、毛刺、掀岔和脂囊修整后,应用腻子填补,并用砂纸磨光;
- 涂两遍漆,一层底漆,一层面漆。

② 卵石饰面　卵石施工现场需经测量人员测量定位后方可施工;卵石颜色及图案应符合设计要求,经设计方认可后方可施工;卵石应粒径均匀,表面平整且间距均匀。

③ 石材饰面
- 石材的技术等级、光泽度、外观等质量要求应符合国家现行标准;
- 石材颜色及图案应符合设计要求,经设计方认可后方可施工;
- 在铺设前,板材应按设计要求试拼编号,如板材有缺陷应予剔除,品种不同的板材不得混杂使用;
- 在铺砌时,板材应先用水浸湿,待擦干或晾干后方可铺砌,结合层与板材应分段同时铺砌;
- 铺砌的板材应平整,线条顺直,镶嵌正确,板材间、板材与结合层间均应紧密砌合,不应有空隙;
- 石材饰面的表面应洁净、平整、坚实。

5）施工进度控制网络计划

工序
施工进度(d)
1
4
9
14
19
24
29
34
39
44
49
人员进场
备　料
测量放线
垫　层
结构施工
园建饰面
竣工清场

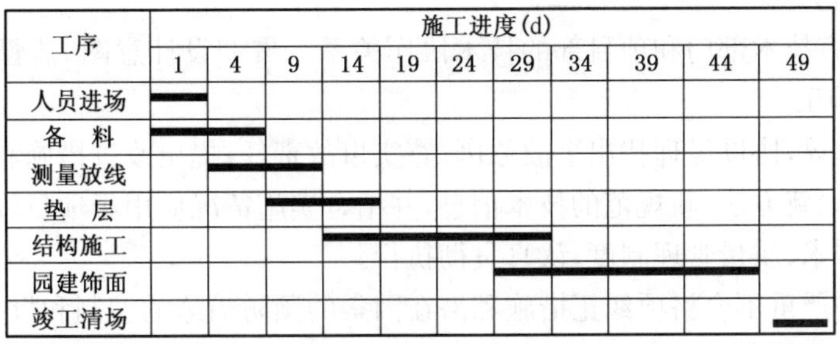

图 8.3　施工进度控制网络计划

6）施工资源供应计划

(1) 项目部组织情况

① 项目部人员组织机构详图：

总经理
项目经理
技术负责人
园建工程师
材料工程师
预算员
安全员
资料员
水电施工队

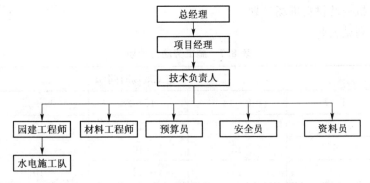

图 8.4　项目部人员组织机构图

② 项目经理岗位责任制

• 贯彻国家和地方有关法规及企业的规章制度，确保企业下达的各项技术、进度、安全、质量、经济指标的完成，对项目负全面责任。

• 协助企业向地方政府办理本项目的施工报建等事宜，企业履行与建设单位所签订的工程承包合同。

• 协助企业对项目中的分包工程选定分包单位，签订分包合同。对分包单位按合同的约定实行有效的管理。协调好自行施工的队伍和分包单位的关系和工作。

• 组织设计承包部管理机构，建立各级管理人员的岗位责任制和各项管理制度，组织精干的管理班子。

• 组织制定项目实施的总体部署和施工组织设计、质量计划。

• 合理调配生产要素，实施对项目全面的计划、组织、协调和控制。

• 保持与企业机关各部门的业务往来，定期向企业经理报告工作。

• 主持项目经理部的定期和不定期办公会议，研究确定项目的重大决策问题。

• 组织项目经理部管理人员对拟报竣工验收的工程进行预检并记录。

• 协助公司有关部门进行管理评审和内部质量审核，及时向公司移交质量体系运行记录。

• 组织工程保修工作。

③ 项目总工程师(技术负责人)岗位责任

• 对项目的施工质量和施工技术负直接责任，负责技术部人员配置的提议，提交承包部讨论确定。安排实施技术的工作计划，并对整个工程的技术特点难点向各标段交底，并对重要技术问题提出解决方法。

• 参与编写质量计划。

• 参加设计交底和图纸专业综合会审，确定施工体系，制定施工整体方案。

- 组织有关人员编写施工组织及修改工作,审定各标段施工组织设计和施工方案,并按程序送监理公司审批,落实方案的实施。
- 协调设计院、甲方技术部门和项目部的技术协作关系。贯彻设计意图,监督各标段、各部门严格按施工图、施工验收规范施工。
- 参加质量事故会议,协助经理找出事故原因;查实事故责任;提出改进措施和事故处理意见。
- 及时了解新技术、新方法、新规范的技术信息,并结合实施情况应用于项目施工中。
- 负责主持编制技术、质量管理制度,认真贯彻执行。
- 主持施工过程中严重不合格项纠正措施和潜在因素的预防措施的编制和批准。
- 签发纠正措施项,在纠正实施后,组织有关部门人员验证,确认其是否有效,若有效将《不合格报告》、《纠正和预防措施》表封闭。若无效,组织有关人员分析无效原因,重新制定措施直至达到预期效果。
- 参与管理评审和内部质量审核工作。
- 制定培训计划,报公司有关部门。
- 及时向资料室移交质量体系运行记录。

(2) 施工劳动力、机械及材料进场计划

① 施工劳动力计划见表8.7。

表8.7 施工劳动力计划

工 种	施工现场时间(d)				
	1～7	8～14	15～28	29～42	43～49
挖土、杂工人数	15	10	12	12	10
混凝土工人数	5	15	16	13	12
钢筋工人数	5	10	12	10	7
泥、瓦工人数	10	17	20	15	20
木工人数	2	7	8	10	6
砖、石工人数	5	15	17	20	16
电工人数	1	1	1	1	1
焊工人数	1	1	1	1	1
水工人数	1	1	1	1	1
共计人数	45	77	88	83	74

劳动力进场除保证数量外,尚要保证施工人员的技术素质,工人进场前必须进行严格的培训。

② 施工机械进场计划见表8.8。

- 按计划进场的机具,进场前必须进行维护、保养和试运转工作,保证所有机具进场后能够正常投入使用。
- 选择性质优良、先进的机具,合理布置,加快施工进度,同时加强管理,保证设施运转良好。

表8.8 施工机械进场计划

序 号	设备名称	型 号	规 格	数量(台)
1	挖土机	X-150	2.5 m³	1
2	运输汽车	东风牌	5 t	5
3	打夯机	ZB-5	HW-50	6
4	混凝土搅拌机	HZS25	45 kW	2
5	砂浆搅拌机	J12-AD-16A	700 W	3

续表 8.8

序 号	设备名称	型 号	规 格	数量(台)
6	台式运石机	ZIE-AD2-110B	1 200 W	1
7	电缆切割机	HQL12	5.5 kW	1
8	套丝机	J3-400	直径 40 mm	1
9	吊 车	QLM10T/18M	10 t	1
10	钢筋切割机	JIG-AD-355	2 kW	1
11	钢筋弯钩机	AD3028	直径 40 mm	1
12	斗 车	WLT-1	0.25 m^3	10
13	电焊机	G-30	5 kW	2
14	砂轮切割机	YW-51	直径 2.5 mm	1
15	电 锤	ZIC-AD-22	600 W	1
16	手动煨弯机	STC-10	直径 15 mm	1
17	液压煨弯机	YS-160	直径 15 mm	1
18	电动除锈机	RX-50-13	3 m^3/min	1
19	空气压缩机	JG515	10 m^3/min	1

③ 材料供应计划

• 根据施工组织设计中的施工进度计划和施工预算中的工料分析,编制工程所需绿化材料用量计划;根据用量计划做好备料、供料工作,做好材料的进场准备。

• 根据施工总平面布置要求,确定和准备进场材料的暂放场地,并做好保管工作。

• 根据施工组织设计,按照工程进度控制计划要求,进行工料深化分析,相应编制材料进场和资金使用计划,以保证各种资源能满足工程需要。

• 物资材料计划应明确材料的品种、规格、数量和进场时间,现场工料储备应有一定的库存量,以保证工程提前或节假日运输困难时,仍能满足工程对各种材料的需要。

7) 质量保证措施

① 认真执行国务院第 279 号《建设工程质量管理条例》,对工程质量进行严格管理。

② 严格控制回填土质量,控制好回填土的含水量,使之接近最佳含水率。防止回填土开裂或软弹现象。

③ 在灰土施工中,严格把牢石灰和土的质量关,严格控制配合比及压实度。

④ 按照设计图纸进行模板设计时,模板及其支架必须具备足够的强度、刚度和稳定性,板缝处应严密,缝隙应妥善堵塞或钉好油毡条,预埋件安置要准确、牢固。

⑤ 严格控制钢筋的规格、形状、尺寸、数量、间距、锚固长度、接头位置、保护层的厚度,使之符合设计与规范要求。

⑥ 加强混凝土的振捣,防止有漏振现象发生。

⑦ 砌筑过程中,严格控制灰缝、平整度、垂直度,防止通缝的发生。

⑧ 严格资料管理,编制资料目标设计。

⑨ 严格控制涂料油漆的质量和过程。

⑩ 严格把好材料关;应由技术部门和材料部门、项目部门共同控制材料的订货、加工质量。材料进场前应送样品,报厂家和相关的材质证明给业主批准后方可进场;进场材料严格执行"三检"制度,发现不合格品立即退场。建立完善的质量管理体系。

⑪ 严格按照 ISO 9002 质量体系要求,保证各分项工程质量,一次完成,避免返工。

8) 工期保证措施

① 按照总工期要求编制施工总进度计划,确定工期目标控制点,严格进度计划;

② 按照施工总进度控制计划,抓住关键线路的工序和工期目标控制点,编制切实可行的计划,用以保证总体控制计划的实现;

③ 可以互相穿插施工的项目,应明确场地交接日期,争取工序提前进行,力争缩短作业的时间;

④ 项目经理通过每天的班前会和每周的现场协调会,跟踪、调查计划和实施情况,及时反馈信息,采取相应措施,调整实施进度计划,解决施工过程中存在的问题;

⑤ 做好与业主、设计单位、监理单位的配合,尽早决定变更修改的内容;及早解决图纸中所存在的各种技术问题,以便能够早日把做法和标准定下,以使施工操作面能够提早进入大面积施工;

⑥ 落实资金管理,以工程合同为准则,搞好资金的管理,督促、检查工程总包合同和各专业单位分包合同的情况,使财力能够准时投入,专款专用,保证施工生产正常进行;

⑦ 按经济规律办事,公司与项目经理部签订协议,根据工程合同条款实行奖罚,项目经理部为调动项目部全体员工的积极性,对各工期控制点制定奖罚措施,将工程施工进度的奖罚与工程质量、安全、文明施工及各方协调配合的施工情况挂钩,以带动整个工程进展顺利,保证工期按时完成。

9) 安全施工措施

为了对施工现场的安全文明施工进行有效管理,依据有关文件要求,提出以下措施:

① 明确各项目的安全目标,建立安全组织机构　安全组织机构应明确安全负责人、安全保护人数、临时用电责任人、消防责任人、安全文明施工责任人。

② 编制项目安全文明施工方案　针对本项目特点编制有效的安全文明方案。做好定置管理,材料机具就位正确、场地清洁、水电布置合理。

③ 安全文明施工检查　定期召开安全例会,工程部组织每周安全文明施工联检,现场安全员日常巡检。

④ 现场施工管理规定

• 物料管理　砖、砌块、钢模、疏水板码放稳固,高度不超过1.5 m;水泥严禁靠墙码放;滤布、包装材料间隔码放。

• 安全用电　临时用电必须有方案,定期检查,记录存档;电线按规范架设整齐,架空线也必须用绝缘导线;配电系统实行分级配电,独立的配电箱必须采用三相五线制,保护系统有效、良好;电焊机设单独开关,外壳做接地保护;洒水点必须远离电源,过路管应用钢管保护。

• 机械管理　搅拌机　应建防砸防雨操作棚;打夯机　需两人操作,必须戴绝缘手套,穿绝缘靴;空压机　外漏旋转部分须有防护罩;汽车吊　支撑地脚须加垫土,吊臂下严禁站人,安全员要在现场做安全管理;挖掘机　施工前要了解清楚地上、地下的保护措施。施工时安全员需在现场做安全管理。

• 施工区人员安全管理　进入施工区戴安全帽;焊工应使用面罩或护目镜;特种工种持证上岗,戴劳保用具。

• 安全防火管理　了解现场用火规定,制定用火、防火措施;消防器材定位,标志醒目,防火道畅通。

• 现场设施及成品保护　现场设施及原有设施(如地下管线)必须有明显标志,防止施工时损坏;成品保护必须定人定岗,必要时须有护栏、标志等设施。

• 其他　施工现场如果发生事故,应有组织地进行排除,排除事故时统一指挥,必须服从领导;项目开工前对上岗人员进行安全教育,并逐一签订安全协议。

10) 临时生产、生活设施

① 为了工程施工顺利进行,应做好临时生产、生活设施的搭设和后勤供需的安排,使一线人员安心工作,无后顾之忧;

② 由于施工场面大,后勤人员应做好各施工点的协调沟通工作,使各班组之间能和睦相处,交叉作业,

配合默契,为早日完工共同努力;

③ 做好后勤工作安排,为进场工人解决食、住、医等问题,以便进场人员能够迅速地投入施工,充分调动职工的生产积极性。

11) 保护环境、文明施工

① 控制扬尘　混凝土搅拌站和循环车道适时洒水;土方运输出入现场要苫盖,并设专人清扫遗撒。

② 控制排污　混凝土搅拌站设清洗池;废水暗排,并设处理池;厕所要有水冲、有盖板,并设专人管理,定期打药灭蝇。

③ 控制烟尘　对于会产生烟尘的施工(如熔融沥青等),要用专门的设备。

④ 控制噪声　在居住区附近施工时,夜间不得浇筑混凝土和进行剔凿施工。

12) 工程保修承诺和措施

① 质量承诺是实现合格工程。

② 中标后立即定出严格的、切合实际的工程质量计划,配备充足合理的资源(人工、机械、材料)以使施工紧张、协调、有序。

③ 施工前各级技术人员熟读图纸,掌握技术要领,按规定做好三级技术交底。

④ 严格执行检查验收制度,施工班组执行自检、交接检,项目质检员按检验规范对各工序进行专检。分项工种由项目部组织技术人员、质检员、施工人员进行质量评定。

⑤ 施工期间按甲方的有关规定安排物料堆放、垃圾清运等。

⑥ 自愿接受招标文件对工程规定的各项条款,为表示诚意,经认真研究决定并郑重承诺:将精心组织、精心管理、科学施工,一定按合同规定按质保量完成工程任务,竣工日期提前1～2日。

⑦ 组织专门队伍对成品进行保护,严格执行国家现行标准的《建筑施工质量验收规范》、《建筑工程施工质量验收统一标准》(GB 50300—2001)质量体系,为客户提供最好的服务和创建质量优美的工程精品。

9 园林工程施工管理

■ 学习目标

通过本章对园林工程施工管理内容的学习,掌握具体的园林工程施工管理的程序、方法和技术管理等,从而为以后参与具体的园林工程的施工管理打下基础。

园林工程施工管理是一项综合性的管理活动,其主要内容包括以下五大管理:

1) 工程现场管理

即对整个工程的全面组织管理,包括前期工程及施工过程的管理,其关键是施工速度。它的重要环节有:做好施工前的各种准备工作;编制工程计划;确定合理工期;拟定确保工期和施工质量的技术措施;通过各种图表及详细的日程计划进行合理的工程管理,并把施工中可能出现的问题纳入工程计划内,做好必要的防范工作。

2) 质量和技术管理

根据工程的质量特性决定质量标准。目的是保证施工产品的全优性,符合园林的景观及其他功能要求。根据质量标准对全过程进行质量检查监督,采用质量管理图及评价因子进行施工管理;对施工中所供应的物资材料要检查验收,搞好材料保管工作,确保质量。

3) 安全管理

搞好安全管理是保证工程顺利施工和保证企业经济效益的重要环节。施工中要杜绝劳动伤害,措施是建立相应的安全管理组织,拟定安全管理规范,落实安全生产的具体措施,监督施工过程的各个环节。如发现问题,要及时采取必要的措施,努力避免或减少损失。

4) 成本管理(详见本书 12.1.3 节)

施工管理的目的就是要以最低投入,获得最好、最大的经济收入。为此在施工过程中应有成本概念,既要保证质量,符合工期,又要讲究经济效益。要搞好预算管理,做好经济指标分析,大力降低工程成本,增加盈余。

5) 劳动管理(生产要素的管理)

工程施工应注意施工队伍的建设,包括人工、材料、机械设备的建设,特别是对施工人员的园林植物栽培管理技术的培训,除必要的劳务合同、后勤保障外,应做好劳动保险工作。加强职业的技术培训,采取有竞争性的奖励制度来调动施工人员的积极性。与此同时,也要制定生产责任制,确定先进合理的劳动定额,保障职工利益,明确其施工责任。

综上所述,施工管理包括了工程管理、质量管理、安全管理、成本管理和劳动管理。工程管理是宏观总体管理,由项目经理具体负责;质量管理、安全管理、成本管理和劳动管理是单项管理,质量管理由技术人员具体负责,安全管理由后勤人员具体负责,成本管理由营销、预算人员具体负责管理,劳动管理由项目工长具体负责管理,这五大管理应有机地贯穿于整个项目的施工过程中,互相联系,互相补充,从而形成一个高质量、高效率、高速度的园林施工建设企业。

9.1 园林工程施工现场管理

9.1.1 园林工程施工现场管理的概念及其重要意义

1) 园林工程施工现场管理的概念

园林工程施工现场管理是园林施工企业对施工项目进行的综合性管理活动。也就是园林施工企业,或其授权的项目经理部,采取有效方法对施工全过程包括投标签约、施工准备、施工、验收、竣工结算和用后服务等阶段所进行的决策、计划、组织、指挥、控制、协调、教育和激励等措施的综合事务性管理工作。其主要内容有:建立施工项目管理组织,制定管理计划,按合同规定实施各项目标控制,对施工项目的生产要素进行优化配置。

在整个园林建设项目周期内,施工现场管理的工作量最大,投入的人力、物力、财力最多,园林工程建设施工管理的难度也最大。园林工程施工现场管理的最终目标是:按建设项目合同的规定,依照已审批的技术图纸设计要求和企业制定的施工方案建造园林,使劳动资源得到合理优化配置,获取预期的环境效益、社会效益与经济效益。

2) 园林工程施工现场管理的重要意义

随着我国园林事业的不断发展和现代高科技、新材料的开发利用,使园林工程日趋综合化、复杂化和技术的现代化,因而对园林工程的科学组织及对现场施工科学管理是保证园林工程既符合景观质量要求又使成本最小的关键性内容,其重要意义表现在以下几方面:

(1) 加强园林工程施工现场管理,是保证项目按计划顺利完成的重要条件,是在施工全过程中落实施工方案、遵循施工进度的基础;能保证园林设计意图的实现,确保园林艺术通过工程手段充分表现出来。

(2) 加强园林工程施工现场管理,能很好地组织劳动资源,适当调度劳动力,减少资源浪费,降低施工成本;能及时发现施工过程中可能出现的问题,并通过相应的措施予以解决,保证工程质量。

(3) 能协调好各部门、各施工环节的关系,使工程不停工、不窝工,有条不紊地进行;有利于劳动保护、劳动安全和开展技术竞赛,促进施工新技术的应用与发展。

(4) 加强园林工程施工现场管理能保证各种规章制度、生产责任、技术标准及劳动定额等得到遵循和落实,以使整个施工任务按质、按量按时完成。

9.1.2 园林工程施工现场管理的全过程及主要内容

园林工程施工管理应根据施工项目的不同阶段进行相应的管理,施工项目管理具体可以分为五个阶段,即投标签约阶段、施工准备阶段、施工阶段、验收交工与结算阶段和竣工后期服务阶段。

1) 投标签约阶段

投标签约阶段的主要管理目标是:中标签订工程承包合同。

具体执行机构:园林企业经营部。

主要管理工作内容:按园林企业经营战略,对该工程项目提出投标决策决定投标后,多方搜集企业自身、相关单位、市场、现场等诸方面信息,编制既能使企业盈利又有竞争能力可望中标的投标书,投标若中标,则与招标方谈判,依法签订工程承包合同。

投标签约阶段的管理程序和方法等详见本书第10章"园林工程施工招投标管理"。

2) 施工准备阶段

施工准备阶段的主要管理目标是:从组织机构、人力、物力、技术、施工条件等方面确保施工项目具备开工和连续施工的基本条件。

具体执行机构:园林企业项目经理部。

主要管理工作内容:

(1) 建立园林企业施工现场管理机构,即园林企业工程管理部,由工程管理部组建工程项目经理部,选择具有工程项目经理资格的合适人员做项目经理,各工程项目经理部要明确相关的责任、权限和义务。

(2) 园林企业工程管理部同时配备人员编制中标后施工组织设计,进行施工准备工作,主要内容有:

① 熟悉设计图纸和掌握工地现状,通过设计单位的设计交底工作,掌握设计意图,并对施工图纸进行现场核对,发现问题及时沟通,需要做变动的应提交设计单位进行设计变更;

② 做好工程事务工作,主要有:编制施工预算,落实工程承包合同,制定施工项目管理规划,编制施工计划,绘制施工图表,制定施工操作规范、安全措施、技术责任制及管理条例。

(3) 进行施工现场准备,达到开工要求,编写开工申请报告,上报,待批开工。主要内容有:

① 通过现场平面布置图,进行基准点(控制点)的测量,确定工作区的范围,搞好三通(通水、通电、通道

路)一平(地面整平),并对整个施工区做全面监控;
② 布置各种临时设施,如现场办公用房、职工生活用房和仓库用房等;
③ 组织材料、机械设备和工具进场;
④ 做好人力资源的调配工作。

3) 施工阶段

施工阶段的主要管理目标是:完成工程承包合同规定的全部施工任务,达到验收交工标准。

具体执行机构:园林企业项目经理部。

主要管理工作内容:

(1) 按施工组织设计进行施工,做好动态控制管理,保证质量、进度、成本、安全等目标的全面实现;

(2) 管理好施工现场,实行文明施工,严格履行工程承包合同;

(3) 协调好与建设单位、监理单位及相关单位关系,处理好合同变更和索赔,做好记录、检查、分析和改进工作。

4) 验收交工与结算阶段

验收交工与结算阶段的主要管理目标是:对竣工工程验收交工,总结评价;对外结清债权债务关系,使建设项目能尽快向社会开放。

具体执行机构:园林企业项目经理部。

主要管理工作内容:

①进行工程收尾,同时企业内部自检,如对照施工图纸进行实地测量,逐一确认,如果存在不合格的地方应及时返工;②提交竣工申请,在预验基础上接受正式验收;③管理移交竣工文件,进行结算;④总结工作,编制竣工总结报告;⑤办理工程交接手续。

5) 竣工后期服务阶段

竣工后期服务阶段的主要管理目标是:充分发挥园林建设项目的功能,反馈信息,改进今后工作,提高企业信誉。

具体执行机构:园林企业项目工程管理部和公关部。

主要管理工作内容:

(1) 在合同规定的期限内进行保修、维护、植物养护管理等服务;

(2) 为保证一些单项工程的正常使用提供必要的技术咨询服务;

(3) 进行工程回访,听取用户意见,总结经验,发现问题及时维修、维护;

(4) 配合科研需要,进行专项观测;

(5) 大型工程竣工应借助媒体进行必要的宣传,以扩大该园林建设项目的社会影响。

9.1.3 园林工程施工(工期)进度管理

园林工程建设施工进度管理是指施工项目经理部根据合同规定的工期、要求编制施工进度计划,并以此作为进度管理的目标,对施工的全过程进行经常检查、对照、分析,及时发现实施中的偏差,采取有效措施,调整园林工程建设施工进度计划,排除干扰,保证工期目标实现的全部活动。

1) 园林工程施工进度计划

园林工程施工进度计划在园林施工管理中是非常重要的,其内容编制的翔实与全面,是否科学合理,直接影响园林工程质量的好坏,施工程序的衔接合理,施工工期的长短等一系列施工内容。因此编制园林工程施工进度计划尤为重要。

园林工程施工进度计划是根据年度计划和季度计划对基层施工单位(如工程队、班组)在特定时间内施工任务的行动安排,它是季度施工任务的基层分解,由具体的执行单位操作的基层作业计划。

目前,园林工程施工进度计划多采用月度施工计划的形式,其下达的施工期限很短,但对保证年度计划的完成意义重大。因此,应重视月度施工作业计划的编制工作。

(1) 编制园林工程施工进度计划的原则　综合性园林工程点多面广,具体的施工作业组织应有合理的时间和空间组合,彼此间必须相互协调并衔接。因之,详细、具体、清楚、易操作的基层作业计划是必不可少的。编制时,要综合各方面因素,遵循一定的原则,确保计划的合理性。

① 集中力量保证重点工序施工,加快工程进度的原则　工程施工应抓重点工序,做到先重点后一般,要集中主要力量搞好重点项目的施工,这对大型园林项目建设尤为重要。此外,应有完成一处开放一处的施工意识。避免全园开花,战线过长,劳力分散,在保证安全工作的条件下,适当缩小工作面,加快施工速度,是月度作业计划的关键之处。

② 年、季、月计划相结合的原则　年、季度计划是月度施工作业计划编制的依据,应做到:"月保季,季保年"的连锁式管理模型。月度计划尤应注意计划的比例性和均衡性。

③ 实事求是,量力而行的原则　月度施工作业计划的编制应充分考虑自身的技术力量、工程队(组)的劳力情况及施工条件。做到制定的指标切合实际,不过分超前,既有先进性也要留有余地,使基层施工组织更能发挥积极性和创造性。当然指标也不能过低,以量力而行为原则。

④ 编制中确定技术措施时,注意民主的原则　编制基层作业计划除作业量、用工、用料、进度及监控指标外,还要制定与之相关的技术措施。所定措施要具体可行,不得含糊难懂,要能为一般的施工人员所掌握。在制定措施时要注意发扬民主精神,听取有关人员的意见;需要采取新的措施时,要迅速落实,不得拖延,以免造成浪费。

(2) 制定园林工程施工进度计划的依据

① 相应的年度计划、季度计划,上级主管部门下达的各项指标及关键工程(或工序)的进度计划等。

② 多年来基层施工管理的经验,尤其是资源调配及进度控制方面的成功经验。

③ 上月计划完成情况。主要分析施工进度、材料供应、机具选用,劳力调度及出现的具体问题。

④ 各种先进合理的计划定额指标,诸如劳动定额、物资材料消耗定额、物资储备定额,物资占用定额、费用开支定额、设备利用定额等。

(3) 编制园林工程施工作业计划的程序　施工作业计划是由基层工程施工队编制的,报施工单位(如园林工程公司)审批。其程序归纳为:

① 单位(或公司)下达指标;

② 施工队根据指标进行全面调查研究后编出计划初稿;

③ 初稿报送单位(或公司),单位进行总计划平衡;

④ 施工队根据平衡后的计划重新调整作业计划,送公司审批;

⑤ 月底可得审批的下月施工作业计划,从中看出,本月必须申报完下月的计划,否则难以开工。

(4) 园林工程建设施工进度计划编制的内容和方法　园林工程施工作业计划的编制因工程条件和施工单位的习惯、管理经验的差异而有所不同。计划内容也有繁简之分,但一般都要有以下几方面内容:

① 施工单位下达的年度计划及季度计划总表,表格式样如表9.1、表9.2所示。

表 9.1　某施工队_____年度施工任务计划总表

项　次	工程项目	分项工程	工程量	定　额	计划用工(工日)	进　度	措　施

表 9.2　季度施工计划总表

施工队名称	工程量	投资额	预算额	累计完成量	本季度计划工作量	形象进度	分月进度		
							___月	___月	___月

② 根据季度计划编制出月份工程计划总表,应将本月内完成的和未完成的工作量按计划形象进度形式填入表 9.3 内。

表 9.3 某施工队 2004 年某月份工程计划汇总表

项次	工程名称	开工日期	计量单位	数量	工作量（万元）	累计完成		本月计划形象进度	承包工作总量（万元）	自行完成工作量（万元）	说明
						形象速度	工作量(万元)				

③ 按月工程计划汇总表中的本月计划形象进度,确定各单项工程(或工序)的本月日程进度表,用横道图形式,并求出用工数量,见表 9.4。

表 9.4 某施工队某年某月份施工日进度计划表

项目	建设单位	工程名称（或工序）	单位	本月计划完成工程量	用工(工日)			进度日程						
					A	B	小计	1	2	3	…	29	30	31

注：A、B 指单项工程中的工种类别,如喷泉工程中的模板工,钢筋混凝土工,抹灰工,装饰工,管道安装工等。

④ 利用施工日进度计划确定月份的劳动力计划,按园林工程项目填入表 9.5 内。

表 9.5 某施工队某年某月劳动计划表

项次	工种	在册劳动力	园林工程项目												本月份计划		
			临时设施	平整土地	土方工程	基础工程	建筑工程	给排水工程	栽植工程	铺装工程	假山工程	喷泉工程	照明工程	装饰工程	收尾工程	合计工日	需工天数	剩余或缺天数

⑤ 综合月工程计划汇总表和施工日程进度表,制定必需的材料、机械、工具的月计划表。表的格式参照表 9.4 和表 9.5,要注意将表右边的月进度表改为日进度表。

计划编制时,应将法定休息日和节假日扣除,即每月的所有天数不能连算成工作日。另外,还要注意雨天或雪雾天等灾害性天气的影响,适当留有余地,一般须留总工作日的 5%～8%。

2) 园林工程施工进度计划的实施

(1) 影响施工项目进度的因素　影响施工进度的因素有多种,大致可分为如下三种：

① 相关单位因素影响　项目经理部的外层关系单位很多,它们对项目施工活动的密切配合与支持,是保证项目施工按期顺利进行的必要条件。但是,若其中任何一个单位,在某一个环节上发生失误或配合不够,都可能影响施工进度。如材料供应、运输、供水、供电、投资部门和分包单位等没有如约履行合同规定的时间要求或质量数量要求；设计单位图纸提供不及时或设计错误；建设单位要求设计变更、增减工程量等情况发生都将会使进度、工期拖后或停顿。对于这类原因,项目经理部应以合同形式明确双方协作配合要求,在法律的保护和约束下,尽量避免或减少损失。而对于向政府主管部门、职能部门进行申报、审批、签证等工作所需时间,应在编制进度计划时予以充分考虑,留有余地,以免干扰施工进度。

② 项目经理内部因素影响　项目经理部的活动对于施工进度起决定性作用。它的工作失误,如施工组织不合理,人、机械设备调配不当,施工技术措施不当,质量不合格引起返工,与外层相关单位关系协调不善等都会影响施工进度。因而提高项目经理部的管理水平、技术水平,提高施工作业层的素质是非常重要的。

③ 不可预见因素的影响　园林施工中可能出现的,如持续恶劣天气、严重自然灾害等意外情况,或施工现场的水文地质状况比设计及合同文件中所预计的要复杂得多,都可能造成临时停工,影响工期。这类原因不经常发生,一旦发生,其影响就很大。

(2) 园林工程施工进度计划实施的管理措施

① 组织措施　主要是指建立进度实施和控制的组织系统及建立进度控制目标体系。如召开协调会议、落实各层次进度控制的人员、具体任务和工作职责;按施工项目的组成、进展阶段、合作分工等将总进度计划分解,以制定出切实可行的进度目标。

② 合同措施　应保持总进度控制目标与合同总工期相一致;分包合同的工期与总包合同的工期相一致、相协调。

③ 技术措施　主要是加快施工进度的技术方法,以保证在进度调整后,仍能如期竣工。

④ 经济措施　是指实现进度计划的资金保证措施。

⑤ 信息管理措施　是指对施工实施过程进行监测、分析、调整、反馈和建立相应的信息流动程序以及信息管理工作制度,以连续地对全过程进行动态控制。

3) 园林工程施工进度计划的检查与调整

在园林工程施工的全过程中,项目管理者要进行经常检查园林工程施工进度计划的实施情况,通过对照比较、分析,及时发现实施中的偏差,并采取有效措施,调整园林工程施工进度计划,排除干扰,保证工期目标顺利实现。

9.2　施工生产要素管理

9.2.1　园林工程施工人力资源管理

劳动者、劳动工具和劳动对象,是物质生产的3个要素。其中第一要素就是劳动者。如果不是严格的有组织地进行劳动,即便有良好的物质技术条件,也不能发挥应有的作用。园林工程施工人力资源管理是指:对人力资源的组织工作和管理工作。包括:人力资源规划、人事管理、定额管理、人力资源组织、职工培训、工资、奖励、劳动保护等。

园林工程人力资源管理是项目经理部把参加园林施工项目生产活动的人员作为生产要素,对其所进行的劳动、计划、组织、控制、协调、教育等工作的总称。其核心是按着建设项目的特点和目标要求,合理地组织、使用和管理劳动力,培养提高人力资源的素质,提高劳动生产率,全面完成工程合同,获取更大效益。

1) 园林工程施工人力资源组织管理

(1) 人力资源组织类型及其管理方式　园林工程施工常用的人力资源组织有三个类型,其相应的管理方式如下:

① 外部人力资源　外部人力资源工程所需要人力资源全部来自公司以外单位,是国际建筑业、园林业市场经常采用的方式;其管理方式是项目经理通过与其签订外、分包劳务合同进行管理。

② 内部人力资源　工程所需人力资源(个人、班组、工队)全部来自公司内部,项目经理部在公司内直接选择,在公司人力资源市场上,供需双向选择,由公司的各组织部门按项目经理部提出的要求推荐;其管理方式是项目经理部提出要求,标准,负责检查、考核,方式分为以下3种:对提供的人力资源以个人、班级、施工队为单位直接管理;与劳务原属组织部门共同管理;由劳务原属组织部门直接管理。

③ 混合人力资源　工程中所使用人力资源来自公司内、外部市场,还使用临时工、农民工等;其管理方式是外部人力资源与内部人力资源管理方式的综合。

(2) 园林工程施工人力资源管理的内容

① 对外包、分包劳务的管理内容　认真签订和执行合同,纳入整个施工项目管理控制系统,并对其保留一定的直接管理权,对违纪不适宜工作的工人项目管理部拥有辞退权,对贡献突出者有特别奖励权。

间接影响劳务单位对人力资源的组织管理工作,如劳务人员的工资、奖励制度、劳务调配等。并对人力资源人员进行上岗培训,全面进行项目目标和技术交底工作。

② 由项目管理部门直接组织的管理　严格项目内部经济责任制的执行,按内部合同进行管理,实施先进的劳动定额、定员,提高管理水平,组织各项劳动竞赛,调动职工的积极性和创造性,严格职工的培训、考核、奖惩,改善劳动条件,保证职工健康与安全生产,抓好班组管理,加强劳动纪律。

③ 与企业人力资源管理部门共同管理　企业人力资源管理部门与项目经理部通过签订劳务承包合同承包劳务,派遣作业队完成承包任务,合同中应明确作业任务及应提供的计划工日数和劳动力人数、施工进度要求及劳动力进退场时间、双方的管理责任、劳务费计取及结算方式、奖惩与罚款等,企业人力资源部门的管理责任是保质保量、按施工进度实行文明施工,项目经理部的管理责任是在作业队进场后,保证施工任务饱满和生产的连续性、均衡性;保证物资供应及机械配套;保证各项质量、安全防护措施落实;保证及时供应技术资料;保证文明施工所需的一切费用及设施。企业人力资源管理部门向作业队下达劳务承包责任状,承包责任状根据已签订的承包合同建立,其主要内容如下:

作业队承包的任务及计划安排;对作业队施工进度、质量、安全、节约、协作和文明施工的要求;对作业队的考核标准、应得的报酬及上缴任务;对作业队的奖惩规定。

(3) 园林工程施工人力资源的特点

① 园林工程施工的主要对象是植物,人力资源具有较强的季节性;

② 园林工程施工以手工操作为主,工种繁多,且性质差异性大,在安排人力资源技术培训中,应该注意这个特点;

③ 园林工程施工基本都是露天操作,对人力资源的安排和评价,要注意客观因素的影响;

④ 园林工程施工获得的园林景观效益周期长,在实行人力资源管理、考核劳动生产率的时候,要注意既要从阶段上考核它的成果,又要从全局上考核它的效益。

2) 园林工程施工人力资源的劳动定额与定员

(1) 劳动定额　劳动定额是指在正常生产条件下,为完成单位工作所规定的劳动消耗的数量标准。其表现形式有两种:时间定额和产量定额。时间定额指完成合格工程(工件)所必需的时间。产量定额指单位时间内应完成合格工程(工件)的数量。两者在数值上互为倒数。

① 劳动定额的作用　劳动定额是劳动效率的标准,是人力资源管理的基础,其主要作用如下:

劳动定额是编制施工项目人力资源计划、作业计划、工资计划等各项计划的依据;是项目经理部合理定编、定岗、定员及科学地组织生产劳动,推行经济责任制的依据;劳动定额是衡量考评工人劳动效率的标准,是按劳分配的依据;是施工项目实施成本控制和经济核算的基础。

② 制定劳动定额水平应注意的问题

• 劳动定额水平必须先进合理　在正常生产条件下,定额应控制在多数工人经过努力能够完成、少数先进工人能够超过的水平上。定额要从实际出发,充分考虑到达到定额的实际可能性,同时还要注意保持不同工种定额水平之间的平衡。

• 必须确定明确的质量标准,确定质量标准在施工管理过程中有重要意义　在确定数量定额之前,必须明确质量要求,把质量标准放在第一位。质量标准应根据施工的基本特点提出,同时要考虑人力资源的技术水平和生产条件,在总结历史经验的基础上,做出具体规定。

• 劳动定额要简单明了,易为群众理解和运用　因此,劳动定额要由粗到细,由局部到全面,逐步前进。推行定额管理,一般应从主要的和容易做的工种开始,逐步提高。

③ 制定劳动定额的方法主要有以下四种:

• 估工法　就是根据劳动者历来劳动的实践经验,结合生产条件和自然条件的变化情况,经过领导、技术人员和生产工人三结合的讨论、估计,制定定额的方法。这种方法简便易行,易为群众接受,但准确性较差,特别是较复杂的综合性定额更不易估计。

• 试工法　就是通过劳动者实地操作实验来确定定额的方法。对参加试工的劳动者,使用的生产工具、劳动条件等都应有一定的代表性。同时,试工应分几次,分几组同时进行,才能总结出适当标准作为定额。这种方法也简便易行,比较切合实际。

• 技术测定法　就是对一种机械作业过程所消耗的时间进行仔细观察记录,并对影响工作数量和质量的各个因素进行分析研究,然后再确定定额。

• 劳动定额的修订　分为定期修订和不定期修订两种。定期修订是全面系统的修订,为了保持定额的相对稳定性,修订不宜过于频繁,一般以一年修订一次为宜。不定期修订是当生产条件如操作工艺、技术装备、生产组织、劳动结构发生重大变化时,对定额进行局部修订或重新制定。修订定额和制定定额一样,必须经过调查研究,认真分析,反复平衡,要报请上级领导批准后执行。

(2) 劳动定员　劳动定员是指根据施工项目的规模和技术特点,为保证施工的顺利进行,在一定时期内(或施工阶段内)项目必须配备的各类人员的数量和比例。

① 劳动定员的作用　劳动定员是建立各种经济责任制的前提;是组织均衡生产,合理用人,实施动态管理的依据;是提高劳动生产率的重要措施之一。

② 劳动定员时要注意的问题

• 生产工人与非生产工人的比例关系　严格掌握非生产工人比额不应突破,确保生产第一线生产工人配备的优势,这是做好生产业务工作、加强工人队伍建设的重要环节。

• 控制主业与副业人员配备的比例关系　贯彻主业、副业兼顾的原则,要合理安排和使主业保持充分的劳动配备。

• 严格控制管理干部与工人的比例　管理机构的设置要精简,层次要减少,干部配备也要精明强干,防止"因人设事"的弊病。

③ 劳动定员的方法　由于各单位的具体情况不同,各类人员的工作性质的特点不同,定员的方法也不一样,一般说有以下几种:

• 按劳动效率定员　根据劳动定额计算每人可承担的工作量,计算出完成工作总量所需的人员数。

• 按机器设备定员　根据机器设备的数量和工人的看管定额确定所需人员数。

• 按岗位定员　根据工作岗位数确定人员数。

• 按比例定员　按职工总数或某一类人员总数的比例,计算某些人员的定额。

• 按照业务分工定员　在一定机构条件下,根据职责范围和业务分工来确定人员数。这种方法主要适用于管理人员和工程技术人员的定员。

3) 园林工程施工项目劳动分配的方式

园林工程施工项目劳动分配的方式见表9.6。

表9.6　园林工程施工项目劳动分配的方式

支付对象	依据	方式	备注
项目经理部向公司劳务管理部门支付劳务费	劳务承包合同中约定的劳务合同费	依核算制度按月结算	1. 在承包造价中扣除①项目经理部现场管理工资额;②向公司上缴管理费分摊后,由劳务合同确定劳务承包合同额
劳务管理部门向作业队支付劳务费	劳务责任状	按月施工进度支付	2. 在劳务承包合同额中扣除①劳务管理部门管理费;②劳务管理部门上缴公司费用后,经核算,向作业队支付
作业队向生产班组支付工资、奖金	考核进度、质量、安全、节约、文明施工等	实行计件工资制	
班组内工人分配	根据日常表现对考核结果进行浮动	实行结构工资制	

4) 人力资源的培训，提高人力资源的科学技术水平

现代化的园林工程建设，需要一支有科学文化知识、有专业技术和经营管理能力的职工队伍，需要有一大批具有各种专业知识和技术能力的专门人才。但是，职工队伍的现有水平同现代化建设的要求还不相适应。如果不改变这种状况，就很难掌握先进的技术，就不能实现科学管理，自然也不可能提高劳动生产率。

随着园林工程建设的发展，职工队伍不断扩大，也不断进行着"新陈代谢"。衡量劳动质量的首要标志，是人力资源的技术文化水平。不能设想一批不懂技术、不懂业务、不懂管理的人能够把事情办好。如果缺乏战略眼光，不及时抓紧进行培训，待到事业进一步发展时，将会感到措手不及。做好职工培训，除了提高认识，明确意义外，在具体做法上要注意以下几个方面：

(1) 在全面培训中着重训练好领导干部　提高领导者的管理和业务水平，是全面培训中的一个重要内容。

(2) 要从各个单位的实际出发，各有侧重　这样做可以达到排解近忧的目的，又能够增强学习的信心，把学习和实践紧密结合起来，从中提高学习的自觉性。

(3) 学习内容要做到深度和广度的结合　由于园林工程建设工种多的特点，因此要求领导干部和管理人员要有较广泛的知识。搞技术的要懂得一点经营管理，搞管理的要懂得一点技术业务，要在"专"的基础上求"博"。

(4) 要制定规划　做好长短结合，持之以恒。每个单位都要制定自己的全面培训规划。分段实施以保证长远目标的实现。

(5) 要勤俭办学　在各种培训工作中，要因陋就简，勤俭为本，采取"教师靠兼，教材靠编，教室靠挤，资金要俭"的精神办学。

(6) 对职工培训要有严格的考核制度　学习成绩作为考核职工的内容之一，作为提职、升级的依据，要克服学与不学一个样，学好与学差一个样的弊病。

5) 建立责任制

建立责任制是巩固人力资源组织，加强劳动管理，提高劳动生产率的基础工作。责任制是园林工程建设单位加强管理的一项主要制度。建立责任制就是把工程建设施工中各项任务和对这些任务的数量、质量、时间要求，分别交给所属基层，直至个人。基层或个人按照规定的要求保证完成任务，要求人力资源对自己所应负担的任务全面负责。并建立相应的考核制度和奖惩制度。建立责任制，可以把单位内错综复杂的各种任务，按照分工协作的要求落实到基层，消灭无人负责的现象，使人力资源部门明确自己的工作任务和奋斗目标，保证全面、及时地完成各项任务，达到预期的要求。

(1) 建立责任制的作用

① 建立责任制，有利于将劳动者、劳动手段、劳动对象合理地组织起来，有利于加强经济核算，节约人力、物力、财力，提高经济效益；

② 建立责任制，有利于克服平均主义，有利于单位和职工关心自己的工作任务，有利于考核劳动成绩，有利于实行按劳分配的原则；

③ 建立责任制是对劳动成果实行考核和监督的基础，是贯彻"统一领导，分级管理"原则的措施；

④ 建立责任制，能够将人力资源组织、劳动定额、人力资源管理和工资奖励制度，与计划财务等经营管理的各个环节有机结合起来，调动职工的积极性，提高劳动生产率。

(2) 建立责任制的内容

① 工程任务是责任制的中心内容，它应该明确规定承担工程任务的单位和个人，在一定时期内应该完成的任务数量和质量，生产指标要积极可靠；

② 人力资源和物资消耗指标，是承担责任的单位和个人完成工程任务的重要条件，劳动消耗指标规定了劳动用工数量；

③ 奖惩制度是贯彻责任制的重要措施，有利于承担任务的单位和个人，从物质利益上关心工程建设成果。

以上三方面内容体现了责任、权利、义务的结合,承担工程任务、规定责任的单位或个人,在规定定额劳动和物化劳动消耗指标内,有权支配劳动力,因地制宜、因时制宜地安排施工。奖惩制度使劳动与劳动成果联系起来,体现职工的物质利益原则。所以生产责任制中"责、权、利"三个内容是互为条件的。缺少任何一个内容,就不能充分发挥责任制的作用。

9.2.2 园林工程施工材料管理

园林工程施工材料管理是项目经理部为顺利完成工程项目施工任务,合理使用和节约材料,努力降低成本,所进行的材料计划、订货采购、运输、库存保管、供应、加工、使用、回收等一系列的组织和管理工作。

1) 园林工程施工材料管理的任务

园林工程施工材料的管理,实行分层管理,一般分为管理层的材料管理和劳务层的材料管理。

(1) 管理层的材料管理任务　主要是确定并考核施工项目的材料管理目标,承办材料资源开发、订购、储运等业务;负责报价、定价及价格核算;制定材料管理制度,掌握供求信息,形成监督网络和验收体系,并组织实施,具体任务有以下几个方面:

① 建立稳定的供货关系和资源基地,在广泛搜集信息的基础上,发展多种形式的横向联合,建立长远的、稳定的、多渠道可供选择的货源,以便获取优质低价的物质资源,为提高工程质量、缩短工期、降低工程成本打下了牢固的物质基础。

② 组织好投标报价工作,一般材料费用约占工程总造价的70%。因此,在投标报价过程中,选择材料供应单位、合理估算用料、正确制定材料价格,对于争取获标、扩大市场经营业务范围具有重要作用。

③ 建立材料管理制度。随着市场竞争机制的引进及项目施工的推广,必须相应建立一套完整的材料管理制度,包括材料目标管理制度,材料供应和使用制度,以便组织材料的采购、加工、运输、供应、回收和利用,并进行有效的控制、监督和考核,以保证顺利实现承包任务和材料使用过程的效益。

(2) 劳务层的材料管理任务　主要是管理好领料、用料及核算工作,具体任务如下:

① 属于限额领用时,要在限定用料范围内合理使用材料。对领出的料具要负责保管,在使用过程中遵守操作规程;任务完成后,办理料具的领用或租用,节约归己,超耗自付。

② 接受项目管理人员的指导、监督和考核。

2) 材料供应管理的内容

园林工程施工材料管理,主要包括园林工程建设所需要的全部原料、材料、工具、构件以及各种加工订货的供应与管理。当前,大中型施工项目一般采用招标方式进行承包,所以,对施工单位来说,其材料管理不仅包括施工过程中的材料管理,而且还包括投标过程中的材料管理。其主要内容如下:

(1) 根据招标文件要求,确定施工项目供料和用料的目标及方式。计算材料用量,确定材料价格,编制标书。

(2) 编制材料供应计划,确定材料需要量,储备量和供应量。保质、保量、按时满足施工的需求。

(3) 根据材料性质要分类保管、合理使用,避免损坏和丢失。

(4) 项目完成后及时退料和办理结算。

(5) 组织材料回收、修复和综合利用。

3) 园林工程施工现场材料的管理内容

园林工程施工现场材料管理的内容如下:

(1) 材料消耗定额

① 应以材料施工定额为基础,向施工班组发放材料,进行材料核算。

② 要经常考核和分析材料消耗定额的执行情况,注重定额与实际用料的差异、非工艺损耗的构成等,及时反映定额达到的水平和节约用料的进行情况,不断提高定额管理水平。

③ 应根据实际执行情况,积累、提供修订和补充材料定额的数据。

(2) 材料进场验收

① 根据现场平面布置图,认真做好材料的堆放和临时仓库的搭设。要求做到取用方便,避免或减少场

内二次运输。

② 植物材料要随到随栽,必要时要挖假植沟,应注意植物材料的成活率。

③ 在材料进场时,要根据进料计划、送料凭证、质量保证书或产品合格证,按质量验收规范进行数量、质量的把关验收。

④ 验收要求严格实行验品种、验规格、验质量、验数量的"四验"制度。并要做好记录,办理验收手续。

⑤ 对不符合计划要求或质量不合格的材料,应拒绝验收。

(3) 材料储存与保管

① 进库的材料须验收后入库,并建立入库记录;

② 现场堆放的材料,必须有相应的防火、防盗、防雨、防变质、防损坏措施;

③ 现场材料要按平面布置图定位放置,保管处理得当,遵守堆放保管制度;

④ 对材料要做到日清、月结、定期盘点、账物相符等内容。

(4) 材料领发

① 严格限额领发料制度,坚持节约预扣,余料退库。收发料具要及时入账上卡,手续齐全。

② 施工设施用料,以设施用料计划进行总监控,实行限额发料。

③ 超限额用料,须事先办理手续,填限额领料单,注明超耗原因,经批准后方可领发材料。

④ 建立发料记录账目,记录领发状况和节约超支状况。

(5) 材料使用监督

① 组织原材料集中加工,扩大成品供应;

② 坚持按部分工程进行材料使用分析核算,以便及时发现问题,防止材料超用;

③ 现场材料管理责任者应对现场材料使用进行分工监督、检查;

④ 是否认真执行领发料手续,记录好材料使用记录账目;

⑤ 是否严格执行材料配合比,合理用料;

⑥ 每次检查都要做到情况有记录,原因有分析,明确责任,及时处理。

(6) 材料回收

① 回收和利用废旧材料,要求实行交旧(废)领新、包装回收、修旧利废;

② 设施用料、包装物及容器等,在使用周期结束后组织回收;

③ 建立回收记录账目,处理好经济关系。

(7) 周转材料现场管理

① 按工程量、施工方案编报需用计划;

② 各种周转材料均应按规格分别整齐码放,垛间留有通道;

③ 露天堆放的周转材料应有限制高度,并有防水等防护措施。

4) 园林工程施工材料管理的要点

总结多年实践经验,对园林工程施工材料管理工作,概括起来,起码要达到下列10项要求,随着管理工作的加强还应逐步提高。这10项基本要求如下:

(1) 施工用料要订计划,送交主管部门核定。

(2) 核定的计划要送到仓库现场备料。计划内的材料如果仓库或现场没有或者不够,要由材料管理人员及时填制请购单请购。

(3) 请购单要经负责人批准。采购人员要根据批准的请购单进行采购,不要搞计划外的采购。

(4) 材料购入,不论进仓或者堆在现场,都要验收,都要记入料账。验收要填验收单(或收料单),验收单要有采购员、材料保管员的签名或盖章。并且要记入料账之后,财务才能核付料款。

(5) 队、组领料要指定专人(如工具保管员)办理,要填领料单,要经过队组长签名或盖章同意,仓库才能凭单发料,并要记入料账。不论从仓库里发或者从施工现场料堆里发,都要同样办理手续。

(6) 施工余料要及时退库。退库要填红字领料单,仓库要用红字记入(发出)料账,施工单位不要设"小仓库"。

(7) 材料管理员要对经手保管的器材物资的数量、质量、安全、调度负责。要及时做好记账、算账、报账工作。每到季末、年末要对库存物资进行全面清点。清点结果，如有多余或缺少的情况，要查明原因，报告领导，要根据领导批准的处理决定，调查账目，使账物相符。

(8) 材料管理员每月要根据领料单或料账，按施工队分类汇总，公布领用物资报表，同时要抄送财务核算部门。

(9) 财务核算部门与材料管理部门要密切配合，要根据计划预算和采购、收料、领发单等凭证，随时对账查物。要做到账物相符，账卡相符，账表相符。

(10) 材料管理员要照规定向上级物资部门报送报表，报表要保质、保量、及时、正确。报表要经财务会核，领导签名或盖章。

9.2.3 园林工程施工机械设备管理

1) 园林工程施工机械设备管理概述

(1) 园林工程施工机械设备管理概念　园林工程建设、施工活动，都离不开各种生产工具，其中属于机械之类的生产工具，通常称为施工机械设备。所谓园林工程施工机械设备管理，就是对机械设备运动全过程进行计划、组织和控制。机械设备运动的过程中，存在着两种运动形态：一种是机械设备的物质运动形态，包括从设备的选购、验收、保管、使用、维修、更新改造以及设备的处理等；另一种是机械设备的价值运动形态，包括机械设备的最初投资、维修费用支出、折旧、更新改造资金的筹措与支出等。前者通常称为机械设备的技术管理，后者称为机械设备的经济管理。施工机械设备管理是园林工程建设管理的组成部分。机械设备管理水平高低，直接影响施工质量和经济效益。

生产工具的类型是生产力和社会发展水平的标志。社会生产的发展总是从生产力，首先是从生产工具的变化发展开始的。在生产力诸因素中，生产工具最能显示时代特征。园林工程建设行业装备比较落后，机械化程度不高，是目前比较突出的问题。实行机械化施工，是园林工程建设的努力方向。运用现代技术，广泛地使用机械操作，才能逐步改变传统的操作方法，摆脱繁重的体力劳动，降低劳动强度，提高劳动生产率，提高工程质量和服务质量。

在园林工程建设单位中除少数实行企业管理的单位以外，大多偏重于机械设备的技术管理，而对设备的经济管理注意不够。传统的管理方法，往往只注意设备的使用这个环节，而忽视了对设备选择、能耗、维修、更新等环节的经济评价。使用园林工程建设施工机械装备的基本原则是"经济、有效"。扩大机械装备要注意它在生产上的功能和效益。同时，也要考虑它的经济消耗，如能源消耗、维修费用、操作费用等。从多方面权衡经济得失，要以最低的经济代价，获得最高的经济效益为前提。

(2) 园林工程施工机械设备管理的内容　园林工程施工机械设备的装备，必须从我国的经济水平出发，尤其要从园林行业的实际情况出发，注意总结工作中的经验教训，从需要和可能两个方面考虑，有计划、有步骤地进行。从具体工程施工看，在园林工程建设中，不少工种是属于手工性质的劳动，不可能用机械代替，必须保持手工操作特色。也就是说，要实事求是，从实际出发，既要注意提高劳动生产率，又要注意提高园林工程建设质量。

要注意机械装备的系列化，要"配套成龙"。如动力机与作业机的配套，主机与副机的配套，运转与维修的配套等。防止因机具不配套而造成浪费。首先要装备那些劳动强度大，影响劳动安全的工种；装备那些工作量集中，容得下机械操作的工种；装备那些投资小、见效快、经济效果显著的工种；装备那些条件比较成熟、有把握的工种。

2) 园林工程机械设备管理的基本要求

(1) 慎重地选购设备　机械设备管理要树立为生产服务的思想。它包括的内容很广，要克服把管理的内容局限在维修保养的范围内，机械设备的维修保养，是保证设备经常处于良好技术状态所必需的，但是维修保养仅仅是机械设备运动中的一个阶段。而合理地购置设备，则是设备管理的基础。如果不做严格的技术经济分析与审查，就草率地购置进来，在生产时不适用，或者老出毛病，最后成了"包袱"，那样浪费就大了。所以在购买设备时必须严格把关,不购质量不过关、品种不适用的产品。根据技术的全面评价,确定机具设备的选择,是机械设备管理的第一个环节。

选择机械设备应考虑的主要因素如下:

① 机械设备的适应性　一般说,机械设备的生产效率越高,产量越大,劳动生产率越高,经济效益就越好。但是,必须切合实际,不能脱离园林工程建设施工的特点,离开本身的需要与可能,片面追求先进的机械设备。

② 机械设备的可靠性　要考虑设备本身的质量是否经久耐用,使用寿命的长短;同时要考虑设备对工程质量的保证程度如何。

③ 机械设备的安全性　主要是指机械设备预防事故的能力。

④ 机械设备的节能性　是指机械设备节省能源消耗的性能,切不可选购那些"煤老虎"、"油老虎"、"电老虎"。

⑤ 机械设备的维修性　是指机械设备维修的难易程度。维修性好不好,影响机械设备维修费用的高低。要注意选择维修方便,容易获得零配件,供方技术服务好的机械设备。

⑥ 机械设备的环保性　这一点在园林工程建设方面尤其重要。它是指机械设备的噪声和排放的有害物质对环境污染的程度。应选择各项指标在环境保护标准允许范围以内的设备。

(2) 严格地管理园林工程施工机械设备　有的单位机具损坏多、利用率低、油物料消耗大、作业成本高或长期闲置,没有充分发挥应有的作用。其中一个重要原因就是管理不善,没有健全的管理制度。机械设备管理涉及的问题很多,主要应做好以下几个方面的工作:

① 合理使用机械设备　机械设备只有投入施工才能发挥其作用。闲置不用等于一堆废铁,不仅积压资金,而且白白招致损耗。因此,衡量一个工程建设机械化水平,不仅要看机械设备的数量,更重要的要看有效的利用情况。利用问题是一个重大的经济问题,加强机械设备管理要达到高效、优质、低耗、安全的要求。所谓高效,就是最大限度地提高机械设备的利用率。所谓优质,就是在施工作业过程中,施工质量符合技术要求,保证提高工程质量和按时完成施工项目。所谓低耗,就是能源消耗少、成本低。所谓安全,就是在严格执行技术操作规程和安全制度的情况下,能够确保人身和机具安全。

② 提高机械设备的利用率和工作效率　提高机械设备的利用率,以利用时间的多少来反映利用水平。通常用完成多少个作业班次来衡量它的利用率。当然,在园林工程建设中,季节性很强,有的机具在某些季节里是没有作业任务的,对它的利用率要另作计算。为了提高利用率,首先要从提高机械设备的完好率和出勤率入手。为了提高机械设备的完好率,施工单位的机械设备管理应该根据技术要求,制定技术状态标准,这对于充分利用现有机械设备有重要意义。

在实际工作中,影响机械设备出勤作业的因素很多,除季节、阴雨、冰冻等自然因素和技术因素以外,管理和调度方面的因素尤其重要,如机械设备不配套,有动力没有作业工具;和其他工种的配合不协调等问题,都直接影响机械设备工作效率的发挥。

③ 实行定额管理　要因地制宜地制定各种不同型号,不同机具的定额。例如,各项作业的班次工作量定额、油料消耗定额、保养修理定额等。并通过日常的统计资料和经验总结,及时地对不合理的定额加以修订,以保持定额的准确和合理。

④ 加强机械设备的维修、保养工作　机械设备只有经常保持良好的技术状态,才能够保证正常作业,达到高效、优质、低耗、安全的要求,需要根据机械设备使用的特点,加强维修保养工作。园林工程建设有很强的季节性,机械作业也有明显的季节性,有的专用机械在一年内只能在较短的时间内利用,在较长的时间内闲置起来,需要加强保养和维修。由于园林机具在露天作业,经常处在日晒夜露的侵蚀之下,易于引起锈蚀损坏,更加需要加强维修和保养,以延长其使用年限。

在机械设备的维修和修理工作中,要贯彻"防重于治,养重于修"的方针,建立完整的维修管理制度,坚决克服只用不养,热衷于"弃旧换新"的做法。

⑤ 加强机械设备专业队伍的培养　培养一支掌握园林机械的专业队伍,是管好、用好园林机械设备的

基本条件。有一定机械装备的施工单位，都应该建立专业机械设备队或班组。所有专业人员都要经过专业培训，严格地执行考核审证制度。按照国家规定，取得合格证书后，才能担当相应的技术岗位。

⑥ 建立机械设备人员岗位责任制　岗位责任制是从组织上、制度上规定基层机具队或班组每个成员的工作岗位及其所负的职责，以明确分工，各负其责。对驾驶员、机械操作员、修理工等生产人员，要分别规定他们的职责范围和工作要求，建立维修保养制度、交接班制度和安全生产制度，并且把责任落实到人。

在制定各种施工定额、油耗定额、维修定额的基础上，建立相应的考核制度，对施工的质量和数量、油料消耗、维修费用指标、技术保养质量、安全生产等进行考核，对完成和超额完成任务的，按照多劳多得的原则，给予一定的奖励。违章作业、造成事故、损坏机械设备的要给以处罚。实行责任制，可以使机械设备人员明确自己的工作任务，有利于调动职工的积极性和主动性；合理使用机械设备，发挥机械设备效能，保证各项工程按时按质完成，达到精打细算，节约开支，降低成本的要求。

(3) 园林工程建设机械设备管理工作的要点

① 各单位应确定专职或兼职机械设备管理人员，负责机械设备的管理工作；

② 所有机械设备，都要建立台账制度，必须做到账、物相符；

③ 如需购置机械设备，应经单位负责人批准；

④ 机械设备购置后，都要登记入账，机械设备调用单等各种原始凭证要妥善保存；

⑤ 机械设备如需调拨，必须经上级批准，并办理调拨手续，做好出入账登记工作，调拨单应签章健全，妥善保存；

⑥ 机械设备如需报废，必须由单位领导组织有关人员进行鉴定，并办理报废手续，报上级审批。待报废机械必须保持零部件完整；

⑦ 机械设备的使用，应确定专人负责，遵守操作规程和维护保养守则，未经许可，不得任意操作、驾驶，不得任意拆改机械设备。

9.3　园林工程施工质量和技术管理

9.3.1　园林工程施工的质量管理

1) 基本概念

(1) 质量管理　国家标准GB/T 6583—94对"质量管理"的定义是："确定质量方针、目标和职责并在质量体系中通过诸如质量策划、质量控制、质量保证和质量改进使其实施全部管理职能的所有活动"。

施工项目的质量管理的首要任务是确定质量方针、目标和职责，核心是建立有效的质量体系，通过质量策划、质量控制、质量保证、质量改进，确保质量方针、目标的实施和实现。

由于建设工程质量的复杂性及重要性，质量管理应由项目经理负责，并要求参加项目施工的全体职工参与并从事质量活动，才能有效地实现预期的方针和目标。

(2) 全面质量管理　国家标准GB/T 6583—94对"全面质量管理"的定义是："一个组织以质量为中心，以全员参与为基础，目的在于通过让顾客满意和本组织所有成员及社会受益而达到长期成功的管理途径"。

(3) 质量控制　国家标准GB/T 6583—94对"质量控制"的定义是："为达到质量要求所采取的作业技术和活动。"

园林建设产品质量有个产生、形成和实现的过程。在此过程中为使产品具有适用性，需要进行一系列的作业技术和活动，必须使这些作业技术和活动在受控状态下进行，才能生产出满足规定质量要求的产品。质量控制要贯穿项目施工的全过程，包括施工准备阶段、施工阶段、交工验收阶段和保修阶段。

2) 全面质量管理的程序

质量管理和其他各项管理工作一样，要做到有计划、有措施、有执行、有检查、有总结，才能使整个管理工作循序渐进，保证工程质量不断提高。为不断揭示项目施工过程中在生产、技术、管理诸方面的质量问题,通常采用PDCA循环方法。该方法就是先有分析,提出设想,安排计划,按计划执行。执行中进行动态检查、控制和调整,执行完成进行后总结处理PDCA分为四个阶段,即质量计划(P)、执行(D)、检查(C)、处理(A)阶段。

四个阶段又可具体分为八个步骤：

(1) 第一阶段为质量计划(P)阶段　确定任务、目标、活动计划和拟定措施,可分为四个步骤：

第一步,分析现状,找出存在的质量问题,并用数据加以说明。

第二步,掌握质量规格、特性,分析产生质量问题的各种因素,并逐个进行分析。

第三步,找出影响质量问题的主要因素,通过抓主要因素解决质量问题。

第四步,针对影响质量问题的主要因素,制定计划和活动措施。计划和措施应该具体明确,有目标、有期限、有分工。

(2) 第五步,即第二阶段,为质量计划执行(D)阶段　按照计划要求及制定的质量目标、质量标准、操作规程去组织实施,进行作业标准教育,按作业标准施工。

(3) 第六步,即第三阶段,为检查(C)阶段　通过作业过程、作业结果将实际工作结果与计划内容相对比,通过检查,看是否达到预期效果,找出问题和异常情况。

(4) 第七步,即第四阶段,为处理(A)阶段　处理检查结果,按检查结果总结成败两方面的经验教训,成功的纳入标准、规程,予以巩固;不成功的,出现异常时,应调查原因,消除异常,总结经验,改正缺点,吸取教训,引以为戒,防止再次发生。

(5) 第八步,处理本循环尚未解决的遗留问题,转入下一循环中去,通过再次循环求得解决。

随着管理循环的不停转动,原有的矛盾解决了,又会产生新的矛盾,矛盾不断产生而又不断被克服,克服后又产生新的矛盾,如此循环不止。每一次循环都把质量管理活动推向一个新的高度。

3) 园林工程建设施工全面质量管理的步骤

第一步,制定推进规划。根据全面质量管理的基本要求,结合施工项目的实际情况,提出分析阶段的全面质量管理目标,进行方针目标管理,以及实现目标的措施和办法。

第二步,建立综合性的质量管理机构。选拔热心于全面质量管理、有组织能力、精通业务的人员组建各级质量管理机构,负责推行全面质量管理工作。

第三步,建立工序管理点。在工序作业中的薄弱环节或关键部位设立管理点,保证园林建设项目的质量。

第四步,建立质量体系。以一个施工项目作为一个系数,建立完整的质量体系。项目的质量体系由各部门和各类人员的质量职责和权限、组织结构、所必需的资源和人员、质量体系各项活动的工作程序等组成。

第五步,开展全过程的质量管理。即施工准备工作、施工过程、竣工交付和竣工后服务的质量管理。

4) 施工准备阶段的质量管理的内容

园林工程施工准备是为保证园林施工正常进行而必须事先做好的工作。施工准备不仅在工程开工前要做好,而且贯穿于整个施工过程。施工准备的基本任务就是为工程建立一切必要的施工条件,确保施工生产顺利进行,确保工程质量符合要求。

(1) 研究和会审图纸及技术交底　通过研究和会审图纸,可以广泛听取使用人员、施工人员的正确意见,弥补设计上的不足,提高设计质量;可以使施工人员了解设计意图、技术要求、施工难点。

技术交底是施工前的一项重要准备工作,以使参与施工的技术人员与工人了解承建工程的特点、技术要求、施工工艺及施工操作要求等。

(2) 施工组织设计　施工组织设计是指导施工准备和组织施工的全面性技术经济文件。

对施工组织设计,要求进行两个方面的控制:一是选定施工方案后,制定施工进度时,必须考虑施工顺序、施工流向,主要分部、分项工程的施工方法,特殊项目的施工方法和技术措施能否保证工程质量;二是制定施工方案时,必须进行技术经济比较,使园林建设工程满足符合设计要求以及保证质量,求得施工工期短、成本低、安全生产、效益好的施工过程。

(3) 现场勘察"三通一平"和临时设施的搭建　掌握现场地质、水文勘察资料，检查"三通一平"、临时设施搭建能否满足施工需要，保证工程顺利进行。

(4) 物资准备　检查原材料、构配件是否符合质量要求；施工机具是否可以进入正常运行状态。

(5) 劳动力准备　施工力量的集结，能否进入正常的作业状态；特殊工种及缺门工种的培训，是否具备应有的操作技术和资格；劳动力的调配，工种间的搭接，能否为后续工种创造合理的、足够的工作面。

5) 施工阶段的质量管理

按照施工组织设计总进度计划，编制具体的月度和分项工程施工作业计划和相应的质量计划。对材料、机具设备、施工工艺、操作人员、生产环境等影响质量的因素进行控制，以保持园林建设产品总体质量处于稳定状态。

(1) 施工工艺的质量控制　工程项目施工应编制"施工工艺技术标准"，规定各项作业活动和各道工序的操作规程、作业规范要点、工作顺序、质量要求。上述内容应预先向操作者进行交底，并要求认真贯彻执行。对关键环节的质量、工序、材料和环境应进行验证。使施工工艺的质量控制符合标准化、规范化、制度化的要求。

(2) 施工工序的质量控制　施工工序质量控制的最终目的是要使园林建设项目保质保量的顺利竣工，达到工程项目设计要求。

施工工序质量控制，它包括影响施工质量的五个因素（人、材料、机具、方法、环境），使工序质量的数据波动处于允许的范围内；通过工序检验等方式，准确判断施工工序质量是否符合规定的标准，以及是否处于稳定状态；在出现偏离标准的情况下，分析产生的原因，并及时采取措施，使之处于允许的范围内。

对直接影响质量的关键工序，对下道工序有较大影响的上道工序，对质量不稳定、容易出现不良情况的工序，对用户反馈和过去有过返工的不良工序设立工序质量控制（管理）点。设立工序质量控制点的主要作用，是使工序按规定的质量要求和均匀的操作而能正常运转，从而获得满足质量要求的最多产品和最大的经济效益。对工序质量管理点要确定合理的质量标准、技术标准和工艺标准；还要确定控制水平及控制方法。

对施工质量有重大影响的工序，对其操作人员、机具设备、材料、施工工艺、测试手段、环境条件等因素进行分析与验证，并进行必要的控制。同时做好验证记录，以便向建设单位证实工序处于受控状态。工序记录的主要内容为质量特性的实测记录和验证签证。

(3) 人员素质的控制　定期对职工进行规程、规范、工序工艺、标准、计量、检验等基础知识的培训和开展质量管理和质量意识教育。

(4) 设计变更与技术复核的控制　加强对施工过程中提出的设计变更的控制。重大问题须经建设单位、设计单位、施工单位三方同意，由设计单位负责修改，并向施工单位签发设计变更通知书。对建设规模、投资方案等有较大影响的变更，须经原批准初步设计单位同意，方可进行修改。所有设计变更资料，均需有文字记录，并按要求归档。

对重要的或影响全局的技术工作，必须加强复核，避免发生重大差错，影响工程质量和使用。

6) 竣工验收阶段的质量控制

(1) 工序间的交工验收工作的质量控制　工程施工中往往上道工序的质量成果被下道工序所覆盖；分项或分部工程质量成果被后续的分项或分部工程所掩盖。因此，要对施工全过程的分项与分部施工的各工序进行质量控制。要求班组实行保证本工序、监督前工序、服务后工序的自检、互检、交接检和专业性的"中间"质量检查，保证不合格工序不转入下道工序。出现不合格工序时，做到"三不放过"（原因未查清不放过，责任未明确不放过，措施未落实不放过），并采取必要的措施，防止再发生。

(2) 竣工交付使用阶段的质量控制　单位工程或单项工程竣工后，由施工项目的上级部门严格按照设计图纸、施工说明书及竣工验收标准，对工程的施工质量进行全面鉴定，评定等级，作为竣工交付的依据。工程进入交工验收阶段，应有计划、有步骤、有重点地进行收尾工程的清理工作，通过交工前的预验收，找出漏项项目和需要修补的工程,并及早安排施工。还应做好竣工工程产品保护,以提高工程的一次成优及减少竣工后返工整修。工程项目经自检、互检后,与建设单位、设计单位和上级有关部门进行正式的交工验收工作。

7) 园林工程建设质量持续改进

园林工程建设的不同施工阶段质量管理内容复杂,要及时检查不同阶段的施工质量控制管理存在的问题,处理检查结果,按检查结果总结成败两方面的经验教训,成功的纳入标准、规程,予以巩固;不成功的,出现异常时,应调查原因,消除异常,吸取教训,引以为戒,防止再次发生。正是经过这样的不断总结和改进,使上一轮质量管理中未解决的问题,争取在本轮质量管理中得到解决,本轮施工质量管理中遇到的新问题,尽量在本轮中解决,如果解决不了,争取在下轮质量管理中求得解决。随着质量管理循环的不停转动,原有的矛盾解决了,又会产生新的矛盾,矛盾不断产生而不断被克服,克服后又产生新的矛盾,如此循环不止。每一次循环都把质量管理活动推向一个新的高度,使园林工程建设质量持续改进。

8) 园林工程建设质量检验与评定

质量检验和评定是质量管理的重要内容,是保证园林作品能满足设计要求及工程质量的关键环节。质量检验应包含园林作品质量和施工过程质量两部分,前者应以安全程度、景观水平、外观造型、使用年限、功能要求及经济效益为主;后者则以工作质量为主,包括设计、施工、检查验收等环节。因此,对上述全过程的质量管理构成了园林工程项目质量全面监督的主要内容。

(1) 质量检验相关的内容　质量检验是质量管理的重要环节,搞好质量检验,能确保工程质量,达到用最经济的手段创造出最佳的园林艺术作品的目的。因此,重视质量检验,树立质量意识,是园林工作者的起码素质。要切实做好这一工作,必须做好以下8方面的工作:

①认真分析园林工程质量标准,研究质量保证体系;②熟悉工程所需的材料、设备检验资料;③进行施工过程中的工作质量管理;④做好与质量相关的情报系统工作;⑤对所有采用的质量方法和手段进行反馈研究;⑥对技术人员、管理人员及工人开展质量教育与培训;⑦定期进行质量工作效果和经验分析、总结;⑧及时对质量问题进行处理并采取相关措施。

(2) 质量检验和评定的分析　要搞好质量检验和评定,必须做好以下几方面的准备工作:

① 根据设计图纸、施工说明书及特殊工序说明事项等资料分析工程的设计质量,再依照设计质量确定相应的重点管理项目,最后确定管理对象(施工对象)的质量特性;

② 按质量特性拟定质量标准,并注意确定质量允许误差范围;

③ 利用质量标准制定严格的作业标准和操作规程,做好技术交底工作;

④ 进行质检质评人员的技术培训。

9.3.2 园林工程施工的技术管理

技术是人类为实现社会需要而创造和发展起来的手段、方法和技能的总称。它是技术工作中的技术人才、技术设备和技术资料等要素的综合。

园林工程施工的技术管理是指对企业全部生产技术工作的计划、组织、指挥、协调和监督,是对各项技术活动的技术要素进行科学管理的总和。搞好园林工程的技术管理工作,要从园林工程的特点出发,以优质、快速和低耗的原则为标准,把科学技术、经济与管理密切结合起来,使科学技术的成果及时转化为生产力,从而有利于提高园林工程建设的技术水平,充分发挥现有施工队伍和机械设备的能力,提高劳动生产率,降低园林工程建设成本,增强施工企业的竞争力,提高经济效益和社会效益。

1) 园林工程技术管理的组成

施工企业的技术管理工作主要由施工技术、施工过程和技术开发工作三方面组成,园林工程建设施工的技术管理组成如图9.1所示。

2) 园林工程技术管理的特点

根据园林工程具有很强的艺术性和生物性的特点,在园林工程施工过程中,要采取相关的、科学的技术手段和合理的组织技术管理。

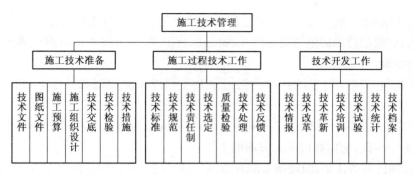

图 9.1 园林工程建设施工的技术管理组成

(1) 园林工程技术管理具有技术与艺术相结合的综合性　园林工程涉及的工程范围广,有硬质景观(如小型园林建筑、广场、园路、小品设施、土建、照明、给排水等)和软质景观(如绿化工程),其施工过程是工程技术、生物技术和景观艺术的完美结合。只有这样才能做出园林的精品工程,完全展现高超的设计效果。因此,在施工中要尽可能地使用先进的科学技术手段,遵循和利用自然规律,创造出园林企业自己的施工技术体系和风格。

(2) 园林工程技术管理各环节具有密切相关性　园林工程建设过程中,各项技术措施是密切相关的,在协调妥当的情况下,可以相互促进;在协调失当的情况下,可能相互矛盾。因此,园林工程建设技术管理的相关性在园林工程施工中具有特殊意义。例如,栽植工程的起苗、运苗、植苗与管护;园路工程的基层与面层;假山工程的基础、底层、中层、压顶等环节都是相互依赖、相互制约的。上道工序技术应用得好,保证了质量,就为下道工序打好了基础,才能保证整个项目的质量。相反,上道工序技术出现问题,就会影响下道工序的进行和质量,甚至影响全项目的完成和质量要求。

(3) 园林工程技术管理呈多样性　园林工程技术的应用主要是绿化施工和园林建筑施工,但两者所应用的材料是多样的,选择的施工方法是多样的,这就要求有与之相适应的不同工程技术,因此园林技术具有多样性。

(4) 园林工程技术管理呈现季节性　园林工程建设多为露天施工,受气候等外界因素影响很大,季节性较强,尤其是土方工程,栽植工程等。应根据季节不同,采取不同的技术措施,使之能适应季节变化,创造适宜的施工条件。

3) 园林工程技术管理的内容

(1) 建立技术管理体系,加强技术管理制度建设　要加强技术管理工作,充分发挥技术优势,施工单位应该建立健全技术管理机构,形成单位内纵向的技术管理关系和对外横向的技术协作关系,使之成为以技术为导向的网络管理体系。要在该体系中强化高级技术人员的领导作用,设立总工程师为核心的三级技术管理系统,重视各级技术人员的相互协作,并将技术优势应用于园林工程施工之中。

对于施工企业,仅仅建立稳定的技术管理机构是不够的,应充分发挥机构的职责,制定和完善技术管理制度,并使制度在实际工作中得到贯彻落实。为此,园林施工单位应建立以下制度:

① 图纸会审管理制度　施工单位应认识到设计图纸会审的重要性。园林工程建设是综合性的艺术作品,它展示了作者的创作思想和艺术风格。因此,熟悉图纸是搞好园林施工的基础工作,应给以足够的重视。通过会审还可以发现设计与现场实际的矛盾,研究确定解决办法,为顺利施工创造条件。

② 技术交底制度　施工企业必须建立技术交底制度,向基层组织交代清楚施工任务、施工工期、技术要求等,避免盲目施工,操作失误,影响质量,延误工期。

③ 计划先导的管理制度　计划、组织、指挥、协调与监督是现代施工管理五大职能。在施工管理中要特别注意发挥计划职能。要建立以施工组织设计为先导的技术管理制度,用以指导施工。

④ 材料检查制度　材料、设备的优劣对工程质量有重要影响,为确保园林工程建设的施工质量,必须建立严格的材料检查制度。要选派责任心强、懂业务的技术人员负责这项工作,对园林施工中一切材料(含苗木)、设备、配件、构件等进行严格检验、坚持标准,杜绝不合格材料进场,以保证工程质量。

⑤ 基层统计管理制度　基层施工单位多是施工队或班组直接进行工程施工活动,是施工技术直接应用或操作者。因此,应根据技术措施的贯彻情况,做好原始记录,作为技术档案的重要部分,也为今后的技术工作提供宝贵的经验。

技术统计工作也包括施工过程的各种数据记录及工程竣工验收记录。以上资料应整理成册,存档保管。

(2) 建立技术责任制　园林工程建设技术性要求高,要充分发挥各级技术人员的作用,明确其职权和责任,便于完成任务。为此,应做好以下几方面的工作:

① 落实领导任期技术责任制,明确技术职责范围　领导技术责任制是由总工程师、主任工程师和技术组长构成的以总工程师为核心的三级管理责任制。其主要职责是:全面负责单位内的技术工作和技术管理工作;组织编制单位内的技术发展规划,负责技术革新和科研工作;组织会审各种设计图纸,解决工程中的技术关键问题;制定技术操作规程、技术标准及各种安全技术措施;组织技术培训,努力提高职工业务技术水平。

② 保持单位内技术人员的相对稳定　避免频繁调动,以利技术经验的积累和技术水平的提高。

③ 要重视特殊技术人员的作用　园林工程中的假山置石、盆景花卉、古建雕塑等需要丰富的技术经验,而掌握这些技术的绝大多数是老工人或老技术人员,要鼓励他们继续发挥技术特长,充分调动他们的积极性。同时要搞好传、帮、带工作,制定以老带新计划,使年轻人学习、继承他们的技艺,更好地为园林艺术服务。

(3) 加强技术管理法制工作　加强技术管理法制工作是指园林工程施工中必须遵照园林有关法律法规及现行的技术规范和技术规程。技术规范是对建设项目质量规格及检查方法所做的技术规定;技术规程是为了贯彻技术规范而对各种技术程序操作方法、机械使用、设备安装、技术安全等诸多方面所做的技术规定。由技术规范、技术规程及法规共同构成工程施工的法律体系,必须认真遵守执行。

① 法律法规　合同法、环境保护法、建筑法、森林法、风景名胜区管理暂行条例及各种绿化管理条例等。

② 技术规范　公园设计规范;森林公园设计规范;建筑安装工程施工及验收规范;安装工程质量检验标准;建筑安装材料技术标准、架空索道安全技术标准等。

③ 技术规程　施工工艺规程、施工操作规程、安全操作规程、绿化工程技术规程等。

9.4　园林工程施工安全管理

安全生产管理是施工中避免发生事故,杜绝劳动伤害,保证良好施工环境的管理活动。它是保护职工安全健康的企业管理制度,是搞好工程施工的重要措施。因此,园林施工单位必须高度重视安全生产的管理,把安全工作落实到工程计划、设计、施工、检查等各个环节,把握施工中重要的安全管理要点,做到预防为先,安全生产。

9.4.1　园林工程施工安全管理计划

1) 施工项目安全控制的概念

园林施工项目安全控制是在项目施工的全过程中,运用科学管理的理论、方法,通过法规、技术、组织等手段进行的规范劳动者行为,控制劳动对象、劳动手段和施工环境条件,消除或减少不安全因素,使人、物、环境构成的施工生产体系达到最佳安全状态,实现项目安全目标等一系列活动的总称。

2) 制定安全生产管理计划的基本原则

(1) 管生产必须管安全的原则;

(2) 安全第一的原则;

(3) 预防为主的原则;

(4) 动态控制的原则;

(5) 全面控制的原则；
(6) 现场安全为重点的原则。

3) 制定安全生产管理计划

安全生产管理计划要由有多年安全管理经验的人员来制定,其制定可以根据施工项目的工程内容,结合施工组织计划和施工进度计划来进行,尤其是对于那些容易产生人员伤亡的园林工程如高空作业工程、需要使用机械或电力器具的工程要重点制定,以预防为主。安全生产管理计划要明确在什么单项工程阶段,由专人负责,通过那些手段来避免人员伤亡,如需要使用机械或电力器具的工程通过技术培训合格后再上岗,讲解安全预防知识,进出工地要佩戴安全帽等等,安全生产管理计划要制定得疏而不漏,保证园林工程建设有条不紊地安全进行。

9.4.2 安全管理计划的实施

1) 建立安全生产制度

安全生产制度必须符合国家和地区的有关政策、法规、条例和规程,并结合园林施工项目的特点,明确各级各类人员安全生产责任制,要求全体人员必须认真贯彻执行。为此,应做好以下几方面工作:

(1) 各级领导和职工要强化安全意识,不得忽视任何环节的安全要求;加强劳动纪律,克服麻痹思想。

(2) 建立完善的安全生产管理体系。要有相应的安全组织,配备专人负责。做到专管成线,群管成网。

(3) 建立完善健全必要的安全制度,如安全技术教育制度、安全保护制度、安全技术措施制度、安全考勤制度和奖惩制度、伤亡事故报告制度及安全应急制度等。

2) 贯彻安全技术管理

编制园林施工组织设计时,必须结合工程实际,编制切实可行的安全技术措施,严格贯彻执行各种技术规范和操作规程。如电气安装安全规定、起重机械安全技术管理规程、建筑施工安全技术规程、交通安全管理制度、架空索道安全技术标准、防暑降温措施实施细则、沙尘危害工作管理细则及危险物安全管理制度等。

制定具体的施工现场安全措施,必须详细、认真按施工工序或作业类别,譬如土方挖掘、脚手架、高空搬运、电气安装、机械操作、栽植过程中安全要求及苗木成活要求等制定相应的安全措施,并做好安全技术交底工作。现场内要建立良好的安全作业环境,例如悬挂安全标志,标贴安全宣传品,佩戴安全袖章、徽章,举办安全技术讨论会、演示会,召开定期安全总结会议等。

要求全体人员必须认真贯彻执行。执行过程中发现问题,应及时采取妥善的安全防护措施。要不断积累安全技术措施在执行过程中的技术资料,进行研究分析,总结提高,以利于以后工程的借鉴。

3) 坚持安全教育和安全技术培训

组织全体园林施工人员认真学习国家、地方和本企业的安全生产责任制、安全技术规程、安全操作规程和劳动保护条例等。新工人进入岗位之前要进行安全教育,特种专业作业人员要进行专业安全技术培训,考核合格后方能上岗。要使全体职工经常保持高度的安全生产意识,牢固树立"安全第一"思想。

4) 强化安全生产指标

将安全生产指标作为签定承包合同时一项重要考核指标。

9.4.3 园林工程施工安全检查

为了确保园林建设工程安全生产,必须要有监督监察。安全检查员要经常查看现场,及时排除施工中的不安全因素,纠正违章作业,监督安全技术措施的执行,不断改善劳动条件,防止工伤事故的发生。

9.4.4 安全隐患和安全事故处理

1) 安全隐患处理

在施工生产中,为了及时发现事故隐患,堵塞事故漏洞,防患于未然,必须对安全生产进行监督检查。要结合季节特点,制定防洪、防雷电、防坍塌、防高处坠落等措施。以自查为主,贯彻领导与群众相结合的检查原则,做到边查边改。

2) 施工伤亡事故处理程序

施工生产场所,发生伤亡事故后,负伤人员或最先发现事故的人应立即报告项目领导。项目安技人员根据事故的严重程度及现场情况立即上报上级业务系统,并及时填写伤亡事故表上报企业。

企业发生重伤和重大伤亡事故,必须立即将事故概况(含伤亡人数,发生事故时间、地点、原因等),用最快的办法分别报告企业主管部门、行业安全管理部门和当地劳动部门、公安部门、检察院及工会。发生重大伤亡事故,各有关部门接到报告后应立即转告各自的上级管理部门。其处理程序如下。

(1) 迅速抢救伤员、保护事故现场　事故发生后,现场人员切不可惊慌失措,要有组织,统一指挥。首先抢救伤亡和排除险情,尽量制止事故蔓延扩大;同时注意,为了事故调查分析的需要,应保护好事故现场;如因抢救伤亡和排除险情而必须移动现场构件时,还应准确做出标记,最好拍出不同角度的照片,为事故调查提供可靠的原始事故现场。

(2) 组织调查组　企业在接到事故报告后,经理、主管经理、业务部门领导和有关人员应立即赶赴现场组织抢救,并迅速组织调查组开展调查。发生人员轻伤、重伤事故,由企业负责人或指定的人员组织施工生产、技术、安全、劳资、工会等有关人员组成事故调查组,进行调查。死亡事故由企业主管部门会同现场所在地区的市(或区,劳动部门、公安部门、人民检察院、工会组成事故调查组进行调查。重大死亡事故应按企业的隶属关系,由省、自治区、直辖市企业主管部门或国务院有关主管部门、公安、监察、检察部门、工会组成事故调查组进行调查。也可邀请有关专家和技术人员参加。调查组成员中与发生事故有直接利害关系的人员不得参加调查工作。

(3) 现场勘察　调查组成立后,应立即对事故现场进行勘察。因现场勘察是项技术性很强的工作,它涉及广泛的科学技术知识和实践经验。因此勘察时必须及时、全面、细致、准确、客观地反映原始面貌,其勘察的主要内容有:

① 作出笔录　发生事故的时间、地点、气象等;现场勘察人员的姓名、单位、职务;现场勘察起止时间、勘察过程;能量逸散所造成的破坏情况、状态、程度;设施设备损坏或异常情况及事故发生前后的位置;事故发生前的劳动组合,现场人员的具体位置和行动;重要物证的特征、位置及检验情况等。

② 实物拍照

方位拍照:反映事故现场周围环境中的位置;

全面拍照:反映事故现场各部位之间的联系;

中心拍照:反映事故现场的中心情况;

细目拍照:揭示事故直接原因的痕迹物、致害物等;

人体拍照:反映伤亡者主要受伤和造成伤害的部位。

③ 现场绘图　根据事故的类别和规模以及调查工作的需要应绘制出下列示意图:

建筑物平面图、剖面图;事故发生时人员位置及疏散(活动)图;破坏物立体图或展开图;涉及范围图;设备或工、器具构造图等。

(4) 分析事故原因、确定事故性质　事故调查分析的目的,是为了通过认真调查研究,搞清事故原因,以便从中吸取教训,采取相应措施,防止类似事故重复发生,分析的步骤和要求是:

① 通过详细的调查,查明事故发生的经过。要弄清事故的各种产生因素,如人、物、生产和技术管理、生产和社会环境、机械设备的状态等方面的问题,经过认真、客观、全面、细致、准确的分析,确定事故的性质和责任。

② 事故分析时,首先整理和仔细阅读调查材料,按 GB6411—86 标准附录 A,对受伤部位、受伤性质、起因物、致害物、伤害方法、不安全行为和不安全状态等七项内容进行分析。

③ 在分析事故原因时,应根据调查所确认的事实,从直接原因入手,逐步深入到间接原因。通过对原因的分析,确定出事故的直接责任者和领导责任者,根据在事故发生中的作用,找出主要责任者。

④ 确定事故的性质。工地发生伤亡事故的性质通常可分为责任事故,非责任事故和破坏性事故。事故的性质确定后,也就可以采取不同的处理方法和手段了。

⑤ 根据事故发生的原因,找出防止发生类似事故的具体措施,并应定人、定时间、定标准,实行措施的全部内容。

(5) 写出事故调查报告　事故调查组在完成上述几项工作后,应立即把事故发生的经过、原因、责任分析和处理意见及本次事故的教训、估算和实际发生的损失,对本事故单位提出的改进安全生产工作的意见和建议写成文字报告,经全调查组同志会签后报有关部门审批。如组内意见不统一,应进一步弄清事实,对照政策法规反复研究,统一认识。不可强求一致,但报告上应言明情况,以便上级在必要时进行重点复查。

(6) 事故的审理和结案　事故的审理和处理结案,同企业的隶属关系及干部管理权限一致。一般情况下县办企业和县以下企业,由县审批;地、市办的企业由地、市审批;省、直辖市企业发生的重大事故,由直属主管部门提出处理意见,征得劳动部门意见,报主管委、办、厅批复。

建设部对事故的审理和结案的要求有以下几点:

① 事故调查处理结论报出后,须经当地有关有审批权限的机关审批后方能结案。并要求伤亡事故处理工作在 90 天内结案、特殊情况也不得超过 180 天。

② 对事故责任者的处理,应根据事故情节轻重、各种损失大小、责任轻重加以区分,予以严肃处理。

③ 清理资料进行专案存档。事故调查和处理资料是用鲜血和教训换来的,是对职工进行教育的宝贵资料,也是伤亡人员和受到处罚人员的历史资料,因此应完整保存。

存档的主要内容有:职工伤亡事故登记表;职工重伤、死亡事故调查报告书、现场勘察资料记录、图纸、照片等;技术鉴定和试验报告;物证、人证调查材料;医疗部门对伤亡者的诊断及影印件;事故调查组的调查报告;企业或主管部门对其事故所作的结案申请报告;受理人员的检查材料;有关部门对事故的结案批复等。

3) 施工安全事故处理要点

园林施工中的人身伤亡和各种安全事故发生后,应立即进行调查,了解事故产生的原因、过程和后果,提出鉴定意见。在总结经验教训的基础上,有针对性地制定防止事故再次发生的可靠措施。为此关键要做到以下两点:

(1) 认真执行伤亡事故报告制度　要及时、准确地对发生的伤亡事故进行调查、登记、统计和处理。事故原因分析应着重于生产、技术、设备、制度和管理等方面,并提出相应的改进措施,对严重失职,玩忽职守的责任者,应追究其刑事责任。

(2) 进行工伤事故统计分析　一般包括以下内容:

① 文字分析　通过事故调查,总结安全生产动态,提出主要存在问题及改进措施,采取定期报告形式送交领导和有关部门,作为开展安全教育的材料。

② 数据统计　用具体数据概括地说明事故情况,便于进行分析比较。如工伤事故次数、工伤事故人数、工伤事故频率、工伤事故休工天数、损失价值等。其中工伤事故频率是指在一定时间内(月、季、年)平均每 1 000 名在册职工中所发生工伤事故的人数。计算公式为:

$$工伤事故率(‰)=\frac{一定时间内工伤事故人次}{同一时间内平均在册人数}$$

③ 统计图表　用图形和数字表明事故情况变化规律和相互关系。通常采用线图、条图和百分圆图等。

④ 建立工伤事故档案　是生产技术管理档案的内容之一。为进行事故分析、比较和考核,技术安全部门应将工伤事故明细登记表,年度事故分析资料,死亡、重伤和典型事故等汇总编入档案。

9.5　园林工程施工竣工后管理

9.5.1　园林工程施工竣工验收管理

当园林建设工程按设计要求完成施工并可供开放使用时,承接施工单位就要向建设单位办理移交手续,这种接交工作就称为项目的竣工验收。因此竣工验收既是对项目进行交接的必须手续,又是通过竣工验收对建设项目成果的工程质量(含设计与施工质量)、经济效益(含工期与投资金额等)等进行全面考核和评估。

园林建设项目的竣工验收是园林建设全过程的一个阶段,它是由投资成果转入为使用、对公众开放、服务于社会、产生效益的一个标志。因此,竣工验收对促进建设项目尽快投入使用、发挥投资效益、全面总结建设过程的经验都具有很重要的意义和作用。

竣工验收一般是在整个建设项目全部完成后进行一次集中验收,也可以分期分批地组织验收,即对一些分期建设项目、分项工程在其建成后,只要相应的辅助设施能予以配套,并能够正常使用的,就可组织验收,以使其及早发挥投资效益。因此,凡是一个完整的园林建设项目,或是一个单位工程建成后达到正常使用条件的就应及时地组织竣工验收。

1) 工程竣工验收的依据和标准

(1) 竣工验收的依据

① 上级主管部门审批的计划任务书、设计文件等;

② 招投标文件和工程合同;承接施工单位提供的有关质量保证等文件;

③ 竣工图纸和说明、设备技术说明书、图纸会审记录、设计变更签证和技术核定单;

④ 国家或行业颁布的现行施工技术验收规范、工程质量检验评定标准及国家有关竣工验收的文件;

⑤ 有关施工记录及工程所用的材料、构件、设备质量合格文件及检验报告单;

⑥ 引进技术或进口成套设备的项目,应按照签订合同和国外提供的设计文件等资料进行验收。

(2) 竣工验收的标准　园林建设项目涉及多种门类、多种专业,且要求的标准也各异,加之其艺术性较强,故很难形成国家统一标准,因此对工程项目或一个单位工程的竣工验收,可采用分解成若干部分,再选用相应或相近工种的标准进行。一般园林工程可分解为土建工程和绿化工程两个部分。

① 土建工程的验收标准　凡园林工程、游憩、服务设施及娱乐设施等建筑应按照设计图纸、技术说明书、验收规范及建筑工程质量检验评定标准验收,并应符合合同所规定的工程内容及合格的工程质量标准,不论是游憩性建筑还是娱乐、生活设施建设,不仅建筑物室内工程要全部完工,而且室外工程的明沟、踏步斜道、散水及应平整的建筑物周围场地,都要清除障碍物,并达到水通、电通、道路通;

② 绿化工程的验收标准　施工项目内容、技术质量要求及验收规范和质量应达到设计要求、验收标准的规定及各工序质量的合格要求,如园林植物的成活率和品种、数量,园林植物的配植方式,草坪铺设的质量等等。

2) 园林工程施工竣工验收的准备工作

竣工验收前的准备工作,是竣工验收工作顺利进行的基础,承接施工单位、建设单位、设计单位和监理工程师均应尽早做好准备工作,下面是承接施工单位的准备工作内容:

(1) 工程档案资料的汇总整理　工程档案是园林工程的永久性技术资料,是园林工程项目竣工验收的主要依据。因此,档案资料的准备必须符合有关规定及规范的要求,必须做到准确、齐全,能够满足园林建设工程进行维修、改造和扩建的需要。工程档案资料一般包括以下内容:

① 部门对该工程的有关技术决定文件。竣工工程项目一览表,包括名称、位置、面积、特点等。

② 地质勘察资料;永久性基准点位置坐标记录,建筑物、构筑物沉降观察记录。

③ 工程竣工图、工程设计变更记录、施工变更洽谈记录、设计图纸会审记录。

④ 新工艺、新材料、新技术、新设备的试验、验收和鉴定记录。

⑤ 建筑物、构筑物、设备使用注意事项文件;工程质量事故发生情况和处理记录。

⑥ 竣工验收申请报告、工程竣工验收报告、工程竣工验收证明书、工程养护与保修证书等。

(2) 施工自验　施工自验是施工单位资料准备完成后由项目经理组织领导下,由生产、技术、质量、预算、合同和有关的工长或施工员组成预验小组。根据国家或地区主管部门规定的竣工标准、施工图和设计要求,对竣工项目按分段、分层、分项地逐一进行全面检查,预验小组成员按照自己所主管的内容进行自检,并做好记录,对不符合要求的部位和项目,要制定修补处理措施和标准,并限期修补好。施工单位在自检的基础上,对已查出的问题全部修补处理完毕后,项目经理应报请上级再进行复检,为正式验收做好充分准备。

园林工程中的竣工验收检查主要有以下几个方面的内容:

① 对园林建设用地内的临时设施工程、整地工程、管理设施工程、服务设施工程进行全面检查;

② 对场区内外邻接道路,园路铺装、运动设施工程、游乐设施工程进行全面检查;

③ 全面检查绿化工程(主要检查乔木栽植作业,灌木栽植、移植工程,地被植物栽植等),包括以下具体内容:对照设施图纸,检查工程是否按设计要求施工,检查植株数有无出入;支柱是否牢靠,外观是否美观;有无枯死的植株;栽植地周围的整地状况是否良好;草坪的栽植是否符合规定;草皮和其他植物或设施的接合是否美观等。

(3) 编制竣工图　竣工图是如实反映施工后园林工程现状的图纸,它是工程竣工验收的主要文件。园林施工项目在竣工前,应及时组织有关人员进行测定和绘制竣工图,以保证工程档案的完备和满足维修、管理养护、改造或扩建的需要。

竣工图编制的依据是:施工中未变更的原施工图、设计变更通知书、工程联系单、施工洽商记录、施工放样资料、隐蔽工程记录和工程质量检查记录等原始资料。

竣工图编制的要求为:

① 施工中未发生的设计变更,按图施工的施工项目,应由施工单位负责在原施工图纸上加盖"竣工图"标志,可作为竣工图使用;

② 施工过程中有一般性的设计变更,即没有较大结构性的或重要管线等方面的设计变更,而且可以在原施工图上进行修改和补充,可不再绘制新图纸,由施工单位在原施工图纸上注明修改和补充后的实际情况,并附以设计变更通知书、设计变更记录和施工说明,然后加盖"竣工图"标志,亦可以作为竣工图使用;

③ 施工过程中凡有重大变更或全部修改的,如结构形式改变、标高改变、平面布置改变等,不宜在原施工图上进行补充时,应重新实测,绘制竣工图,施工单位负责人在新图上加盖"竣工图"标志,并附上记录和说明作为竣工图。

竣工图必须做到与竣工的工程实际情况完全吻合,不论是原施工图还是报机关绘制的竣工图,都必须是新图纸,必须保证绘制质量,完全符合技术档案的要求,坚持竣工图的校对、审核制度,重新绘制的竣工图,一定要经过施工单位主要技术负责人的审核签字。

(4) 进行工程与设备的试运转和试验的准备工作　一般包括安排各种设施、设备的试运转和考核计划;各种游乐设施尤其关系到人身安全的设施,如缆车等的安全运行应是试运行和试验的重点;编制各运转系统的操作规程;对各种设备、电气、仪表和设施做全面的检查和校验;进行电气工程的全面负责试验,管网工程的试水、试压试验、喷泉工程试水等。

3) 园林工程施工竣工项目的预验收

一个园林工程项目竣工后,要进行验收,在正式验收前应进行预验收,一般按以下程序进行:

竣工项目的预验收,是在施工单位完成自检并认为符合正式验收条件,在申报工程验收之后和正式验收之前的这段时间内进行的。委托监理的园林工程项目,总监理工程师即应组织其所有各专业监理工程师来完成。竣工预验收要吸收建设单位、设计单位、质量监督人员参加,而施工单位也必须派人配合竣工验收工作。

由于竣工预验收的时间长,参加验收的又多是各方面派出的专业技术人员,因此对验收中发现的问题多在此时解决,为正式验收创造条件。为做好竣工预验收工作,总监理工程师要提出一个预验收方案,这个方案含预验收需要达到的目的和要求、预验收的重点、预验收的组织分工、预验收的主要方法和主要检测工具等,并向参加预验收的人员进行必要的培训,使其明确以上内容。

预验收工作大致可分为以下两大部分:

（1）竣工验收资料的审查

① 技术资料主要审查的内容　工程资料是园林建设工程项目竣工验收的重要依据之一。认真审查好技术资料，不仅是满足正式验收的需要，也是为工程档案资料的审查打下基础。技术资料的主要内容如下：

工程项目的开工报告；工程项目的竣工报告；图纸会审及设计交底记录；设计变更通知单；技术变更核定单；工程质量事故调查和处理资料；水准点位置、定位测量记录；材料、设备、构件的质量合格证书；试验、检验报告；隐蔽工程记录；施工日志；竣工图；质量检验评定资料；工程竣工验收有关资料。

② 技术资料审查方法

• 审阅　边看边查，把有不当的及遗漏或错误的地方记录下来，然后再对重点仔细审阅，作出正确判断，并与承接施工单位协商更正。

• 校对　监理工程师将自己日常监理过程中所积累的数据、资料，与施工单位提交的资料一一校对，凡是不一致的地方都记载下来，然后再与承接施工单位商讨，如果仍然不能确定的地方，再由当地质量监督站及设计单位来核定。

• 验证　若出现几个方面资料不一致而难以确定时，可重新测量实物予以验证。

（2）工程竣工的预验收

园林工程的竣工预验收，在某种意义上说，它比正式验收更为重要。因为正式验收时间短促，不可能详细、全面地对工程项目一一查看，而主要依靠对工程项目的预验收来完成。因此所有参加预验收的人员均要以高度的责任感，并在可能的检查范围内，对工程数量、质量进行全面的确认，特别对那些重要部位、易于遗忘检查的部位都应分别登记造册，作为预验收的成果资料，提供给正式验收中的验收委员会参考和承接施工单位进行整改。

预验收主要进行以下几方面工作：

① 组织与准备　参加预验收的监理工程师和其他人员，应按专业或区段分组，并指定负责人。验收检查前，先组织预验收人员熟悉有关验收资料，制定检查方案，并将检查项目的各子项目及重点检查部位以表或图列示出来，同时准备好工具记录表格，以供检查中使用。

② 组织预验收　检查中，分成若干专业小组进行，按天定出各自工作范围，以提高效率并可避免相互干扰。园林建设工程的预验收，全面检查各分项工程检查方法有以下几种：

• 直观检查　直观检查是一种定性的、客观的检查方法，采用手摸眼看的方式，需要有丰富经验和掌握标准熟练的人员才能胜任此工作；

• 测量检查　对上述能实测实量的工程部位都应通过实测实量获得真实数据；

• 点数　对各种设施、器具、配件、栽植苗木都应一一点数、查清、记录，如有遗缺不足的或质量不符合要求的，都应通知承接施工单位补齐或更换；

• 操作检查　实际操作是对功能和性能检查的好办法，对一些水电设备、游乐设施等应进行启动检查。

上述检查之后，各专业组长应向总监理工程师报告检查验收结果。如果查出的问题较多、较大，则应指令施工单位限期整改，并再次进行复验，如果存在的问题仅属一般性的，除通知承接施工单位抓紧整修外，总监理工程师即应编写预验收报告一式三份，一份交施工单位供整改用；一份备正式验收时转交验收委员会；一份由监理单位自存。这份报告除文字论述外，还应附上全部预验收检查的数据。与此同时，总监理工程师应填写竣工验收申请报告送项目建设单位。

4) 园林工程施工的正式竣工验收

正式竣工验收是由国家、地方政府、建设单位以及单位领导和专家参加的最终整体验收，大中型园林建设项目的正式验收，一般由竣工验收委员会（或验收小组）的主任（组长）主持，具体的事务性工作可由总监理工程师来组织实施。正式竣工验收的工作程序如下：

（1）准备工作

① 选定会议地点；向各验收委员会单位发出请柬，并书面通知设计、施工及质量监督等有关单位。

② 拟定竣工验收的工作议程,准备一套完整的竣工和验收的报告及有关技术资料;报验收委员会主任审定。

(2) 正式竣工验收程序

① 由各验收委员会主任主持验收委员会会议。会议首先宣布验收委员会名单,介绍验收工作议程及时间安排,简要介绍工程概况,说明此次竣工验收工作的目的、要求及做法。

② 由设计单位汇报设计施工情况及对设计的自检情况。

③ 由施工单位汇报施工情况以及自检自验的结果。

④ 由监理工程师汇报工程监理的工程情况和预验收结果。

⑤ 实施验收 验收人员可先后对竣工验收技术资料及工程实物进行验收检查;也可分为两组,分别对竣工验收的技术资料及工程实物进行验收检查,在检查中可吸收监理单位、设计单位、质量监督人员参加。

⑥ 召开验收鉴定会 在广泛听取意见、认真讨论的基础上,统一提出竣工验收的结论意见,如无异议,则予以办理竣工验收证书和工程验收鉴定书。

- 验收委员会主任或副主任宣布验收委员会的验收意见,举行竣工验收证书和鉴定书的签字仪式。
- 建设单位代表发言;验收委员会会议结束。

(3) 工程质量验收方法 园林建设工程质量的验收是按工程合同规定的质量、等级,遵循现行的质量评定标准,采用相应的手段对工程分阶段进行质量认可与评定。

① 隐蔽工程验收 隐蔽工程是指那些施工过程中上一工序的工作结束,被下一工序所掩盖,而无法进行复查的部位。例如种植坑、直埋电缆等管网。因此,对这些工程在下一工序施工以前,现场监理人员应按照设计要求、施工规范,选取必要的检查工具,对其进行检查验收。如果符合设计要求及施工规范规定,应及时签署隐蔽工程记录交承接施工单位归入技术资料;如不符合有关规定,应以书面形式告诉施工单位,令其处理,处理符合要求后再进行隐蔽工程验收与签证。隐蔽工程验收通常是结合质量控制中技术复核、质量检查工作来进行,重要部位改变时可摄影以备查考。

隐蔽工程验收项目和内容见表 9.7。

表 9.7 隐蔽工程验收项目和内容

项 目	验 收 内 容
基础工程	地质、土质、标高、断面、桩的位置数量、地基、垫层等
混凝土工程	钢筋的品种、规格、数量、位置、开头焊缝接头位置、预埋件数量及位置以及材料代用等
防水工程	屋面、水池、水下结构防水层数、防水处理措施等
绿化工程	土球苗木的土球规格、裸根苗的根系状况;种植穴规格;施基肥的数量;种植土的处理等
其 他	管线工程、完工后无法进行检查的工程等

② 分项工程验收 对于重要的分项工程,监理工程师应按照合同的质量要求,根据该分项工程施工的实际情况,参照质量评定标准进行验收。

在分项工程验收中,必须按有关验收规范选择检查点数,然后计算出基本项目和允许偏差项目的合格或优良的百分比,最后确定出该分项工程的质量等级,从而确定能否验收。

③ 分部工程验收 根据分项工程质量验收结论,参照分部工程质量标准,可得出该分部工程的质量等级,以便决定可否验收。

④ 单位工程竣工验收 通过对分项、分部工程质量等级的统计推断,再结合对质保资料的核查和单位工程质量观感评分,便可系统地对整个单位工程做出全面的综合评定,从而评定是否达到合同所要求的质量等级,进而决定能否验收。

园林建设施工竣工结算与决算详见本书 12.3 节"园林工程决算与审核审计"。

9.5.2 养护期管理

园林工程分项工程内容较多,总体来说可以分为硬质景观工程和绿化工程,其养护期也各不相同,具体应以施工签订的合同为准。但一般来说,硬质景观工程的养护期为3~6个月,绿化工程的养护期为1~2年。

1) 硬质景观养护期的管理

硬质景观工程在其养护期内如果出现质量问题,应及时无条件地进行维护和修补,达到硬质景观工程的设计要求。具体有以下内容:

(1) 园林建筑及小品工程养护期管理　园林建筑及小品工程在施工时的质量、技术要求是关键,在其养护期内出现的主要问题应该是一些外在形式上的小问题,如建筑有局部脱漆现象,坐椅坐凳、健身设施等成品出现安装变形等问题,假山石的部分有松动,喷泉的喷头、电路等设施有人为或非人为破坏,类似的这些小问题应及时发现并及时地进行维护和修补,以防意外事故的出现。

(2) 园路广场工程养护期管理　园路广场工程的质量和园林建筑及小品工程一样,主要取决于其施工质量,在养护期内经常出现的主要问题有部分地基有下沉而导致的园路或广场的表面不平、局部的铺装材料松动或脱落等,类似的这些小问题应做到"及时发现,及时维护和修补",从而保证完美的工程质量。

2) 绿化工程养护期的管理

绿化工程的养护期为1年,少数绿化工程由于苗木的生长环境较差,绿化养护期延长到2年。其养护内容可分为乔木(常规乔木、大树移植)的养护期管理、灌木和花卉的养护期管理和草坪的养护期管理三类。

(1) 常规乔木的养护期管理　重点做好乔木的支撑、灌水、扶直封堰及病虫害防治等养护工作。

(2) 大树的移植养护与管理

① 移栽后的水、肥管理

• 旱季的管理　6~9月,大部分时间气温在28℃以上,且湿度小,是最难管理的时期。如管理不当造成根干缺水、树皮龟裂,会导致树木死亡。这时的管理要特别注意:一是遮阳防晒,可以在树冠外围东西方向搭盖"几"字形遮阳网,这样能较好的挡住太阳的直射光,使树叶免遭灼伤;二是根部灌水,往预埋的塑料管或竹筒内灌水,此方法可避免浇"半截水",能一次浇透,平常能使土壤见干见湿,也可往树冠外的洞穴灌水,增加树木周围土壤的湿度;三是树南面架设三角支架,安装一个高过树1m的喷灌装置,尽量调成雾状水,因为夏、秋季大多吹南风,安装在南面可经常给树冠喷水,使树干树叶保持湿润,也增加了树周围的湿度,并降低了温度,减少了树木体内有限水分、养分的消耗。

没条件时可采用"滴灌法",即在树旁搭一个三脚架,上面吊一只储水桶,在桶下部打若干孔,用硅胶将塑料管粘在孔上,另一端用火烧后封死,将塑料管螺旋状绕在树干和树枝上,按需要的方向在管上打孔至滴水,同样可起到湿润树干树枝、减少水分养分消耗的作用。

• 雨季的管理　南方春季雨水多,空气湿度大,这时主要应抗涝。由于树木初生芽叶,根部伤口未愈合,往往造成树木死亡。雨季用潜水泵逐个抽干穴内水,避免树木被水浸泡。

• 寒冷季节的管理　要加强抗寒、保暖措施。一要用草绳绕干,包裹保暖,这样能有效地抵御低温和寒风的侵害;二是搭建简易的塑料薄膜温室,提高树木的温、湿度;三是选择一天中温度相对较高的中午浇水或叶面喷水。

• 移栽后的施肥　由于树木损伤大,第一年不能施肥,第二年根据树的生长情况施农家肥或叶面喷肥。

② 移栽后病虫害的防治　树木通过锯截、移栽,伤口多,萌芽的树叶嫩,树体的抵抗力弱,容易遭受病害、虫害,如不注意防范,造成虫灾或树木染病后可能会迅速死亡,所以要加强预防。可用多菌灵或托布津、敌杀死等农药混合喷施。分4月、7月、9月三个阶段,每个阶段连续喷药,每星期一次,正常情况下可以达到防治的目的。

大树移栽后,一定要加强养护管理。俗话说得好,"三分种,七分管",由此可见,养护管理环节在绿化建设中的重要性。当然,要切实提高大树移栽后的成活率,还要在绿地规划设计、树种选择等方面动动脑筋,下点工夫。

③ 风害防治　北方早春的大风,使树木常发生风害,出现偏冠和偏心现象,偏冠会给树木整形修剪带来困难,影响树木功能作用的发挥;偏心的树易遭受冻害和日灼,影响树木正常发育。移栽大树,如果根盘起的小,则因树身大,易遭风害。所以大树移栽时一定要立支柱,以免树身被吹歪。在多风地区栽植,坑应适当大,如果小坑栽植,树木会因根系不舒展,发育不好,重心不稳,易受风害。对于遭受大风危害的树应及时顺势扶正,培土为馒头形,修去部分枝条,并立支柱。对裂枝要捆紧基部伤面,促其早日愈合,并加强肥水管理,促进树势恢复。

(3) 灌木和花卉的养护期管理

① 修剪　对绿篱和灌木造型图案进行造型修剪;对一般灌木进行常规修剪,即剪除病枝、枯枝等。

② 浇水和施肥　在1年的养护期内,灌木和花卉的浇水周期要比乔木短一些,具体浇水量和间隔时间要视具体季节和地方而定。一般来说,北方地区春、夏、秋的浇水量要多于冬季,其中夏季的浇水量最多,而且间隔时间更短一些(3~5天);春秋季浇水量比夏季要少一些,一般间隔时间为7~10天;冬季浇水量最少,间隔时间更长一些(15~20天),而且北方在土壤封冻以后停止浇水。南方地区一般多雨,浇水量相对于北方地区的不同季节要少一些,间隔时间相对于北方地区的不同季节要长一些,尤其在多雨季节,无论北方或南方地区,均应停止灌水。

灌木和花卉的施肥可以施农家肥或叶面喷肥。

③ 防治病虫害　病虫害防治详见本书第6章"园林绿化种植工程施工方法与技术"部分。

(4) 草坪的养护期管理

① 新建草坪初期养护

• 浇水　种子发芽、出苗、生长都需要一定量的水分。依靠降雨远远不能满足,合理的浇水是新建草坪成功的关键。浇水能促使草籽发芽快,出芽整齐。因此要求浇水首先要均匀,其次是水珠不要太大,不要浇得过多。浇水均匀能使种子吸水一致,发芽整齐。为了保证喷水均匀,应尽量做到少量地、慢慢地喷洒。浇水以能湿到地面下3~5 cm为宜。还要及时检查浇水效果,发现漏浇马上补上。

浇水的水珠宜小不宜大,最好是雾状。因为较大的水珠容易对种子形成冲溅作用。同时对土表的平整,种子分布均匀度以及发芽都有影响。因此现在许多场地在播完种后都用一层无纺布覆盖,有的用稻草之类,主要目的就是防止水珠过大引起的负作用,当然覆盖还有保温保湿的作用。在此场合使用雾化管非常有效。雾化管喷出的水成雾状,对种子的发芽有非常良好的作用。

浇水次数要视坪床是沙质还是土质有所区分。沙质坪床不保水,浇水时间和频率、数量都要比土质坪床多一些。均匀、少量、多次是浇水的总原则。

• 覆盖物的揭除　各种草籽出苗的时间有所不同。一般草种出苗整齐,时间为:冷季型黑麦草4~5天,高羊茅6~7天,早熟禾14~20天,剪股颖10~16天。暖季型草只要温度适宜,结缕草和狗牙根10~15天出苗整齐。

种子发芽整齐后,即可揭去表面覆盖的无纺布或者草之类的覆盖物。揭去覆盖物要及时,过迟不但影响新芽的生长,而且还会引起病虫害。当然,能很快就腐烂的覆盖物可以不揭除。

• 施肥　在坪床准备时,如果基肥施得较多,一般新播草坪在2个月内不用追肥。如果幼苗出现不健康的黄绿色则要开始追肥。施肥以复合肥为主,氮肥比例稍高一点的为好。施肥的原则也是均匀、少量、多次。由于肥料不能平行转移,没有撒到的地方就不会有肥料,从而引起生长不均匀,叶色深浅不一,所以施肥必须保证均匀。手撒是做不到这一点的,只有用施肥机或手推式撒种机才行。最好是将施肥量一分为二,横向施一半,纵向再施另一半。如果做不到这一点,只有通过喷水来稍许弥补撒肥的不均。

幼苗不能忍受大的肥量。施肥只能少量多次,每次10 g/m²左右。随着苗龄的增长,每次施肥量可以稍许增加。施肥中要注意防止灼伤,施肥不均匀或者在叶面未干时施肥都容易引起幼苗灼伤。所以施肥时间不能在浇水后,也不能在露水未干前。为了防止灼伤,施肥后通常需要浇水。为了防止肥料流失,在降大雨时不要施肥。

- 修剪　冷地型草发芽后1个月就可以开始修剪。修剪不但可以使得草坪平整美观,而且更主要的是可以促进分蘖。修剪使用机械也比较多,但总的一条是要求刀口锋利,叶片切口要整齐,否则容易引起病害。修剪高度视使用目的不同而不同,第一次的修剪高度一般为3～5 cm,以后可以逐渐下降至稳定的某一高度。修剪下来的草屑要及时清除。
- 病虫害防治　幼苗期容易染上病害,病情应及时防治。

② 草坪养护
- 浇水　春季保证每7～10天左右浇水一次,夏季保证每3～5天左右浇水一次,秋季保证每10～15天左右浇水一次,冬季保证每20～25天左右浇水一次,土壤封冻后停止浇水。
- 修剪　春季保证每月修剪1～2次,夏季保证每月修剪3～4次,秋季保证每月修剪1～2次,冬季不修剪。
- 施肥和病虫害防治　草坪播种2个月后可以开始追肥。施肥以复合肥为主,氮肥比例稍高一点的为好。施肥的原则也是均匀、少量、多次。草坪如果染上病害,病情应及时防治,具体办法由技术员确定。

9.5.3　交付使用后的管理

1) 硬质景观交付使用后的管理

硬质景观工程在其交付使用后,要及时制定管理制度,成立专业队伍,确定管理人员,落实责任。如果出现质量问题,应及时进行维护和修补,保证硬质景观工程的设计效果。具体有以下内容:

(1) 园林建筑及小品工程交付使用后管理　园林建筑及小品工程在施工时的质量、技术要求是关键,在其交付使用后出现的主要问题应该是一些外在形式上的小问题,如建筑有局部脱漆现象,坐椅坐凳、健身设施等成品出现安装变形等问题,假山石的部分有松动,喷泉的喷头、电路等设施有人为或非人为破坏,类似的这些小问题应及时发现并及时地进行维护和修补,以防意外事故的出现。

(2) 园路广场工程交付使用后管理　园路广场工程的质量和园林建筑及小品工程一样,主要取决于其施工质量,在交付使用后经常出现的主要问题有部分地基有下沉而导致的园路或广场的表面不平、局部的铺装材料松动或脱落等,类似的这些小问题应做到"及时发现,及时维护和修补",从而保证完美的工程质量。

2) 绿化工程交付使用后的管理

绿化工程交付使用后,建设单位应由其具体的绿化科室来进行日常的管理和维护。具体内容有:
(1) 绿化科室应成立专业的管理队伍,确定管理人员,落实责任。
(2) 绿化科室应建立具体的绿化养护管理制度,专业分工,落实一年四个季节的不同管理养护内容。

9.6　园林工程施工管理案例分析

本节通过××城市绿地景观工程施工管理实例来评析具体的施工管理内容。

9.6.1　工程概况

工程名称:××城市绿地景观工程

工程地点:××城市新区

建设单位:××城市建设管理局

设计单位:××园林规划设计院

施工单位:××园林工程有限公司

监理单位:×××监理公司

本工程施工的项目:

××城市绿地景观工程位于××城市新区内,总用地面积2.6 hm²,其中硬质铺装用地面积约为0.95 hm²,绿化景观用地面积约为1.55 hm²。

城市绿地完工后将形成集观赏、休闲和娱乐为一体的自然生态景观。

景观工程由绿化种植、硬质景观和基础设施工程组成。本园林工程有限公司施工的项目有绿化种植、硬质景观,其中基础设施工程由该城市市政单位去施工。

绿化工程包括:

(1) 栽植乔木 雪松、白皮松、油松、云杉、侧柏、圆柏、刺柏、龙爪槐、垂柳、银杏、七叶树、悬铃木、红叶李、新疆杨、国槐、馒头柳、金丝垂柳、龙爪柳、碧桃;

(2) 栽植灌木 腊梅、连翘、紫荆、丁香、榆叶梅、金银木、红瑞木、小叶女贞绿篱、金叶女贞、小龙柏、紫叶小檗、垂丝海棠、高山黄杨、海桐球、石楠球、龙柏球、蜀葵;

(3) 栽植藤本植物、花卉和草坪 紫藤、藤本忍冬、攀缘爬山虎、蔷薇、丰花月季、牡丹、芍药、鸡冠花、攀缘凌霄、攀缘常春藤、草坪等。

硬质景观由中心休闲广场铺装、停车场铺装、道路铺装、艺术铺地、中心雕塑、假山、凉亭、小桥、木平台、花架、花池、水体、景墙、戏砂池、自然鹅卵石汀步、嵌草砖铺面以及休闲桌椅等园林小品组成。

基础设施有配电系统、供水系统、喷灌系统、照明设施,如庭院灯、草坪灯、地灯、投光灯等。

本工程占地面积大,景点多而精致,局部工艺要求复杂,工程量较大,施工工期4个月。

9.6.2 施工管理组织及评析

公司根据工程项目要求,针对本工程项目特点,由公司统一部署安排,选派一批施工经验丰富,技术水平高、勤奋、踏实的工程技术、经济、材料等各类管理人员,成立本工程项目经理部,其组成人员职责如下:

1) 项目经理职责

(1) 代表公司履行招投标协议及承诺,确保工期、质量达标,实现安全生产、文明施工;

(2) 对工程全面负责,落实任务分配,确定施工班组;

(3) 执行工程的各项指标,严格按设计规范和投标文件所明确的条款,组织精心施工;

(4) 领导制订和调整总体施工计划,协调各方关系,确保施工计划正常运作;

(5) 主持项目部日常工作,定期召开工作会议,及时解决施工中的决策问题。

2) 技术负责人职责

(1) 参加图纸会审和技术交底,熟练掌握有关施工技术和施工规范;

(2) 编制审定施工方案,督促施工计划实施;

(3) 及时解决施工中的技术难点问题,联系有关设计变更;

(4) 负责工序质量控制,履行现场监督检查;

(5) 加强与施工员的联系,督促技术措施落实。

3) 施工员技术职责

(1) 熟悉施工图的详细内容和有关技术标准,负责施工质量,组织安全文明生产;

(2) 负责单项工程技术交底;

(3) 负责填写部位工程验收资料及签复工作;

(4) 制订和指导可行的施工方法,负责施工工艺落实;

(5) 做好施工日记,反映生产情况,提供已完成工程量。

4) 质量员职责

(1) 对所有检查范围的项目、各工种进行规范和质量要求技术交底;

(2) 及时进行隐蔽工程验收的技术复核,同时按质量评定要求,评定分项、分部工程质量等级,做到项目齐全、真实、准确;

(3) 不符合要求的分项及时指导返工补修,做到不合格部位不隐不漏并重新评定质量等级;

(4) 配合材料员对各种材料,成品、半成品在使用前进行质量验证,严格禁止不合格材料的使用。

5) 安全员职责

(1) 认真贯彻落实"安全生产条例",积极开展安全生产教育;

(2) 负责安全生产,文明施工检查,制止违章指挥,违章作业,带头执行安全法规和有关规章制度;

(3) 杜绝事故隐患,负责事故调查及事故报告工作;
(4) 督促文明施工,加强环境保护;
(5) 检查外来人员持证上岗情况,检查治安保卫工作。

6) 材料员职责
(1) 负责材料的联系采购;
(2) 编制材料计划,填写材料清单;
(3) 负责材料进场验收,确保材料质量;
(4) 负责材料保护,材料堆放,经常清点库存材料;
(5) 向项目部报送下月的材料、配件、设备的需要量计划,以便公司及时协调,组织进场,以满足施工需要。

7) 班组一级的任务和职责
(1) 班组根据项目经理部安排的月计划要求分部、分项、分层分析计算工程量及定额用工的任务,分解到班组的每个操作者,并根据班组需要部署任务,检查工作,确保整个班组所承担的工程部位按时全面完成。要求每个班组都必须按要求做,这样才能使分项分部和单位工程的进度、质量安全、节约等达到总计划的要求。
(2) 在本工程中,实行工程承包责任制。把承包的责任落实到人,按照工程计划、承包责任制、工程质量、班组协作,安全文明施工等进行检查总结,对班组人员进行重奖重罚。
(3) 各班组长对本班组人员的生产活动每天作好考核,做好班组人员台账,以便进行总结评比,表扬先进、推动后进,把重奖重罚工作真正落实到创优良、保进度、保安全为中心的工作中去。
(4) 由公司项目部在现场组织多种形式的,以技能、产量、质量、安全等为主要内容的劳动竞赛,并通过评比,树立先进,推动工程质量的提高和施工进度的加快。

【评析】 项目经理部作为企业临时性的基层施工管理单位,通常由公司任命的项目经理组成项目经理部。其目的是为了发挥项目管理功能,为项目管理服务,提高项目管理的整体效率,以达到项目管理的最终目标。

1) 项目经理部设置的原则
(1) 高效、精干的原则　在保证工程项目施工现场管理活动能够顺利开展的前提下,项目经理部要尽量精简,做到人员精干,一人多职,一专多能。
(2) 责、权一致的原则　项目经理部要因事设岗,按岗定责、定人,并根据责任授权,责权应当一致,充分调动各个岗位人员的积极性,才能保证项目管理目标的实现。
(3) 命令一致的原则　施工现场管理活动复杂,涉及面较广。因此,必须保证统一指挥。强调以施工项目经理为核心的统一指挥和命令一元化是项目管理成功的保证。
(4) 协调原则　项目经理部是一个整体,要求项目经理部成员在职责上和行动上相互协作配合,形成一个统一的组织系统。

2) 施工项目部组建形式
(1) 对于小型的园林绿化工程,采用直线式的组织形式　整个组织结构自上而下实行垂直领导,统一指挥。由公司下属分公司组建项目经理部,分公司经理(或技术骨干)即为现场施工项目经理,分公司下设多个施工队。这种形式适用于小型的绿化工程。其特点是项目经理部相对稳定,任务下达后,很快即可运转,工作易于协调;而且职责明确,职能专一易于实现一元化领导。但是,不能适应大型项目管理的需要。
(2) 对于大型综合园林绿化工程,适合矩阵制的组织形式　项目经理部的组织机构,可由公司各职能部门中抽调专业人员组成,从而使多个项目与各职能部门有机地结合。该形式的特点是:
① 不同部门专业人员汇集在一个项目经理部内,可以充分发挥各类专业人员的作用,集思广益,密切合作,有利于工程施工难题的解决。
② 矩阵式中的每个成员虽然接受双重领导,但是强调施工项目经理的综合管理,有利于目标实现。以

充分发挥专业人才的作用,使施工项目部具有弹性。

③ 在发挥职能部门的纵向优势的同时,发挥项目经理部的横向优势,使决策问题集中,管理效率提高。

④ 公司各职能部门保持稳定　项目经理部随项目施工完毕而结束,是临时性的组织,各职能部门人员在施工项目结束后,仍回到原来的职能部门,做到来了能干,干完就走,有利于项目经理部的优化组合及动态管理。

9.6.3 施工现场管理及评析

施工现场是人流、物流、信息流的集散地,是施工管理的重点和难点,要完成本工程保质、保量、按期竣工的目标,第一落脚点就在施工现场,为此项目经理部通过认真阅读本工程的施工图,踏勘施工现场,对现场的场地条件,主要的交通道路走向,以及施工的现场办公室地点,仓库、材料堆场等进行综合考虑,编制施工现场平面布置图,并针对本工程要求和特点,制定了一系列施工现场管理制度,力争创建文明施工现场。

1) 施工现场考勤制度

(1) 工程现场全体工作人员必须每天准时出勤,指纹打卡。工程开工后,工作时间为九小时。

(2) 工作人员外出执行任务需要向项目经理请示,填写外勤任务单,获准后方可外出。

(3) 项目经理外出需向分管副总汇报。

(4) 病假需出示病假证明书。

(5) 事假要向项目经理申请,填写请假条,一天以内项目经理批准,两天以内分管副总批准,三天以上董事长批准。获准后方可休息。并送行政部备案。

(6) 因工程进度需要加班时,所有工作人员必须服从。由项目经理填写加班申请表。工作人员加班工资另计,项目经理不计加班工资。工作人员因自身原因不能按时完成自身工作任务,需要加班的,不计加班工资。

(7) 无故旷工三次或连续三天者除名。

2) 施工现场例会制度

(1) 自工程开工之日起至竣工之日止,项目经理部坚持每天举行一次碰头会。

(2) 每日例会由相关项目经理召集,施工员、养护班长及施工班组负责人参加。工程秘书记录归档。项目经理可根据具体问题扩大参加例会人员范围。

(3) 施工中发现的问题必须提交例会讨论,报分管副总批准。例会中做出的决定必须坚决执行。

(4) 各班组间协调问题提交日例会解决。例会中及时传达有关作业要求、及最新工程动态。

(5) 每周例会由分管副总召集,项目经理部全体人员参加,工程秘书记录归档。分管副总可根据具体问题,扩大参加人员范围。

(6) 各生产部门间的协调问题、甲乙双方的协调问题提交周例会解决。例会传达公司最新工程动态、最新公司文件及精神。

3) 施工现场档案管理制度

(1) 工程秘书应严格按城建档案管理要求,做好资料档案工作。

(2) 做好施工现场每日例会记录、每周例会记录、临时现场会议记录。

(3) 现场工作人员都要登记造册。施工班组所有人员的身份证复印件都要整理归档。

(4) 工程中工程量签证单、工程任务书、设计变更单、施工图纸、工程的自检资料都必须整理归档。

(5) 工程中其他文件、资料、文书往来都应整理归档。

(6) 各类档案资料要分类保管,做好备份,不得遗失。同时建立相关电子文档,便于查阅。

4) 施工现场仓库管理制度

(1) 材料入库必须经项目经理验收签字,不合格材料决不入库,材料员必须及时办理退货手续。

(2) 保管员对任何材料必须清点后方可入库,登记进账。填写材料入库单。同时录入电子文档备查。

(3) 材料账册必须有日期、入库数、出库数、领用人、存放地点等栏目。

(4) 仓库内材料应分类存入,堆放整齐、有序、做好标识管理,并留有足够的通道,便于搬运。
(5) 油漆、酒精、农药等易燃易爆有毒物品存入危险品仓库;并配备足够的消防器材,不得使用明火。
(6) 大宗材料、设备不能入库的,要点清数量,做好遮盖工作,防止雨淋日晒,避免造成损失。
(7) 仓库存放的材料必须做好防火、防潮工作。仓库重地严禁闲杂人员入内。
(8) 工具设备借用,要建立借用物品账。严格履行借用手续,并及时催收入库。实行谁领用谁保管的原则,如有损坏,及时通知材料员联系维修或更换。

5) 施工现场文明施工管理制度
(1) 施工作业时不准抽烟。
(2) 施工现场大小便必须到临时厕所。临时厕所使用后要随时清洗。
(3) 材料构件等物品分类码放整齐。领用材料、运输土方、砂石等,沿途遗洒要及时清扫,维护整洁。
(4) 施工中产生的垃圾必须整理成堆,及时清运。做到工完料清。
(5) 现场施工人员的着装必须保持整洁。不得穿拖鞋上班。
(6) 工棚必须保持整洁,轮流打扫卫生,生活垃圾、生产废料及时清除。
(7) 团结同志,关心他人,严禁酒后上岗,酗酒闹事,打架斗殴,拉帮结伙,恶语伤人,出工不出力。
(8) 对施工机械等噪声采取严格控制,最大限度减少噪声扰民。

6) 施工现场安全生产管理制度
(1) 新工人入场,必须接受"安全生产三级教育"。
(2) 进入施工现场人员佩戴好安全帽。必须正确使用个人劳保用品。
(3) 现场施工人员必须正确使用相关机具设备。上岗前必须检查好一切安全设施是否安全可靠。
(4) 使用砂轮机时,先检查砂轮有无裂纹,是否有危险?切割材料时用力均匀,被切割物件要夹牢。
(5) 高空作业时,要系好安全带。严禁在高空中没有扶手的攀缘物上随意走动。
(6) 深槽施工保持做到坡度稳定,及时完善护壁加固措施。
(7) 危险部位的边沿,坑口要严加栏护,封盖,及设置必要的安全警示灯。
(8) 按规定设置足够的通行道路,马道和安全梯。
(9) 装卸堆放料具,设备及施工车辆时,要与坑槽保持安全距离。
(10) 大中型施工机械(吊装运输碾压等)指派专职人员指挥。
(11) 小型及电动工具由专职人员操作和使用。注意用电安全。
(12) 施工人员必须遵守安全施工规章制度。有权拒绝违反"安全施工管理制度"的操作方法。
(13) 施工现场地需挂贴安全施工标牌。
(14) 严禁违章指挥和违章操作。

7) 施工现场临时用电管理制度
(1) 工地所有临时用电由专业电工(持证上岗)负责,其他人员禁止接驳电源。
(2) 施工现场每个层面必须配备具有安全性的各式配电箱。
(3) 临时用电,执行三相五线制和三级漏电保护。由专职电工进行检查和维护。
(4) 所有临时线路必须使用护套线或海底线架设牢固,一般要架空,不得绑在管道或金属物上。
(5) 严禁用花线、铜芯线乱拉乱接,违者将被严厉处罚。
(6) 所有插头及插座应保持完好。电气开关不能一擎多用。
(7) 所有施工机械和电气设备不得带病运转和超负荷使用。
(8) 施工机械和电气设备及施工用金属平台必须要有可靠接地。
(9) 接驳电源应先切断电源。若带电作业,必须采取防护措施,并有三级以上电工在场监护才能工作。

8) 施工现场保卫管理制度
(1) 保卫人员必须忠于职守、坚守岗位、昼夜巡视。保护施工现场财产不受损失。
(2) 项目经理应根据现场的实际情况,设置符合标准的档栏,围栏等,尽可能实行封闭施工。

(3) 项目经理应对露天的原材料、半成品、成品进行安全检查,必要时增设安全防护设施,或派专人看守。
(4) 所有施工人员必须佩戴工号牌,外来人员无项目经理许可,不得进入施工现场。
(5) 夜间值勤的保卫人员,必须巡视整个施工区域,不得在值班时睡觉。
(6) 保卫人员现场巡视时,密切注意原材料、成品半成品、机具设备等。发现异常情况及时向公司汇报。
(7) 施工班组自带的所有设备、工具等应进行登记,登记清单由工程秘书保管。以备相关人员查阅。
(8) 施工班组离场时,携带的工具、设备出场,必须有项目经理部的批条方可带出。

9) 施工现场消防管理制度
(1) 施工现场的每个层面必须配备足够的灭火消防器材。消防器材安放处必须有明显的标记。
(2) 消防器材的设置地点以方便使用为原则,不得随意变更消防器材的放置。
(3) 保卫人员每天必须检查消防器材的完好性,如有损耗应及时补充。
(4) 工作人员必须熟悉消防器材的使用方法。
(5) 漆类等易燃品存放在危险品仓库。油漆工施工时要避开火源、热源。
(6) 施工现场所有使用明火的地方,必须保证有专人值守,做到人走火灭。
(7) 保持消防道路通畅,一旦发生火警应立刻组织人员扑灭,必要时向消防部门报告。
(8) 临时工棚等设施搭设,必须符合防盗防火要求。并定期进行防盗防火教育,经常进行检查及时消除隐患。

【评析】 施工现场是一个"窗口",是园林施工企业科学管理的重要体现。如何搞好现场管理?做到施工现场清洁化,岗位作业标准化,材料堆放定置化,应从以下六个方面来抓。

1) 抓现场管理,做到"六有"、"六净"、"五不准"

"六有"是:有施工队标牌;有平面布置图;有创优质工程标准;有三率考勤报;有现场管理制度;有工地垃圾箱(堆)。

"六净"是:施工作业面净;木作钢筋棚净;砖砂石灰底净;安全网上净;搅拌机前后台净;灰棚、灰池周围净。

"五不准"是:不准用脚手架板、模板垫道或搭设临建工程;不准从楼上、门窗口乱扔垃圾杂物;不准堵塞交通要道;不准在建筑物上乱写乱画、乱涂刷和便溺;不准把成品、半成品、正品和次品混同堆放。

2) 抓区域管理,做到"四坚持"、"三整洁"、"两不见"

"四坚持"是:坚持一天一清扫;坚持三天一检查;坚持一周一评比;坚持一月一总结。

"三整洁"是:工人休息室整洁;现场办公室整洁;现场材料库整洁。

"两不见"是:不见现场水电气跑、冒、滴、漏;不见现场砂浆遍地流。

3) 抓料具管理,做到"四成"、"四做到"、"五有"、"五要求"

"四成"是:料具堆放成行;砂石成堆;砖码成丁;构件成垛。

"四做到"是:月末清点;余料退库,料具进场验收;账、物相符。

"五有"是:料具库有专人保管;出入库有手续;仓库窗有栏杆、门有锁;料场有磅秤;配料检验有记录。

"五要求"是:混凝土构件堆放合理;木构件堆放整齐,有防雨棚;易燃、剧毒材料有专库保管;容器具回收及时;材料节约有依据。

4) 抓设备管理,做到"四有"、"六要求"、"三做到"

"四有"是:设备管理有制度;维修有记录;使用保养有专人;卷扬机、搅拌机有操作棚。

"六要求"是:操作人员责任清楚;掌握机械性能明确;采取措施得当;操作视线无阻;机身保持清洁;安全装置可靠。

"三做到"是:吊车轨道平整;枕木牢固;上料盘有护身栏,不超负荷。

5) 抓安全、防火、纪律管理,做到"三好"、"三要"、"五无"、"五不准"

"三好"是:安全帽、安全带、安全网利用好;安全操作执行好;隐患及时处理好。

"三要"是:防火要有制度、用火、放炮要有审批手续;防火要有专人负责,坚持岗位责任制;防火用具要齐全。

"五无"是:无打架斗殴;无吵嘴骂人;无无故旷工;无损坏公物;无盗窃行为。

"五不准"是:现场作业时,不准穿高跟鞋;不准穿裙子;不准长辫外露;不准喝酒;不准打闹。

6)抓季节性施工管理,做到"三有"、"四标准"、"三落实"

"三有"是:冬、雨季施工有措施;有检查;有记录。

"四标准"是:混凝土、砌砖、抹灰和油漆粉刷四项工程,必须达到冬雨季施工质量标准。

"三落实"是:冬、雨季施工物资落实;设备落实;条件落实。

9.6.4 施工质量管理案例及评析

本工程硬质铺装用地面积约为 0.95 hm²,混凝土施工工程量较大,混凝土工程要求其平整、美观、耐磨,而且不起灰、不跑砂。但实际上许多混凝土工程常会出现表面"起粉"、"起皮"或"露砂"等现象。虽然混凝土表面的"起粉"、"起皮"或"露砂"并不影响其抗压强度等级,但会影响混凝土路面、地坪或楼面的美观性、耐磨性、抗渗性等,对工程交付有较大影响。如何控制混凝土面层起砂是质量控制的关键点,为此,项目经理部分析混凝土面层起砂的原因,有针对性采取预防措施,确保工程质量。

1)混凝土面层起砂原因分析

新拌混凝土是由颗粒大小不同、密度不同的水泥颗粒、砂、石等多种固体和水等组成的混合料,混凝土浇筑后在凝结以前,新浇混凝土内悬浮的固体粒子在重力作用下下沉,当混凝土保水能力不足时,新浇筑的混凝土表面会出现一层水,这种现象叫做泌水。在水泥等的凝结过程中,密度大的粒子要沉降,密度小的水往上析出,因而产生了固体粒子与水的分离。即新拌混凝土的泌水和离析一样,是不可避免的一种趋势,只可减缓,但不能消除。

影响混凝土泌水的因素主要有混凝土的配合比、组成材料、施工与养护等几方面。

(1)配制混凝土时水灰比过大 混凝土规范规定其水灰比应小于 0.5,而且要求混凝土单位用水量为 $150\sim170$ kg/m³。水灰比的大小直接影响水泥石浆体的强度。水灰比过大时,混凝土中多余的游离水分的蒸发,在水泥浆面层产生过多毛细孔,降低了密实性,降低了混凝土面层的强度,地面容易起粉起砂。另外,表面水分过多,混凝土面层抹压修光时间延长,甚至有可能超过水泥的终凝时间,造成施工地面质量无法保证。混凝土中的水除了与水泥发生水化作用外,是为了满足混凝土施工的要求,有部分施工单位为了赶进度或施工方便,将混凝土坍落度尽量放大,最好是自动摊平,甚至擅自加水放大坍落度,结果造成混凝土表面大量泌水,造成地面大面积起砂。

混凝土的水灰比越大,水泥凝结硬化的时间越长,自由水越多,水与水泥分离的时间越长,混凝土越容易泌水。

(2)混凝土的组成材料

① 砂石集料含泥量 含泥较多时,会严重影响水泥的早期水化,粘土中的粘土粒会包裹水泥颗粒,延缓及阻碍水泥的水化及混凝土的凝结,从而加剧了混凝土的泌水。

② 不宜使用细砂 砂的细度模数越大,砂越粗,越易造成混凝土泌水,尤其是 0.315 mm 以下及 2.5 mm 以上的颗粒含量对泌水影响较大。细颗粒越少、粗颗粒越多,混凝土越易泌水。

规范要求不宜使用细砂,这不仅是因为细砂的强度低、需水量大、干缩性大,也容易造成地面开裂;也因为细砂引起保水性差,不利于地面修光;与水泥的粘结性能差,降低砂浆的强度。所以混凝土地面一旦使用细砂,地面起砂的可能性很大,容易造成了大面积"起粉""起砂"的质量问题。

③ 水泥的品种和特性 水泥作为混凝土中最重要的胶凝材料,与混凝土的泌水性能密切相关。水泥的凝结时间、细度、比表面积与颗粒分布都会影响混凝土的泌水性能。水泥的凝结时间越长,所配制的混凝土凝结时间越长,且凝结时间的延长幅度比水泥净浆成倍地增长,在混凝土静置、凝结硬化之前,水泥颗粒沉降的时间越长,混凝土越易泌水;水泥的细度越粗、比表面积越小、颗粒分布中细颗粒含量越少,早期水泥水化量越少,较少的水化产物不足以封堵混凝土中的毛细孔,致使内部水分容易自下而上运动,混凝

土泌水越严重。

有些立窑企业使用萤石矿化剂,由于控制不好,致使熟料的凝结时间大幅度延缓;有的由于水泥粉磨时,控制细度较粗,比表面积较小,造成凝结时间过长;水泥的凝结时间过长均易导致混凝土泌水,最终引起混凝土面层"起粉""起砂"。

有些粉磨设备磨制的水泥,尤其是带有高效选粉机的系统磨制的水泥,虽然比表面积较大,细度较细,但由于选粉效率很高,水泥中细颗粒中小于 $3\mu m$ 的含量少,也容易造成混凝土表面泌水和起粉等问题。

④ 混凝土外加剂品种和掺量 掺量过多或者缓凝组分掺量过多,会造成新拌混凝土的大量泌水和离析,大量的自由水泌出混凝土表面,影响水泥的凝结硬化,混凝土保水性能下降,导致严重泌水。

(3) 施工原因 因施工引起的原因归纳起来有以下几个方面:

① 局部过振 混凝土振捣的目的是使其密实,并便于收浆、抹面。因此不管哪种振捣设备,只要不漏振,以混凝土表面平整、基本不再冒泡、表面出现浮浆即可。但有的施工人员不按规范施工,振动到一个位置不移动,而且振捣充分也不关闭,造成局部过振,造成过分离析或泌水,引起局部起皮、起砂。

② 非正常的淋水、洒水 在浇筑地面混凝土之前,淋湿模板时应避免使地面基础积水,如有积水,会使浇注的混凝土水灰比过大,经过振捣,过多的水会泌出表面;有的施工人员为便于收光、抹面,在混凝土面层随意洒很多水,致使混凝土面层水灰比增大,强度严重降低而出现起皮、起砂现象。

③ 不适宜的压平修光时间 修光过早,混凝土表面会析出水,影响表层砂浆强度,修光过早有时会由于修光阻断泌水通道,在修光压实层下形成泌水层,造成修光层脱落(即起壳)。修光时间过迟,则会扰动或损伤水泥凝胶体的凝结结构,影响强度的增长,造成面层强度过低,也会产生起粉或起砂现象。

(4) 其他因素 当混凝土表层的水泥尚未硬化就洒水养护或表面受到雨水的冲刷时,亦会造成混凝土表面的水灰比增大。混凝土施工中,如下雨时未覆盖,随意撒水泥粉处理等等,也是经常碰到的问题。一些施工单位在下小雨时,没有覆盖措施,一旦表面露砂,就撒水泥粉处理,结果工程完工后,用不了多久地面就起皮或起砂。

2) 混凝土路面、地面起灰或起砂的预防措施

(1) 确保混凝土强度等级 施工前按设计及规范要求,严格控制混凝土的强度,并做好混凝土试块强度检测工作。

(2) 要有合理的混凝土配合比设计 施工前到有资质的试验中心进行混凝土配合比设计,保证水泥用量、水灰比、砂率等技术指标满足规范要求,不能随意增大或减小,外加剂掺量不能过量,否则容易造成泌水。

(3) 控制原材料质量 尽量不用细砂,否则应增加水泥用量,以提高粘结性能;不能使用受潮的粉煤灰或水泥,因为受潮的水泥往往因结团,活性降低,不易搅拌均匀,胶结性能差,造成其强度、硬度和耐磨性都显著降低。

(4) 控制坍落度 在施工允许的范围内,坍落度应尽可能地小,这样才能做到降低水灰比,减少泌水。

(5) 施工过程中应注意 不随意往混凝土搅拌车内加水,施工路基不能有积水,更不可过量洒水做面层。防止增大水灰比而影响路面强度和耐磨性。不漏振不过振,抹面应及时;出现泌水时不能简单采用撒干水泥粉的抹面处理方法。终凝后的混凝土表面不能雨淋,在混凝土终凝后应立即采取覆盖措施(比如:草袋、麻袋、塑料薄膜等);每天均匀洒水养护,始终保持混凝土处于潮湿状态,直至养护期满。施工后要注意及时养护,既要防止混凝土表面硬化之前被雨水冲刷造成混凝土表面水灰比过大,又要防止混凝土中的水分在表层建立起强度之前散失。尤其是掺有粉煤灰或矿渣的混凝土,由于其早期强度较低,表层没有足够多的水化产物来封堵表层大的毛细孔,若不注意早期充分的湿养护,混凝土表层水分散失较快较多,表层水泥得不到充分的水化,亦会导致表层混凝土强度偏低,结构松散。通常,在混凝土接近终凝时,要对混凝土进行二次抹面(或压面),使混凝土表层结构更加致密。

正是做好了混凝土施工各项预防措施,本工程混凝土工程质量一次性验收合格。

【评析】 从以上案例可以看出:只要采取科学的工程质量控制措施,就能做好工程的质量管理。如何

做好园林工程质量管理工作,具体的质量控制措施主要有:

1) 确立质量目标

一般为建设单位要求达到的质量标准或施工企业承诺的工程施工质量标准。

2) 施工组织保证

为保证质量目标的实现,施工企业应组建一支由多次创出过优良工程的项目经理部进行施工,配备经验丰富的专业技术人员和技工,树立全员质量意识,确保工程保质保量地完成。

3) 做好文件和资料控制

配由专人负责工程的所有文件;坚持十有制度:开工有报告、图纸有会审、施工有措施、技术有交底、定位有复查、材料有复验、质量有检查、隐蔽有记录、变更有手续、交工有档案。应严格按图施工,及时进行联系单的收发工作,由项目技术负责人将联系单按编号直接发到各施工员,并将施工图纸及时按联系单进行修改,以便施工人员能够准确及时的按联系单修改进行施工,避免错误施工。质量员应及时做好隐蔽工程等资料并签证,以保证工程资料的准确性、及时性。

4) 做好材料采购质量控制

材料的质量和供应是影响工程质量及进度的一个重要环节,项目经理部应严格控制自购工程材料的采购渠道,在主要材料进场后还要组织甲方及监理人员共同进行验收并及时复验,要查厂名、地址、商标、生产日期、外观规格等,防止假冒伪劣产品。加强材料试验工作,按国家规定,建筑材料、设备及构配件供应单位应对供应的产品质量负责。在原材料、成品、半成品进场后,除应检查是否有按国家规范、标准及有关规定进行的试验记录外,施工单位还应按规定进行某些材料的复试,决定是否使用。无出厂证明的或质量不合格的材料、配件和设备,不得使用。

材料及施工试验按下列顺序进行:填写试验委托单→送试样→检查核对试样尺寸、数量、外观、编号、委托单内容→进行必须项目和要求项目的试验→填写试验记录单→计算与评定→填写试验报告。

5) 做好施工过程质量控制

在施工过程中要加强技术和质量管理,落实各级人员岗位责任制,各部门要分工明确,密切配合,建立以项目经理为核心的质量管理体系,健全三级质量检查网,做到定岗位、定责任、定标准,确保施工中的各个质量环节都能得到有效的控制。

(1) 施工图纸会审　施工图纸会审是很重要的环节,其会审程序为:施工方先熟悉、审查图纸,发现问题,然后召开各方会议,由设计单位介绍设计意图、图纸、设计特点及对施工的要求,由施工方提出图纸中存在的问题和对设计的要求,讨论协商解决,写出纪要,并由设计方提出变更资料。

(2) 技术交底　技术交底的目的是使参与项目施工的人员了解所担负的施工任务的设计意图、施工特点、技术要求、质量标准及应用新技术、新材料、新结构的特殊技术要求和质量标准等,项目经理部向作业班组交底,从而建立技术责任制、质量责任制,加强施工质量检查、监督与管理。施工项目的技术交底包括设计人员向施工单位交底,技术人员向班组交底等。技术交底的主要要求是:以设计图纸、施工方案、工艺流程和质量检验评定标准为依据,编制技术交底文件,突出交底重点,注重可操作性,以保证质量为目的。

(3) 测量、计量和试验设备控制　在施工过程中使用的测量、计量和试验设备必须具有合适的量程和准确度,要按《检测、测量和试验设备控制程序》的规定进行核实,并且处于有效期内。

(4) 施工日记管理　施工日记由项目施工员记录,日记要求连续、详细、明了,能反映出质量监督和管理动态及面貌,特别详细记载施工中发现的问题和处理解决的过程。施工日记应从工程开始起至工程交工验收止。中途工作调动时,应及时办好日记移交手续,由接班人继续记好施工日记。

(5) 积累工程施工技术资料　工程技术资料是施工中的技术、质量和管理活动的记录,也是工程档案的形成过程。它反映了施工活动的科学性和严肃性,是工程施工质量水平和管理水平的实际体现,也是施工企业信誉的体现。工程施工技术资料归档移交给建设单位后,便是工程使用过程、维修及扩建的指导文件和依据。因此,国家和各级建设管理部门都十分重视资料的积累,要求按规定做到齐全、准确和充实,把它列为评定单位工程质量等级的三大条件之一。必须按各专业质量检查评定标准的规定和实施细则,全面、科学、准确地记录施工单位工程质量等级,移交建设单位及档案管理部门,并不得有伪造、涂改、后补等现象。

6) 施工质量控制方法

(1) 质量控制点及特殊过程控制　园林工程涉及工种多,工序多,应按照施工进度计划合理布置劳动力,及安排工序搭接、穿插。对有关重要部分工程要设置控制点,并定人、定时对这些质量控制点进行控制,以确保各控制点的质量满足图纸及规范设计要求,从而保证整个园林绿化的质量达到预期目标。

(2) 在施工过程中应用ISO质量管理　ISO是质量管理中发现问题,分析问题,制定对策,确保实施四个阶段不断循环,不断提高的质量活动。在工程中应专门设立ISO小组,进行质量把关。其主要活动步骤如下:找出问题→分析原因→找出主要形象因素→拟定措施→认真执行措施→检查效果→总结经验,纳入标准→处理遗留问题,转入标准。

(3) 班组操作挂牌管理　凡能落实个人责任的作业部分,均要实行操作挂牌定位,以便明确责任和奖惩。因其他原因,未能落实到人的要落实到班组,由班长挂牌定位;操作定位由项目施工员布置,班组长执行,质量员填表记录;班组长在分配班内成员时,尽可能要保持部位的连续作业,界限清楚,必要时要挂牌上墙操作。

(4) 班组质量自检　由班组长担任兼职质量员,班组每天完工后应进行自检。每个分项工程完工后,应不少于一次的质量自检验评记录;质量员验评标准按合同约定的评定标准执行;班组通过质量自检,要总结经验,及时向每个作业人员提出整改意见,把隐患消灭在萌芽状态之中。并将质量的优劣作为当月奖惩考核的依据。

(5) 加强成品保护　成品保护是指在施工过程中,有些分项工程和分部工程已经完成,其他工程尚在施工,或单位工程已接近扫尾或竣工的单项工程,尚未正式竣工验收之前,均属成品保护之列;针对施工项目的特点和环境,要采取有效的护、包、盖、封等保护措施,措施由项目施工员制订;保护措施要因地制宜,切实可行,要落实到人,并和经济奖惩挂钩;成品保护的重点是装饰、装修的表面污染和种植后的绿化;项目工程部施工员和质量员要根据制订的成品保护措施,随时检查落实,并严格奖惩。

(6) 加强隐蔽工程验收制度　隐蔽工程在被下一道工序掩蔽之前应严格进行检查和验收,并作出记录,由参检各方(建设单位、监理单位、设计单位和施工单位)签署意见,有问题则在补救后进行复检,地基验槽、结构中间验收、砌体验收、装饰验收、绿化验收、竣工验收,参检各方均应到场。

9.6.5　施工安全案例及评析

本工程施工现场进行混凝土施工准备。民工张某等四人在紧固模板时,因照明不足,张某站在模板上擅自解开捆扎在小方木上作临时简易照明的碘钨灯。张某右手抓住混凝土钢筋(接地),左手移动碘钨灯,因碘钨灯外壳带电,形成单向回路电击重伤。

直接原因:非电工违章擅自移动碘钨灯,碘钨灯出厂不合格,固定灯管螺丝过长,触有灯罩致使碘钨灯外壳带电,且进场使用前检查不够,未能及时发现隐患。

间接原因:对民工的安全用电的教育不够,管理不严,没有配备相应的防护用品;碘钨灯出厂不合格,而未检查出来。

预防措施:

(1) 对民工加强安全教育,提高安全意识和自我保护能力,操作时千万不能违反安全用电规定;

(2) 施工现场的电气设备的检修,电源线路的架设,照明灯安装等均应由电工操作;

(3) 对作业人员提供必要的防护用品和防护用具;

(4) 购置电器设备应按制度严格验收,使用前还应仔细检查。

【评析】　安全是衣、食、住、行的基本条件,也是各个行业的生存保障。近些年,随着我国经济社会发展水平的提高,建筑行业飞速发展,但施工作业安全问题一直比较严峻,建筑行业的事故发生频率已高居全国各行业前几位。工程的高空作业、繁重劳动、手工操作、季节性强、人员流动性大等特点都使得高空坠落、坠物伤人、触电、土方坍塌、机械事故等安全事故频繁发生。如何在园林施工中做好施工安全管理工作,是每一施工单位要特别注重的。主要应采取科学的安全保证措施。

(1) 建立安全制度 根据园林工程施工交叉作业多,施工工期紧的特点,因此安全隐患较多,工程施工时必须建立以下安全制度:

① 安全责任制度 项目经理对整个工程施工安全负责,安全员对施工安全负直接责任,负责安全管理和监督检查,具体组织实施安全制度的各项安全措施;分管技术的项目工程师负责组织安全技术措施的编制和审核、安全技术交底和安全技术教育;施工员对负责分管施工范围内的安全生产负责,贯彻落实各项安全措施;各专业人员应有岗位职责,操作班组、班长、安全组干事到每个工人都有安全职责。

② 安全教育制度 定期进行安全意识教育,新工人上岗教育,各工种结合培训进行安全操作规程教育,对具体的分部分项工程及新材料的使用进行技术、安全交底。

③ 安全检查制度 工地每月进行一次全面检查,工段每旬进行一次定期检查,由安全员、施工员实施,每个作业班结合上岗安全交底,每天安全上岗检查,通过安全检查活动,不断提高和加强安全意识,落实安全制度和安全措施,并且通过检查活动本身可以发现和解决隐患。

(2) 制订科学的施工安全技术措施 施工安全技术措施是具体安排和指导工程安全施工的安全管理与技术文件。是针对每项工程在施工过程中可能发生的事故隐患和可能发生安全问题的环节进行预测,从而在技术上和管理上采取措施,消除或控制施工过程的不安全因素,防范事故发生。主要包括:①进入施工现场的安全规定;②地面及深坑作业的防护;③高处及立体交叉作业的防护;④施工用电安全规定;⑤机械设备的安全使用规定;⑥预防自然灾害的措施;⑦防火防爆措施等。

9.6.6 施工进度管理及评析

本工程总工期为120个日历天。项目经理部通过编制网络计划进行资源优化,以实现最优进度目标、资源均衡目标和成本目标。

施工总进度计划的编制程序为:

(1) 计算工程量 计算工程量的目的主要是按工程施工程序和单位工程工程量。编制施工总进度计划,编制施工方案和选择主要的施工、运输机械,编制施工人员及物资的需要量。

(2) 确定各单位工程或者分部分项工程的施工期限。

(3) 确定各分部分项工程的开完工时间和相互搭接关系。

(4) 编制工程施工总进度计划(见表9.8)。

表9.8 施工总进度计划表

序号	主要分项工程	施工进度(d)					
		1-10-20	20-30-40	40-50-60	60-70-80	80-90-100	100-110-120
1	土方工程	━━━					
2	喷灌工程		━━━				
3	种植工程			━━━			
4	铺装工程		━━━━━				
5	桥梁工程			━━━━━			
6	凉亭工程					━━━━━	
7	水体工程		━━━━━━━━━━━				
8	小品工程					━━━━━━━	
9	竣工验收						━

【评析】 施工总进度计划的任务是按照施工组织的基本原则,根据选定的施工方案,在时间和施工顺序上做出安排,达到以最优化的资源配置在规定的工期内完成合格的工程项目。工程进度控制管理是工程项目建设中与质量和投资并列的三大管理目标之一,其三者之间的关系是相互影响和相互制约的。在

一般情况下，加快进度、缩短工期需要增加投资（在合理科学施工组织的前提下，投资将不增加或少增加）。工程进度的加快有可能影响工程的质量，而对质量标准的严格控制极有可能影响工程进度。为达到园林工程施工节约成本、创造效益、提高工程质量的目标，科学的安排园林工程施工期，应主要考虑以下因素：

(1) 对于大型园林工程建设项目，应集中力量分期、分批建设，以便尽早投入使用，尽快发挥投资效益。因此，要处理好前期准备和后期建设的关系、每期工程中主体工程与辅助及附属工程之间的关系、地下工程与地上工程之间的关系、场外工程与场内工程之间的关系等等。

(2) 根据园林绿化、土建等专业各自的特点，合理安排各专业施工的先后顺序及搭接、交叉或平行作业，明确各专业工程为其他专业工程提供施工条件的内容与时间。

(3) 结合本工程的特点，参考同类工程建设的经验来确定施工进度目标，避免只按主观愿望盲目确定进度目标，从而在实际过程中造成进度失控。

(4) 作好资金供应能力、施工力量配备、物资(材料、构配件、设备)供应能力与施工进度需要的平衡工作，确保工程进度目标的要求而不使其落空。

(5) 考虑外部协作条件的配合情况，包括施工进程中及项目竣工动用所需的水、电、气、通讯、道路及其他社会服务项目的满足程序和满足时间，它们必须与有关项目的进度目标协调。

(6) 应充分考虑工程所在地区地形、地质、水文、气象等方面的限制条件。由于园林工程的特殊性，在安排工期前更应考虑影响施工期的自然因素。其中包括植物品种的适应性、工程属地的气候条件、货源及人工组织等。

植物的生理特性多种多样，有喜温与耐寒之分，喜湿与耐旱之分，因此必须了解植物生物特性，有针对性地安排适当的时期施工。一般来讲，春季是绿化工程施工的黄金季节。春季气温、土温逐渐回升，雨水也逐渐增多，各种植物陆续从休眠中苏醒过来。在此期间施工，对苗木伤害较小，苗木移植后恢复快，成活率也较高。

工程属地的气候条件对工程施工期也有影响。在安排施工时，要充分考虑属地的气象与水文条件，如历年有无"倒春寒"现象，每年春汛、春旱的发生时间，梅雨期的始末及长短，以及一年四季中雨量的分布情况等。

绿化工程适宜施工期毕竟只有短短两三个月，有些大工程不能在这期间内施工结束，则需采取一些补救措施，可以在一定程度上延长施工适宜期，如：加强水分管理，延长"雨季"效应，在苗木上缠草绳，定时喷水保持湿度。盖膜保温，提前进入"春季"，在草坪上覆盖塑料薄膜，增加膜内温度和湿度，创造适宜草坪生长的小气候条件。

苗木和人工在绿化工程中所占成本比例较大，苗木没有固定的市场指导价，一般旺季苗木的销售及运输价格要高一些；在农忙及传统假日期间，民工工资相对要高一些。因此应合理安排工期，使其能在淡季预订苗木，利用节后和农闲期间组织民工施工，以有效节约工程成本。

10 园林工程施工招投标管理

■ 学习目标

熟悉园林工程施工招标的程序；掌握园林工程招标标底的编制方法和招标文件的编制方法；掌握园林工程投标的内容、投标的程序和投标书编制的方法。

10.1 园林工程施工招标

10.1.1 招标方式

园林工程施工招标主要有公开招标、邀请招标和议标招标等三种方式。

1) 公开招标

公开招标是指招标单位以招标公告方式，邀请不特定的园林工程施工企业投标，也称无限制竞争性招标。采用这种形式，可由招标单位通过报刊、广播电视、信息网络或其他媒介发布招标公告。招标公告应当载明招标单位的名称和地址，拟招标工程项目的性质、数量、施工地点和时间以及获取招投标文件的方法等事项。招标单位也可根据项目本身特点，在招标公告中要求投标单位提供有关资质证明文件和业绩情况。

公开招标不受地区和投标单位数量限制，各园林工程施工企业凡是对此感兴趣者，并通过对投标单位资格条件预审，一律有均等机会参加投标活动。招标单位不得以任何理由拒绝符合条件的投标单位参加投标活动。

公开招标可使招标单位在众多的投标单位中优选出理想的园林工程施工企业为中标单位，其优点是可以给一切具有法人资格的园林工程施工企业以平等竞争机会参加投标活动。招标单位有较大的选择范围，有助于开展公平竞争，打破垄断，也能促使中标的园林工程施工企业努力提高工程(或服务)质量，缩短工期和降低造价。但是，招标单位审查投标单位资格及其标书的工作量比较大，招投标费用支出也比较大。

2) 邀请招标

邀请招标是指招标单位以投标邀请书的方式，邀请特定的、熟悉的园林工程施工企业投标，也称有限制竞争性选择招标。邀请招标过程不公开。邀请招标应当向3～10个(不得少于3个)具备承担招标项目施工能力、资信良好的园林工程施工企业发出投标邀请书。投标邀请书的内容与招标公告相同。

采用邀请招标的方式，由于被邀请参加竞争的投标单位数量有限，不仅可以节省招标费用，而且能提高每个投标单位的中标几率，所以对招投标双方都有利。不过，这种招标方式限制了竞争范围，把许多可能的竞争者排除在外，被认为不完全符合自由、公平、公开、竞争机会均等的原则。

国务院发展计划部门确定的国家重点工程建设项目和省、自治区、直辖市人民政府确定的地方重点工程建设项目不宜进行公开招标，但经相应各级政府批准，可以进行邀请招标。

另外，符合下述情况者，也可以考虑邀请招标：

(1) 由于工程性质特殊，要求有专门施工经验的技术人员和熟练技工以及专用技术设备，只有少数施工单位能够胜任；

(2) 公开招标使招标、投标单位支出的费用过多，与工程投资不成比例；

(3) 公开招标的结果未能产生中标单位；

(4) 由于工程紧迫或保密的要求等其他原因而不宜公开招标。

3) 议标招标

议标招标也称非竞争性招标,是由招标单位直接选定某一园林工程施工企业,双方通过协商达成协议,将工程项目施工任务委托给该园林工程施工企业来完成。议标招标方式比较适合于小型园林工程施工项目。

10.1.2 招标程序

园林工程施工招标工作,一般分为三个阶段,即准备工作阶段、招标工作阶段和开标中标阶段,各阶段的一般工作有:

(1) 园林建设单位(业主)向政府有关部门(招标办公室,一般设在政府城乡建设局)提出招标申请 申请的主要内容有:园林建设单位的资质;拟招标的工程项目是否具备了施工条件;招标拟采用的方式;对投标单位(施工单位)的资质要求;初步拟订的招标工作日程等。

(2) 组建招标工作机构,开展招标工作 在招标申请批准后,园林建设单位应组建临时性的招标工作机构,统一安排部署招标工作。招标工作机构的人员组成,一般由分管园林建设或基建的领导同志负责,工程技术、预算、财务、物资供应、质检等部门派人参加,具体人数视招标工程项目的规模和工作内容的繁简而定。招标工作机构的人员必须懂业务、懂管理,作风正派,在招标工作中必须保守机密,不得泄露标底。

招标工作机构的主要任务:根据招标项目的特点和需要,编制招标文件;负责向招标管理机构办理招标文件的审批手续;组织或委托标底的编制,按规定报有关单位审查,报招标管理机构审定;发布招标公告或邀请书;组织投标单位报名,并进行资质审查;发售招标文件、图纸和技术资料,组织投标单位踏勘项目现场并答疑;提出评标委员会成员组成名单,并报招标管理机构核准;接收投标单位递交的标书,并收取押金(信誉保证金);负责召集评标委员会成员,组织开标、评标会议;向中标单位签发中标通知,并组织签订工程承包合同;向未中标单位签发未中标通知,并退还押金;负责办理其他有关事宜。

(3) 编制招标文件 招标文件既是招标单位招标工作的指南,也是投标单位投标和制作标书必须遵循的准则。招标文件应当包括招标项目的技术要求、投标单位资格审查标准、投标报价要求和评标标准等所有实质性要求以及拟签订合同的主要条款。若招标项目需要划分标段,也应在招标文件中写明。

(4) 标底的编制和审定

(5) 发布招标公告和招标邀请书

(6) 组织投标单位报名,接受投标申请 投标单位必须具有国家和招标单位规定的资格条件,具备承担招标项目的施工能力。

(7) 审查投标单位的资质 在投标申请(报名)截止日期后,对申请投标的单位进行资质审查,审查的主要内容包括投标单位的企业法人营业执照、企业资质等级证书、工程技术和管理人员的资格、企业拥有的施工机械设备等是否符合承担本工程的要求。同时还应考查其承担过的同类工程质量、工期及合同履约情况。审查合格的投标单位,可通知其参加投标,不合格的应通知其停止参加工程招标活动。

(8) 发售招标文件 向资质审查合格的投标单位发售招标文件(包括设计图纸和有关技术资料等),同时收缴投标单位交纳的投标信誉保证金。

(9) 踏勘现场及答疑 招标文件发售后,招标单位应按规定日期,按时组织投标单位踏勘施工现场,介绍现场准备情况。同时还应召开会议对工程进行技术交底,解答投标单位对招标文件、设计图纸等提出的疑点和有关问题。交底和答疑的主要问题,应以会议纪要或补充文件形式,书面通知所有投标单位,以便投标单位在编制标书时掌握同一标准。纪要或补充文件具有与招标文件同等效力。

(10) 接受标书(投标) 投标单位应按招标文件的要求,认真组织编制标书,标书编好密封后,在招标文件规定的投标截止日期前,送达招标单位。招标单位应逐一验收,出具收条,并妥善保存,开标前任何单位和个人不准启封标书。

(11) 召开开标会议,公布标底和各投标单位的标书。

(12) 评标并确定中标单位。

10.1.3 招标文件的编制

园林工程招标文件是作为招标单位向投标单位详细阐明园林工程项目建设意图的一系列文件,它既是招标单位招标工作的指南,也是投标单位投标和编制投标书的主要客观依据和必须遵循的准则。

根据建设部1996年12月颁布的《建设施工招标文件范本》的规定,对于公开招标的招标文件,分为四卷共十章,通常包括下列内容:

第一卷 投标须知、合同条件及合同格式
  第一章 投标须知
  第二章 合同条件
  第三章 合同协议条款
  第四章 合同格式
第二卷 技术规范
  第五章 技术规范
第三卷 投标文件
  第六章 投标书及投标书附录
  第七章 工程量清单与报价表
  第八章 辅助资料表
  第九章 资格审查表
第四卷 图纸
  第十章 图纸

现将上述内容说明如下:

1) 投标须知

投标须知是招标文件的重要组成内容,投标单位在编制投标书和投标时,必须仔细阅读理解,必须按投标须知的要求进行。投标须知的内容包括:总则、招标文件、投标报价说明、投标文件的编制、投标文件的递交、开标、评标、授予合同等。

投标须知还要对拟招标的工程进行综合说明,其主要内容为:工程名称、规模、地址、发包范围和标段、设计单位、场地和地基土质条件(可附工程地质勘察报告和土壤检测报告)、给排水、供电、道路及通讯情况以及工期要求等。

关于施工企业的资质,根据建设部《建筑业企业资质等级标准》的规定,城市园林绿化工程施工企业资质分为一、二、三级,古建筑工程施工企业资质分为一、二、三、四级。

2) 设计图纸和技术说明书

设计图纸和技术说明书也是招标文件的重要内容,其作用在于使投标单位能够较详细地了解工程的具体内容和技术要求,能据此编制投标书,制定施工方案和进度计划。园林绿化工程施工招标,应提供满足施工需要的全部图纸(可不包括大样),其中包括总平面图,园林用地竖向设计图,给排水管线图,供电设计图,种植设计总平面图,园林建筑物、构筑物和小品单体平面、立面、剖面图和主要结构图,以及装修、设备的做法说明等。技术说明书也应满足下列要求:

(1) 必须对工程的施工要求做出清楚而详尽的说明,使各投标单位能有共同的理解,能比较有把握地估算或预算出造价;

(2) 明确拟招标工程适用的施工验收技术规范,保修养护期及保修养护期内投标单位(施工单位)应承担的责任;

(3) 明确投标单位应提供的其他服务,诸如监督分承包商的工作,防止自然灾害的特别保护措施,安全保护措施等;

(4) 有关专门施工方法及指定材料品牌、规格、产地或来源及其代用品的说明;

(5) 有关施工机械设备、临时设施、现场清理及其他特殊要求的说明。

3） 工程量清单和报价表

工程量清单和报价表是投标单位计算标价和招标单位评标的依据。工程量清单和报价表通常以每一个单位工程为对象，按分部、分项工程列出工程数量和报价表。

在招标文件中，应对工程量清单和报价表做以下说明：工程量清单应与投标须知、合同条件、技术规范和设计图纸一起使用；工程量清单中所列的工程量系招标单位估算或根据设计图纸预算所得，临时作为各投标单位报价的共同基础，工程的付款则以由施工单位计算、监理工程师和招标单位代表共同核准的实际完成工程量为准；工程量清单中所填入的单价和合价，对于综合单价应说明包括人工费、材料费、机械费、其他直接费、间接费，有关文件规定的调价、利润、税金，现行取费中的有关费用、材料差价以及采用固定价格的工程所测算的风险等全部费用。

工程量清单和报价表由封面、内容目录、前言或说明、工程量表和报价表几部分组成。

4） 合同主要条件格式

合同主要条件作为招标文件的重要组成部分，其作用一是使投标单位事先明确理解中标后作为施工单位应承担的义务、责任及应享有的权利；二是作为洽商签订正式合同的基础。

有关合同内容及格式请见第 11 章相关内容。

5） 技术规范

技术规范是指国家、地方和专业颁布的有关建设工程施工、质量验收所采用的技术标准、规程和规范，也包括施工图中规定的施工技术和要求。

在《建设工程施工合同条件》和《建设工程施工合同协议条款》的使用说明中规定，国家有统一的标准规范时，施工中必须使用；国家没有统一的标准规范时，可以使用地方或专业的标准规范；地方和专业的标准规范不相一致时，应写明使用的标准规范的名称，并按照工程的部位和项目分别填写适用标准规范的名称和编号。

6） 投标书及其附录

投标书是由投标单位授权的代表签署的一份投标文件，是对招投标双方均具有约束力的合同的重要组成部分。投标书还包括附录，附录内容有投标保证书、投标单位法人代表资格证书、授权委托书等。

7） 辅助资料图表

在投标书中，一般以施工方案或施工组织设计为主要内容，列出的辅助资料表有：

完成本次工程施工所组建的组织机构；项目经理简历表；主要施工管理人员表；主要施工机械设备表；拟分包工程项目情况表；劳动力计划表；施工机械进场计划表；工程材料进场计划表；计划开工、竣工日期和施工进度表；施工现场平面布置及施工道路平面图；完成工程施工方案，保证质量的技术、组织措施；冬季、雨季施工的技术、组织措施；地下管线及其他地上设施的加固措施；保证安全生产、文明施工、降低环境污染的技术、组织措施。

8） 资格审查表

资格审查表的内容有：投标单位企业的基本概况，最后还包括企业法人证书、营业执照、税务登记证、组织机构代码证、资质等级证书、项目经理证、技术人员的职称证书和优良工程获奖证书。

园林工程招标文件的编制，由园林建设单位组建的招标工作机构在招标准备阶段负责完成。

10.1.4 招标标底的编制

标底是园林招标工程的预期价格，凡是准备招投标的园林工程必须编制标底。标底由招标单位自行编制，或经主管部门认定，委托具有编制能力的设计、咨询、监理单位编制。编制的标底必须经招标工作机构审定，并报主管部门批准。标底一经审定批准应密封保存至开标时，所有接触过标底的人员负有保密的责任，不得泄漏。

1） 园林工程招标标底的作用

标底的作用一是使建设单位预先明确自己在拟建的园林工程上应承担的财务义务；二是为上级主管部门提供核实投资规模的依据；三是作为衡量投标报价的准绳或参照系，是评标的主要尺度之一。

2） 编制园林工程招标标底的原则和依据

（1）根据拟建园林工程的设计图纸及有关资料、招标文件，参照国家规定的技术、经济标准定额及规范，确定工程量和编制标底。

（2）标底价格应由成本、利润、税金三部分组成，一般应控制在批准的总概算（或修正概算）及投资包干的限额内。

（3）标底价格作为建设单位的期望计划价，应力求与市场的实际变化相吻合，实事求是，既要利于竞争者以合理的价格中标，节省投资，避免浪费，又要保证工程质量。

（4）标底价格中的成本应充分考虑人工、材料、机械台班等价格变动因素，还应包括施工不可预见费、包干费和措施费等。工程要求优良的，还应增加相应费用。

（5）一个工程只能编制一个标底。

3） 园林工程招标标底文件的主要内容和编制方法

园林工程招标标底的主要内容和编制方法与园林工程概、预算基本相同，但也应根据招标工程的具体情况，尽可能考虑下列因素，并确切体现在标底中。

（1）根据不同的承包方式，考虑适当的包干系数和风险系数；

（2）根据现场施工条件及工期要求，考虑必要的技术措施费；

（3）对建设单位提供的以暂估价计算但可按实调整的材料、设备，要列出数量和估价清单；

（4）主要材料数量可在定额用量基础上加以调整，使其反映实际情况。

4） 在实际中应用的标底编制方法主要有以下四种：

（1）以施工图预算为基础，即根据设计图纸和技术说明，按预算定额规定的分部分项工程子目，逐项计算出工程量，再套用定额单价，确定直接费，然后按规定的系数计算间接费、独立费、计划利润以及不可预见费等，从而计算出工程预期总造价，即标底。

（2）以概算为基础，即根据初步设计方案和概算定额计算工程造价 概算定额是在预算定额基础上将某些次要子项目归并于主要工程子项目之中，并综合计算其单价。用这种方法编制标底可以减少计算工作量，提高编制工作效率，且有助于避免重复和漏项。

（3）以最终成品单位造价包干为基础 这种方法主要适用于采用标准设计、大量兴建的工程，例如通用住宅、市政管线等。一般住宅工程按每平方米建筑面积实行造价包干；园林建设中的植草工程、喷灌工程也可按每平方米面积实行造价包干。具体工程的标底即以此为基础，并考虑现场的条件、工期要求等因素来确定。

（4）复合标底 所谓复合标底，就是招标单位不做标底，在参加投标工程或其中某一标段的所有投标单位的标值（即投标工程或其中某一标段的总报价）中，根据投标单位多少，去掉一至两个最高和最低值，然后取其平均值作为标底。如果招标单位事先做有标底，在复合标底计算时将其纳入，作为一个标值对待。还有一种做法是将投标单位所报标值的平均值，与招标单位做的标底相加，再取平均值作为复合标底。复合标底是在开标后计算得出，事先具有不确定性，不会出现泄密或人为因素干扰，比较公正、公平、公开，同时也比较符合园林绿化建设的市场行情，近几年在园林绿化工程招投标活动中经常采用。

10.1.5 无效标书的认定与处理

按我国现行规定，有下列情况之一者，投标书为无效标书：

（1）未按招标文件规定标志、密封的；

（2）无单位和法定代表人或其指定代理人的印鉴或印章不全的；

（3）标书打印实质性内容（所谓实质性内容是指投标书投标报价中涉及单价和费用的内容）不全，字迹模糊，辨认不清的，实质性内容修改后未加盖法定代表人印章的；

（4）经鉴定认为未按规定的格式填写标书，投标书实质上不响应招标文件要求的；

（5）隐瞒真相、弄虚作假的；

（6）法定代表人或授权代理人未参加开标会议的；
（7）未按规定缴纳投标保证金的；
（8）超过标书递交截止日期的；
（9）违反招标文件规定的其他条款的。

经认定的无效投标书将被拒收，或在开标会议上当众剔除，凡属无效标书的投标单位将被取消投标资格。

10.2 园林工程施工投标

10.2.1 投标工作程序

1）向招标人申报资格审查，提供有关文件资料

投标人在获悉招标公告或投标邀请后，应当按照招标公告或投标邀请书中所提出的资格审查要求，向招标人申报资格审查。资格审查是投标人投标过程中的第一关。

采用不同的招标方式，对潜在投标人资格审查的时间和要求不一样。如在国际工程无限竞争性招标中，通常在投标前进行资格审查，这叫做资格预审。只有资格预审合格的承包商才可能参加投标；也有些国际工程无限竞争性招标不在投标前而在开标后进行资格审查，这被称作资格后审。在国际工程有限竞争招标中，通常则是在开标后进行资格审查，并且这种资格审查往往作为评标的一个内容，与评标结合起来进行。

我国建设工程招标中，在允许投标人参加投标前一般都要进行资格审查，但资格审查的具体内容和要求有所区别。公开招标一般要按照招标人编制的资格预审文件进行资格审查。资格预审文件应包括的主要内容有：

（1）投标人的组织与机构；
（2）近3年完成工程的情况；
（3）目前正在履行的合同情况；
（4）过去2年经审计过的财务报表；
（5）过去2年的资金平衡表和负债表；
（6）下一年度财务预测报告；
（7）施工机械设备情况；
（8）各种奖励或处罚资料；
（9）与本合同资格预审有关的其他资料。

如是联合体投标应填报联合体每一成员的以上资料。

邀请招标一般是通过对投标人按照投标邀请书的要求提交或出示的有关文件和资料进行验证，确认按照自己的经验和所掌握的有关投标人的情况是否可靠、有无变化。邀请招标资格审查的主要内容，一般应当包括：

（1）投标人组织与机构，营业执照，资质等级证书；
（2）近3年完成工程的情况；
（3）目前正在履行的合同情况；
（4）资源方面的情况，包括财务、管理、技术、劳力、设备等情况；
（5）受奖、罚的情况和其他有关资料。

议标一般也是通过对投标人按照投标邀请书的要求提交或出示的有关文件和资料进行验证，确认自己的经验和所掌握的有关投标人的情况是否可靠、有无变化。议标资格审查的主要内容，一般是查验投标人是否有相应的资质等级。

投标人申报资格审查，应当按招标公告或投标邀请书的要求，向招标人提供有关资料。经招标人审查后,招标人应将符合条件的投标人的资格审查资料,报建设工程招标投标管理机构复查。经复查合格的,就具有了参加投标的资格。

2) 购领招标文件和有关资料,缴纳投标保证金

投标人经资格审查合格后,便可向招标人申购招标文件和有关资料,同时要缴纳投标保证金。

投标保证金是为防止投标人对其投标活动不负责任而设定的一种担保形式,是招标文件中要求投标人向招标人缴纳的一定数额的金钱。投标保证金的收取和缴纳办法,应在招标文件中说明,并按招标文件的要求进行。一般来说,投标保证金可以采用现金,也可以采用支票、银行汇票,还可以是银行出具的银行保函。银行保函的格式应符合招标文件提出的格式要求。投标保证金的额度,根据工程投资大小由业主在招标文件中确定。在国际上,投标保证金的数额较高,一般设定在占投资总额的1%~5%。而我国的投标保证金数额,则普遍较低。如有的规定最高不超过1 000元,有的规定一般不超过5 000元,有的规定一般不超过投标总价的2%等。投标保证金有效期为签订合同或提供履约保函为止,通常为3~6个月,一般应超过投标有效期的28天。

3) 组织投标班子,委托投标代理人

投标人在通过资格审查、购领了招标文件和有关资料之后,就要按招标文件确定的投标准备时间着手开展各项投标准备工作。投标准备时间是指从开始发放招标文件之日起至投标截止时间为止的期限,它由招标人根据工程项目的具体情况确定,一般为28天之内。而为按时进行投标,并尽最大可能使投标获得成功,投标人在购领招标文件后就需要有一个懂行的投标班子,以便对投标的全部活动进行通盘筹划、多方沟通和有效组织实施。承包商的投标班子一般都是常设的,但也有的是针对特定项目临时设立的。

投标人参加投标,是一场激烈的市场竞争。这场竞争不仅比报价的高低,而且比技术、质量、经验、实力、服务和信誉。特别是随着现代科技的快速发展,工程越来越多的是技术密集型项目,势必要求承包商具有现代先进的科学技术水平和组织管理能力,能够完成高、新、尖、难工程,能够以较低价中标,靠管理和索赔获利。因此,承包商组织什么样的投标班子,对投标成败有直接影响。

从实践来看,承包商的投标班子一般应包括下列三类人员:①经营管理类人员。这类人员一般是从事工程承包经营管理的行家里手,熟悉工程投标活动的筹划和安排,具有相当的决策水平。②专业技术类人员。这类人员是从事各类专业工程技术的人员,如建筑师、监理工程师、结构工程师、造价工程师等。③商务金融类人员。这类人员是从事有关金融、贸易、财税、保险、会计、采购、合同、索赔等项工作的人员。

投标人如果没有专门的投标班子或有了投标班子还不能满足投标工作的需要,就可以考虑雇佣投标代理人,即在工程所在地区找一个能代表自己利益而开展某些投标活动的咨询中介机构。充当投标代理人的咨询中介机构,通常都很熟悉代理业务,他们拥有一批经济、技术、管理等方面的专家,经常搜集、积累各种信息资料,有较广的社会关系和较强的社会活动能力,在当地有一定的影响,因而能比较全面、快捷地为投标人提供决策所需要的各种服务和信息资料。雇佣代理人是一项十分重要的工作。在某些国家,规定外国承包商必须有代理人才能开展业务,这时选雇投标代理人的意义自不待言。即使在未规定必须有投标代理人的情况下,投标人到一个新的地区去投标,如能选到一个声誉较好的代理人,充当自己的帮手和耳目,为自己提供情报、出谋划策、协助编制投标文件等,无疑也是很重要的,将会大大提高中标机会。

投标人委托投标代理人必须签订代理合同,办理有关手续,明确双方的权利和义务关系。投标代理人的一般职责主要是:①向投标人传递并帮助分析招标信息,协助投标人办理、通过招标文件所要求的资格审查;②以投标人名义参加招标人组织的有关活动,传递投标人与招标人之间的对话;③提供当地物资、劳动力、市场行情及商业活动经验,提供当地有关政策法规咨询服务,协助投标人做好投标书的编制工作,帮助递交投标文件;④在投标人中标时,协助投标人办理各种证件申领手续,做好有关承包工程的准备工作;

⑤按照协议的约定收取代理费用。通常,如代理人协助投标人中标的,所收的代理费用会高些,一般为合同总价的1%～3%。

4) 参加踏勘现场和投标预备会

投标人拿到招标文件后,应进行全面细致的调查研究。若有疑问或不清楚的问题需要招标人予以澄清和解答的,应在收到招标文件后的7天内以书面形式向招标人提出。为获取与编制投标文件有关的必要的信息,投标人要按照招标文件中注明的现场踏勘(亦称现场勘察、现场考察)和投标预备会的时间和地点,积极参加现场踏勘和投标预备会。按照国际惯例,投标人递交的投标文件一般被认为是在现场检查、踏勘的基础上编制的。投标书递交之后,投标人无权因为现场踏勘不周、情况了解不细或因素考虑不全而提出修改投标书、调整报价或提出补偿等要求。因此,现场踏勘是投标人正式编制、递交投标文件前必须经过的重要的准备工作,投标人必须予以高度重视。

投标人在去现场踏勘之前,应先仔细研究招标文件有关概念的含义和各项要求,特别是招标文件中的工作范围、专用条款以及设计图纸和说明等,然后有针对性地拟订出踏勘提纲,确定重点需要澄清和解答的问题,做到心中有数。

投标人参加现场踏勘的费用,由投标人自己承担。招标人一般在招标文件发出后,就着手考虑安排投标人进行现场踏勘等准备工作,并在现场踏勘中对投标人给予必要的协助。

投标人进行现场踏勘的内容,主要包括以下几个方面:

(1) 工程的范围、性质以及与其他工程之间的关系;
(2) 投标人参与投标的那一部分工程与其他承包商或分包商之间的关系;
(3) 现场地貌,地质、水文、气候、交通、电力、水源等情况,有无障碍物等;
(4) 进出现场的方式,现场附近有无食宿条件,料场开采条件,其他加工条件,设备维修条件等;
(5) 现场附近的治安情况。

投标预备会,又称答疑会、标前会议,一般在现场踏勘之后的1～2天内举行。答疑会的目的是解答投标人对招标文件和在现场中所提出的各种问题,并对图纸进行交底和解释。

5) 编制和递交投标文件

经过现场踏勘和投标预备会后,投标人可以着手编制投标文件。投标人着手编制和递交投标文件的具体步骤和要求主要是:

(1) 结合现场踏勘和投标预备会的结果,进一步分析招标文件　招标文件是编制投标文件的主要依据。因此,必须结合已获取的有关信息认真细致地加以分析研究,特别是要重点研究其中的投标须知、专用条款、设计图纸、工程范围以及工程量表等,要弄清到底有没有特殊要求或有哪些特殊要求。

(2) 校核招标文件中的工程量清单　投标人是否校核招标文件中的工程量清单或校核得是否准确,直接影响到投标报价和中标机会。因此,投标人应认真对待。通过认真校核工程量,投标人在大体确定了工程总报价之后,估计某些项目工程量可能增加或减少的,就可以相应地提高或降低单价。如发现工程量有重大出入的,特别是漏项的,可以找招标人核对,要求招标人认可,并给予书面确认。这对于总价固定合同来说,尤其重要。

(3) 根据工程类型编制施工规划或施工组织设计　施工规划和施工组织设计都是关于施工方法、施工进度计划的技术经济文件,是指导施工生产全过程组织管理的重要设计文件,是确定施工方案、施工进度计划和进行现场科学管理的主要依据之一。但两者相比,施工组织设计的深度和范围要求比施工规划的要求详尽、精细得多,编制起来要比施工规划复杂。所以,在投标时,投标人一般只要编制施工规划即可,施工组织设计可以在中标以后再编制。这样,就可避免未中标的投标人因编制施工组织设计而造成人力、物力、财力上的浪费。但有时在实践中,招标人为了让投标人更充分地展示实力,常常要求投标人在投标时就要编制施工组织设计。

施工规划或施工组织设计的内容,一般包括施工程序、方案、施工方法、施工进度计划、施工机械、材料、设备的选定和临时生产、生活设施的安排,劳动力计划,以及施工现场平面和空间的布置。施工规划或施工组织设计的编制依据,主要是设计图纸、技术规范、复核了的工程量、招标文件要求的开工、竣工日期,以及对市场材料、机械设备、劳动力价格的调查。编制施工规划或施工组织设计,要在保证工期和工程质量的前提下,尽可能使成本最低、利润最大。具体要求是,根据工程类型编制出最合理的施工程序,选择和确定技术上先进、经济上合理的施工方法,选择最有效的施工设备、施工设施和劳动组织,均衡地安排人力、物力和生产,正确编制施工进度计划,合理布置施工现场的平面和空间。

(4) 根据工程价格构成进行工程估价,确定利润方针,计算和确定报价　在园林工程投标过程中,投标报价是最关键的一步。报价过高,可能因为超出"最高限价"而丢失中标机会;报价过低,则可能因为低于"合理低价"而废标,或者即使中标,也会给企业带来亏本的风险。因此投标单位应针对工程的实际情况,凭借自己的实力,正确运用投标策略和报价方法来达到中标的目的,从而给企业带来较好的经济效益。

(5) 形成、制作投标文件　投标文件应完全按照招标文件的各项要求编制。投标文件应当对招标文件提出的实质性要求和条件作出响应,一般不能带任何附加条件,否则将导致投标无效。投标文件一般应包括以下内容:

①投标书;②投标书附录;③投标保证书(银行保函、担保书等);④法定代表人资格证明书;⑤授权委托书;⑥具有标价的工程量清单和报价表;⑦施工规划或施工组织设计;⑧施工组织机构表及主要工程管理人员人选及简历、业绩;⑨拟分包的工程和分包商的情况(如有时);⑩其他必要的附件及资料,如投标保函、承包商营业执照和能确认投标人财产经济状况的银行或其他金融机构的名称及地址等。

(6) 递送投标文件　递送投标文件,也称递标,是指投标人在招标文件要求提交投标文件的截止时间前,将所有准备好的投标文件密封送达投标地点。招标人收到投标文件后,应当签收保存,不得开启。投标人在递交投标文件以后,投标截止时间之前,可以对所递交的投标文件进行补充、修改或撤回,并书面通知招标人,但所递交的补充、修改或撤回通知必须按招标文件的规定编制、密封和标识。补充、修改的内容为投标文件的组成部分。

6) 出席开标会议,参加开标期间的澄清会谈

投标人在编制、递交了投标文件后,要积极准备出席开标会议。参加开标会议对投标人来说,既是权利也是义务。按照国际惯例,投标人不参加开标会议的,视为弃权,其投标文件将不予启封,不予唱标,不允许参加评标。投标人参加开标会议,要注意其投标文件是否被正确启封、宣读,对于被错误地认定为无效的投标文件或唱标出现的错误,应当场提出异议。

在评标期间,评标组织要求澄清投标文件中不清楚问题的,投标人应积极予以说明、解释、澄清。澄清招标文件一般可以采用向投标人发出书面询问,由投标人书面作出说明或澄清的方式,也可以采用召开澄清会的方式。澄清会是评标组织为有助于对投标文件的审查、评价和比较,而个别地要求投标人澄清其投标文件(包括单价分析表)而召开的会议。在澄清会上,评标组织有权对投标文件中不清楚的问题,向投标人提出询问。有关澄清的要求和答复,最后均应以书面形式进行。所说明、澄清和确认的问题,经招标人和投标人双方签字后,作为投标书的组成部分。在澄清会谈中,投标人不得更改标价、工期等实质性内容,开标后和定标前提出的任何修改声明或附加优惠条件,一律不得作为评标的依据。但评标组织按照投标须知规定,对确定为实质上响应招标文件要求的投标文件进行校核时发现的计算上或累计上的计算错误,不在此列。

7) 接受中标通知书,签订合同,提供履约担保,分送合同副本

经评标,投标人被确定为中标人后,应接受招标人发出的中标通知书。未中标的投标人有权要求招标人退还其投标保证金。中标人收到中标通知书后,应在规定的时间和地点与招标人签订合同。在合同正式签订之前,应先将合同草案报招标投标管理机构审查。经审查后,中标人与招标人在规定的期限内签订合同。结构不太复杂的中小型工程一般应在7天以内,结构复杂的大型工程一般应在14天以内,按照约定的具体时间和地点,根据《合同法》等有关规定,依据招标文件、投标文件的要求和中标的条件签订合同。同时,按照招标文件的要求,提交履约保证金或履约保函,招标人同时退还中标人的投标保证金。中标人如拒绝在规定的时间内提交履约担保和签订合同,招标人报请招标投标管理机构批准同意后取消其中标资格,并按规定不退还其投标保证金,并考虑在其余投标人中重新确定中标人,与之签订合同;或重新招标。中标人与招标人正式签订合同后,应按要求将合同副本分送有关主管部门备案。

10.2.2 投标书的内容

投标人应当按照招标文件的要求编制投标文件,所编制的投标文件应当对招标文件提出的实质性要求和条件做出响应。

实际工作中,投标文件的组成,应根据工程所在地建设市场的常用文本确定,招标人应在招标文件中做出明确的规定。通常包括以下三方面的内容:

1) 商务标编制内容

商务标的格式文本较多,各地都有自己的文本,《建设工程工程量清单计价规范》规定商务标投标文件的组成应当包括下列各项内容:

① 投标书及投标书附录;投标担保或投标银行保函,投标授权委托书;
② 投标总价及工程项目总价表;单项工程费汇总表;单位工程费汇总表;
③ 分部分项工程量清单计价表;措施项目清单计价表;其他项目清单计价表;零星工程项目计价表;
④ 分部分项工程量清单综合单价分析表;
⑤ 项目措施费分析表和主要材料价格表。

2) 技术标编制内容

技术标的内容要完整,重点要突出技术标的内容,通常在招标文件中会有明确的规定,但也有由投标企业自行编制的。技术标通常由施工组织设计,项目管理班子配备情况、项目拟分包情况、替代方案及报价四部分组成,具体内容如下:

施工组织设计。投标前施工组织设计的内容有:主要施工方法、拟在该工程投入的施工机械设备情况、主要施工机械配备计划、劳动力安排计划、确保工程质量的技术组织措施、确保安全生产的技术组织措施、确保工期的技术组织措施、确保文明施工的技术组织措施等,并包括以下附表:

①拟投入本合同工程的主要施工机械表;②拟配备本合同工程主要的材料试验、测量、质检仪器设备表;③劳动力安排计划表;④计划开、竣工日期和施工进度网络图;⑤施工总平面布置图及临时用地表。

主要施工方法是技术标书中的核心内容,它应体现施工企业的施工技术水平及管理能力。首先,要制定出工程的施工流程,施工流程的安排要科学、合理、可操作性强;其次,根据施工流程,制定出详细的施工操作方案,进一步阐述各道程序应掌握的技术要点和注意事项。所表述的内容一定要有针对性,决不能照搬照抄,搞形式主义。

施工进度计划通常是以表格的形式加以表达,在表中要具体列出每项内容所需施工的时间,哪些内容的施工可同时进行,或交叉进行;如果没有特殊情况,那么该表所列的时间也就是完成整个工程所需的时间。制作该表时,既要注意听取投资方的意见,也要考虑到客观的施工条件以及实际的工程量,切不可为了一味满足投资方的要求而违背科学和客观可能性地盲目制定。

主要施工机械配备计划、劳动力安排计划通常可用文字或表格两种方式表达。所谓主要施工机械配备计划、劳动力安排计划就是根据工程各分项内容的需要,科学地安排劳动力和机械设备。劳动力的配备既不能太多,以免人浮于事,造成劳动力成本增加;也不能过少而影响工期的进展。劳动力配备时还要注意技能的搭配。同样,机械设备也不仅要准备充分,而且要检查其完好及运行状况,只有如此才能保质保量,如期完成向投资方所作出的工期承诺。

施工质量的保证措施主要是强调如何从技术和管理两方面来保证工程的质量,通常应包括现场技术管理人员的配备、管理网络、如何做好设计交底、保证按图施工、建立质量检查和验收制度等。

安全文明技术施工是关系到人员生命安全,保证招、投标双方财产不受损失的一个重要环节,应建立安全管理网络,落实安全责任制、杜绝无证操作现象。施工企业在施工期间,必须严格遵守文明施工的管理条例,根据工程的实际情况,制定相应的文明管理措施,如工地材料堆放整齐,认真搞好施工区域、生活区域的环境卫生,要注意确保工地食品采购渠道的安全可靠等。

施工组织设计是工程施工不可或缺的重要组成部分,是施工单位在施工前期关于该工程应投入的人力、物力、财力以及需要占用的时间的合理计划和组织,是该工程实施的纲领性内容。施工组织设计是工程施工的重要组成部分,是工程施工正常进行的重要保证。良好的施工组织设计,体现了施工单位在管理和技术上的实力,有效的施工组织设计,是保证工程质量及进度的前提。

3) 项目管理班子配备情况

项目管理班子配备情况主要包括:项目管理班子配备情况表、项目经理简历表、项目技术负责人简历表和项目管理班子配备情况辅助说明等资料。并包括以下附表:

①拟为承包本合同工程设立的组织机构图;②拟在本合同工程任职的主要人员简历表;③项目拟分包情况表、分包人表、指定分包人表;④替代方案及其相应的报价、调价公式的近似权重系数表、材料基期价格指数表;⑤工程质量保证体系;⑥资格预审的更新资料(如果有)或资格后审资料(如系资格后审)。

10.2.3 投标文件的编制

1) 投标报价前期工作

(1) 研究招标文件　资格预审合格,取得招标文件,即进入投标前的准备工作阶段。

① 研究工程综合说明,以对工程作一整体性的了解。

② 熟悉并详细研究设计图纸和技术说明书,使制定施工方案和报价有明确的依据。对不清楚或矛盾之处,要请招标单位解释订正。

③ 研究合同的主要条款,明确中标后应承担的义务、责任及应享有的权利,包括承包方式、开工和竣工时间及提前或推后交工期限的奖罚、材料供应及价款结算办法、预付款的支付和工程款结算办法、工程变更及停工、窝工等造成的损失处理办法等。

④ 明确招标要求,在投标文件中要尽量避免出现与招标要求不相符合的情况。

(2) 调查投标环境　投标环境是招标工程项目施工的自然、经济和社会条件。投标环境直接影响工程成本,因而要完全熟悉掌握投标市场环境,才能做到心中有数。

主要内容包括:场地的地理位置;地上、地下障碍物种类、数量及位置;土壤(质地、含水量、pH值等);气象情况(年降雨量、年最高温度、最低温度、霜降日数及灾害性天气预报的历史资料等);地下水位;冰冻线深度及地震烈度;现场交通状况(铁路、公路、水路);给水排水;供电及通讯设施。材料堆放场地的最大可能容量,绿化材料苗木供应的品种及数量、途径以及劳动力来源和工资水平、生活用品的供应途径等。

(3) 制定施工方案　施工方案是招标单位评价投标单位水平的重要依据,也是投标单位实施工程的基础,应由投标单位的技术负责人制。

施工方案的主要内容包括:①施工的总体部署和场地总平面布置;②施工总进度和事项(单位)工程进度;③主要施工方法;④主要施工机械数量及配置;⑤劳动力来源及配置;⑥主要材料品种的规格、需用量、来源及分批进场的时间安排;⑦大宗材料和大型机械设备的运输方式;⑧现场水电用量、来源及供水、供电设施;⑨临时设施数量及标准;⑩特殊构件的特定要求与解决的方法。

2) 投标报价工作

(1) 报价是投标全过程的核心工作,要做出科学有效的报价必须完成以下工作:

①看图了解工程内容、工期要求、技术要求。②熟悉施工方案,核算工程量。③根据造价部门统一制定的概(预)算定额进行投标报价。如大型园林施工企业有自己的企业定额,则可以以此为依据自主报价。④确定各项费率和预期利润率,要根据企业的技术和经营管理水平,并考虑投标竞争的形势,可以留有一定的伸缩余地。

(2) 我国现行园林建设工程投标报价的内容,就是园林建设工程费的全部内容。见表10.1所列。

表 10.1 园林建设工程费构成

建设工程造价	一、直接费	直接工程费	1. 人工费
			2. 材料费
			3. 施工机械使用费
		措施费 施工技术措施费	1. 大型机械设备进出场及安拆费
			2. 混凝土、钢筋混凝土模板及支架费
			3. 脚手架费
			4. 施工排水、降水费
			5. 其他施工技术措施费
		措施费 施工组织措施费	1. 环境保护费
			2. 文明施工费
			3. 安全施工费
			4. 临时设施费
			5. 夜间施工增加费
			6. 缩短工期增加费
			7. 二次搬运费
			8. 已完工程及设备保护费
			9. 其他施工组织措施费
	二、间接费	规费	1. 工程排污费
			2. 工程定额测定费
			3. 社会保障费(包括养老保险费、失业保险费、医疗保险费)
			4. 住房公积金
			5. 危险作业意外伤害保险费
		企业管理费	1. 管理人员工资
			2. 办公费
			3. 差旅交通费
			4. 固定资产使用费
			5. 工具用具使用费
			6. 劳动保险费
			7. 工会经费
			8. 职工教育经费
			9. 财产保险费
			10. 财务费
			11. 税金
			12. 其他
	三、利润		
	四、税金		1. 营业税
			2. 城乡维护建设税
			3. 教育附加费

注：本表措施费仅列通用项目，各专业工程的措施费项目如垂直运输机械等作为其他施工技术措施费项目列项计算。

10.2.4 投标文件的投送

1) 标书的包装

投标方应该注意标书的包装,在标书的封面上尽可能做得精致一些。没有能力的投标方最好请专业人员设计制作标书的封面,以吸引招标方的眼球。园林标书封面上的图案最好与园林或林业这个大的主题相关,但不可泄露标书中的内容。只有文字的标书封面应该设计得简洁流畅,可在封面正中标明机密字样。

投标方应准备一份正本和3~5份副本,用信封分别把正本和副本密封,封口处加贴封条,封条处加盖法定代表人或其授权代理人的印章和单位公章,并在封面上注明"正本和副本"字样,然后一起放入招标文件袋中,再密封招标文件袋。文件袋外应注明工程项目名称、投标人名称及详细地址,并注明何时之前不准启封。一旦正本和副本有差异,以正本为准。

2) 标书的投送

全部投标文件编好之后,经校对无误,由负责人签署,按投标须知的规定分装,然后密封,派专人在投标截止期之前送到招标单位指定地点,并取得收据。如必须邮寄,则应充分考虑邮件在途时间,务必使标书在投标截止日期之前到达招标单位,避免迟到作废。

投标人应在招标文件前附表规定的日期内将投标文件递交给招标人。招标人可以按招标文件中投标须知规定的方式,酌情延长递交投标文件的截止日期。在上述情况下,招标人与投标人以前在投标截止日期方面的全部权利、责任和义务,将适用于延长后新的投标截止期。在投标截止期以后送达的投标文件,招标人应当拒收,已经收下的也须原封退给投标人。

投标人可以在递交投标文件以后,在规定的投标截止时间之前,采用书面形式向招标人递交补充、修改或撤回其投标文件的通知。在投标截止日期以后,不能修改投标文件。投标人的补充、修改或撤回通知,应按招标文件中投标须知的规定编制、密封、加写标志和递交,并在内层包封标明"补充"、"修改"或"撤回"字样。补充、修改的内容为投标文件的组成部分。根据投标须知的规定,在投标截止时间与招标文件中规定的投标有效期终止日之间的这段时间内,投标人不能撤回投标文件,否则其投标保证金将不予退还。

投标人递交投标文件不宜太早,一般在招标文件规定的截止日期前一两天内密封送交指定地点比较好。投送标书后,应将报价的全部计算分析资料加以整理汇编,归档备查。

10.3 园林工程施工定标

10.3.1 园林工程施工招标的开标

园林工程开标会议的时间和地点应在招标文件中预先确定,并按时进行,若有变动,应预先通知所有投标单位。一般开标会议是在递交投标文件截止时间的同时公开进行。开标会议由招标单位的法定代表人或其指定的代理人主持,参加人员有:招标工作机构的成员,评标委员会的成员,所有投标单位的法定代表人或其指定的代理人,也可邀请上级主管部门及银行等有关单位派员参加,有的还邀请公证机关派公证员到场监督公证。开标会议的一般议程是:

(1) 签到 会议开始前,所有与会人员都应履行签到手续,并交验各投标单位法定代表人或其指定代理人的证件、委托书,确认无误。

(2) 确定开标(唱标)次序 按投标书递交时间前后或以抽签方式排列投标单位唱标次序。

(3) 会议开始后,先由招标工作机构的人员介绍参加开标会议的主持人、领导及各方到场人员。

(4) 宣布评标委员会成员名单和评标办法。

(5) 宣布参加开标会议的投标单位及其开标(唱标或述标)次序。

(6) 按次序开标 开标时,先由投标单位法定代表人或代表检查投标文件的密封情况,也可由招标单位委托公证员检查并公证,经确认无误后,由工作人员当众拆封,主持人当众检验已启封的标书,如发现无效标书,须经评标委员会半数以上人员确认,并当场宣布。

标书启封后,对有效标书由工作人员或投标单位法定代表人或代表宣读投标单位名称、投标价格和投标文件的其他主要内容。

(7) 公布标底或计算复合标底　所有投标单位开标结束后，当众公布标底或计算复合标底。如全部有效标书的报价都超过标底规定的上下限幅度时，招标单位可宣布全部报价为无效报价，招标失败，另行组织招标或邀请协商。此时则暂不公布标底。开标过程应当记录，并存档备查。

有的地方在开标过程中，采用依次进场、单独开标的形式，让其他投标单位法定代表人或代表回避。

10.3.2　园林工程施工招标的评标

评标就是对各投标单位的报价、工期、主要材料用量、施工方案、工程质量标准和保证措施以及企业信誉等进行综合评价，为择优确定中标单位提供依据。

根据评标内容的繁简，评标工作可在开标会议上开标结束后立即进行，也可在会后单独进行。招标单位应采取必要的措施，保证评标在严格保密的情况下进行，任何单位和个人不得非法干预、影响评标的过程和结果。

评标的原则是保护公平竞争，保证公正合理，对所有投标单位一视同仁。

评标工作由招标单位依法组建的评标委员会负责，评标委员会由招标单位的代表和有关技术、经济方面的专家组成，成员人数为 5 人以上单数，其中技术、经济等方面的专家不得少于成员总数的 2/3。专家应当从事相关领域工作满 8 年并具有高级职称或者具有同等专业水平，由招标单位从国务院有关部门或者省、自治区、直辖市人民政府提供的专家名册或者招标代理机构的专家库内的相关专业名单中确定；一般招标项目可以采取随机抽取方式，特殊招标项目可以由招标单位直接确定。评标委员会主任或召集人一般由招标单位法定代表人或其指定代理人担任。

与投标单位有利害关系的人不得进入评标委员会，已经进入的应当更换。

评标委员会成员的名单在开标会议前应当严格保密。

评标委员会成员应当客观、公正地履行职责，遵守职业道德，对所提出的评审意见承担个人责任，不得私下接触投标单位的任何人，不得收受投标单位的财物或其他好处。

评标委员会成员和参与评标的工作人员不得对外透露对投标文件的评审和比较、中标候选单位的推荐以及与评标有关的其他情况。

在评标过程中，评标委员会可以要求投标单位法定代表人或代表对投标文件中含义不明确的内容作必要的澄清或说明，但不得超出投标文件的范围或者改变投标文件的实质性内容。

评标委员会应当按照招标文件确定的评标标准和方法，对投标文件进行评审和比较，有标底的，应当参考标底。评标结束后，应当向招标单位提出书面评标报告，并推荐合格的中标候选单位。一般每一标段推荐 3 个中标候选单位。中标候选单位的标书应当能最大限度地满足招标文件中规定的各项综合评价标准，或能够满足招标文件的实质性要求，并且经评审的投标价格最低，但投标价格低于成本的除外。

招标单位根据评标委员会提出的书面评标报告和推荐的中标候选单位确定中标单位，也可以授权评标委员会直接确定中标单位。

评标委员会经评审，认为所有投标都不符合招标文件要求的，可以否决所有投标，所有投标被否决后，招标单位应当重新组织招标。

在确定中标单位之前，招标单位不得与任何投标单位就投标价格、投标方案等实质性内容进行谈判。

常用的评标标准和方法主要有：

1) 加权综合评分法

先确定各项评标指标的权重，例如报价 40%，工期 15%，质量标准 15%，施工方案、主要材料用量、企业实力及社会信誉各 10%，合计 100%；再根据每一投标单位标书中的主要数据评定各项指标的评分系数；以各项指标的权重和评分系数相乘，然后合计，即得加权综合评分。得分最高者为中标单位。这种方法可用下式表达：

$$WT = \sum_{i=1}^{n} B_i W_i$$

式中　WT——每一投标单位的加权综合评分；
　　　B_i——第 i 项指标的评分系数；
　　　W_i——第 i 项指标的权重。

评分系数可分两种情况确定：

定量指标，如报价、工期、主要材料用量，可通过标书数值与标底数值之比值求得。令标底数值为 B_{io}，标书数值为 B_{it}，则

$$B_i = B_{io}/B_{it}$$

定性指标，如质量标准、施工方案、投标单位实力及社会信誉，可由评标委员会根据各投标单位的具体情况，逐项审议，分别确定评分系数，使定性指标量化。评分系数可在一定范围内（如0.9～1.1）浮动。

2）接近标底法

以报价为主要尺度，选报价最接近标底者为中标单位。这种方法比较简单，但要以标底详尽、正确为前提。

3）加减综合评分法

以报价为主要指标，以标底为评分基数，例如定为50分，合理报价范围为标底的±5%，报价比标底每增减1%扣2分或加2分，超过合理标价范围的，不论上下浮动，每增加或减少1%都扣3分；以工期、质量标准、施工方案、投标单位实力与社会信誉为辅助指标，每一辅助指标再划分若干档次，例如各辅助指标满分分别为15分、15分、10分、10分，每低一档次，降5分，缺项的不得分；将每一投标单位的各项指标分值相加，总计得综合评分，得分最高者为中标单位。

4）定性评议法

以报价为主要尺度，综合考虑其他因素，由评标委员会作出定性评价，选出中标单位。这种方法除报价是定量指标外，其他因素没有定量分析，标准难以确切掌握，往往需要评标委员会协商，主观性、随意性较大，现已少有运用。

5）最低中标法

以报价为主要尺度，同一标段所有投标单位报价最低者为中标单位。这种方法虽然能节省投资，但施工单位往往偷工减料，质量难以保证，现应用不多。

10.3.3　园林工程施工招标的决标

决标又称定标。评标委员会按评标标准和办法对所有投标单位的标书进行评审后，提出书面评标报告，并推荐中标候选单位，经招标单位法定代表人或其指定代理人认定，报上级主管部门和当地招标投标管理部门审批后，由招标单位发出中标和未中标通知书，要求中标单位在规定期限内签订合同，未中标单位退还招标文件，领回投标信誉保证金，招标即告圆满结束。

从开标至决标的期限，小型园林建设工程一般不超过10天，大、中型工程不超过30天，特殊情况可适当延长。

中标单位确定后，招标单位应于7天内发出中标通知书。中标通知书发出30天内，中标单位应与招标单位签订工程承发包合同。

10.4　园林工程施工招投标案例及评析

10.4.1　某园林绿化工程施工招标公告

地　区：
详细内容：
招标编号：
根据有关部门的批准，某园林绿化工程拟进行公开招标，现将招标事宜公告如下：
1）建设单位：

2) 工程名称:某园林绿化工程
3) 工程地点:
4) 招标代理单位:
5) 项目规模及招标内容:

本次招标的工作内容是:本项目的户外灯饰及园林绿化工程的施工,包括:室外的园林绿化(整理绿化用地、地面铺设、园林景观);室外灯饰照明(泛光照明及景观照明);木格栅装饰工程,还须包括通过相关的验收等一切相关工作。

6) 资金来源:自筹资金。
7) 投标报名单位有关人员须按照市建设工程交易中心200×年7月份在网上发布的"投标资料签署须知"的要求签字确认有关投标报名资料和签署诚信声明。
8) 本工程质量要求:必须满足设计要求和国家现行验收标准。
9) 工期:总工期22天,要求200×年8月10日开工,200×年8月31日竣工。
10) 投标人资格预审合格的条件:

(1) 投标人必须具有在中华人民共和国境内注册的企业法人资格,并且本企业在工商管理部门年审合格。

(2) 投标申请人必须具有以下其中之一的资质要求:①机电安装施工总承包二级及园林绿化工程专业承包三级(或以上)资质;②机电设备安装专业承包三级及园林绿化工程专业承包三级(或以上)资质;③送变电工程专业承包三级及园林绿化工程专业承包三级(或以上)资质;④电力工程施工总承包三级及园林绿化工程专业承包三级(或以上)资质;⑤城市及道路照明专业承包三级及园林绿化工程专业承包三级(或以上)资质的施工企业(不允许联合体)。

(3) 投标申请人必须提供有效的营业执照和资质证书。
(4) 必须具有有效的市建筑业企业及工程中介服务机构年度登记备案证书。
(5) 具有有效的安全生产许可证。
(6) 投标人应具有有效的ISO 9000质量管理、ISO 14000环境管理、QHSAS 18000职业健康安全管理体系认证,重合同守信用荣誉证书和银行信用等级证书。
(7) 投标申请人的项目经理、主办施工员、质检员、安全员、资料员须为本单位的正式职工;申请人须按本工程规模设置相应的组织机构(组织机构的配备必须符合市办理施工许可证的要求)。
(8) 投标申请人未有因安全事故、质量事故、投标违规及其他不良行为记录而被建设主管部门处罚过或通报过。
(9) 没有因腐败或欺诈行为而被政府或业主宣布取消投标资格,近三年没有发生过重大工程质量安全事故,以省、市建设信息网上公布的信息为准;若有以上行为或工程事故,报名人必须真实反映情况,若不提供真实情况,弄虚作假,若由招标人发现或被投诉且经证实,一律取消其投标资格。
(10) 企业财务状况良好,提供近三年经有资格的会计师事务所审计的完整的财务报表且近三年的资产负债率不超过88%(以投标申请人提供的近三年企业财务审计报表为准并提供审计公司的营业执照)。
(11) 拟派项目经理或建造师的资格必须是相应资质的项目经理,并且要符合《建筑施工企业项目经理资质管理办法》的规定,必须在市建委备案;并且保证在工程期间常驻工地不更换和保证没有在其他在建项目担任项目经理。
(12) 拟派园林绿化项目负责人,要符合有关法规规定。
(13) 施工项目部配置的项目技术负责人,应具有工程师以上的职称,从事着机电安装施工总承包或机电设备安装专业或送变电专业或电力工程施工总承包或城市及道路照明专业或园林绿化工程等专业工作。专业技术人员不能兼任其他项目施工工作。
(14) 企业项目经理等三类人员必须持有安全生产考核合格证,其中A类为公司负责人,B类为项目负责人(须与拟派项目经理一致),C类为安全生产专职人员。

(15) 企业近三年内具有在本地区完成过质量合格的同类工程业绩,同类工程分别是指具有:①机电安装施工总承包二级(或以上);②机电设备安装专业承包三级(或以上);③送变电工程专业承包三级(或以上);④电力工程施工总承包三级(或以上);⑤城市及道路照明专业承包三级(或以上);⑥园林绿化工程专业承包三级(或以上)范围内的工程。(企业必须提供两项同类工程业绩,第①~⑤项须提供其中一项业绩,第⑥项必须提供一项业绩。需同时提供:中标通知书、合同、竣工验收报告)。

(16) 项目经理近三年内具有在本地区完成过质量合格,一项或以上的同类工程业绩。(同类工程业绩需同时提供:中标通知书、合同、竣工验收报告)。

项目经理同类业绩分别是指:①机电安装施工总承包二级;②机电设备安装专业承包三级;③送变电工程专业承包三级;④电力工程施工总承包三级;⑤城市及道路照明专业承包三级,或以上级别资质(具有以上其中之一点要求)范围内的工程。

(17) 申请人没有为招标项目的前期准备或者监理工作提供了设计、咨询服务以及与招标人、现承担本合同项目监理单位(包括代理机构)无隶属关系或合作关系。

(18) 近两年内没有腐败或欺诈行为或安全、质量事故而仍被政府或招标人宣布取消投标资格。

(19) 近年没有发生过重大工程质量安全事故。

(20) 资格预审按照市建法〔200×〕161号文的规定进行。

(21) 投标人资格审查采用市建法〔200×〕161号文规定的资格预审方式。当资格预审合格的投标申请人不超过12名(≥5,≤12)时,由资格预审合格的投标申请人均成为正式投标人;当资格预审合格的投标申请人超过12名时,由资格预审合格的投标申请人中随机抽取12名投标申请人为正式投标人;如投标报名单位不足5名时,则依法重新招标。

11) 报名时间及地点:200×年7月25日、26日,上午9:00~11:30,下午2:00~16:00,地点:市建设工程交易中心。

12) 报名资料(证明资格预审合格和业绩证明文件的各种原件需携带至报名处经招标人复核):

(1) 市建设工程投标报名申请表一式两份(此表可在市建设工程招标交易信息网上下载,单独提交,不要装订,要求盖有公章);

(2) 投标申请函;

(3) 企业法定代表人的证明书及具有法定代表人签名或盖章的对参加本工程投标的被委托人的有效授权书;

(4) 资格预审合格条件的证明材料(原件备查)。

以上各项资料须按顺序排列,装订成册,每页均需盖公章,否则不接受投标报名。投标申请人填写的内容、所报数据和材料需真实并应附有资质、人员、设备、业绩、财务报表等相关证明文件且在递交截止期前递交。(招标人只认可经原件核对的申请资料,未提供原件核对的资料招标人将否认其有效性,由此导致该投标申请人资格预审不通过的,责任由该投标申请人自负。)如提供不真实材料、弄虚作假,经招标人发现或被投诉且经资审委证实确认,一律取消其投标资格。

13) 入选人名单确定后,招标人将通知合格的投标人购买招标文件的时间和地点。

14) 投标保证金为8万元,在开标前五天以支票形式交至交易中心。

15) 本次招标谢绝挂靠单位参加投标,一旦发现即报建设主管部门处理,将挂靠情况及处理结果向社会公布,并取消其投标资格。投标申请人所提供的资料必须真实、完整,申请人须承诺保证其递交资料的真实性和有效性,否则取消其预审的资格;如发现有任何虚假、隐瞒情况者经资审委确认,招标人将取消其投标资格并上报有关部门处理。

16) 本工程不接受电话报名,投标报名时必须到报名现场提交相关资料及原件备查,否则不接受投标报名,投标单位须按本工程规模设置相应的组织机构,组织机构人员在投标时必须保持一致,否则招标人有权拒绝其投标文件。资格预审相关证明材料必须按照要求编制一式一份并加盖单位公章同时由法定代表人(或授权委托人)页签。

17）本项目的招标人、设计人、招标代理机构、项目管理、监理单位、以及与上述单位有隶属关系或者其他利害关系的单位均不得参加投标。

18）接受投标报名单位的职责

（1）对投标报名单位进行记录以及记录投标报名情况。

（2）与投标报名单位相互签收确认投标报名资料（包括原件检查确认表）后将投标资料密封。投标人在经原件核查后用自备的资料袋将报名资料进行密封。

（3）将投标报名登记表、投标报名记录情况及密封的投标报名资料交资格审查委员会审查。

19）接受投标报名的单位及投标单位在投标报名过程中，若发现一方有违规行为，应及时凭投标报名情况的书面确认记录向招标监督部门反映。

20）接受报名及资审工作和执行市建招〔200×〕4号文规定。

21）联系人：　　　　　联系电话：

附件： 　　　　　　　　　　**投标申请人报名资料一览表**

工程名称：＿＿＿＿＿＿＿＿＿＿＿＿＿＿　　　投标单位（盖章）

审核确认：接收资料人员与投标申请人代表对以下报名资料共同核对，审核情况属实。
招标人接收资料人员签名：　　　　　　　　　投标申请人代表签名：

序号	项目		内页码	报名提交资料要求	审核情况（此栏不需申请人填写）	备注
1	建设工程投标报名申请表（不用装订）			原件		
2	投标申请公函（同以下资料装订为一本）			原件		
3	企业法定代表人证明书			原件		
4	报名代表人的法定代表人授权委托书			原件		
5	企业营业执照副本及年检页的复印件			原件备查		
6	企业资质证书副本复印件			原件备查		
7	建筑施工企业安全生产许可证复印件			原件备查		
8	登记备案证书（在有效期内）复印件			原件备查		
9	已办理在本地区施工注册的证明材料复印件			原件备查		
	企业类似工程业绩证明材料复印件	（投标申请人在此填写工程名称）				
		中标通知书		原件备查		
		施工合同		原件备查		
		竣工验收报告或竣工验收证明		原件备查		
10	拟委派项目经理资质证书（包括有效的年审页）复印件			原件备查		
11	项目经理安全培训考核合格证（B类）复印件			原件备查		
12	项目经理已备案的证明材料			原件备查		
14	没有违反本招标公告要求的承诺书			原件		
15	已签署的诚信声明			原件		
16	ISO 9000系列质量管理体系认证证书复印件			原件备查		
	……					

注：1. 本表一式两份，一份附于报名资料内首页，作为报名资料目录，另一份交回投标申请人的代表。两份表格中每页的"审核确认"栏均需双方签署。

2. 本表原件审核情况栏及备注栏，报名单位须留空，由招标人审核后填写。

3. 本表中有修改情况，须经招标人接收资料人员和投标单位代表共同签署。

4. 本表中没有要求提交的资料，不作为资审不合格的依据。

10.4.2 某园林绿化工程招标投标纠纷案例及评析

1) 案情

原告：某绿化工程公司（下称园林公司）

被告：某科技发展股份有限公司（下称科技公司）

200×年4月5日，园林公司参加了科技公司关于科研楼周边园林绿化工程公开招标活动，园林公司通过现场竞标后，经评标委员会评议被确定为中标单位，并由市公证处进行了公证。4月8日，市建设工程招标投标管理办公室（下称招投标办公室）给园林公司出具了编号为200×—039号的"中标通知书"。科技公司不同意确定园林公司为中标人，拒绝与园林公司签订书面合同。双方为此发生纠纷，诉至法院。

园林公司诉称：原告中标后，被告却拒不与原告签订书面合同，有违诚实信用。请求法院判令被告赔偿因缔约过失给原告造成的损失8 000元。

科技公司答辩称：原告经评标委员会评议后被确定为中标单位，以及招投标办公室给原告出具的"中标通知书"，均未经作为招标人的被告同意，且原告不具备投标资格条件，故原告实际并未中标，被告在招投标过程中也没有过失或过错，不应承担缔约过失责任，要求驳回原告的诉讼请求。

2) 审判

市人民法院审理后认为，本案中原、被告之间的招投标活动应属合同订立过程，即缔约阶段。招投标办公室给原告核发的"中标通知书"因未经招标人（被告）同意，招标人也未授权评标委员会直接确定中标人，故该"中标通知书"不符合《中华人民共和国招投标法》关于"中标通知书"应由招标人核发的规定，所以，原告不是被告确定的中标人。而招标人给中标人核发中标通知书是合同成立与否的标志，原告既未中标即表明合同尚未成立。既然合同尚未成立，根据《中华人民共和国合同法》第四十二条关于对在订立合同过程中的恶意谈判、欺诈和其他违背诚信原则的行为适用缔约过失责任的规定，原告要求被告承担缔约过失责任的理由不充分，证据不足。遂判决：驳回原告要求被告承担缔约过失责任并赔偿损失8 000元的诉讼请求。

【评析】 利用招投标签订合同，是市场主体公开、公平参与竞争的重要方式。我国招投标法鼓励市场主体通过招投标方式订立大宗交易合同。但在司法实践中，经常出现一些新问题。以本案为例，在什么情况下才属法律意义上的"中标"，以及中标无效是否应承担缔约过失责任。在没有否定性解释的法律条文规定前提下，法官应当充分运用审查判断证据原则及法学理论来认定案件事实，公平合理处理这一新类型案件。

1) 招标投标方式属一种特殊的签订合同方式

招标是指招标人采取招标通知或者招标公告的方式，向不特定的人发出，以吸引投标人投标的意思表示。投标是指投标人按照招标人的要求，在规定的期限内向招标人发出的包括合同全部条款的意思表示。根据我国合同法的相关规定，招标公告或者招标通知应属要约邀请，而投标是要约，招标人选定中标人，应为承诺，承诺通知到达要约人时生效，承诺生效时合同成立，故招投标活动应属合同的订立过程，而招投标合同成立的标志就是"中标通知书"，即只有当招标人给中标人核发中标通知书后合同即告成立。所以说，招投标方式是一种特殊的签订合同方式，本案中原告参与被告关于科研质检楼周边园林绿化建设工程的招投标活动即是原、被告之间签订合同的过程。

2) 法律意义上的"中标"标志着合同成立

招投标方式虽然是一种特殊的签订合同方式，但招标人给中标人核发中标通知书才是合同成立的标志。招标人确定中标人，根据授权情况不同，确定的时间和方式也不同。《中华人民共和国招投标法》规定，确定中标人有两种情况：一是招标人授权评标委员会直接确定中标人，二是招标人在评标委员会推荐的中标候选人中确定中标人。本案被告否认曾授权评标委员会直接确定中标人，而原告举出的公证文书中也未表明评标委员会确定中标人已经有招标人的授权；被告未给原告核发过中标通知书，原告举出的中标通知书是直接由招投标办公室单独核发。因此，确定原告为中标人不符合我国招标投标法的规定，该中标通知书不应视为承诺通知，是招投标办公室超越了自身的权利，而擅自给原告发放中标通知书造成的。

本案中原告的中标通知书不是招标人核发,说明原告不是真正法律意义上的"中标人"。原告既未中标即表明被告未作出承诺,故原、被告之间的建设工程施工合同尚未成立。

3) 无过错不承担缔约过失责任

合同尚未成立是适用缔约过失责任的前提条件。所谓缔约过失责任,是指在合同订立过程中,因一方故意或过失违反先合同义务而给对方造成信赖利益损失时应承担的民事责任。我国《合同法》第四十二条规定,对在订立合同过程中的恶意谈判、欺诈和其他违背诚信原则的行为适用缔约过失责任。显然,缔约过失责任采用的是过错责任原则,违背诚信原则而承担缔约过失责任应同时具备三个构成要件,一是缔约人违反先合同义务,二是违反先合同义务的缔约人主观上具有过错,三是缔约一方有信赖利益的损失。

本案被告一方面未违反先合同义务。所谓先合同义务,是指缔约人双方为签订合同而互相磋商,依诚信原则逐渐产生的注意义务,而非合同有效成立后所产生的给付义务,它包括互相协作、互相照顾、互相保护、互相通知、互相忠诚等义务。我国的招投标法赋予了招标方通过对各投标竞争者的报价和其他条件进行综合比较,从中选择报价低、技术力量强、质量保障体系可靠、具有良好信誉的投标人作为中标人,与之订立合同的权利。本案被告认为原告不具备投标资格条件,不同意确定原告为中标人,拒绝给原告核发中标通知书,被告的这种行为,既没有违反法律规定,也不属于违反先合同义务范围;原告是否具备投标资格条件,则应视为原告的先合同义务。故本案被告没有违反先合同义务。其次,被告主观上无过错。在缔约过程中,即使缔约人违反先合同义务但并非其过错亦不能构成缔约过失责任。本案被告既未违反先合同义务,原告也未举出证据证明被告有仅为自己利益而故意隐瞒与之订立合同有关的重要事实或提供虚假情况的过失存在。第三,由于被告没有违反先合同义务,且主观上也没有过失或过错,即使原告有信赖利益损失,也由于被告不构成缔约过失责任而不应赔偿。

招标投标是市场经济条件下进行的大宗货物买卖或者建设工程发包与承包通常采用的竞争方式。本案判决揭示了在招投标活动中,只有招标、投标双方的行为符合法定程序,才能产生预期的法律后果,对规范招投标活动起着良好的司法导向。

11 园林工程施工合同管理

■ **学习目标**

本章以《中华人民共和国合同法》以及与建设工程有关的法律法规为准绳,根据《建设工程项目管理规范》(GB/T 50326—2006)中项目合同管理的相关章节,结合园林工程施工特点,主要阐述工程施工合同签订、履行、变更、终止和解除等基本理论,着重实践性,结合个案实务,注意理论、实务及操作程序的有机结合,注重培养运用所学知识与技能分析问题和解决问题的初步能力。

11.1 园林工程施工合同概述

合同是平等的自然人、法人、其他组织之间设立、变更、终止民事权利义务关系的协议。

建设工程合同是承包人进行工程建设,发包人支付价款的合同,根据承包的内容不同,可分为建设工程勘察合同、建设工程设计合同与建设工程施工合同。

建设工程施工合同,是指承包人根据发包人的委托,完成建设工程项目的施工工作,发包人接受工作成果并支付报酬的合同。

园林工程施工合同是承发包双方为实现园林建设工程目标,明确相互责任、权利、义务关系的协议,是承包人进行工程建设,发包人支付价款,控制工程项目质量、进度、投资,进而保证工程建设活动顺利进行的重要法律文件。

园林工程施工合同的内容一般应包括:批准的设计文件、基本建设计划的文号、工程范围、工程名称、工程量和施工地点、工程项目的施工期限、工程开竣工时间、工程质量要求、双方的权利和义务、工程造价、技术资料和施工图交付时间和份数、材料和设备供应责任、承包方式、取费标准、结算方式,拨款和结算、交工和竣工验收、质量保修范围和质量保证期、合同的仲裁和奖惩以及双方相互协作及违约责任等条款。

有效的合同管理是促进参与工程建设各方全面履行合同约定的义务,确保建设目标(质量、投资、工期)的重要手段。

11.1.1 园林工程施工合同签订的作用

园林工程施工合同在工程项目管理过程中正在发挥越来越重要的作用,具体来讲,合同在园林工程建设项目管理过程中的作用主要体现在如下三个方面:

1) 施工合同是工程项目管理的核心

任何一个建设工程项目的实施,都是通过签订一系列的施工承发包合同来实现的。通过对施工承包内容、范围、价款、工期和质量标准等合同条款的制定和履行,业主和承包商可以在合同环境下调控建设项目的运行状态。通过对合同管理目标责任的分解,可以规范项目管理机构的内部职能,紧密围绕合同条款开展项目管理工作。因此,无论是对承包商的管理,还是对项目业主本身的内部管理,合同始终是建设项目管理的核心。

2) 施工合同是承发包双方履行义务、享有权利的法律基础

为保证建设项目的顺利实施,通过明确承发包双方的职责、权利和义务,可以合理分摊承发包双方的责任风险,建设工程合同通常界定了承发包双方基本的权利义务关系。如发包方必须按时支付工程进度款,及时参加隐蔽工程验收和中间验收,及时组织工程竣工验收和办理竣工结算等。承包方则必须按施工图纸和批准的施工组织设计组织施工,向业主提供符合约定质量标准的建筑产品等。合同中明确约定的各项权利和义务是承发包双方的最高行为准则,是双方履行义务、享有权利的法律基础。

3) 施工合同是处理建设项目实施过程中各种争执和纠纷的法律证据

建设项目由于建设周期长、合同金额大、参建单位众多和项目之间接口复杂等特点,在合同履行过程中,业主与承包商之间、不同承包商之间、承包商与分包商之间以及业主与材料供应商之间不可避免地产生各种争执和纠纷。而调处这些争执和纠纷的主要尺度和依据应是承发包双方在合同中事先做出的各种约定和承诺,如合同的索赔与反索赔条款、不可抗力条款、合同价款调整变更条款等等。作为合同的一种特定类型,建设工程合同同样具有一经签订即具有法律效力的属性。所以,合同是处理建设项目实施过程中各种争执和纠纷的法律依据。

11.1.2 施工合同签订的原则和条件

1) 施工合同签订的原则

合同法的基本原则是合同法的主旨和根本准则,也是制定、解释、执行和研究合同法的指导思想,合同法的基本原则的功能还在于:在合同约定不明或有漏洞时,可以依据合同法基本原则予以适当纠正,甚至可以以合同法的基本原则作为处理合同纠纷的依据。合同法的基本原则包括平等原则、诚实信用原则、合法原则、鼓励交易原则和自愿原则。

(1) 自愿原则 《合同法》第四条规定:"当事人依法享有自愿订立合同的权利,任何单位和个人不得非法干预。"自愿原则是指当事人依法享有在缔结合同、选择交易伙伴、决定合同内容以及在变更和解除合同、选择合同补救方式等方面的自由。合同自愿原则是合同法最基本的原则,是合同法律关系的本质体现。

(2) 诚实信用原则 《合同法》第六条规定:"当事人行使权利、履行义务应当遵循诚实信用原则。"诚实信用原则是指当事人在从事民事活动时,应诚实守信,以善意的方式履行其义务,不得滥用权利及规避法律和合同规定的义务。诚实信用原则主要体现在:第一、当事人与他人订立、履行民事合同时,均应诚实,不作假,不欺诈,不损害他人利益和社会利益。第二、当事人应恪守信用,履行义务;不履行义务使他人受到损害时,应自觉承担责任。

合同法中确认诚实信用原则,有利于保持和弘扬恪守信用、一诺千金的传统商业道德,有利于强化当事人的合同意识,维护社会交易秩序,并为司法实践中处理合同纠纷提供准绳。

(3) 合法原则 为了保障当事人所订立的合同符合国家的意志和社会公共利益,协调不同的当事人之间的利益冲突,以及当事人的个别利益与整个社会和国家利益的冲突,保护正常的交易秩序,我国合同法也确认了合法原则。《合同法》第七条规定:"当事人订立、履行合同,应当遵守法律、行政法规,尊重社会公德,不得扰乱社会经济秩序,损害社会公共利益。"

合法原则的含义主要是要求当事人在订约和履行中必须遵守全国性的法律和行政法规。合同法主要是任意性规范,但在特殊情况下为维护社会公共利益和交易秩序,合同法也对合同当事人的自由进行了必要的干预。如对标准合同及免责条款生效的限制性规定,旨在对标准合同和免责条款的使用作出合理限制,这对于维护广大消费者利益、实现合同正义是十分必要的。同时,对于国家根据需要下达的指令性任务或者国家订货任务,有关法人和其他组织应当依照有关法律、行政法规规定的权利和义务订立合同,而不得拒绝依据指令性计划和订货任务的要求订立合同(《合同法》第三十八条)。

合法原则的含义也包括当事人必须遵守社会公德,不得违背社会公共利益,违背公序良俗。

(4) 鼓励交易原则 合同法中所称的交易,是指独立的市场主体就其所有的或管理的财产和利益实行的交换。在市场经济条件下,几乎一切交易活动都是通过缔结和履行合同来进行的,交易活动乃是市场活动的基本内容,无数的交易构成了完整的市场,合同关系是市场经济社会最基本的法律关系。所以,为了促进市场经济的高度发展,就必须使合同法具有鼓励交易的职能和目标。只有鼓励当事人从事更多的合法的交易活动,才能活跃市场,推行竞争,优化资源配置,降低交易成本,加速社会财富积累,市场经济才能真正得到发展。

(5) 平等原则 《合同法》第三条规定:"合同当事人的法律地位平等,一方不得将自己的意志强加给另一方。"所谓当事人法律地位平等,是指在合同法律关系中,当事人之间在合同的订立、履行和承担违约责任等方面都处于平等的法律地位,彼此的权利和义务对等。这是市场经济的内在要求,市场经济的存在和发展要求公平、公正的交易,而市场主体地位平等是实现公平、公正交易的法律前提。这一原则的含义是:合同当事人,无论是法人和其他经济组织,还是自然人,只要他们以合同主体的身份参加到合同关系当中来,他们之间就处于平等的法律地位,法律给予他们一视同仁的保护。

园林工程施工合同的签订必须遵守国家法律、法规、规范性文件和国家计划,遵循平等互利、协商一致、等价有偿的原则,不得损害国家、社会、第三者和双方利益,具有合法性,从而更好地规范园林工程建设市场,促进园林施工企业健康有序地发展。

2) 施工合同签订的条件

建设工程施工合同,是发包人与承包人之间为完成商定的建设工程项目,确定双方权利和义务的协议。依据施工合同,承包方应完成一定的建筑、安装工程任务,发包人应提供必要的施工条件并支付工程价款。施工合同是建设工程合同的主合同,是工程建设质量控制、进度控制、投资控制的主要依据。

建设工程具有技术含量高,社会影响大等特点,因此《合同法》、《建筑法》等法律都对施工合同主体的资格有严格的限制,建设工程施工合同的主体要求:发包人一般只能是经过批准进行工程项目建设的法人,必须有国家批准的建设项目,落实投资计划,并且应当具备相应的协调能力。承包人则必须经过国家主管部门审批,具备法人资格,而且应当具备相应的从事施工的资质等级并持有营业执照等证明文件,无营业执照或无承包资质的单位不能作为建设工程施工合同的承包人,资质等级低的单位不能越级承包建设工程。

订立施工合同应具备的条件:

(1) 初步设计已经批准;

(2) 工程项目已经列入年度建设计划;

(3) 有能够满足施工需要的设计文件和有关技术资料;

(4) 建设资金和主要建筑材料设备来源已经落实;

(5) 招投标工程中标通知书已经下达。

考虑到建设工程的重要性和复杂性,在施工过程中经常会发生合同履行的纠纷,《合同法》要求建设工程施工合同的订立应采取书面形式。施工合同的内容包括工程概况,双方的权力、义务和责任,工程质量要求,检验与验收方法,合同价款调整与支付款方式,材料、设备的供应方式与质疑标准,设计变更、竣工条件,结算方式,保修,违约责任及处置办法,争议解决方式与索赔等。建设部、国家工商局制定了《建设工程施工合同(示范文本)》,节省了当事人的时间和尽力,内容严谨周密,权利、义务平衡合理,给施工合同管理带来了极大的便利。

园林工程施工合同的客体是园林工程,包括园林绿化、园林景观、园林电气照明、园林给排水及喷泉灌溉工程等,工程的建设具有投资数额巨大,生产周期长,涉及因素多,专业技术性强,当事人的权利、义务关系复杂等特点。所以,国家对施工合同的监督管理十分严格,施工合同的主体资格要接受有关部门的审查,施工合同签订以后,必须报建设行政主管部门审查批准后才能生效,合同履行过程中也要接受有关部门的监督检查。

11.1.3 施工合同的类别

1) 按承揽方式分

(1) 工程总承包合同 这是业主与承包人之间签订的包括工程建设全过程的合同。这是目前国内应用最广的一种建筑工程承包模式。大多数施工单位甚至业主单位都已经熟悉。所谓工程建设全过程即从项目施工方案的选择、材料设备的采购和供应,直至工程项目按设计要求建成竣工交付使用为止。

(2) 工程分包合同 这是总承包商将中标工程项目的某部分工程或某单项工程,分包给某一分包商完成所签订的合同。总承包商对外分包的工程项目,必须是业主在招标文件合同条款中规定允许分包的部分。

(3) 转包合同　这是承包人将其已经接手的筹建工程的一部分,转包给第三人完成。转包的法律后果是承包人成为新的发包人,而第三人成为承包人。第三人就其所承担的工程部分对承包人负责,承包人就整个工程对业主负责,对其转包给第三人的部分,承包人首先要承担责任,然后再由第三人向承包人承担责任。我国法律禁止承包人向第三人转包。

(4) 劳务分包合同　国内通常称为包清工合同。即在工程施工过程中,劳务提供方保证提供完成工程项目所需的全部施工人员和管理人员,不承担劳务项目以外的其他任何风险。

(5) 劳务合同　是业主、总承包商或分包商与劳动提供方就雇佣劳务参与施工活动所签订的协议。当事人在商定的各项条件基础上,以雇佣劳务人员的劳动量为单位支付相应的劳动报酬。劳务提供方不承担工程风险。

(6) 联合承包合同　即由两个或两个以上单位之间,以总承包人的名义,为共同承包某一工程项目的全部工作而签订的合同。

2) 按计价方式分

(1) 总价合同　所谓总价合同,是指根据合同规定的工程施工内容和有关条件,业主应付给承包商的款额是一个规定的金额,即明确的总价。总价合同也称作总价包干合同,即根据施工招标时的要求和条件,当施工内容和有关条件不发生变化时,业主付给承包商的价款总额就不发生变化。

总价合同又分固定总价合同和变动总价合同两种。

① 固定总价合同适用于以下情况　工程量小、工期短、估计在施工过程中环境因素变化小,工程条件稳定并合理;工程设计详细,图纸完整、清楚,工程任务和范围明确;工程结构和技术简单,风险小;投标期相对宽裕,承包商可以有充足的时间详细考察现场、复核工程量,分析招标文件,拟定施工计划。

② 变动总价合同又称为可调总价合同　合同价格是以图纸及规定、规范为基础,按照时价进行计算,得到包括全部工程任务和内容的暂定合同价格。它是一种相对固定的价格,在合同执行过程中,由于通货膨胀等原因而使所使用的工、料成本增加时,可以按照合同约定对合同总价进行相应的调整。当然,一般由于设计变更、工程量变化和其他工程条件变化所引起的费用变化也可以进行调整。因此,通货膨胀等不可预见因素的风险由业主承担,对承包商而言,其风险相对较小,但对业主而言,不利于其进行投资控制,突破投资的风险就增大了。

(2) 计量估价合同承包　是指以工程量清单和单价表为计算承包价依据的承包方式。一般是由业主在招标文件中提供工程量清单,由承包商填报单价,再算出总造价,据以承包工程。

单价表是采用单价合同承包方式时投标单位的报价文件和招标单位的评价依据,通常由招标单位开列分部分项工程名称(例如土方工程、绿化工程、园林景观工程等),交投标单位填列表单价,作为标书的重要组成部分。也可先由招标单位提出单价,投标单位分别表示同意或另行提出自己的单价。考虑到工程数量对单价水平的影响,一般应列出近似工程量,供投标单位参考,但不作为确定总标价的依据。采用计量定价合同承包方式时,如有零星工程或允许材料调价,也应有人工或材料调价表作为工作量的附件。

(3) 成本加酬金合同　成本加酬金合同是将工程项目的实际投资划分成直接成本费和承包方完成工作后应得酬金两部分。工程实施过程中发生的直接成本费由发包方实报实销,再按合同约定的方式另外支付给承包方相应报酬。这种合同计价方式主要适用于工程内容及技术经济指标尚未全面确定,投标报价的依据尚不充分的情况下,发包方因工期要求紧迫,必须发包的工程;或者发包方与承包方之间有着高度的信任,承包方在某些方面具有独特的技术、特长或经验。由于在签订合同时,发包方提供不出可供承包方准确报价所必需的资料,报价缺乏依据,因此,在合同内只能商定酬金的计算方法。成本加酬金合同广泛地适用于工作范围很难确定的工程和在设计完成之前就开始施工的工程。

成本加酬金合同可分为成本加固定酬金合同、成本加定比酬金合同、成本加浮动酬金合同、目标成本加奖罚合同。其中成本加浮动酬金合同最能提高承包商节约投资的积极性。

11.2 园林工程施工合同的签订

11.2.1 施工合同签订的程序

施工合同签订是一项十分严肃的法律行为,必须按一定的程序进行。根据我国的法律和国内外通行的做法,签订施工合同要经过"要约"、"承诺"和"鉴证和公证"三步程序。所谓"要约",就是订立合同的一方,就某项经济活动向另一方提出具体要求和订立合同的建议。所谓"承诺",就是另一方接受要约方的要约的内容和订立合同的建议。在招标、投标双方订立合同的时候,"要约"和"承诺"这一过程已通过招标单位招标,投标单位投标,在有关单位参与监督下决标而实现。签订施工合同分为签订前管理和谈判签订管理两个阶段。

1) 签订前管理

在发包人具备与承包人签订施工合同的前提条件下,发包人主要是对承包人的资格、资信和履约能力进行预审。发包人只有经过对承包人各个方面的预审,对承包人有了充分了解后,签订的施工合同才有可靠保障。对承包人的资格预审,招标工程可通过招标预审进行;非招标工程可通过社会调查进行。

2) 谈判签订管理

施工合同谈判和签订是谈判管理的两个程序。谈判是发包人经过对承包人资格预审后,认为可以将建设工程委托其施工,就可以与其进行签订合同的谈判。承包人签订施工合同应遵循以下原则:

(1) 符合企业的经营战略　承包人要想使合同条款对自身更有利,必须组织一个强有力的谈判班子,根据工程实际情况,由合同管理、财务、技术和工程设备等职能管理部门有力配合,制定具体的谈判目标与方案,选择具有合同管理和谈判方面知识、经验和能力的人作为主谈人,进行合同谈判。

(2) 积极合理地争取自己的正当权益　合同法和其他经济法律赋予合同双方以平等的地位和权利,但目前建设工程竞争日趋激烈,这个地位和权利还要靠承包人自身来争取。如有可能,应争取合同文本的拟稿权。对业主提出的合同文本,双方应对每个条款都作具体的商讨。另外,对重大问题不能客气和让步,切不可在观念上把自己放在被动的地位,当然,谈判策略和技巧是极为重要的。

(3) 认真审查合同和进行风险分析　具体包括:

① 工程的技术、经济、法律等方面的风险,如现代工程规模大,功能要求高,需要新技术、特殊的工艺和施工设备,且工期紧,无法按时完成;现场条件复杂、干扰因素多,特殊的自然环境等;

② 发包人资信风险,了解发包人的经济情况变化及信誉等;

③ 外界环境的风险,如新的法律的颁布,国家调整税率或增加新的税种等;

④ 合同风险,重点是对施工合同中的一般风险条款和一些明显的或隐含着对承包人不利的条款进行分析。如,工程变更的补偿范围和补偿条件,合同价款的调整条件;工程范围的不确定,发包人和工程师对设计、施工、材料供应的认可权及检查权;其他形式的风险型条款等。

另外合同条文的不全面、不完整,如缺少工期拖延违约金的最高限额的处罚条款,或限额太高、缺少工期提前的奖励条款;缺少发包人拖欠工程款的处罚条款等;合同条文的不清楚、不细致、不严密,如合同对一些问题不作具体规定,仅用"另行协商解决"等字眼;其他对承包人苛刻的要求,如要承包人大量垫资承包、工期要求太紧超过常规、过于苛刻的质量要求等。

(4) 合同双方应加强沟通和了解,在合同有效期内签署合同正式文本　在谈判时,对合同内容要具体,责任要明确,对谈判内容双方达成的一致意见要有准确的文字记载;经过谈判后,双方对施工合同取得完全一致意见后,即可正式签订施工合同文件要尽可能采用标准的合同范本;经双方签字、盖章后,施工合同即正式签订完毕。

11.2.2 施工合同签订应注意的事项

1) 目前施工合同管理中存在的主要问题

(1) 合同双方法律意识淡薄,其主要表现在:

① 少数合同有失公正　合同文件存在合同双方权利、义务不对等现象。从目前实施的建设施工合同文本看,施工合同中绝大多数条款是对发包方制定的,其中大多强调了承包方的义务,对业主的制约条款偏少,特别是对业主违约、赔偿等方面的约定不具体,也缺少行之有效的处罚办法。这不利于施工合同的公平、公正履行,成为施工合同执行过程中发生争议较多的一个原因。同时,由于目前建筑市场的激烈竞争和不规范管理,大量的施工队伍与建设规模严重失衡,致使业主在建设工程承包中占据主导地位,提出一些苛刻和不平等的条件,将自身的风险转移到承包商身上。由于建筑市场处于买方市场,承包商为了获得工程,只好接受。个别承包商在实施这样的工程合同时,为了使自己的利益不受损失,就会采取偷工减料或非法分包甚至非法转包等手段,给工程建设带来隐患。

② 合同文本不规范　国家工商局和建设部为规范建筑市场的合同管理,制定了《建筑工程施工合同示范文本》,以全面体现双方的责任、权利和风险。有些建设项目在签订合同时为了回避业主义务,不采用标准的合同文本,而采用一些自制的、不规范的文本进行签约。通过自制的、笼统的、含糊的文本条件,避重就轻,转嫁工程风险。有的甚至仍然采用口头委托和政府命令的方式下达任务,待工程完工后,再补签合同,这样的合同根本起不到任何约束作用。

③ "阴阳合同"充斥市场,严重扰乱了建筑市场秩序　有些业主以各种理由、客观原因,除按招标文件签订"阳合同",供建设行政主管部门审查备案外,私下与承包商再签订一份在实际施工活动中被双方认可的 "阴合同",在内容上与原合同相违背,形成了一份违法的合同。这种工程承发包双方责任、利益不对等的"阴阳合同",违反了国家有关法律、法规,严重损害承包商利益,为合同履行埋下了隐患,将直接影响工程建设目标的实现,进而给业主带来不可避免的损失。

④ 建设施工合同履约程度低,违约现象严重　有些工程合同的签约双方都不认真履行合同,随意修改合同,或违背合同规定。合同违约现象时有发生,如:业主暗中以垫资为条件,违法发包;在工程建设中业主不按照合同约定支付工程进度款;建设工程竣工验收合格后,发包人不及时办理竣工结算手续,甚至部分业主已使用工程多年,仍以种种理由拒付工程款,形成建设市场严重拖欠工程款的顽症;承包商不按期依法组织施工,不按规范施工,形成延期工程、劣质工程,严重影响工程建设市场。

⑤ 合同索赔工作难以实现　索赔是合同和法律赋予受损失者的权利,对于承包商来讲是一种保护自己、维护正当权益、避免损失、增加利润的手段。而建筑市场的过度竞争、不平等合同条件等问题,给索赔工作增加了许多干扰因素,再加上承包商自我保护意识差、索赔意识淡薄,导致合同索赔难以进行,受损害者往往是承包商。

⑥ 违法承包人利用其他承包商名义签订合同,或超越本企业资质等级签订合同的情况普遍存在　有些不法承包商在自己不具备相应建设项目施工资质的情况下为了达到承包工程的目的,非法借用他人资质参加工程投标,并以不法手段获得承包资格,签订无效合同。一些不法承包商利用不法手段获得承包资质,专门从事资质证件租用业务,非法谋取私利,严重破坏了建筑市场的秩序。

⑦ 违法签订转包、分包合同情况普遍存在　一些承包商为了获得建设项目承包资格,不惜以低价中标。在中标之后又将工程肢解后以更低价格非法转包给一些没有资质的小的施工队伍。这些承包商缺乏对承包工程的基本控制步骤和监督手段,进而对工程进度、质量造成严重影响。

(2) 不重视合同管理体系和制度建设,缺乏对合同管理的有效监督和控制　有些建设项目不重视合同管理体系的建设。合同归口管理、分级管理和授权管理机制不健全,谁都可以签合同,合同管理程序不明确,或有制度不执行,该履行的手续不履行,缺少必要的审查和评估步骤。

(3) 专业人才缺乏也是影响建设项目合同管理效果的一个重要因素　建设合同涉及内容多,专业面广,合同管理人员需要有一定的专业技术知识、法律知识和造价管理知识。很多建设项目管理机构中,没有专业技术人员管理合同,或合同管理人员缺少培训,将合同管理简单地视为一种事务性工作。甚至有的合同领导直接敲定由一般办公人员办理合同,一旦发生合同纠纷,缺少必要的法律支援。

(4) 不重视合同归档管理,管理信息化程度不高,合同管理手段落后　一些建设项目合同管理仍处于分散管理状态,合同的归档程序、要求没有明确规定,合同履行过程中没有严格监督控制,合同履行后没有全面评估和总结,合同粗放管理。有些单位合同签订仍然采用手工作业方式进行,合同管理信息的采集、存储加工和维护手段落后,合同管理应用软件的开发和使用相对滞后,没有按照现代项目管理理念对合同管理流程进行重构和优化,没能实现项目内部信息资源的有效开发和利用,建设项目合同管理的信息化程度偏低。

2) 施工合同签订应注意的事项

建设工程施工合同是依法保护发、承包双方权益的法律文件。是发、承包双方在工程施工过程中的最高行为准则。为防范合同纠纷,在签订《建设工程施工合同(示范文本)》过程中,以下方面需要注意:

(1) 关于发包人与承包人

① 对发包方主要应了解两方面内容 主体资格,即建设相关手续是否齐全。例:建设用地是否已经批准,是否列入投资计划,规划、设计是否得到批准,是否进行了招标等。履约能力,即资金问题。施工所需资金是否已经落实或可能落实等。

② 对承包方主要了解的内容 有资质情况;施工能力;社会信誉;财务情况。

上述内容是体现履约能力的指标,应认真的分析和判断。承包方的二级公司和工程处不能对外签订合同。

(2) 关于合同价款

①《协议书》第5条"合同价款"的填写,应依据建设部第107号令第11条规定,"招标工程的合同价款由发包人、承包人依据中标通知书中的中标价格在协议书内约定;非招标工程合同价款由发包人承包人依据工程预算在协议书内约定。"

② 合同价款是双方共同约定的条款,要求第一要协议,第二要确定。暂定价、暂估价、概算价都不能作为合同价款,约而不定的造价不能作为合同价款。

③ 关于发包人与承包人的工作条款

• 双方各自所做工作的具体时间、内容和要求应填写详细、准确。

• 双方不按约定完成有关工作应赔偿对方损失的范围、具体责任和计算方法要填写清楚。

④ 关于合同价款及调整条款

• 填写第23条款的合同价款及调整时应按《通用条款》所列的固定价格、可调价格、成本加酬金三种方式,约定一种写入本款。

• 采用固定价格应注意明确包死价的种类。如:总价包死、单价包死,还是部分总价包死,以免履约过程中发生争议。

• 采用固定价格必须把风险范围约定清楚。

• 应当把风险费用的计算方法约定清楚。双方应约定一个百分比系数,也可采用绝对值法。

• 对于风险范围以外的风险费用,应约定调整方法。

⑤ 工程预付款条款应注意

• 填写工程预付款的依据是建设部第107号令第14条和现行建设工程造价管理办法。

• 填写约定工程预付款的额度应结合工程款、建设工期及包工包料情况来计算。

• 应准确填写发包人向承包人拨付款项的具体时间或相对时间。

• 应填写约定扣回工程款的时间和比例。

⑥ 关于工程进度款条款

• 填写工程进度款的依据是《合同法》第286条、《建筑法》第18条、建设部第107号令第15条和现行建设工程造价管理办法。

• 工程进度款的拨付应以发包方代表确认的已完成工程量,相应的单价及有关计价为依据计算。

• 工程进度款的支付时间与支付方式以形象进度可选择:按月结算、分段结算、竣工后一次结算(小工程)及其他结算方式。

⑦ 关于材料设备供应条款 填写第27、28条款时应详细填写材料设备供应的具体内容、品种、规格、

数量、单价、质量等级及提供的时间和地点;应约定供应方承担的具体责任;双方应约定供应材料和设备的结算方法(可以选择预结法、现结法、后结法或其他方法)。

⑧ 关于违约条款　在合同第35.1款中首先应约定发包人对《通用条款》第24条(预付款)、第26条(工程进度款)、第33条(竣工结算款)的违约应承担的具体违约责任。在合同第35.2款中应约定承包人对《通用条款》第14条第2款、第15条第1款的违约应承担的具体违约责任;还应约定其他违约责任。

违约金与赔偿金应约定具体数额和具体计算方法,要越具体越好,具有可操作性,以防止事后产生争议。

⑨ 关于争议与工程分包条款　填写第37条款争议的解决方式是选择仲裁方式,还是选择诉讼方式,双方应达成一致意见;如果选择仲裁方式,当事人可以自主选择仲裁机构。仲裁不受级别地域管辖限制;如果选择诉讼方式,应当选定有管辖权的人民法院(诉讼是地域管辖);合同第38条分包的工程项目须经发包人同意,禁止分包单位将其承包的工程再分包。

⑩ 关于补充条款　需要补充新条款或有些条款需要细化、补充或修改,可在《补充条款》内尽量补充。补充条款必须符合国家现行的法律、法规,另行签订的有关书面协议应与主体合同精神相一致,要杜绝"阴阳合同"。

11.3　园林工程施工合同管理

合同是指具有法人资格双方或数方为实现某一特定的合法主题予以实施的协议。合同是缔约双方明确法律关系和一切权利与责任关系的基础,是业主和承包人在实施合同中的一切活动的主要依据,是极为重要的文件。合同管理是指合同洽谈、草拟、签订、履行、变更、中止、终止或解除以及审查、监督、控制等一系列行为的全过程的管理。其中订立、履行、变更、解除、转让、终止是合同管理的内容;审查、监督、控制是合同管理的手段。

11.3.1　施工合同管理的方法

施工合同管理分为建设行政主管部门管理和当事人管理两个层次。

主管部门的施工合同管理内容是监督合同的签订遵守国家法律、法规、规范性文件和国家计划,遵循平等互利、协商一致、等价有偿的原则,不得损害国家、社会、第三者和双方利益,不得损害合同的合法性。对合同的纠纷要进行调解,对违法合同要进行查处。对施工合同管理人员必须进行培训,宣传方针政策、推广新技术。合同管理的目的是为了规范建筑市场,提高合同的履约率,建立企业的良好信用档案,促进施工企业健康有序的发展。

当事人的合同管理主要包括签订管理、履行管理和档案管理。签订管理首先是对对方的资格、资金状况、履约能力进行审查,只有充分了解对方的情况,签订的合同才有可靠的保障,避免陷入合同陷阱;其次是根据建设工程的具体情况,进行"要约"和"承诺"。在使用《示范文本》时,要依据通用条款,结合专用条款,逐条进行谈判,明确双方的权利和义务。双方对合同的内容取得完全一致意见后,即可正式签订合同文件,经双方签字、盖章后,施工合同成立,送建设行政主管部门备案后,施工合同正式生效。

履行管理简单地说就是按照合同规定履行应尽的义务、行使赋予的权利,施工合同规定应该由发包人履行的义务是使合同最终实现的基础。发包人的主要权利是行使工期、质量、价款控制权和竣工验收权。承包单位的施工合同管理贯穿经营管理的各个环节,涉及各项管理工作:

按施工合同约定的总工期,编制施工进度计划;及时组织施工所需的劳动力,确保施工力量,保证合同工期;参加施工图纸交底,贯彻施工方案;根据合同约定的质量要求及验收规范,自检工程质量;接受发包单位的质量检验,确保工程质量,提供完整的竣工资料,参加竣工验收;对不合格部位负责返工修理。根据设计变更,及时调整工程造价;对发包单位原因而引起的施工延期、费用增加进行索赔;根据合同约定收取工程预付款及进度款,办理工程竣工结算,结清工程款。

档案管理就是工程项目全部竣工后,双方应将完整的合同文件按照《档案法》及有关规定建档保管。

合同文件主要包括：合同的通用条件、专用条件、投标书、协议书、技术规范和图纸、试验检测报告、会议纪要、信函电传电报等书面文件。因建设工程技术性强、施工周期长、涉及因素多、权利和义务关系十分复杂，合同文件中难免存在不同程度的差错和漏洞，一般合同的争议常发生在合同规定不明确或遗漏、疏忽与矛盾含糊之处。

1) 加强施工合同管理的意义

随着我国经济建设的发展，各类法制的建立与完善，施工合同管理在推进我国建筑业的发展和提高科学管理水平的过程中，有十分重要的意义：

(1) 是我国建立社会主义市场经济的需要　随着政府部门职能的转变，要求建设单位与承包企业双方的行为将主要依据合同关系加以明确及进行约束，其各自的权益也依靠合同受到法律的保护。

(2) 有利于提高合同履约率　合同双方作为项目法人，必须树立合同法制观念，加强合同管理，认真学习工程建设有关的合同法规和合同示范文本，严格按照法定程序签订有关合同，切实履行责任和义务，以便提高合同的履约率，使双方都取得预期效益，使建设项目发挥其应有的效益。

(3) 是建筑业规范化管理的保证　我国建筑市场管理中所推行的项目法人责任制、招标投标制和工程建设监理制，都涉及到合同管理，我们必须学会科学地运用合同管理手段，规范化地管理工程招标、投标及各合同项目的实施，以提高工程建设的经济效益和社会效益。

(4) 增强参与国际竞争的能力　通过建立健全的市场保障体系及有关各类合同法规，提高对国际工程建设市场的竞争意识及合同管理的技能，打开和进入国际工程承包市场。

2) 目前园林工程施工合同管理存在的主要问题

(1) 难以实现严格的合同管理　我国目前园林建设市场竞争十分激烈，业主常常提出比较苛刻的合同条件，而承包人不得不接受。有些承包人希望进行严格的合同管理，但在实际工作中往往由于业主的不规范行为难以实施。

(2) 园林施工企业合同管理意识淡薄　园林施工企业不习惯按合同办事，出现问题不找合同，而是习惯于找领导协调，或者请客送礼。即使是正当的索赔也不能理直气壮的提出。大多数项目管理机构都未设立合同管理部门，缺乏行之有效的合同管理体系和具体的操作流程，不能对工程进行及时的跟踪和有效的动态合同管理。

(3) 缺乏有效的分包合同管理　目前，我国缺乏统一的分包合同示范文本。总承包人和各专业分包商之间及各分包商之间的经营，因合同界面不清，责、权、利不明确，而互相推诿，影响工程建设的顺利进行。

(4) 不重视合同文本分析　合同订立时缺乏预见性，缺少对合同文本的分析。在园林工程实施过程中常常因为缺少某些重要的条款、缺陷和漏洞多、双方对条款的理解有差异以及合同风险预估不足等问题而发生争执。

(5) 专业的合同管理人才匮乏　合同管理和索赔是高智力型的、涉及全局的，又是专业性、技术性强，极为复杂的管理工作，对合同管理人员的素质要求很高。管理人才的匮乏，极大地影响了施工合同管理水平的提高。

3) 完善建筑工程施工合同管理，应该做好以下几个方面工作

(1) 加强合同法律意识，减少合同纠纷产生　承包人由于缺乏法律和合同意识，在签订合同时，对其中合同条款往往未做详细推敲和认真约定，即草率签订，特别是对违约责任，违约条件未做具体约定，都直接导致了工程合同纠纷的产生。因此，在签订合同过程中，承包人要对合同的合法性、严密性进行认真审查，减少签订合同时产生纠纷的因素，把合同纠纷控制在最低范围内，以保证合同的全面履行。

(2) 加强合同管理体系和制度建设　项目建设各方要重视合同管理机构设置、合同归口管理工作。做好合同签订、合同审查、合同授权、合同公证、合同履行的监督管理。建立健全合同管理制度，严格按照规定程序进行操作，以提高合同管理水平。

(3) 借鉴国际经验，推行适用于市场经济的合同示范文本　随着我国加入 WTO，园林建设市场同样面临对外开放问题，在工程管理的许多方面要与国际惯例接轨。因此，在合同管理方面，我们要不断借鉴国际先进经验,以加速建立和完善市场经济需求的合同管理模式。新的建设工程施工合同示范文本,很大程度地参考了 FIDIC 文本格式,较以往合同文本有较大的改进,有利于促进园林建设市场的健康、有序发展,应该严格执行。

(4) 加大合同管理力度,保证施工合同全面履约　为保证施工合同全面履行,建设行政管理部门应把施工合同管理工作列为整顿规范市场工作的重要内容。要在严把审查关的基础上,加大合同履约管理力度。对资金不到位的项目不予办理工程报建手续,不得组织招投标,建设行政主管部门不予办理施工许可,坚决取缔垫资、带资施工现象,努力净化建筑施工市场,进一步维护承包人的合法利益。

(5) 推行合同管理人员持证上岗制度　加强园林建设项目合同管理队伍建设,加强合同管理人才的培养,实行合同管理人员持证上岗制度,亦是提高建设项目合同管理效果的重要举措。目前,我国已正式推行注册造价工程师制度,造价工程师的一项重要职责就是搞好建设项目的投资控制和合同管理。因此,建议在园林建设项目管理机构中设置注册造价工程师岗位,专司合同管理职责。

(6) 加强对承包人的资质管理　通过严把园林工程承包人资质管理关,从总量上控制园林施工队伍的规模,解决目前园林建设市场上供求失衡与过度竞争问题,从根本上杜绝压级压价。同时,各级建设行政主管部门要加强对承包人参与市场行为的监督管理,对承包人的违法行为要严肃处理,维护正常的建设市场环境,确保园林建设市场的规范、健康发展。

(7) 加强工程招投标管理,建立与工程量清单相配套的工程管理制度、合同管理制度　国家已经出台了招标投标法,并全力推行工程量清单报价体制。但在招标形式和方法上要兼顾业主和承包人的双方利益,过分追求招标过程的严格、完善,并不一定能达到招标的最佳效果。建议在招标形式上应该重视原则,突出效果。同时,在工程量清单计价法推广实施后没有新的计价办法配合相应的合同管理模式,使得招投标所确定的工程合同价在实施过程中没有相应的合同管理措施。建议尽快研究相应配套措施和管理办法,健全体制,完善操作。

(8) 加强施工合同索赔管理工作,是培育和发展建设市场的一项重要内容　我国工程承包双方在合同履行中对工程索赔认识不足,缺乏推行工程索赔所需的意识和动力。因此,提高索赔意识是承包人亟待解决的问题。施工合同是索赔的依据,索赔则是合同管理的延续。合同管理索赔要求承包人在签订合同时要充分考虑各种不利因素,分析合同变更和索赔的可能性,采取最有效的合同管理策略和索赔策略,在合同整个履行过程中,要随时结合施工现场实际情况,结合法律法规进行分析研究,以合理履行合同,这不仅有利于保护自己的合法权益,更重要的是有利于企业尽快适应国际工程建设规范,提高企业未来的生存能力。

(9) 加强合同及相关文件归档管理工作,为合同顺利履行创造条件　合同文本及相关资料同属重要法律文件,发生之后应及时建账并妥善保存。重视合同文本而不重视相关资料归档的情况在建设领域普遍存在。由于建设项目周期长,涉及专业多,面临情况复杂。在经过一个长时间的建设过程之后,很多具体问题要依靠相应资料予以解决。为此,做好资料归档工作绝不是简单的文档管理问题,应专人负责,负责到底。另外,要加快合同管理信息化步伐,及时应用先进管理手段,改善合同管理条件,不断提高管理水平。

11.3.2 施工合同的履行

工程施工合同签订后,合同双方就形成一定的经济关系且具有法律上的效力。合同规定的双方在合同实施过程中的经济责任、利益、权利和义务,双方必须严格遵守,严格履行,不应违反。但从根本来说,合同双方的利益是不一致的,容易导致工程建设过程中的利益冲突,造成在工程施工和管理中双方行为的不一致、不协调和矛盾。合同履行作为质量控制、进度控制、造价控制的重要环节,在施工合同履行过程中,应采取积极主动管理:组织项目管理人员学习合同条文,熟悉合同中的主要内容,工程范围,责任、权利与义务,分析各种违约行为,应按照工程施工合同规定的全部条款内容完全履行。

1) 加强工程施工合同履行中的规范管理

承包人应加强合同法律意识和合同管理意识,设立专门的合同管理机构,重视培养专业的合同管理人才,建立严格的施工合同管理工作制度,逐步建立以合同管理为核心的组织机构;必须协调和处理好各方面的关系,使相关的合同和合同规定的各工程活动之间不互相矛盾,以保证工程有秩序、按计划地实施。

承包人应积极开展施工合同风险管理,推行工程担保制度。合同中引入工程担保制度,可适当转移合同当事人的风险。在合同整个履行过程中,要随时结合施工现场实际情况,结合法律法规进行分析研究,以合理履行合同,保护好自己的合法权益。营造良好的合同管理法律氛围。市场经济首先是法制经济,加强施工合同管理,保证园林建设市场正常健康发展,这些都离不开有效的法律机制作后盾。

通过以上措施的实施,在签订施工合同过程中,承包人要对合同的合法性、严密性进行认真审查,减少签订合同时产生纠纷的因素,把合同纠纷控制在最低范围内,使合同管理贯穿于合同签订前后和施工管理的全过程中,以保证合同的全面履行。

2) 施工合同管理必须实行全过程、系统性管理

加强对施工合同全过程的跟踪监督,全过程就是由洽谈、草拟、签订、生效开始,直至合同履行完毕为止。不仅要重视合同签订前的管理,更要重视合同签订后的管理;系统性就是凡涉及合同条款内容的各个部门都要协调管理;动态性就是注重履行全过程的情况变化,特别要重视情势变迁时,及时对合同进行修改、变更、补充或中止、终止。否则,就会遭到合同管理不善的惩罚。

施工方应按专用条款约定的时间做好增减、变更项目工程量的确认签证工作,特别是隐蔽工程验收签证,涉及工期、费用记录要记录清楚,减少因各种原因引起的纠纷,以保证工程建设的顺利进行;要制定合理的工作程序:由于合同管理是技术、经济及其他各方面的综合性管理,因此,管理体系中的人员分工、职权范围应有明确的规定,才能提高工作效率。此外,还要制定规范的工作程序和规章制度,做到各项工作有章可循,使管理工作纳入科学轨道。

工程承包方要严格遵守工程合同约定的标的、数量、期限、价格,进行保修条款的履行管理,并做好工程签证、记录、协议、补充合同、备忘录、函件、图表等整理保存工作;应运用现代化管理手段,建立和利用计算机网络,监控合同的履行情况,运用法律的手段,保证工程项目的质量、投资、工期、安全按计划实现。

3) 施工合同履约阶段存在的问题

(1) 应变更合同的没有变更 在履约过程中合同变更是正常的事情,问题在于不少负责履约的管理人员缺乏这种及时变更的意识,结果导致了损失。合同变更包括合同内容变更和合同主体的变更两种情形。合同变更的目的是通过对原合同的修改,保障合同更好履行和一定目的的实现。作为承包方的园林施工企业,更重要是为了维护自己的合法权益而变更合同,关键在于变更要及时。

(2) 应当发出的书函(会议纪要)没有发 在履约过程中及时地发出必要的书函,是合同动态管理的需要,是履约的一种手段,也是施工企业自我保护的一种招数,可惜这一点往往遭到忽视,结果受到惩罚。《建设工程施工合同(示范文本)》把双方有关工程的洽商、变更等书面协议或文件视为合同的组成部分,因此必须给予足够的重视。

(3) 应签证确认的没有办理签证确认 履约过程中的签证是一种正常行为,但有些施工企业的现场管理人员对此并不重视,当发生纠纷时,也因无法举证而败诉。

(4) 应当追究的超过了诉讼时效 施工企业被拖欠工程款的情况相当严重,有些拖欠没有诉诸法律,但当起诉时才发现已超过了两年的诉讼时效,无法挽回损失。超过了诉讼时效等于放弃债权主张,等于权利人放弃了胜诉权。

(5) 应当行使的权力没有行使 《合同法》赋予了合同当事人的抗辩权,但大多数施工企业不会行使。发包方不按合同约定支付工程进度款,施工企业可以行使抗辩权停工,但却没有行使,怕单方面停工要承担违约责任,结果客观上造成了垫资施工,发包方的欠款数额越来越大,问题更难解决。

(6) 应当重视证据(资料)的法律效力的却没有得到足够的重视 并不是所有书面证据都具有法律效力的。有效的证据,应当是原件的、与事实有关的、有盖章和(或)签名的、有明确内容的、未超过期限的。不具备法律效力的书面证据只是废纸一张。

4) 解决施工合同履约阶段存在问题的主要途径

（1）提高合同管理人员素质　提高合同管理人员素质是企业合同管理的首要任务，又是当前的迫切需要，可从下述四方面着手：

① 选好人员　企业领导可依照合同管理人员应具有的素质条件，选择本企业优秀人才担任合同管理人员，也可以通过公开考评和竞争招聘方式选拔人员。在使用过程中坚持优胜劣汰的原则，把优秀人才放到这个岗位上。

② 组织好在职学习　可根据企业与市场的实际，组织合同管理人员在职学习。方式方法可以多种多样：布置学习任务，定期检查；进行短期培训；结合实际进行正反两方面的事例分析总结；听电视讲座，参加法律专业或经济管理专业的考试。同时必须进行职业道德教育。通过以上努力，使其在岗位成才。

③ 选送到有关院校深造　每个企业都应培养较出类拔萃的合同管理人员，所以应选择热爱社会主义、工作出色、有发展前途的骨干进有关院校深造。企业要舍得花钱进行智力投资。

④ 建立岗位责任制　对合同管理人员必须实行岗位责任制，明确他们的责、权、利，建立竞争机制，对有贡献的企业领导和合同管理人员给予奖励。

通过以上途径，全面提升企业合同管理人员的素质，包括他们的思想水平、法制水平、语文水平和业务能力。

（2）建立和健全施工企业的合同管理体系　主要是建立和健全施工企业合同管理的组织网络和制度网络。

组织网络，是指企业要由上而下地建立和健全合同的管理机构（包括专职机构和兼职机构），使企业合同管理覆盖企业的每个层次，延伸到各个角落。一般地说，大中型的园林施工企业，总部应当设合同管理专职部门，分公司设合同管理专职或兼职部门，项目经理部应设合同管理岗。如果设有法律工作部门的，那么这个部门应当配合合同管理部门，起到法律咨询、合同评审、履约监督和组织仲裁、诉讼的作用。

制度网络，一是指企业要就合同管理全过程的每个环节，建立和健全具体的可操作的制度，使合同管理有章可循。这些环节包括：合同的洽谈、草拟、评审、签订、下达、交底、学习、责任分解、履约跟踪、变更、中止、解除、终止等。二是指企业各层次都应有自己的合同管理制度。总部要建立和健全总的合同管理制度，分公司则根据自身的需要补充自己的合同管理制度，项目经理部也可以作一些必要的补充。

建立和健全园林施工企业的合同管理制度，必须根据我国的《合同法》和相关的法规，以及企业的实际情况。《合同法》是新中国成立以来，特别是改革开放以来，合同管理经验教训的总结，又是合同理论的实际运用。分则第十六章对建设工程合同作出了专门的法律规定，更有利于我们园林施工企业规范自己的合同管理，维护企业的合法权益。特别是合同法第286条，历史上第一次赋予建筑施工企业在该建设工程的折价或折卖所得中优先受偿的权利。《合同法》的大多数法律条文都可以纳入企业合同管理制度之中。

合同管理的组织网络和制度网络，构成企业合同管理体系。体系的运作必须通过定期的检查来保证。要检查合同管理组织和制度是否适应合同管理的需要和市场需要，对不适应部分应进行必要的调整。一句话，对合同管理体系也应进行动态控制，及时调整，不断完善。

（3）积极参加"重合同、守信用"活动，提高企业合同管理水平　上述两项治理对策，都是企业内部战略措施，积极参加"重合同、守信用"活动则是一项外部措施，目的是借助外部措施，推动内部的合同管理。

"重合同、守信用"活动，是工商行政管理部门根据合同法的诚实信用原则开展起来的，目的是提高合同履约率，维护市场秩序和经济秩序。

企业应主动、积极参与"重合同、守信用"活动，营造"重合同、守信用"的氛围。一是企业领导要主持制定开展活动的计划，明确当年的目标；指定合同管理部门，落实人员从事这项工作；并且定期检查开展情况，及时发现和解决存在问题，使活动持续、健康地开展。二是根据活动的六项标准有针对性地开展工作，把这项活动与企业管理结合起来。这六项标准中最重要一项是：除不可抗力、对方违约、双方同意解约外，企业签订的合同履约率必须达100%。因为履约要靠企业上下的努力，靠企业管理方方面面的配合；所以，必须同整个企业管理结合起来，其中合同管理首当其冲。100%的履约率，是对合同管理的最高要求，容不得我们半点马虎,否则,就不达标。这项活动对企业的合同管理,无疑是一个有力的促进和严厉的约束。三是大力推行建设工程施工合同示范文本。因为履约率与合同的质量有很大关系。好的合同文本有利于履约。"重合同、守信用"活动要求推行合同示范文本。

建设部和国家工商行政局推荐的这份示范文本,是根据 FIDIC 土木工程施工合同条件,结合我国建筑业改革开放以来的经验教训编写出来的,具有全面、准确、严谨的特点,有很强的操作性,是一份很好的合同文本。使用这份文本,将有利于堵塞由合同管理人员法律水平和语文水平而产生的漏洞,有利于明确合同主体的责任,有利于合同争议的解决。

由于这份文本不是强制推行,而是只供参考和推荐,因而有些发包方不予使用,自行草拟。对于这些自行草拟的文本,我们应当在审查时注意对照示范文本,防止错漏或产生歧义。最好能够在"重合同、守信用"活动中,动员发包方使用示范文本,以提高合同文本的质量。四是争取工商行政管理机关的指导和支持。工商行政管理机关负责合同的监督管理,争取共同指导和支持,不但有利于企业宏观合同管理,还可以从微观上防止无效合同和诈骗行为的发生,有利于协调合同主体之间的关系,提高履约率,争取成为"重合同、守信用"企业。

11.3.3 施工合同的变更

合同变更是合同履约中的基本特征,是《合同法》规范调整的重要内容。《合同法》中涉及的合同变更有广义和狭义之分,广义的合同变更包括合同内容的变更和合同主体的变更。狭义的合同变更仅指合同内容的变更,即合同成立后尚未履行或者尚未完全履行之前,基于当事人的意思或者法律的直接规定,不改变合同当事人,仅就合同关系的内容所作的变更。

合同的变更原则上面向将来发生效力。未变更的权利义务继续有效,已履行的合同义务或已发生的违约责任、损害赔偿请求权,除法律规定或当事人约定,不因变更而失效。

在园林工程施工中,经常碰到合同变更事宜。其内容是签订合同一方当事人或其他与施工有利害关系的人向合同的另一方或双方提出对施工合同的部分条款进行变动修改(增加或减少合同的部分条款),经合同的另一方或双方协商同意,签订补充协议,对合同的部分条款进行变动修改,最终使施工的工作内容增加或减少的过程。

1) 施工合同变更的条件

(1) 由合同性质和内容决定当事人一方可变更合同　有的合同是为当事人一方的利益而设立的;也有一些合同的某些条款是专为当事人一方利益约定的。由于在一般情况下,当事人可以放弃自己应得的利益,因此,对于这些合同,如果当事人一方在订立合同后根据客观情况的变化,不再需要合同为其带来利益,则可以变更合同。

(2) 当事人双方经协商同意,并且不因此损害国家利益和社会公共利益　当事人双方在进行协商时,意思表示必须是明确的,而不能是模糊的,否则,当事人对合同变更的内容约定不明确的,推定为未变更。

(3) 由于不可抗力致使合同的全部义务不能履行　不可抗力是指不能预见或者不能避免、不能克服的客观情况。发生不可抗力,造成合同不能履行或者不能完全履行时,允许当事人变更合同,使合同的履行成为可能。不可抗力必须达到使合同无法履行的程度,才能作为变更合同的理由。如发生不可抗力后,经义务人的努力,合同仍可履行,则不能作为合同变更的理由。

2) 合同变更的程序和形式

合同变更除法律规定的变更和人民法院依法变更外,主要是当事人协议变更。当事人变更合同的含意本身就是合同,因此,合同变更适用合同法关于要约和承诺的规定。希望变更合同内容的一方首先向对方提出变更合同的要约,该要约应包括希望对合同的哪些条款进行变更,如何变更,需要增加、补充哪些内容。对方收到后予以研究,如果同意,以明示的方式答复对方,即为承诺;如果不同意,或部分同意部分不同意,也可以提出自己的修改、补充意见,这样双方经过反复协商直至达成一致。

在有些情况下,变更合同需要经过特殊程序。如合同法规定,法律、行政法规规定变更合同应当办理批准、登记手续的,应依照其规定办理。双方经过协商取得一致。

变更合同一般应当采用书面形式,以便查考,特别是原来的合同为书面形式的,更应当采用书面形式,不然用口头形式改变书面合同无凭无据,极易发生纠纷。如果对合同的变更约定不明确,或者变更采用口头形式,发生纠纷后又无其他证据证明合同变更内容的,视为合同没有变更。当事人变更的内容约定不明确的,视为未变更。

如果原来的合同是经过公证、鉴证的,变更后的合同应报原公证、鉴证机关备案,必要时还可以对变更的事实予以公证、鉴证,如果按照法律、行政法规的规定原来的合同是经过有关部门批准、登记的,合同变更后仍应报原批准机关批准、登记,未经批准、登记的,变更不生效,仍应按原合同执行。

3) 合同变更的方式

引起合同变更的法律事实不同则合同变更所适用的方式也不同,合同变更的方式主要有以下两种:

(1) 合意 以这种方式变更合同实质上就是成立新合同以取代旧合同,故而合意变更合同的程序,应该遵循合同订立时的要约承诺规则,而且变更后的合同内容欲发生法律效力,也应符合合同的生效要件。此外,根据《合同法》第77条和第78条的规定,协议变更合同还应特别注意把握如下两点:

① 当事人对合同变更内容约定不明确的,推定为未变更。换言之,如果就变更合同的意思表示没有达成一致,则原合同继续有效,当事人仍应按原协议执行。

② 当事人就变更合同内容协商一致后,如果法律、行政法规规定变更合同应当办理批准、登记等手续的,必须依照规定办理相关手续才能发生变更的效力。

(2) 法院或仲裁机关的裁决 通过这种方式变更合同具体包括以下几种情形:

① 因情势变更的出现,当事人一方可提出延期履行或部分履行的变更要求,但他并不享有单方变更合同的权利。因为情势变更的情况比较复杂,对合同履行的影响可能是全部的或永久的,也可能是局部的或暂时的,为避免出现债务人以此为借口逃避合同拘束的情况,应由法院或仲裁机关从维护双方当事人利益的角度出发,根据一方当事人的请求并结合情势变更对合同履行影响的程度,作出相应的变更裁决。

② 因可归责于债务人的事由而致原合同没有履行,可以适用裁决的方式予以变更。例如,《民法通则》第108条规定,暂时无力偿还的债务,可以由法院裁决分期偿还。

③ 因重大误解或显失公平的合同,可裁决变更。根据《合同法》第54条规定,对于重大误解、显失公平和一方以欺诈、胁迫的手段或者乘人之危损害另一方利益的合同,当事人一方可向法院或仲裁机关提出变更的请求,由法院或仲裁机关依法作出变更的裁决。

园林建设工程施工合同履约中的变更控制是一个复杂的系统工程,施工合同履约中的变更控制涉及业主、监理方、设计方和承包方各方的利益,尤其是业主和工程承包方更是矛盾的统一体,施工合同管理必须进行全过程、系统性、动态性管理,才能更好地实行对合同变更的控制。

11.3.4 施工合同的终止和解除

1) 施工合同的终止和解除的区别

所谓施工合同的解除,是指施工合同有效成立后,因一方或双方的意思表示,使基于施工合同发生的债权债务关系归于消灭的行为。施工合同的终止,是指施工合同的债权债务关系归于消灭,施工合同关系客观上不复存在。根据定义来看,二者极为相似,即都发生债权债务关系归于消灭的效力。但是二者还是有区别的,其区别主要在于:

(1) 二者的效力不同 施工合同的解除即能向过去发生效力,使施工合同关系溯及既往地消灭,发生恢复原状的效力,也能向将来发生效力,即不发生溯及既往的效力。而施工合同的终止只是使施工合同关系消灭,向将来发生效力,不产生恢复原状的效力。

(2) 二者适用的范围不同 施工合同终止只适用于继续性合同,即债务不能一次履行完毕而必须持续履行方能完成的合同;而施工合同的解除原则上只能适用于非继续性合同。施工合同解除通常被视为对违约的一种补救措施,是对违约方的制裁。因此,施工合同的解除一般仅适用于违约场合。施工合同的终止虽然也适用于一方违约的情形,但主要是适用于非违约的情形,如施工合同因履行、双方协商一致、抵销、混同等终止。由此可见,施工合同终止的适用范围要比施工合同解除的适用范围广。

(3) 适用的条件不同　施工合同终止既适用于一方违反合同,也适用于没有违反合同的情况;而施工合同解除主要适用于当事人一方不履行合同的情况。

2) 施工合同终止

施工合同的终止是指已经合法成立的合同,因法定原因终止其法律效力,合同规定的当事人的权利义务关系归于消灭。

施工合同的终止有三种情况:履行终止、强行终止(裁决、判决终止)和协议终止。

履行终止:是指施工合同已按约定条件得到全面履行。

强行终止:是由仲裁机构裁决或法院判决终止施工合同。

协议终止:是由合同当事人各方协商同意终止施工合同。

由于施工合同的终止以致当事人一方遭受损失的,除可以免责的情况外,造成损失的一方负有赔偿责任。施工合同中约定的解决争议的条款、结算和清理条款,也不因施工合同的终止而失去效力。

施工合同终止后,承包人应进行下列评价:施工合同订立过程情况评价;施工合同条款评价;施工合同履行情况评价;施工合同管理工作评价。

(1) 当业主违约导致施工合同终止时,业主和承包单位应就承包单位按施工合同规定应得到的款项进行协商,并应按施工合同的规定从下列应得的款项中确定承包单位应得到的全部款项,并书面通知业主和承包单位:

①承包单位已完成的工程量表中所列的各项工作所应得的款项;②按批准的采购计划订购工程材料、设备、构配件的款项;③承包单位撤离施工设备至原基地或其他目的地的合理费用;④承包单位所有人员的合理遣返费用;⑤合理的利润补偿;⑥施工合同规定的业主应支付的违约金。

(2) 由于承包单位违约导致施工合同终止后,应按下列程序清理承包单位的应得款项,或偿还业主的相关款项,并书面通知业主和承包单位:

①施工合同终止时,清理承包单位已按施工合同规定实际完成的工作所应得的款项和已经得到支付的款项;②施工现场余留的材料、设备及临时工程的价值;③对已完工程进行检查和验收、移交工程资料、该部分工程的清理、质量缺陷修复等所需的费用;④施工合同规定的承包单位应支付的违约金;⑤按照施工合同的规定,在业主和承包单位协商后,书面提交承包单位应得款项或偿还业主款项的证明。

(3) 由于不可抗力或非业主、承包单位原因导致施工合同终止时,应按施工合同规定处理合同终止后的有关事宜。

3) 施工合同的解除

(1) 施工合同解除的法定情况

① 根据《合同法》第93条"当事人协商一致,可以解除合同。当事人可以约定一方解除合同的条件。解除合同的条件成就时,解除权人可以解除合同。"第94条"有下列情形之一的,当事人可以解除合同:

- 因不可抗力致使不能实现合同目的;
- 在履行期限届满之前,当事人一方明确表示或者以自己的行为表明不履行主要债务;
- 当事人一方迟延履行主要债务,经催告后在合理期限内仍未履行;
- 当事人一方迟延履行债务或者有其他违约行为致使不能实现合同目的;
- 法律规定的其他情形。"第95条"法律规定或者当事人约定解除权行使期限,期限届满当事人不行使的,该权利消灭。法律没有规定或者当事人没有约定解除权行使期限,经对方催告后在合理期限内不行使的,该权利消灭。"的规定的精神,解除施工合同分为两种情况:一是发包人、承包人双方协商一致解除合同,二是发包人或承包人单方依据施工合同约定的条件或法律规定的情形解除合同。

②《关于审理建设工程施工合同纠纷案件适用法律问题的解释》第8条"承包人具有下列情形之一,发包人请求解除建设工程施工合同的,应予支持:

- 明确表示或者以行为表明不履行合同主要义务的;
- 合同约定的期限内没有完工,且在发包人催告的合理期限内仍未完工的;

- 已经完成的建设工程质量不合格,并拒绝修复的;
- 将承包的建设工程非法转包、违法分包的。"

③ 第9条"发包人具有下列情形之一,致使承包人无法施工,且在催告的合理期限内仍未履行相应义务,承包人请求解除建设工程施工合同的,应予支持:
- 未按约定支付工程价款的;
- 提供的主要建筑材料、建筑构配件和设备不符合强制性标准的;
- 不履行合同约定的协助义务的。"

(2) 施工合同解除引发的工程价款纠纷及处理途径　业主承包人双方协商一致解除合同引发的工程价款纠纷很少,因为双方协商一致解除合同肯定对已完工的建设工程的价款问题协商一致了。施工合同解除引发工程价款纠纷主要是"发包人或承包人单方依据施工合同约定的条件或法律规定的情形解除合同引发的工程价款纠纷。"

① 明确施工合同解除引发的建设工程价款纠纷的特征　发包人、承包人订立的施工合同是有效合同;承包人承包的建设工程已经开始施工;承包人施工的建设工程没有完工;承包人施工的建设工程没有通过竣工验收;施工合同解除的法律后果是施工合同规定的权利义务终止;施工合同解除原则上不使用恢复原状;施工合同解除不影响合同中结算和清理条款的效力。

② 施工合同解除引发的建设工程价款纠纷的处理途径　作为承包人应特别注意三种情况:

已完成的建设工程质量合格,发包人应当按约定支付相应的工程价款;已完成的建设工程质量不合格,经修复后验收合格,发包人应当按约定支付相应的工程价款,但承包人应当承担修复费用。已完成的建设工程质量不合格,经修复后验收仍不合格,发包人不予支付相应的工程价款。

在明确了这三种情况后,作为承包人应主动尽最大努力将验收不合格的建设工程进行修复达到验收标准。在验收通过后,根据《关于审理建设工程施工合同纠纷案件适用法律问题的解释》第8条"建设工程施工合同解除后,已经完成的建设工程质量合格的,发包人应当按照约定支付相应的工程价款;已经完成的建设工程质量不合格的,参照本解释第三条规定处理。因一方违约导致合同解除的,违约方应当赔偿因此而给对方造成的损失。"承包人按照施工合同约定的工程价款的计算方法,根据已完成的施工的工程量占整个建设工程的比例,计算出工程价款。如果发包人不同意承包人提交的工程价款,可以提交法定部门进行工程价款鉴定。

11.4　园林工程施工合同案例分析

11.4.1　案情摘要

原告:某园林工程公司
被告:某市房地产管理处

××××年3月,被告发出招标公告及招标说明书,对某市小区改造园林绿化工程进行公开招标。原告于3月25日向被告递交了招标报名登记表;4月16日,原告向被告递交了投标文件。同年4月18日,通过开标、议标,被告确定原告中标承建小区改造园林绿化工程建设并对此进行了公证。双方于4月30日签订了"园林绿化工程承包合同"。合同约定了承包方式为包工包料,工程总造价为399 222元,价款一次包死,今后有关规定、费用等变动,不再调整;工程自5月10日开工至同年8月10日竣工验收,以及工程价款支付办法等条款。后因道路、水电未通,应原告要求,工程延期至5月30日开工。

工程开工不久,市场上苗木材料价格大幅度上涨。8月,该工程竣工。根据原告决算,由于苗木材料价格上涨,工程实际造价高达623 243元,超出合同定价20余万元。

原告因亏损过大,要求被告根据某市建委131号、市建行37号文件规定,按照某市各区县第五次调整后的材料价格浮动系数、材料预算价格调整工程造价,并依照省计经委754号文件规定,按实补偿因材料价格上涨造成的价外差,合计增补工程款224 021元。被告认为,原告所列作为调价依据的文件仅适用于一般承发包工程,原告承建的工程系招标工程,其工程价款合同约定一次包死,所以不能按照所列文件的规定调整工程造价,但是,鉴于该工程施工期间材料价格上涨幅度较大的客观情况,考虑到施工企业的承受能力,被告同意参照省计经委754号文件精神,以同年7月物价上涨幅度最大期间被告与其他施工单位合同的定价为依据,本着相互谅解、共担损失的原则,拟定了补价方案,补偿给原告部分材料价差,计人民币56 005元。

由于原告坚持要求被告补偿价差22万余元,双方分歧过大,协商不成,故原告起诉至法院。

上述事实,有下列证据证实:

(1)招标说明书,招标报告登记表,投标文件,工程预算表,中标通知书,公证书,工程结算审批书,图纸会审纪要,原、被告签订的建筑安装工程承包合同;

(2)原告的工程决算表、原告的收款收据;

(3)市建委131号、市建行37号文件;

(4)省计经委483号、754号文件。

原告诉称:原告通过议标中标承建被告位于某市小区改造园林绿化工程建设,工程造价为399 222元。工程于5月30日开工。工程开工不久,市场上苗木价格大幅度上涨;工程完工后,按材料实际价格及有关文件规定的价格浮动系数计算,该工程造价高达623 243元。原告根据市建委131号、市建行37号和省计经委754号文件有关规定,要求被告增补价差224 021元。被告以原告承建的系投标工程、合同规定工程价款一次包死为由,不同意按照原告所述的材料价格及有关价格浮动系数计补价差。原告遂根据《合同法》及上述有关政策文件之规定,以该工程系以议标而非招标投标方式承建,议标工程相同于一般承包工程,其工程价款可以依照有关文件调整为由提起诉讼,要求法院:

(1)认定承包合同中关于造价一次包死的条款因违反国家政策法律规定而无效;

(2)根据上列有关文件规定计核工程造价,判令被告支付差价损失计人民币224 021元。

被告辩称:

(1)原告系按照招标程序中标承建小区改造园林绿化工程建设,双方在确定中标后签订的承发包合同明确规定"工程价款一次包死,今后有关规定、费用等变动,不再调整"。因此,该工程属招标投标工程中的闭口标价工程,其工程价款不能等同一般承发包工程那样,可以根据有关文件规定,按照不同施工时期的材料价格浮动系数给予调整。

(2)鉴于该工程施工期间市场上建材价格上涨幅度较大的客观事实,被告同意参照省计经委754号文件精神,补偿给原告部分材料价外差,计人民币56 005元。

11.4.2 处理结果

1) 市人民法院认为:

(1)原、被告双方均具备法律规定的履约能力,合同主体合格;经过招标投标程序所签订的"园林绿化工程承包合同",其内容符合《合同法》及有关政策规定,因而依法确认该合同为有效经济合同,具有法律约束力。

(2)被告经过发出招标公告和招标说明书,投标企业报送标函,当众开标、议标,确定中标单位、发出中标通知书等程序后同原告签订的承建小区改造园林绿化工程承包合同明确规定:"工程价款一次包死,今后有关规定、费用等变动,不再调整",根据当时的法律政策,这种约定属当事人的自由取舍条款,一方面,它充分体现了招标投标工程的特征,即通过投标人的竞争来决定工程的总价。也就是说,工程建设单位与承包单位按固定不变的工程造价进行结算,不因工程量、设备、材料价格、工资等变动而调整合同定价。另一方面,它也是双方当事人根据有关政策进行了一系列招投标程序之后确定的,是双方当事人的真实意思表示,且无违反法律和国家政策之处,因此,它从成立之时起即具有法律约束力,双方均需严格遵照履行。再者,参照省计经委483号文件关于印发《省建筑安装材料预算价格》、《省园林绿化工程预算定额单位估价表》、《省园林绿化工程费用定额》的通知第三条第二款第(一)项关于"以总价(标价或报价)中标承包(结算)的、合同注明不予调整的工程,属招标投标工程中的闭口标价工程,其工程造价一律不予调整"的规定,说明这种约定已经国家的有关主管机关以文件的形式予以认可,故应依法保护其严肃性。所以,原告所承包的工程的工程价款不能按照一般承包工程的有关规定予以调整。

(3) 鉴于该工程施工期间市场上建材价格涨幅较大的实际情况,根据《民法通则》有关自愿、公平之原则,允许被告参照省计经委 754 号文件精神,补偿给原告部分材料价外差计人民币 56 005 元。

2) 依照《中华人民共和国民法通则》第四条、《中华人民共和国合同法》第八条等规定,市人民法院做出如下判决:

(1) 驳回原告关于其以招标投标方法承包工程款结算方法变更为一般承发包工程结算方法并要求被告增补工程款 224 021 元的诉讼请求;

(2) 准许被告补偿给原告部分材料价外差计人民币 56 005 元,具体工程价款的结算,按原签订合同规定进行;

(3) 案件受理费 636.10 元由原告负担。

宣判后,原、被告双方均未上诉。

11.4.3 法理法律分析

通过招标投标的方式签订工程承包合同是目前国内实践中主要的一种竞争交易方式。在建筑安装工程中,所谓招标,是指招标人就拟建项目的内容、要求和预选投标人的资格等提出条件,公开或非公开地邀请承包商对其拟建项目所要求的价格、施工方案等进行报价,择日开标,从中择优选定工程承包人的交易过程。其中招标人是业主或总承包者,投标人是承包商或分承包商。从法律角度看,招标是一种要约引诱或要约邀请行为,而投标是指承包商在获得招标信息、决定参加招标项目的承接包工之后,通过资格预审、购买(或领取)招标文件并据以编制和报送投标文件、参加承接工程施工、安装等任务竞争的一系列活动过程的总称。从合同法角度看,投标是合同缔结过程中的一种要约行为。投标是投标人在同意特定的招标人拟定的合同主要条件后向其发出的要求承包招标项目的行为,具有明确的要求签订合同的意思表示,这种意思表示,一旦在投标竞争中被招标人承诺或接受,合同即成立。招标投标是国际经济交往和国际贸易中普遍采用的一种交易方式,这主要是因为具有科学性、效益性、公平性和安全性等优点,它是商品经济高度发达的产物,是市场经济的一种竞争机制。为了规范招标投标活动,2000 年颁布施行《中华人民共和国招标投标法》。

本案当事人经过招标投标这一竞争交易方式签订的园林绿化工程承包合同,属于固定总价合同。这种合同的特征是:通过承包商人(投标人)的竞争来决定工程的总价,即工程建设单位与承包单位按固定不变的工程造价进行结算,不因工程量、设备、材料价格、工资等变动而调整合同价格。对承包商来说,合同总价一经双方同意确定之后,承包商主要完成合同规定的工程,而不管在施工过程中实际花费多少,其间可能获得利润的多少,也不管可能要承担工程施工期间属于工程量方面的风险以及物价上涨、工资调整、劳务纠纷和气候条件恶劣等属于工程单价方面的风险,也就是说,承包商可负担一切不可预见的风险责任(除非承包商可能事先预测到他可能遭到的全部风险并计入其报价中)。对工程建设单位来说,合同总价一经双方同意确定之后,就必须按合同的总价付给承包商款项,而不管承包商是否获得巨额利润或是遭受巨大损失。这种承包形式的优点是工程建设单位应当付给承包商的费用采用一揽子估价的方式,即工程造价一次包死,简单省事,其缺点则往往由于承包商要承担工程量与单价双重的风险,因此,承包商的报价一般都比较高,所以它一般适用于规模不大、工期较短(一般不超过一年)、结构不甚复杂、而且对最终建设项目的要求又非常明确的工程项目。

12 园林工程施工经济管理

■ **学习目标**

通过学习园林工程财务管理、工程成本管理等方面园林工程施工经济管理必需的基本理论和专业知识,了解园林工程施工经济管理的特点和作用,具有从事园林工程施工经济管理的初步能力,根据园林工程经济管理的特点,注重培养运用所学知识与技能分析问题和解决问题的初步能力。

12.1 园林工程施工经济管理概述

12.1.1 园林工程施工经济管理的特点和作用

1) 园林工程施工经济管理的特点

(1) 园林工程施工经济管理是一个系统工程　园林工程施工经济管理涵盖了园林工程财务管理、工程成本管理、工程预决算等涉及建设项目投资管理的各个方面,园林工程施工经济管理的最终目标是实现工程项目的投资经济效益,每个分项管理都是为最终目标服务的,因此,系统、科学地进行管理就显得十分重要。

(2) 园林工程施工经济管理贯穿于园林建设项目全过程　园林工程施工经济管理贯穿于园林建设项目的决策、设计、施工、维护等阶段,不同的阶段具有不同的经济管理活动和不同的管理目标,各阶段的经济管理又是环环相连的。

(3) 园林工程施工经济管理的参与主体众多,并相互联系、相互制约　园林工程施工经济管理具有多主体的特点,其主体有财务、成本、经营、施工等多个部门,他们通过一定的组织形式,以满足园林建设项目功能和使用要求,符合可持续发展、提高投资效益为目的,最终形成相互制约、相互协作、相互促进的管理格局。

(4) 园林工程施工经济管理的复杂性　园林工程施工经济管理具有复杂性的特点。由于园林工程单一设计、不能成批生产的特点给其实施带来复杂性,在施工过程中经常受到环境的影响,涉及部门多,协作要求高,控制难度大,管理周期长,对各方面进行沟通就变得非常复杂。

2) 园林工程施工经济管理的作用

园林工程施工经济管理是按照工程项目经济规律的要求,根据社会主义市场经济的发展形势,利用科学管理方法和先进管理手段,实现工程项目的投资经济效益和企业经营效果。

园林工程施工经济管理涉及工程项目投资管理的各个方面,是工程项目管理的重要组成部分,做好施工经济管理是提高工程项目管理整体水平的重要保证。做好园林工程施工经济管理有利于改善企业内部管理,由于园林工程施工经济管理主体有财务、成本、经营、施工等多个部门,必须利用科学管理方法和先进管理手段,才能形成相互制约、相互协作、相互促进的管理格局。做好园林工程施工经济管理有利于企业培养经济管理人才,加速造就涵盖财务管理、工程成本管理、工程预决算等方面的"复合型"团队。

12.1.2 园林工程财务管理

随着经济体制改革的不断深入,企业管理以财务管理为核心,已成为企业家和经济界人士的共识。我们之所以说财务管理是企业管理的核心,因为它是通过价值形态对企业资金运动的一项综合性的管理,渗透和贯穿于企业一切经济活动之中。因此,加强财务管理是企业可持续发展的一个关键。

所谓财务管理是指在一定的目标下,讨论关于资产的购置(投资)、资金的筹措和资产的管理,企业财务管理的目标,是指企业财务管理在一定环境和条件下所应达到的预期结果,它是企业整个财务管理工作的定向机制、出发点和归宿。财务管理直接关系到企业的生存与发展,资金是企业的"血液"。企业资金运动的特点是循环往复地"流动"。资金活,生产经营就活,一"活"带百"活",一"通"就百"通"。如果资金不流动,就会"沉淀"与"流失",得不到补偿增值。正因为这样,资金管理成为企业财务管理的中心亦是一种客观必然。

财务管理是一个完整的循环活动过程,一般包括财务预测、财务分析、财务计划、财务决策、财务控制、财务监督、财务检查、财务诊断等环节。这些环节中的活动不仅与企业管理息息相关,而且都处于"关键点",而"关键点"是控制和管理的核心。财务管理区别于经济管理中的其他管理工作,具有涉及面广、综合性强、灵敏度高等特点。因此,抓企业管理应以抓财务管理为基础,为入手点。

财务管理是建设项目管理的基础,利用财务管理知识,建立现金流量进行建设项目投资方案比选,合理配置项目投资活动中的流动资金,为项目决策提供财务依据;通过合理平衡项目的财务杠杆,帮助企业进行资金筹措和筹资决策;合理平衡企业的收入和利润的关系,以确保后续项目的投入和企业的发展。

对于园林绿化建设,园林工程财务管理必须贯彻执行国家的财经政策,重点确定符合园林施工单位特点的经济核算方法。

1) 财务目标管理

财务目标是企业生产经营的主要目的,也是企业价值实现的具体体现,其管理方法主要有:

(1) 计划控制　按照财务管理的内容对各项指标进行量化分解,按工程项目、时间、阶段制订,落实到生产单位与管理部门,自上而下,自下而上,反复磋商,联系实际和行业平均水平来确定,制定出基本计划与竞争性指标,做到:头脑里有目标,操作时求质量。

(2) 机构监督　将施工生产、计划、供应、会计、审计等部门构建内控体系,从服务生产的全局出发,适用各种专门的方法对计划的制定、实施、实现进行核算、验证、监督,保证财务目标实现并进行审计确认,正确反映财务成果和经验教训,并适时调整与修正资金管理计划。

(3) 定期检查　按自然工程进度检查资金管理计划收入与支出的完成程度;定时间、分阶段、按进度检查资金管理计划收入与支出的完成状况。

(4) 公众测评　对产品的实现,销售实现,工程结算收入的实现,在自身检查核算准确的基础上,聘请审计事务所(会计事务所)或其他中介机构对财务成果进行测评、验证,发现问题与偏差,及时纠正、调整,保证财务目标的实现。

(5) 财务目标考核　是财务目标实现的检测,有外部考核与内部考核等多种方式。

财务目标是建立在产品实现前提之下的。没有产品的实现,则考核目标只能是一句空话。园林工程的施工特点是:从工程承包筹划到工程竣工交付使用,是个较长的时期区间,工程交付后工程保修期满,质量无返修问题,保修金(工程造价的2‰～5‰)结算收妥又是一个较长的时间区间(1～2年),施工单位的工程款结算时间跨度之长是显而易见的。从承包筹划到收回最后一笔工程款,这么长的期间内,财务风险的客观存在是可想而知的。财务考核必须细化,要分项目、分阶段、分工种进行考核,而财务兑现的时间必须与财务款项收入的时间相互对称,否则也会出现结算差错,也会引起企业收益削减。因此,财务考核,对于施工企业是相当重要的,必须运用科学的方法和合法的承包方式,才能保证财务目标的实现。

2) 资金管理

目前,不少企业在资金管理中存在三个问题:一是资金入不敷出,存在资金缺口;二是资金被挪用、被挤占;三是叫人头疼的"三角债"。如何解决好这三个问题,是企业财务管理中的当务之急。由此可见,资金是企业的血液,现金流是工程项目正常运转的基本条件,因此园林工程的财务管理必须以资金筹集为基础,资金管理为中心。

(1) 资金筹集　按照现代企业制度和经营模式,企业的所有权和经营权相分离。现代企业是产权清晰、政体分开、权责明确、管理科学、完全独立的法人公司。出资人一般不干预企业的经营活动,企业按照设立时的章程、约定及经过审定的企业经营方针,开展经济活动与经营管理。这样就给企业的发展创造了理想的空间,企业根据国家的规定和生产经营需要自主安排资金的使用。首先,将资本金筹集到位。资本金：一般由流动资金、固定资金、其他资金组成，其载体必须是货币资金、存货、固定资产及其他流动资产等。为了满足正常的生产需要，仅有资本金是不能满足生产需求的。这样，在市场经济条件下，企业就必然会运用债务资本（如银行贷款、政府借款及协作单位的往来债务）来满足生产经营的需求。使用资本金负担的成本是股东收益——红利回报；使用债务资本负担的成本一般是借款（融资）利息支出。债务资金的成本，务必进行成本测算与成效分析。只有当资金的回报率超出资金本身的成本费用，才能借债。反之，轻易借债，会使企业陷入资金困境。

园林工程项目资金来源包括自有资金、借入资金、项目预收款。对于自有资金，只有企业加强管理和运营，利润增加了，才能增加自有资金的数量；对于项目预收款应及时收取，以缓解项目前期的资金需求，减少借入资金的数量；借入资金对于承包企业更具重要意义，建立良好的企业信誉，充分利用银行的信贷资金，由总部或区域中心统一对外融资，利用其较强的综合经济实力，具规模优势的资产，较高的还本付息保障，较容易争取到银行信贷支持，并可能享受简化手续、降低利率、费率和保证金率等诸多优惠。

(2) 资金管理　资金的筹集是基础，而资金的管理是根本。园林工程企业普遍的情况，一是企业流动资金紧张，而大量采购急需资金；二是资金分散，未进行统一调度使用；三是缺乏资金成本意识，管理手段落后，未进行有效监督、控制、考核。所以，加强资金管理，应做到以下三点：

① 资金管理集中化　要牢固树立资金管理是企业管理中心环节的观念，要建立起适合经营特点的资金运行管理机制。由公司对各个工程项目部的资金进行统一管理。通过对资金的集中管理，合理调度，加强对重点项目的投入，使最少的资金投入获取最大的收益。资金集中统一管理体现在以下几个方面：

• 集中结算，全面监控资金收付　公司在银行开立结算账户，集中办理属下各项目部的收支结算，所有收入均纳入结算账户，结算账户基本起到了统收统支的作用，具备了监控各项目资金运作的操作基础，可收到以下三方面的效果：一是避免资金分散沉淀；二是掌握各项目部的工程进度和生产状况；三是监控各项目部的资金运作。各项目部的每一笔支出应在一个月前做出预算，由公司的相关责任人审批，对于支付是否经过审核流程、是否超出当期预算、是否存在风险等，均可进行事前控制，杜绝了不合理的资金流出。

• 统一调度资金，降低资金成本　结算账户的运用可使内部资金相互调剂余缺，尽可能依靠自有资金满足项目的资金需求，从而减少银行借款和财务费用，降低资金成本。

• 资金全面预算，建立资金预警体系　分年度、季度、月度编制从各项目部到整个公司的资金预算，逐级审核汇总上报。公司审定各项目部年度资金预算，核定与资金相关的各项限额以及预警指标，各项目部在年度资金预算内，分季、分月核定各项目部的资金预算，负责审查各项限额和预警指标。各项目部上报资金周报、资金月报，对项目的各收支详尽列示，公司根据当期资金预算进行审核，对异常支出予以关注和质询，做好事前和事中控制。季度和年度预算期结束后，公司分析预算执行情况，责成各项目部分析原因、找出解决措施。公司将预算执行情况与其绩效考评挂钩，达到事后监督的作用。

② 加速资金流转，提高资金使用效率　加强工程项目部流动资金的管理，提高资金使用效率，对提高企业效益有非常重要的意义，加强项目资金流转的措施主要有以下几个方面：

• 及时收取预付款　有相当一部分工程有预付款，根据合同规定应及时完善手续，获取预付款。这样就可以解决项目前期费用和设备、物资采购的资金需求。

• 及时收取工程进度款　工程开工后，承包人应按合同规定，每月按实际工作量提交合同规定格式和内容的月报表。由于合同规定从支付报表经业主或工程师批准到工程款支付日的时间间隔一般较长，只要在此期限内付款，就不构成业主违约，因此承包商应想方设法争取业主早日付款。

• 充分利用暂定金额条款　所谓暂定金额是指合同规定的在工程量清单中列明的一项金额，当承包人提供材料、设备或遇到突发事件，而工程量清单中未列明具体的项目或单价时，由工程师确定具体的使用数额。承包商应充分利用这一条款，当可以使用暂定金额的规定情形发生时及时通知工程师，并争取使该暂定金额包含在最近一期的支付报表中。

• 及时提交竣工财务报告和最终财务报告，收回工程余款　根据合同规定，承包人应在全部工程的移交证书颁发后一定时间内提供竣工财务报告,在缺陷责任证书颁发后的一定时间内提供最终财务报告及结算清单。承包人应及时按合同提交上述报告,述明业主尚需支付的款项,早日办理工程结算与决算。

- 及时收回质量保证金　由业主在每期中期支付时从应付给承包人的款项中扣除。承包人应根据合同规定,在工程缺陷责任期满后,向业主及时收回质量保证金。
- 及时收回索赔款　索赔是维护业主及承包人权益的重要手段。承包人对业主的索赔主要是由业主违约(如逾期付款)或非承包人自身原因(不可抗力)引起的。当合同规定的索赔情况出现时,承包人应在规定时间内向工程师和业主发出索赔通知,并提交索赔数额和索赔依据等详细资料,索赔一经确认,应落实相关责任人及时催收,保证索赔权益的实现。

③ 财务管理要为企业管好资金,确保企业资金的正常流通与安全　要确保企业资金的正常流通与安全,必须对资金实施跟踪管理,做到专款专用,防止资金被挪用和形成新的"三角债"。加强资金跟踪管理,要制定资金使用"四个到位"原则:一是员工的工资,按施工定额兑现到位发放;二是材料费按要求分配到位,不得挪用挤占;三是管理费要按规定分解到位使用,不得拖欠;四是国家的税收,按税法预留到位使用,不得违规。有了这"四个到位",企业的资金流通与安全便有了基本的保证。

要强化债权管理,实现资金良性循环。公司在经营过程中,为储备物资和市场扩张需要向供货单位预支出订货款、准予购货单位赊购产成品、工程竣工后业主拖欠工程款是经营发生的、也是占用施工企业流动资金很多的。这些业务的存在,形成了施工企业的债权。如果疏于管理,可能产生坏账或造成企业资金的损失。加强控制、堵塞漏洞是企业财务管理的任务之一。为了使企业的资金不受损失,在产生交易行为时必须合法规范债权的确认,要手续完备、计算准确,定期按合同清收,责任到人,落实奖、赔责任制。如遇债务人破产或消亡,要及时办理手续转为流动资产损失,确保企业资产质量的真实、可信,确保企业会计信息真实、准确。

财务管理是园林施工企业财富最大化的基础工作,与其他管理工作相互关联。资金管理尤为重要,一定要依靠职工群众的积极性和创造力,遵守《公司法》和经济规律,应用现代先进的管理技术,加强管理,确保公司资金的安全和实现资产增值,实现公司财富最大化的目标。

3) 财务管理要充分发挥财务监督作用,确保企业资产保值增值

企业要真正成为市场经济中的竞争主体和责权明确的法人实体,必须要有一套与之相适应的激励机制。建设一个团结、开拓、廉洁的领导班子是搞好企业的关键。从防止腐败着想,企业必须加强监督作用。正如交通规则一样,没有红灯的约束,就没有绿灯的自由。在企业约束机制之中,财务管理要充分发挥财务监督作用,具有特别重要的意义。财务工作者要有高度的责任感,对于不按财务制度办事的人,要敢于抵制,直至向上级反映情况。企业的财务人员从根本上说来,是对企业资产负责,而不是对某个具体的总经理负责,而从法治上说,又必须保护财务人员的职责与个人权益,也只有这样,才能充分发挥财务监督作用。

4) 财务管理要掌握好新形势下的合理利润分配,调动各层次人员的积极性

利润分配是企业根据国家有关规定和投资者的决议对企业净利润所进行的分配。利润分配在企业中起到杠杆作用,它对正确处理企业与各方面的经济关系,调动各方面的积极性,促进企业发展有着极其重要的意义。目前,园林工程企业普遍实行项目管理制,对项目管理班子实行内部承包制,可以说是利润分配在新形势下的必然结果。在这种新形势下,必须根据企业的实际情况,合理做好利润分配,充分发挥经济杠杆作用,从而调动各层次、各种人员的积极性。

12.1.3　园林工程成本管理

我国《企业会计准则》中明确指出:成本指企业为生产产品、提供劳务而发生的各种耗费,这一概念表明了生产成本的产生方式。而根据会计恒等式"利润=收入-支出",及生产型企业生产成本占支出比重大的特点,可以推出生产成本对企业的巨大影响。当前园林工程建设领域实行招标投标制,市场竞争的趋势直接转为价格的竞争,低价中标愈演愈烈,因而凸现出成本管理在提升企业竞标报价中的基础性地位。在无法改变日趋严酷的市场竞争环境的背景下,只有通过管理创新,培育成本竞争优势,从而提高企业投标报价的市场竞争力和成本控制力,才能为企业赢得市场、实现可持续发展。

1) 建立效益型成本管理体系

效益型成本管理体系的建立是在推行项目管理模式背景下实行的制度。在项目经理责任制和项目成本核算制的推行下,企业财务管理体制更趋于向上集中态势,其核心是企业财务管理处于企业管理的中心地位。

(1) 转变组织构架　由过去的公司→分公司→工程处→工程队的兵营式管理模式,向直接的公司管理层次、项目操作层次、岗位责任层次的管理模式的转变。

(2) 分清职责范围　公司管理层次主要负责责任成本的确定,对项目进行过程监督、服务、核算及兑现工作。而项目管理层按照下达的责任成本,进行施工管理成本的核算和操作,岗位层负责具体工作,对分解的责任目标明确,接受管理层和项目部的管理和监督。

(3) 控制两个极端　建章立制是管理工作的基础,要严格成本控制,结合本企业的实际情况,健全相关的管理制度和操作方法,分工明确、关系明晰。控制两种极端的现象发生,一是以包代管,即公司管理层对项目成本的管理持放任态度,强调结果而不注重过程;二是越俎代庖,即公司管理层对项目成本管理干预过多,而造成责任不清,互相推诿,影响了项目管理人员的积极性。

2) 编制合理的目标责任成本

园林施工企业长期不注重施工过程中实际消耗数据的收集,对于铺一平方米花岗岩,铺一平方米草坪,浇一立方米混凝土,种植一棵树,叠一吨假山等,到底需要消耗多少人工、需要多少材料、几个台班等,一直依赖计划经济时期的国家定额,导致无法确定准确的实际施工成本。

企业未能建立起内部定额,在投标报价时仍是依据国家预算定额,还未能通过成本预测直接计算投标价格,因此对完成项目研究需要多少钱,在议标时到底能做多大幅度的让步,很难做到心中有数、不能按照实际所需的人、材、机费来分析测算成本,而只能采用套定额、请分包(供应)商报价的方式,造成责任成本测算工作滞后。

有鉴于此,园林工程施工企业必须重视责任成本测算工作,加强成本基础数据的收集和整理,重视全员参与,树立全员成本意识,由现在的被动统计向以后日常工作的主动统计转变,在工程前期做好策划,在统计中要十分强调数据的准确性,做到宁缺毋滥,尽快建立起企业成本数据库。

投标报价的确定应通过市场询价、估价、报价三个阶段,通过认真研究图纸,编制科学合理的施工组织方案,参照企业成本数据库,预测出直接成本,后由公司的高层管理人员确定需要在这个预测成本上另加的公司管理费、期望利润、不可预测的费用所组成的投标报价。中标后责任成本的确定要根据自己内部定额进行拆分,绝对不能使用以往以定额为基础和费用系数的测算办法,必须按照每一个子目对人工费、材料费、机械费分析后进行单独测算,其他直接费、现场管理费需按照施工组织设计和方案进行核算。责任成本预算的编制是以投标预算为基础,根据不同情况,可以适当调整,一个严重脱离实际的责任成本预算是毫无意义的,因此,必须在项目开工前将它完成,确保责任成本的合理性和可操作性,使管理层和项目层两方面利益不会因为客观情况的影响而产生巨大的内耗。

3) 落实成本管理全过程的控制

施工全过程成本费用控制措施,主要是通过施工前的成本费用测算控制措施,施工过程的成本费用控制措施和施工成本核算与分析措施来实现。

(1) 人工费成本控制　人工费指直接从事园林工程施工工人(包括现场内水平、垂直运输等辅助工人)和附属辅助生产单位(非独立经济核算单位)工人的基本工资、工资性津贴、流动施工津贴、房租补贴、职工福利费、劳动保护费。人工费成本控制应坚持以劳动定额为基础,制定责任单价,以完成合格工程数量的多少来确定的原则,减少重复用工,改变传统的按出勤天数的结算计价以及流于形式的工程数量测定不准、验工计价把关不严、乱签点工、乱签费用的承包方式,结合工程现场的实际,可以采取以下措施降低人工费用:

① 减员增效　目前园林工程市场竞争激烈,人工成本呈上涨趋势,只有减员增效,由过去生产型转变

为管理型,才能具有市场竞争力。

② 尽量多用长期跟随施工单位施工的熟练工,提高劳动效率。

③ 使用民工应尽量采用单位工程工序单价计量承包,承包单价应包含施工全过程的工作内容,价格要合理,民工拼命干能够得到合理的报酬,能调动民工的积极性,尽量不出现或少出现钟点工,堵住对民工管理上的漏洞。如乱开、多开钟点工工日数。

④ 实行人工费(工资含量)总控制 每月按进度完成工程量准确计量,计算当月的人工费总额,按总额控制发放工资。

(2) 材料费成本控制 经测算,园林工程的材料费一般占工程造价的60%以上,管好施工材料费,是成本控制非常重要的一环,降低材料成本的措施有:

① 把好外购材料关,做到价格、质量货比三家,材料的价格要在合理的市场价格范围内,要与合同预算价作比较,材料质量要经质检和试验部门检验并要有合格证,要把好计量关,要有确保计量准确的措施。

② 减少库存量,减少占用资金,现阶段园建材料市场供应能力很强,为减少库存量形成有利条件。

③ 节约施工用材,在施工进度上做到均衡施工,缩短施工用材的周转时间,增加施工用材周转次数,从而减少施工用材购买总量。在施工措施上,做到精心设计,采用先进施工技术和先进的施工工艺,施工现场要做到文明施工,工完物尽,减少丢失。

④ 做好施工材料的看护和防盗工作,以往工程施工经验,外盗和自管自盗都是普遍存在的现象,要有行之有效的防盗措施。

⑤ 做好消耗材料定量分析,施工材料用量与预算量相差出入较大时,要及时找原因,实际施工用量要在施工材料预算量控制范围内。

(3) 施工机械使用费控制 本费用包含使用机械设备的折旧费、大修费,机上人工费,维修人员及仓管人员的人工费和动力费、经常维修的备件替换等费用。降低施工机械使用费的措施有:

① 制定施工机械管理办法,提高机械设备的完好率和利用率,合理组织施工方案,尽可能提高施工机械设备的使用效率;

② 要把好施工机械设备备件的采购关,价格要合理,质量要有保证;

③ 除关键的、基本的施工机械设备外,有条件的应考虑多利用工程所在地社会上的施工机械设备,目前社会上的施工机械设备过剩,施工机械设备的租金或承包价都比较低,是降低施工成本的好途径。

(4) 管理费用控制 管理费包括企业管理费、现场管理费、冬雨季施工增加费、生产工具用具使用费、工程定位复测点交场地清理费、远地施工增加费、非甲方所为四小时以内的临时停水停电费。做好管理费用的控制应严格控制非生产人员数量,加强固定资产投资、使用的管理,规范办公、通讯、差旅、招待费的指标控制,对日常使用的水、电、煤气要有节约措施,本着合理、高效的原则,控制各项费用。

除上述几项外,还需注重合同、商务签证、质量、工期、安全的管理工作,同时也不能忽视索赔、回收工程款的工作,由此每个环节都需时刻保持受控状态。

4) 完善规章制度,强化岗位责任约束,防止成本管理流于形式

成本管理是一项系统性很强的工作,它贯穿于项目实施的全过程,如果各层次、各部门的职能和责任不能形成合力,一个环节出现问题,成本管理将成为一句空话。在实际操作中,企业领导必须在成本管理中发挥表率作用,按照项目管理规范的要求,企业法人与项目经理签订"项目管理目标责任书",责任书中明确成本管理的责任指标以及需执行的制度。成本管理的核算要坚持阶段性和项目竣工决算考核相结合,建立月统计、季结算、年度中间结算和竣工结算相结合的分阶段兑现核算程序。计算实际成本时,需通过会计核算,进行盈亏分析,编制成本报告,作为兑现的依据。只有激励与约束相结合,管理层、项目层、岗位层齐心协力,才能保证项目成本管理工作的进一步深入。

总之,园林工程成本管理要根据园林行业特点,形成"企业是利润中心、项目是成本中心"的管理格局,不断加强成本管理的宣传力度,努力构建成本文化。

12.2 园林工程概预算

园林工程概预算是指在工程建设过程中,根据不同设计阶段设计文件的内容和有关定额、指标及取费标准,预先计算及确定建设项目全部工程费用的技术经济文件。主要有传统的定额计价与工程量清单计价两种计价模式。

1) 定额计价

是我们使用了几十年的一种计价模式,其基本特征就是:价格=定额+费用+文件规定,并作为法定性的依据强制执行,不论是工程招标编制标底还是投标报价均以此为唯一的依据,承发包双方共用一套定额和费用标准确定标底价和投标报价,一旦定额价与市场价脱节就影响计价的准确性。定额计价是建立在以政府定价为主导的计划经济管理基础上的价格管理模式,它所体现的是政府对工程价格的直接管理和调控。随着市场经济的发展,我们曾提出过"控制量、指导价、竞争费"、"量价分离"、"以市场竞争形成价格"等多种改革方案。但由于没有对定额管理方式及计价模式进行根本的改变,以至于未能真正体现量价分离,以市场竞争形成价格。也曾提出过推行工程量清单报价,但实际上由于目前还未形成成熟的市场环境,一步实现完全开放的市场还有困难,有时明显的是以量补价,所以仍然是以定额计价的形式出现,摆脱不了定额计价模式,不能真正体现企业根据市场行情和自身条件自主报价。

2) 工程量清单报价

是建设工程招标投标活动中,按照国家有关部门统一的工程量清单计价规定,由招标单位提供工程量清单,投标单位根据市场行情和本企业实际情况自主报价,经评审低价中标的工程造价计价模式。工程量清单计价是属于全面成本管理的范畴,其思路是"统一计算规则,有效控制工程量,彻底放开价格,正确引导企业自主报价、市场有序竞争形成价格"。跳出传统的定额计价模式,建立一种全新的计价模式,依靠市场和企业的实力通过竞争形成价格,使业主通过企业报价可直观的了解项目造价。

工程量清单报价的优点:

(1) 符合我国工程造价体制改革"控制量、指导价、竞争费"的原则,真正实现通过市场机制决定工程造价,是工程造价深化改革的产物。

(2) 适应国际经济一体化的发展趋势和市场经济的客观要求,适应我国加入 WTO,融入世界大市场需要,有利于我国进一步与国际招标市场规则接轨,提高国际竞争力。

(3) 通过制定统一的建设工程量清单计价办法、统一的工程量计量规则、统一的工程量清单项目设置规则,达到规范计价行为的目的。

(4) 有利于工程项目的进度控制,在工程方案初步设计完成后,施工图设计之前即可进行招投标工作,使工程开工时间提前,提高投资效益。

(5) 有利于业主在竞争状态下获得最合理的工程造价 在投标过程中,有效引入竞争机制,淡化标底的作用,在保证质量、工期的前提下,按国家"招标投标法"及有关条款规定,最终以"不低于成本"的合理低价者中标。

(6) 有利于节约招投标活动的人力、物力 投标单位不必在工程量计算上煞费苦心,便可以减少投标标底的偶然性技术误差,让投标企业有足够的余地选择合理标价的下浮幅度,使综合实力强、社会信誉好的企业增加中标机会。

(7) 有利于中标企业精心组织施工,控制成本 中标企业通过对单位工程成本、利润进行分析,统筹考虑、精心选择施工方案,根据企业定额或劳动定额合理确定人工材料、施工机械要素的投入与配置,优化组合,合理控制现场费用和施工技术措施费用等,更好地履行承诺,抓好工程质量和工期。

3) 工程量清单计价与定额计价不仅仅是在表现形式、计价方法上发生了变化,而是从定额管理方式和计价模式上发生了变化

(1) 从思想观念上对定额管理工作有了新的认识和定位 长期以来,国家通过对定额的强制贯彻执行来达到对工程造价的合理确定和有效控制,这种做法在计划经济时期和市场经济初期,的确是有效的管理手段。但随着经济体制改革的深入和市场机制的不断完善,这种以政府行政行为作为对工程造价的刚性管理手段所暴露出的弊端越来越突出。要寻求一种有效的管理办法和管理手段,从定额管理转变到为建设领域各方面提供计价依据指导和服务。

(2) 工程量清单计价实现了定额管理方面的转变　工作量清单计价模式采用的是综合单价形式,并由企业自行编制。由于工程量清单计价提供的是计价规则、计价办法以及定额消耗量,摆脱了定额标准价格的概念,真正实现了量价分离、企业自主报价、市场有序竞争形成价格。工程量清单报价按相同的工程量和统一的计量规则,由企业根据自身情况报出综合单价,价格高低完全由企业自己确定,充分体现了企业的实力,同时也真正体现出公开、公平、公正。

(3) 有利于形成管理规范、竞争有序的建设市场秩序　工程量清单投标报价,可以充分发挥企业的能动性,企业利用自身的特点,使企业在投标中处于优势的位置。同时工程量清单报价体现了企业技术管理水平等综合实力,也促进企业在施工中加强管理、鼓励创新,从技术中要效率、从管理中要利润,在激烈的市场竞争中不断发展和壮大,其结果促进了优质企业做大做强,使无资金、无技术、无管理的小企业、包工头退出市场,实现了优胜劣汰,从而形成管理规范、竞争有序的建设市场秩序。

本章重点介绍工程量清单计价。

12.2.1　园林工程概预算的作用和内容

园林工程概预算是影响园林建设工程造价的重要办法;是进行园林建设项目方案比较、评价、选择的重要基础工作内容;是编制园林建设计划,进行园林工程招投标的依据;是签订园林工程承包合同的基础;是控制园林建设投资额、办理园林建设工程款、办理贷款的依据;是办理园林工程竣工决算的依据;是园林施工企业进行成本核算或投入产出效益计算的重要内容和依据,工程的概预算指标和费用分类,是确定统计指标和会计科目的依据。

1) 工程量清单的作用

工程量清单是编制招标工程标底价,投标报价和工程结算时调整工程量的依据。工程量清单必须依据行政主管部门颁发的工程量计算规则、分部分项工程项目划分及计算单位的规定;必须依据施工设计图纸、施工现场情况和招标文件中的有关要求进行编制。工程量清单应由具有相应资质的中介机构进行编制。工程量清单应当符合有关规定要求。

2) 工程量清单的内容

工程量清单是依据建设行政主管部门发布的统一工程量计算规则、统一项目划分、统一计量单位、统一编码并参照其发布的人工材料和机械费消耗量标准编制构成工程实体的各分部分项的、能提供标底和投标报价的工程量清单文本。

(1) 工程量清单的含义

① 工程量清单是把承包合同中规定的准备实话的全部工程项目和内容,按工程部位、性质以及它们的数量、单价、合价等列表表示出来,用于投标报价和中标后计算工程价款的依据,工程量清单是承包合同的重要组成部分。

② 工程量清单是按照招标要求和施工设计图纸要求,将拟建招标工程的全部项目和内容依据统一的工程量计算规则和子目分项要求,计算分部分项工程实物量,列在清单上作为招标文件的组成部分,供投标单位逐项填写单价用于投标报价。

③ 工程量清单,严格地说不单是工程量,工程量清单已超出了施工设计图纸量的范围,它是一个工程量清单的概念。

(2) 工程量清单的分类　工程量清单的分类,按分部分项工程单价组成来分有:

① 直接费单价(也称工料单价)　直接费单价由人工、材料和机械费组成。我国目前的单价是按照现行预算定额的工、料、机消耗标准及预算价格和可进入直接费的调价确定。其他直接费、间接费、利润、材料差价、税金等按现行的计算方法计取列入其他相应价格计算其中,这是我国目前绝大部分地区采用的编

制方式。

② 部分费用单价(也称综合单价)　部分费用单价只综合了直接费、管理费和利润,并依综合单价计算公式确定综合单价。该综合单价对应图纸分部分项工程量清单即分部分项同工程实物量计价表,一般这部分费用属于非竞争性费用。综合费用项目如脚手架工程费、高层建筑增加费、施工组织措施费、履约担保手续费、工程担保费、保险费等,这部分费用属于部分性费用。我国目前非竞争性费用采用定额预算编制方法套用定额及相应的调差文件计算,而竞争性费用由投标人依据工程实际情况和自己的能力自由报价。

③ 全费用单价(国际惯例)　全费用单价由直接费、非竞争性费用和竞争性费用组成。该工程量清单项目由工程清单、措施费和暂定金额组成。工程量清单由分部分项工程组成,措施费由各措施项目费组成;暂定金额即不可预见费,它包括工程变更和零星工程(计日工)。全费用单价合同是典型、完整的单价合同,工程下发后能形成一个独立的子目分项编制。对于该子目的工作内容和范围必须加之说明界定。工作量清单不能单独使用,应与招标文件的招标须知、合同文件、技术规范和图纸等结合使用。

12.2.2　园林工程概预算的依据和方法

1)　园林工程概预算的依据

影响园林工程概预算的因素非常复杂,如工程特色、施工作业条件、施工技术力量条件、材料市场供应条件、工期要求……对园林工程概预算结果有直接的影响。

(1) 工程项目的建设是一个周期长、数量大的生产消费过程。不同的建设阶段使用不同的计价依据。详见表12.1。

表12.1　园林工程概预算的依据

	工程概算		工程预算	
	估算	设计概算	施工图预算	施工管理预算
编制依据	1. 参照类似项目投资价格 2. 概预算定额	1. 设计图纸 2. 概预算定额 3. 相关法规、文件 4. 正常施工条件	1. 施工图纸 2. 项目清单或项目划分 3. 工艺、质量要求 4. 正常施工条件 5. 平均消耗标准 6. 施工现场条件 7. 概预算定额 8. 相关法规、文件 9. 工期要求	1. 施工图纸 2. 技术交底 3. 工艺、质量要求 4. 正常施工条件 5. 平均消耗标准 6. 施工现场条件 7. 企业定额或施工单位实际情况 8. 劳动力、主要材料、机械租赁市场情况 9. 采用技术措施

(2) 工程量清单计价与定额计价的计价依据区别　清单计价和按定额计价的最根本区别就是计价依据的不同。按定额计价的唯一依据就是定额,而工程量清单计价的主要依据是企业定额,包括企业生产要素消耗量标准、材料价格、施工机械配备及管理状况、各项管理费支出标准等。

目前可能多数企业没有企业定额,但随着工程量清单计价形式的推广和报价实践的增加,企业将逐步建立起自身的定额和相应的项目单价,当企业都能根据自身状况和市场供求关系报出综合单价时,企业自主报价、市场竞争(通过招投标)定价的计价格局也将形成,这也正是工程量清单所要促成的目标。工程量清单计价的本质是要改变政府定价模式,建立起市场形成造价机制,只有计价依据个别化,这一目标才能实现。

2)　编制园林工程概预算的方法

编制园林工程概算一般采用"概算定额法",方法如下:

(1) 根据初步设计图纸和说明按概算定额中的各个分项工程内容计算工程量,无法计算工程量的零星项目按主要工程费用的5%～8%计入;

(2) 套概算定额，算出人、材、机费用；
(3) 根据取费标准计算出直接费、间接费、利润、税金；
(4) 用概算造价算出单方造价，根据本地区的工资标准及材料价格加系数进行调整。
其他的方法：概算指标法、类似工程法。
预算与概算也就是套用的定额不同，计算方法类似。

12.2.3 园林工程施工图预算书的编制

1) 单价法

用单价法编制施工图预算，就是根据地区统一单位估价表中的各分项工程综合单价，乘以相应的各分项工程量，并相加，得到单位工程的人工费、材料费和机械使用费三费用之和。再加上其他直接费、间接费、计划利润和税金，即可得到单位工程的施工图预算。具体步骤如下：

(1) 准备资料　在编制预算之前，要准备好施工图纸、施工方案或施工组织设计，图纸会审记录、工程预算定额、施工管理费和其他费用定额、材料、设备价格表、各种标准图册、预算调价文件和有关技术经济资料等编制施工图预算所需的资料。

(2) 熟悉施工图纸，了解施工现场　施工图纸是编制预算的工作对象，也是基本依据。预算人员首先要认真阅读和熟悉施工图纸，认真核对图纸是否齐全，相互间是否有矛盾和错误，各分部尺寸之和是否等于总尺寸，各种构件的竖向位置是否与标高相符等。还要熟悉有关标准图，构、配件图集，设计变更和设计说明等，通过阅读和熟悉图纸，对拟编预算的工程和设计意图有一个总体的概念。在熟悉施工图纸的同时，还要深入施工现场，了解施工方法、施工机械的选择、施工条件及技术组织措施和周围环境，使编制预算所需的基础资料更加完备。

(3) 计算工程量　工程量的计算，是编制预算的基础和重要内容，也是预算编制过程中最为繁杂，而又十分细致的工作。所谓工程量是指以物理计量单位或自然计量单位表示的各个具体分项工程的数量。工作量计算的步骤如下：

① 根据工程内容和定额项目，列出计算工程量的分部分项工程；

② 列出计算式　预算项目确定后，就可根据施工图纸所示的部位、尺寸和数量，按照一定的顺序，列出工程量计算式，并列出工程量计算表；

③ 进行计算　计算式全部列出后，就可以按照顺序逐式进行计算，并核对检查无误后把计算结果填入计算表内；

④ 对计算结果的计量单位进行调整，使之与定额中相应的分部分项工程的计量单位保持一致。

(4) 套用预算单价　工程量计算完并经自己检查认为无差错后，就可以进行套用预算单价的工作。首先，把计算好的分项工程量及计算单位，按照定额分部顺序整理填写到预算表上，然后从预算定额（单位估价表）中查得相应的分项工程的定额编号和单价，填到预算表上，将分项工程的工程量和该项单价相乘，即得出该分项工程的预算价值。在套用预算单价时，注意分项工程的名称、规格和计算单位估价表上所列的内容完全一致。

(5) 计算工程直接费　首先把各分项工程的预算价值相加，求出各分部工程的预算价值小计数，再把各分部工程预算价值小计数相加求得单位工程的预算合价。同时，按照地方主管部门颁布的综合调价系数，计算工程调价费用，将单位工程预算合价和工程调价相加，即为单位工程的定额直接费。然后，按照当地主管部门规定的项目和费率计算其他直接费。单位工程的定额直接费与其他直接费之和，即为单位工程直接费。

(6) 计算工程间接费　计算间接费，园林绿化工程以直接费中的人工费为计算基础，分别乘以规定的费率。

(7) 计算计划利润和税金　具体按各地方主管部门规定的计划利润和税金的计取基数、费率标准计算计划利润和税金。

(8) 确定单位工程预算造价　将以上各项费用相加，即可得出单位工程预算造价。

(9) 编制说明、填写封面　编制说明是编制方向审核方交代编制的依据,可以逐条分述。主要应写明预算所包括的工程内容范围,不包括哪些内容,依据的图纸号,承包企业的等级和承包方式,有关部门现行的调价文件号,套用单价需要补充说明的问题及其他需说明的问题。

封面应写明工程编号、工程名称、工程量、预算总造价和单位造价、编制单位名称、负责人和编制日期以及审核单位的名称、负责人和审核日期等。

2) 实物法

用实物法编制施工图预算,主要是先用计算出的各分项工程的实物工程量,分别套取预算定额,并按类相加,求出单位工程所需的各种人工、材料、施工机械台班的消耗量,然后分别乘以当时当地各种人工、材料、施工机械台班的实际单价,求得人工费、材料费和施工机械使用费,再汇总求和。其他直接费、间接费、计划利润和税金等费用的计算方法均与单价法相同。具体步骤如下:

(1) 准备资料。

(2) 熟悉施工图纸,了解施工现场。

(3) 计算工程量。

(4) 计算人工工日消耗量、材料消耗量、机械台班消耗量　根据预算人工定额所列的各类人工工日的数量,乘以各分项工程的工程量,算出各分工程所需的各类人工工日的数量,然后经统计汇总,获得单位工程所需的各类人工工日消耗量。同理,可以计算出材料消耗量、机械台班消耗量。

(5) 计算工程直接费　用当时、当地的各类实际人工工资单位,乘以相应的人工工日消耗量,算出单位工程的人工费。同样,用当时、当地的各类实际材料预算价格,乘以相应的材料消耗量,算出单位工程的材料费;用当时、当地的各类实际机械台班费用单价,乘以相应的机械台班消耗量,算出单位工程的机械使用费。将这些费求和。再加上按照当时规定的费率计算出来的其他直接费,即为单位工程直接费。

(6) 计算工程间接费;计算计划利润和税金。

(7) 确定单位工程预算造价　将以上各项费用相加,即可得出单位工程预算造价。

(8) 编制说明,填写封面。

3) 工程量清单的组成及计价特点

工程量清单又称工程量表,通常是按分部分项工程划分,它的划分单位与次序一般与所采用的技术规范、工程量计算规则相一致。工程量清单的粗细程度、准确程度主要取决于设计深度,与图纸相对应,也与合同形式有关。

采用工程量清单招标的方法是国际上普遍使用的通行做法,已经有近百年的历史,具有广泛的适应性,也是比较科学合理、实用的。采用工程量清单方法更有利于真实地反映工程实际成本。

(1) 工程量清单的概念及组成　所谓工程量清单是发包人将准备实施的全部工程项目和内容,依据统一的工程量计算规则,按照工程部位、性质,将实物工程量和技术措施以统一的计量单位列出的数量清单。它是招标文件重要的组成部分。工程量清单一般由总说明和清单表组成。

根据《建设工程工程量清单计价规范》规定,园林绿化工程清单分为三部分:

① 绿化工程　包括绿地整理(编码 050101001～050101007)、栽植花木(编码 050102001～050102011)、喷灌设施(编码 050103001)等;

② 园路、园桥、假山工程　包括园路桥工程(编码 050201001～050201016)、堆塑假山(编码 050202001～050202008)、驳岸(编码 050203001～050203003)等;

③ 园林景观工程　包括原木竹构件(编码 050301001～050301006)、亭廊屋面(编码 050302001～050302009)、花架(编码 050303001～050303004)、园林桌椅(编码 050304001～050304009)、喷泉安装(编码 050305001～050305004)、杂项(编码 050306001～050306009)等。

(2) 工程量清单计价特点

① 工程量清单均采用综合单价形式,综合单价中包括了工程直接费、间接费、管理费、风险费、利润、国家规定的各种规费等,一目了然,更适合工程的招投标;

② 工程量清单报价要求投标单位根据市场行情，自身实力报价，这就要求投标人注重工程单价的分析，在报价中反映出本投标单位的实际能力，从而能在招投标工作中体现公平竞争的原则，选择最优秀的承包商；

③ 工程量清单具有合同化的法定性，本质上是单价合同的计价模式，中标后的单价一经合同确认，在竣工结算时是不能调整的，即量变价不变；

④ 工程量清单报价详细地反映了工程的实物消耗和有关费用，因此易于结合建设项目的具体情况，变以预算定额为基础的静态计价模式为将各种因素考虑在单价内的动态计价模式；

⑤ 工程量清单报价有利于招投标工作，避免招投标过程中有盲目压价、弄虚作假、暗箱操作等不规范行为；

⑥ 工程量清单报价有利于项目的实施和控制，报价的项目构成、单价组成必须符合项目实施要求，工程量清单报价增加了报价的可靠性，有利于工程款的拨付和工程造价的最终确定；

⑦ 工程量清单报价有利于加强工程合同的管理，明确承发包双方的责任，实现风险的合理分担，即量由发包方或招标方确定，工程量的误差由发包方承担，工程报价的风险由投标方承担；

⑧ 工程量清单报价将推动计价依据的改革发展，推动企业编制自己的企业定额，提高自己的工程技术水平和经营管理能力。

4）工程量清单编制原则

(1) 编制工程量清单应遵循客观、公正、科学、合理的原则　编制人员要有良好的职业道德，要站在客观公正的立场上兼顾建设单位和施工单位双方的利益，严格依据设计图纸和资料，现行的定额和有关文件以及国家制定的建筑工程技术规程和规范进行编制，避免人为地提高或压低工程量，以保证清单的客观公正性。

由于编制实物量是一项技术性专业性都很强的工作，它要求编制人员基本功扎实，知识面广。不但要有较强的预算业务知识，而且，应当具备一定的工程设计知识，施工经验，以及建筑材料与设备、建筑机械、施工技术等综合性建筑科学知识，这样才能对工程有一个全面了解，形成整体概念，做到工程量计算不重、不漏。

在编制过程中有时由于设计图纸深度不够或其他原因，对工程要求用材标准及设备定型等内容交待不够清楚，应及时向设计单位反映，综合运用建筑科学知识向设计单位提出建议，补足现行定额没有的相应项目。确保清单内容全面，符合实际，科学合理。

(2) 认真细致逐项计算工程量，保证实物量的准确性　计算工程量的工作是一项枯燥繁琐且花费时间长的工作，需要计算人员耐心细致、一丝不苟，努力将误差减小到最低限度。在计算时首先应熟悉和读懂设计图纸及说明，以工程所在地进行定额项目划分及其工程量计算规则为依据，根据工程现场情况，考虑合理的施工方法和施工机械，分步分项地逐项计算工程量，定额子目的确定必须明确。对于工程内容及工序符合定额的，按定额项目名称；对于大部分工程内容及工序符合定额，只是局部材料不同，而定额允许换算者，应加以注明，如运距、强度等级、厚度断面等；对于定额缺项须补充增加的子目，应根据图纸内容做补充，补充的子目应力求表达清楚以免影响报价。

(3) 认真进行全面复核，确保清单内容符合实际、科学合理　清单准确与否，关系到工程投资的控制。此清单编制完成后应认真进行全面复核，可采用如下方法：

① 技术经济指标复核法。将编制好的清单进行套定额计价从工程造价指标、主要材料消耗量指标、主要工程量指标等方面与同类建筑工程进行比较分析。在复核时，或要选择与此工程具有相同或相似结构类型、建筑形式、装修标准、层数等的以往工程，将上述几种技术经济指标逐一比较，如果出入不大，可判定清单基本正确，如果出入较大则肯定其中必有问题，那就按图纸在各分部中查找原因。用技术经济指标可从宏观上判断清单是否大致准确。

② 利用相关工程量之间的关系复核。如：外墙装饰面积＝外墙面积－外墙门窗面积；内墙装饰面积＝外墙面积＋内墙面积×2－（外门窗＋内门窗面积×2）；地面面积＋楼地面面积＝天棚面积；平屋面面积

= 建筑面积偶数。

③ 仔细阅读建筑说明、结构说明及各节点详图,从中可以发现一些疏忽和遗漏的项目,及时补足。核对清单定额子目名称是否与设计相同,表达是否明确清楚,有无错漏项。

5) 工程量清单的编制要领

(1) 工作内容总说明　工作内容总说明要明确拟建工程概况,工程招标范围。工作内容总说明要明确质量、材料、施工顺序、施工方法的特殊要求,招标人自行采购材料、设备的名称、规格型号、数量。工作内容总说明要明确采取统一的工程量计算规则、统一的计量单位。

工程量计算一般规则　指对清单项目工程量的标准计算方法。

① 工程量计算的依据　招标文件、设计图纸、技术规范、产品样本、合同条款、经审定的施工组织设计或技术措施方案、行业主管部门颁发的工程量计算规则。

② 计量单位采用下列基本单位:

以重量计算的项目——吨或千克(t 或 kg);

体积计算的项目——立方米(m^3);

面积计算的项目——平方米(m^2);

以长度计算的项目——米(m);

设备安装的项目——台或套;

以自然计量计算的项目——件;

没有具体数量的项目——项或宗;

专业特殊计量单位,按行业部门规定使用。

工程量计算,一般按设计图纸以工程实体的净值考虑,不包括在施工中必须增加的工作量和各种损耗。

工作内容总说明中要明确单价的组成。大致可分为以下三种形式:完全单价法;综合单价法;工料单价法。清单中大都采用完全单价形式。完全单价也称全费用单价,一般由以下内容组成:

人工及一切有关费用;材料、货物及一切有关费用(如运输、交付、卸货、贮存、退还包装材料、管理、升降等);材料、货物的装配就位费用;设备及工具的使用费用;机械使用费;所有削切及耗损;筹办经营费及利润、工程保险费、风险金、税金,包括进口关税;工料机涨价预备费;征收费及一切政府部门规定的有关费用。

(2) 开办费项目　开办费项目(也称措施项目)是为了让投标人对拟建工程的实物工程量有个大致了解。招标人应在招标文件内提供开办费的组成因素,并对各项因素所含内容加以阐述,避免日后引起索赔事件。如工料价格之浮动,分包商使用总承包商的脚手架,提供包工程的用水、用电及临时厕所等。投标人对这些因素应尽可能考虑周全,报价金额应把影响因素、杂项开支、监督、风险及其他费用计算在内,避免投标失误。

另外,合同总价内的开办项目费用和施工措施费为包干使用,不会因工程修改做出调整,投标人对招标人所列开办费项目可以选择报价,对于不足部分可以补充。

(3) 分部、分项工程量清单表

① 项目编码规则　国际通用土木建筑工程项目编码按二级用五位阿拉伯数字表示,第一、二位表示第一级分部工程编码,第三、四、五位表示第二级清单项目顺序编码。项目名称原则上以形成工程实体而命名。

② 项目划分按部位、功能、材料、工艺系统等因素划分。

③ 项目以主要项目带次要项目,以大项目带小项目组合取定。

④ 项目特征应予以详细描述,并列出子项目。

工程量清单中的数量是按设计图纸所示尺寸,按净尺寸计算,不包括任何工程量/材料的损耗。任何有关材料(包括编配件)的损耗之费用,投标单位须在编报单价中统一考虑。

工程量清单中的项目特征说明是工程量清单的核心内容,招标人及投标人都应该予以重视。招标人在编制清单时,应明确对清单项目的质量、材料、施工顺序、施工方法的特殊要求,招标人自行采购材料、设备的名称、规格型号、数量等项目特征,投标人在报价时,对以上信息要做到充分理解,作为一个有经验的承包商应当充分考虑清单项目包括的单价范围,防止报价失误。项目特征的明确同样有利于工程结算,避免算时对项目划分的争议。

分部分项工程费采用综合单价计算。综合单价包括人工费、材料费、机械使用费、管理费。税金、利润,还应考虑以下因素如保险、风险预测、各类损耗、附加项目、工程净值以外按施工规范和施工组织设计规定必须增加的工程量,符合国家规定的各种收费等。

(4) 不可预见费、暂定金额和指定金额 当"不可预见费"、"暂定金额"和"指定金额"出现在工程项目清单时,该等项目的报价金额将全部从承包金额中扣除。根据该等项目进行的全部工程将按照下列的条款执行,并将加进承包金额内。

① 业主代表应对已在设计要求或合同总价内包括的指定金额和暂定金额的有关使用发出指示。

② 由业主代表要求,或继后以书面批准的一切变更及总承包商为设计要求或合同总价已包括暂定金额所完成的一切工作应由工料测量师计量和估价。当进行该计量工作时,工料测量师应给予总承包商在场及做可能所需笔记和计量工作的机会。除另有协议外,对变更指示及工程量清单已包括暂定金额所完成工作的估价应符合下列规定:

• 施工条件及性质与工程项目清单中的工作项目类似的工作应以工程项目清单内的价格为准。

• 当工作不属前述的类似性质或在类似条件施工时,则上述价格应尽可能在合理范围内成为该项工作的价格基础,如不适用则应另作公平的估价。

• 当工作不能正确地计量和估价时,总承包商应被允许采用计日工单价,应用顺序如下:

a. 以总承包商在工程量清单内填写的单价计算;

b. 当没有填写该单价时,则以合同中计日工价格中的工人薪金和机械租用价格,并加15%作为一般管理费用和利润及税金而估价;

c. 当工作中有特制材料时,该材料须按成本加包装、运输、交付的费用,并加15%作为一般管理费用和利润及税金而估价;

d. 业主代表发出指示有关工程之成本价为分包商或供货商发票价目,应在此成本价外加15%作为总承包商的一般管理费和利润及税金。

③ 承包商必须在任何情况下,在于工作施工后的一周内将注明每日工作用时间(如业主代表要求,还包括工人名单)和所用材料的单据送交业主代表和监理核准。

④ 减省项目的估价应以工程量清单内价格为准,唯当该项减省在实质上改变了任何余下工作项目进行的条件时,则该余下项目的价格必须根据上述②第B项规定估价。

(5) 汇总表 汇总表是投标人关于本工程各项费用报价总和的投标报价汇总表,本表应包括以下内容:开办费用;分部分项工程量清单费用;不可预见费、指定金额和暂定金额;投标总价;投标人签署、法人代表签字、公司盖章。

(6) 计日工价格 给出在工程实施过程中,可能发生的临时性或新增的工程计价方法,一般包括劳务和机械设备台班两种表。

① 当劳务按计日工计量时,应根据由投标人填写之计日工表中的单价计算,即以每八小时作为一工作天计算。当劳务在执行工作时少于八小时的,将会根据每小时按照比例计算。

计日工价格是指进行计日工作时,实际支付雇员的薪金;实际支付雇员的红利、奖金和其他津贴;规定的经常性开支和利润。

"经常性开支"又包括:总办公室开支;工地的监管和员工;中华人民共和国政府和法定机构征收的所有税项;因恶劣天气所造成的停工损失;运输的时间和支出;生活津贴;安全、康乐和福利设施;第三者责任保险和雇主责任险;假期和诊疗的支出;工具津贴;使用、修理和磨尖细小的工具;全部非机械操作的机器、竖立棚架、脚手架和架设人工照明、保护覆盖、储存设施和在工地常用的一般相类似项目;全部其他义务和责任。

② 当机械设备需按计日计量时,应根据由投标人填写之计日工作表中的单价法,即以每八小时为一工作天计算。当机械在执行工作和可有效地使用时,少于八小时时间。将会根据每小时按照比例计算。

机械的单价包括施工机械的折旧费、大修理费、经常修理费、安拆费及场外运输费、燃料动力费、驾驶者和操作费用、养路费及车船使用费、利润及税金、保险费用。

总之,工程量清单计价模式实际上是企业自主报价,最终由市场形成价格的一种市场经济条件下的计价模式,它对承发包双方都是有利的,是节约资金、创造价值、提高经济效益的有效途径,它的推行将有效促进建立既符合我国社会主义市场经济实情又与国际接轨的工程造价体系。

12.2.4 园林工程量清单计价的执行

1) 园林工程量清单计价存在的问题

(1) 计价规范本身的缺陷,阻碍工程量清单招标的发展　由于《建设工程工程量清单计价规范》过于笼统和门类不全,客观上存在施工不完善之处,所涉及的清单项目与工程实际情况还有一定差距,不利于工程量清单招标的顺利进行。

(2) 相关配套体系未完全建立,影响工程量清单招标的顺利实施　工程量清单计价作为一项新举措,它的实施需要市场多方面的配套,而目前建立的相关配套体系在很多方面存在差距,可能会给清单招标设置障碍。

(3) 市场准备不足　实行工程量清单招标,施工业主和施工企业还从未涉足过,对应承担的风险也心中无数,部分建设行政主管部门和招标代理机构或多或少都有些茫然。

(4) 企业内部管理水平不高　很多施工企业在管理上还不适应工程量清单招标的要求,平时疏于资料的积累,没有建立内部定额,因此无法准确了解企业的成本,投标报价变成无的放矢。

(5) 政府投资项目未实行业主支付担保,易导致工程款拖欠　对于采用工程量清单招标的政府投资工程,一旦发生工程款拖欠而又无制约措施,极易损害施工企业的利益,给施工企业带来经营上的困难,不利于其发展。

2) 政府推行园林工程量清单计价应采取的对策

(1) 加大规范园林建设市场的力度,确保公开、有序的市场竞争环境。

(2) 积极引导,搞好宏观调控　作为政府的相关管理部门,要自觉为企业提供服务,及时测算、发布权威性的信息,建立健全相关的配套体系。

(3) 积极稳妥,分段实施　率先在政府投资项目上推行工程量清单招标,建立和完善符合实际且切实可行的清单招标办法,并在其他投资项目上逐步推行。

(4) 推行工程保证担保制度,建立相互制约机制。

(5) 规范和发展社会中介机构,以适应建筑市场新时期发展的需要。

3) 行业推行工程量清单计价应采取的措施

(1) 在目前企业定额普遍尚未建立的条件下,既要面对市场又要结合我国国情,第一步首先应在行业主管单位和协会的指导和组织下,迅速建立并不断完善工程量清单数据库,包括综合项目及独立项目的工程量、综合价、总价等。组织设计、施工、管理等部门在预算基价和已完工程数据的基础上对工程量清单研究,其中包括内容组成、表现形式、费率的确定原则等等,并做到动态管理,以提高报价的速度和质量。

(2) 行业协会要尽快制定出既按照国际惯例而内容和表现形式又与我国园林工程项目相应的工程量清单计价办法,包括统一工程量名称、统一计量单位、统一项目编码、统一项目划分和统一工程量计算规则,以规范工程量清单和招投标的计价行为。

(3) 为了快捷准确地编制工程量清单和报价,必须完善工程量清单计价操作程序,迅速研制出界面直观、功能齐全、高水平的工程量清单计算软件,建立起密切合作的工程价格信息系统。

(4) 我国在招投标法中明确规定,中标人的投标应当满足招标文件的实质性要求,并经评审的投标价格最低。但是投标价格低于成本价的除外,按照这一评标原则,标底不再作为评标的唯一标准,同时为了保证中标的价不低于成本价做到合理和公正,还应建立询标监管,应由专家对投标和工程量清单进行询问、核算和判断,以排除不合理报价。

(5)行业协会要强调企业定额的建设,施工企业要依靠自身的技术和管理情况迅速建立起企业自己的定额和报价信息库,提高报价的水平和技巧,并力求加快技术进步,提高劳动生产率,降低成本,使在工程量清单招标中占有优势。工程公司和咨询公司也应如此。

(6)由于编制工程量清单的主要依据是招标文件、施工图纸和实物工程量,这就对施工图质量提出了更高的要求,设计人员首先要学会工程量清单的编制办法,做到实物工程量准确,表现形式符合工程量清单的要求,因为每一个工程量的误差都影响到工程量清单的计价,每一个设计变更都牵涉到费用和结算,技术人员目前多数还停留在依靠定额计价的沿海开放城市上,对于工程量清单和国际惯例的学习也不够,因此也要加强培训,特别是目前项目多在未完成施工图的情况下招标,这就更要求我们必须建立数据库,使工程量清单计价尽量做到量准价实。

12.3 园林工程决算与审核审计

12.3.1 工程变更与合同价调整

园林工程的施工特点是:具有一定的艺术性,不同的项目具有不同的特色和风格,且工程规模一般较小,项目零星,地点分散,工作面大,涉及面广。在工程项目的实施过程中,经常会遇到来自业主方对项目修改的要求,设计方由于业主要求的变化或现场施工环境、施工技术的要求而产生的设计变更等。

1) 工程变更的主要内容

按照《建设工程施工合同文本》有关规定,工程变更的主要内容有:

(1)变更合同内约定的工程量;

(2)变更合同内工程项目(如业主方提出增加或者删减原项目内容);

(3)变更工程有关部分的基线、位置、尺寸和标高;

(4)变更有关工程的施工进度计划和顺序;

(5)其他有关工程变更需要的附加工作。

2) 工程变更的分类

工程变更包括工程量变更、工程项目的变更(如业主方提出增加或者删减原项目内容)、进度计划的变更、施工条件的变更等。考虑到设计变更在工程变更中的重要性,往往将工程变更分为设计变更和其他变更两大类。

(1)设计变更　在施工过程中如发生设计变更,将对工程造价和工期产生很大的影响。因此,应尽量减少设计变更,如必须对设计进行变更,必须严格按照国家的规定和合同约定的程序进行。

由于业主对原设计进行变更,以及经业主同意的、承包人要求进行的设计变更,导致合同价款的增减及造成的承包人损失,由业主承担,延误的工期相应顺延。

(2)其他变更　合同履行中业主要求变更工程质量标准及发生其他实质性变更,由双方协商解决。

3) 工程变更的处理要求

如果出现了必须变更的情况,应当尽快变更;工程变更后,应当尽快落实变更;对工程变更的影响应当作进一步分析。

4) 工程变更的程序

(1)业主对原设计进行变更　施工中业主如果需要对原工程设计进行变更,应不迟于变更前14天以书面形式向承包人发出变更通知。承包人对于业主的变更通知没有拒绝的权利,这是合同赋予业主的一项权利。变更超过原设计标准或者批准的建设规模时,须经原规划管理部门和其他有关部门审查批准,并由原设计单位提供变更相应的图纸和说明。

(2)因承包人原因对原设计进行变更　承包人应当严格按照图纸施工,不得随意变更设计。施工中承包人提出的合理化建议涉及到对设计图纸或者施工组织设计的更改及对原材料、设备的更换,须经工程师同意。工程师同意变更后,也须经原规划管理部门和其他有关部门审查批准,并由原设计单位提供变更相应的图纸和说明。

5) 工程变更后合同价款的确定

(1) 变更后合同价款的确定程序　设计变更发生后,承包人在工程设计变更确定后 14 天内,提出变更工程价款的报告,经工程师确认后调整合同价款,承包人在确定变更后 14 天内不向工程师提出变更工程价款报告时,视为该项设计变更不涉及合同价款的变更。工程师收到变更工程价款报告之日起 7 天内,予以确认。工程师无正当理由不确认时,自变更价款报告送达之日起 14 天后变更工程价款报告自行生效。

(2) 变更后合同价款的确定方法　变更合同价款按照下列方法进行:

① 合同中已有适用于变更工程的价格,按合同已有的价格计算、变更合同价款;

② 合同中只有类似于变更工程的价格,可以参照此价格确定变更价格,变更合同价款;

③ 合同中没有适用或类似于变更工程的价格,由承包人提出适当的变更价格,经工程师确认后执行。

12.3.2 园林工程索赔与索赔费用的确定

1) 工程索赔的概念

工程索赔是在工程承包合同履行中,当事人一方由于另一方未履行合同所规定的义务或者出现了应当由对方承担的风险而遭受损失时,向另一方提出赔偿要求的行为。通常情况下,索赔是指承包人(承包方)在合同实施过程中,对非自身原因造成的工程延期、费用增加而要求发包人给予补偿损失的一种权利要求。索赔可以概括为如下三个方面:

(1) 一方违约使另一方蒙受损失,受损方向对方提出赔偿损失的要求;

(2) 发生应由业主承担责任的特殊风险或遇到不利自然条件等情况,使承包商蒙受较大损失而向业主提出补偿损失要求;

(3) 承包商本人应当获得的正当利益,由于没能及时得到监理工程师的确认和业主应给予的支付,而以正式函件向业主索赔。

2) 工程索赔产生的原因

(1) 当事人违约　当事人违约常常表现为没有按照合同约定履行自己的义务。发包人违约常常表现为没有为承包人提供合同约定的施工条件、未按照合同约定的期限和数额付款等。工程师未能按照合同约定完成工作,如未能及时发出图纸、指令等也视为发包人违约。承包人违约的情况则主要是没有按照合同约定的质量、期限完成施工,或者由于不当行为给发包人造成其他损害。

(2) 不可抗力事件　不可抗力又可以分为自然事件和社会事件。自然事件主要是不利的自然条件和客观障碍,如在施工过程中遇到了经现场调查无法发现,业主提供的资料中也未提到的、无法预料的情况。社会事件则包括国家政策、法律、法令的变更,战争、罢工等。

(3) 合同缺陷　合同缺陷表现为合同文件规定不严谨甚至矛盾,合同中的遗漏或错误,在这种情况下,工程师应当给予解释,如果这种解释将导致成本增加或工期延长,发包人应当给予补偿。

(4) 合同变更　合同变更表现为设计变更、施工方法变更、追加或者取消某些工作、合同其他规定的变更等。

(5) 工程师指令　工程师指令有时也会产生索赔,如工程师指令承包人加速施工、进行某项工作、更换某些材料、采取某些措施等。

(6) 其他第三方原因　其他第三方原因常常表现为与工程有关的第三方的问题而引起的对本工程的不利影响。

3) 索赔的作用

索赔的性质属于经济补偿行为,而不是惩罚。索赔的损失结果与被索赔人的行为并不一定存在法律上的因果关系。索赔工作是承发包双方之间经常发生的管理业务,是双方合作的方式,而不是对立。经过实践证明,索赔的健康开展对于培养和发展社会主义建设市场,促进建筑业的发展,提高工程建设的效益,起着非常重要的作用:它有利于促进双方加强内部管理,严格履行合同,有助于双方提高管理素质,加强合同管理,维护市场正常秩序;它有助于双方更快地熟悉国际惯例,熟练掌握索赔和处理索赔的方法与技巧;它有助于对外开放和对外工程承包的开展;有助于政府转变职能,使双方依据合同和实际情况实事求是地协商工程造价和工期,从而使政府从繁琐的调整概算和协调双方关系等微观管理工作中解脱出来;它有助于工程造价的合理确定,可以把原来打入工程报价中的一些不可预见费用,改为实际发生的损失支付,便于降低工程报价,使工程造价更为实事求是。

4) 工程索赔的分类

(1) 按索赔的合同依据分类

① 合同中明示的索赔　明示的索赔是指承包人所提出的索赔要求,在该工程项目的合同文件中有文字依据,承包人可以据此提出索赔要求,并取得经济补偿。这些在合同文件中有文字规定的合同条款,称为明示条款。

② 合同中默示的索赔　默示的索赔,即承包人的该项索赔要求,虽然在工程项目的合同条款中没有专门的文字叙述,但可以根据该合同的某些条款的含义,推论出承包人有索赔权。这种索赔要求,同样有法律效力,有权得到相应的经济补偿。这种有经济补偿含义的条款,在合同管理工作中被称为"默示条款"或称为"隐含条款"。

(2) 按索赔目的分类

① 工期索赔　由于非承包人责任的原因而导致施工进程延误,要求批准顺延合同工期的索赔,称之为工期索赔。工期索赔形式上是对权利的要求,以避免在原定合同竣工日不能完工时,被发包人追究拖期违约责任。一旦获得批准合同工期顺延后,承包人不仅免除了承担拖期违约赔偿费的严重风险,而且可能提前工期得到奖励,最终仍反映在经济收益上。

② 费用索赔　费用索赔的目的是要求经济补偿。当施工的客观条件改变导致承包人增加开支,要求对超出计划成本的附加开支给予补偿,以挽回不应由他承担的经济损失。

③ 按索赔事件的性质分类可分为　工程延误索赔;工程变更索赔;合同被迫终止的索赔;工程加速索赔;意外风险和不可预见因素索赔;其他索赔。

5) 工程索赔的处理原则

(1) 索赔必须以合同为依据　遇到索赔事件时,工程师必须以完全独立的身份,站在客观公正的立场上审查索赔要求的正当性,必须对合同条件、协议条款等有详细的了解,以合同为依据来公平处理合同双方的利益纠纷。由于合同文件的内容相当广泛,包括合同协议、图纸、合同条件、工程量清单以及许多来往函件和变更通知,有时会形成自相矛盾,或作不同解释,导致合同纠纷。根据我国有关规定,合同文件能互相解释、互为说明,除合同另有约定外,其组成和解释顺序如下:①本合同协议书;②中标通知书;③投标书及其附件;④本合同专用条款;⑤本合同通用条款;⑥标准、规范及有关技术文件;⑦图纸;⑧工程量清单;⑨工程报价单或预算书。

(2) 必须注意资料的积累　积累一切可能涉及索赔论证的资料,业主方、承包方、设计单位研究的技术问题、进度问题和其他重大问题。会议应当做好文字记录,并争取会议参加者签字,作为正式文档资料。同时应建立严密的工程日志,承包方对工程师指令的执行情况、抽查试验记录、工序验收记录、计量记录、日进度记录以及每天发生的可能影响到合同协议的事件的具体情况等,同时还应建立业务往来的文件编号档案等业务记录制度,做到处理索赔时以事实和数据为依据。

(3) 及时、合理地处理索赔　索赔发生后,必须依据合同的准则及时地对索赔进行处理。任何在中期付款期间,将问题搁置下来,留待以后处理的想法将会带来意想不到的后果。如果承包方的合理索赔要求长时间得不到解决,单项工程的索赔积累下来,有时可能会影响承包方的资金周转,使其不得不放缓速度,从而影响整个工程的进度。此外,在索赔的初期和中期,可能只是普通的信件往来,拖到后期综合索赔,将会使矛盾进一步复杂化,往往还牵涉到利息、预期利润补偿、工程决算以及责任的划分、质量的处理等,索赔文件及其根据说明材料连篇累牍,大大增加了处理索赔的困难。因此尽量将单项索赔在执行过程中陆续加以解决,这样做不仅对承包方有益,同时也体现了处理问题的水平,既维护了业主的利益,又照顾了承包方的实际情况。处理索赔还必须注意双方计算索赔的合理性,如对人工窝工费的计算,承包方可以考虑将工人调到别的工作岗位,实际补偿的应是工人由于更换工作地点及工种造成的工作效率的降低而发生的费用。

(4) 加强主动控制,有效避免过多索赔事件的发生 在工程的实施过程中,工程师要将预料到的可能发生的问题及时告诉承包商,避免由于工程返工所造成的工程成本上升,这样也可以减轻承包商的压力,减少其想方设法通过索赔途径弥补工程成本上升所造成的利润损失。另外,工程师在项目实施过程中,应对可能引起的索赔有所预测,及时采取补救措施,避免过多索赔事件的发生。

6) 索赔费用的计算方法

(1) 可索赔的费用 费用内容一般可以包括以下几个方面:

①人工费,包括增加工作内容的人工费、停工损失费和工作效率降低的损失费等累计,但不能简单地用计日工费计算;②设备费,可采用机械台班费、机械折旧费、设备租赁费等几种形式;③材料费;④保函手续费,工程延期时,保函手续费相应增加,反之,取消部分工程且发包人与承包人达成提前竣工协议时,承包人的保函金额相应折减,则计入合同价内的保函手续费也应扣减;⑤贷款利息;⑥保险费;⑦利润;⑧管理费,此项又可分为现场管理费和公司管理费两部分,由于二者的计算方法不一样,所以在审核过程中应区别对待。

(2) 费用索赔的计算

① 分项法 分项法是按每个索赔事件所引起损失的费用项目分别分析计算索赔值的一种方法。这一方法是在明确责任的前提下,将索赔费用分项列出,并提供相应的工程记录、收据、发票等证据资料,这样可以在较短时间内给以分析、核实,确定索赔费用顺利解决索赔事宜。在实际中,绝大多数工程的索赔都采用分项法计算。

② 总费用法 又称总成本法。就是当发生多次索赔事件后,重新计算该工程的实际总费用,再从这个实际总费用中减去投标报价时的估算总费用,计算索赔余额,具体公式为:索赔金额=实际总费用-投标报价估算总费用。

③ 修正总费用法 修正总费用法是对总费用法的改进,即在总费用计算的原则上,去掉一些不合理的因素,使其更合理。修正内容如下:

将计算索赔款的时段局限于受到外界影响的时间,而不是整个施工期;只计算受影响时段内的某项工作所受影响的损失,而不是计算该时段内所有施工工作受的损失;与该项工作无关的费用不列入总费用中;对投标报价费用重新进行核算:按所受影响时段内该项工作的实际单价进行核算,乘以实际完成的该项工作的工作量,得出调整后的报价费用。按修正后的总费用计算索赔金额的公式如下:

索赔金额=某项工作调整后的实际费用-该项工作的报价费用。

修正总费用法与总费用法相比,有了实质性的改进,能够相当准确地反映出实际增加的费用。

7) 拖延工期索赔的计算

(1) 在拖延工期索赔中特别应当注意以下问题 划清施工进度拖延的责任;被延误的工作应是处于施工进度计划关键线路上的施工内容。

(2) 工期索赔的计算主要有网络图分析和比例计算法两种

① 网络分析法是利用进度计划的网络图,分析其关键线路。如果延误的工作为关键工作,则总延误的时间为批准顺延的工期。如果延误的工作为非关键工作,当该工作由于延误超过时差限制而成为关键工作时,可以批准延误时间与时差的差值;若该工作延误后仍为非关键工作,则不存在工期索赔问题。

② 比例计算法公式为:

对于已知部分工程的延期时间:

$$工期索赔值 = \frac{受干扰部分工程的合同价}{原合同总价} \times 该受干扰部分工期拖延时间$$

对于已知额外增加工程量的价格：

$$工期索赔值=\frac{额外增加的工程量的价格}{原合同总价}\times 原合同总工期$$

8) 索赔报告的内容

一个完整的索赔报告应包括以下四个部分：

(1) 总论部分　一般包括以下内容：序言；索赔事项概述；具体索赔要求；索赔报告编写及审核人员名单。

(2) 根据部分　本部分主要是说明自己具有的索赔权利，这是索赔能否成立的关键。根据部分的内容主要来自该工程项目的合同文件，并参照有关法律规定。该部分中承包方应引用合同中的具体条款，说明自己理应获得经济补偿或工期延长。

(3) 计算部分　索赔计算的目的，是以具体的计算方法和计算过程，说明自己应得经济补偿的款额或延长时间。如果说根据部分的任务是解决索赔能否成立，则计算部分的任务就是决定应得到多少索赔款额和工期。

(4) 证据部分　证据部分包括该索赔事件所涉及的一切证据资料，以及对这些证据的说明，证据是索赔报告的重要组成部分，没有翔实可靠的证据，索赔是不能成功的。在引用证据时，要注意该证据的效力或可信程度，为此，对重要的证据资料最好附以文字证明或确认件。

12.3.3 园林工程竣工结算与决算

基本建设工程结算，是指按工程进度、施工合同、施工监理情况办理的工程价款结算，以及根据工程实施过程中发生的超出施工合同范围的工程变更情况，调整施工图预算价格，确定工程项目最终结算价格的竣工结算文件。

基本建设工程决算，是指在工程项目或单项工程竣工后编制的，综合反映工程项目实际造价、建设成果的文件。

在编制审核计划时，审核人员应当获取被审核单位基本建设工程预算、结算、决算及其编制所依据的以下资料：①工程项目批准建设、监理、质量验收等有关文件；②概算资料及招投标文件；③合同、协议；④施工图或竣工图；⑤工程量计算书；⑥材料费用资料；⑦取费资料；⑧付款资料；⑨有关证照；⑩施工组织设计；⑪工程变更签证资料；⑫隐蔽工程资料；⑬工程决算的财务资料；⑭其他影响工程造价的有关资料。

竣工决算是施工企业在完成承发包合同所规定的全部内容，并交工验收之后，根据工程实施过程中所发生的实际情况及合同的有关规定而编制的，向业主提出自己应得的全部工程价款的工程造价文件。竣工决算由承包方编制报业主后，业主将自行或委托造价咨询部门审核，其审定后的最终结果，将直接牵涉到承包方的切身利益。如何把已实施的工作内容，该得的利益，通过竣工决算反映出来，而使自身利益不受损失，是每个施工企业应该重视的问题。同时竣工决算是承包方考核工程成本进行经济核算的依据，是总结和衡量企业管理水平的依据，通过竣工决算，可总结工作经验教训，找出施工浪费的原因，为提高施工管理水平服务。然而，由于种种原因，不少施工企业在这方面做得并不理想，从而使企业的经营管理及经济利益受到一定的影响。

1) 企业领导重视是搞好竣工决算的前提

在现行的建筑市场竞争中，施工企业为了求得生存，其首要任务是在投标竞争中获得任务，但所接任务能否盈利，又是影响企业生存和发展的核心，这就牵涉到经营策略、日常生产和成本管理、竣工决算等一系列环节，企业为保证综合效益，应正确处理好各环节的关系，不能变成接不到工程是"等死"，接了工程是"自杀"的局面。为此要求企业领导能尽力保证各方面的有机结合，在重视投标工作的同时在决算编制方面也应配备足够的高水平的人员，让其参与投标决策分析。另外，为调动决算编制人员的积极性，应制定相应的规章制度和奖惩条件，对相关工程的决算成果进行检查考核，同时还可建立以集团公司、分公司、项目部、现场核算相结合的一整套的成本管理体系，为决算工作的顺利进行，提供很好的组织保证。

2) 编制人员具备较高的业务水平，是编好决算的基础

要编好工程决算，编制者应具有较高的业务素质。具体表现在能正确理解定额内容，准确套用定额项目，能对定额项目单价进行必要换算；能准确理解和运用合同条款对该项费用进行调整；及时掌握计价信息（如各地的补充定额、规定调整的计价文件等），并能吃透精神，准确运用。此外，能深入了解和掌握工程现场情况，掌握各分部工程的构造做法及施工工艺，进行必要的签证和费用计算；能主动把握索赔起因，根据索赔程序，利用索赔技巧进行索赔，同时应掌握必要的法律知识为其服务；针对新材料、新工艺，能利用定额原理自行组价等。

为实现以上要求，就需有高素质的人才队伍。为此，企业一方面应加强对现有人员的培训，积极鼓励和创造条件让相关人员参加各种培训学习和考试，如定额交底、预算编审人员资格考试（初、中级）、造价工程师资格考试等。同时，应建立个人利益与其水平及效果挂钩的制度，督促职工自我学习，提高整体素质。

3) 商签公平合同条款，为决算编制提供必要条件

决算编制在合同基础上进行，并以合同条文作为理由和根据，所以决算的结果常常取决于合同的完善程度和表达方式。从理论上讲，合同的订立应遵循公平原则，《合同法》规定显失公平的合同无效；然而在实际工程中，往往难以判断一份合同的公平程度（极端明显的情况除外），由于建筑市场是买方市场，业主占主导地位，业主在起草招标文件时，经常提出一些苛刻的不公平的条款，使业主权力大，责任小，风险分配不合理，但从另一方面讲，承包商自由报价，可以按风险程度调整价格，双方自由商签合同，这又是公平的。所以承包商为签订一份有利的合同应依据《合同法》、《建筑法》、《招投标法》及《建筑工程施工合同》（示范文本），仔细研究有关法律、政策、规定，特别是关于合同范围、价款与支付、价款调整、工程变更、不可抗力、工期、保险、违约、索赔及争端解决等条款，必须在合同中明确当事人各方的权利和义务，以便为最后的决算提供合法的依据和基础。另一方面，应注意在项目实施过程中，所签各种资料的合理性，以防利益损失。

4) 编制者的主动性与积极性是编好决算的保证

决算编制者的工作态度是影响决算编制质量的主要因素之一，在决算编制过程中，编制人员如果抱着算多算少与我无关的思想，只对其他人员或部门提供的资料进行被动计算，或对资料收集不全，对现场缺乏深入了解，盲目编制，则其编制结果必将有失水准。因此，我们要通过加强对职工的思想、政治教育相引导，让职工树立主人翁的思想，培养他们的敬业爱岗精神。同时，建立必要的约束与激励机制，把决算编制人员同具体项目结合，安排他们常跑工地，改变以前那种坐办公室凭图纸编决算的状况。通过领导放权，来赋予编制人员一定的责权，为决算编制创造宽松环境。

5) 全面收复相关资料，为决算编制提供充分依据

在建筑工程的实施过程中，对与决算工作相关的资料进行广泛收集十分必要，一方面它可保证决算编制内容的完备性，另一方面可保证决算审核工作的顺利进行，避免审核时产生过多疑问和矛盾。为此，承包商应注意以下几方面资料的收集：

（1）工程承发包合同　它是决算编制的最根本最直接的依据，因为工程项目的承发包范围、双方的权利义务、价款决算方式、风险分摊等都由此决定，另外决算中哪些费用项目可以计入或调整、如何计算也都以此为据；

（2）图纸及图纸会审记录　它是确定标底及合同价的依据之一；

（3）投标报价、合同价或原预算　它是实际做法发生变化或进行增减删项后调整有关费用的依据；

（4）变更通知单、工程停工报告、监理工程师指令等；

（5）施工组织设计、施工记录、原始票据、形象进度及现场照片等；

（6）有关定额、费用调整的文件规定；

（7）经审查批准的竣工图、工程竣工验收单、竣工报告等。

以上这些资料在施工项目管理中分属于不同的管理部门和人员，从整个施工项目管理而言，项目部应统筹安排,合理分工,确保资料的完整,同时应及时提供给决算编制部门或人员,确保这些资料在决算中能发挥其应有的作用。

6) 仔细分析,算全核算内容是关键

决算编制中容易出现的失误之一就是漏项,漏项就意味该项收益的损失。为了防止这一点,笔者通过对决算工作的分析与总结,认为承包商应根据工程的具体实施情况考虑以下内容:

(1) 由于政策性变化而引起的费用调整　如间接费率的变化,材差系数的变化,人工工资标准、机械台班单价的变化等。

(2) 投标时按常规计算,决算时需如实调整的费用　如大型机械进退场费(什么类型规格的机械进场多少次等)、墙体加固筋、甲供水电费的扣除等。

(3) 设计变更、签证、监理指令等导致增加的费用(发包方主动提出的部分)　这部分费用包括自身工作量的增加,及造成对其他工作的影响而增加的费用(也可作为索赔费用)。如楼层和建筑面积的局部增加,会导致脚手架和垂直运输费用的增加。

(4) 施工索赔费用　是由发包方未履行合同义务,或发生了应由发包方承担的风险而导致承包商的损失。如发包方交付图纸技术资料、场地、道路等时间的延误,与勘探报告不符的地质情况,发生了恶劣的气候条件(洪水、战争、地震),业主推迟支付工程款,第三方的原因导致的承包商的损失(如设计、指定分包),甲供材的缺陷,设计错误导致的施工损失等。

(5) 合同规定的有关奖励费用　如提前竣工奖、赶工措施费、质量奖等。

(6) 由于变更删项,导致原让利优惠部分的退还费用　在现行的招投标中,承包方为了在竞争中获胜,一般都要在正常算得的造价基础上给出一定的优惠条件,而当业主变更导致工程量减少或部分删项时,决算中除扣除对应费用外,应注意加上因原优惠而损失的费用。

7) 正确处理好公共关系,是搞好决算的重要手段

决算是多因素共同作用的结果。要搞好决算,承包商除充分考虑自身因素外,还应正确处理与其他相关单位及人员的关系,具体包括业主单位、监理、设计、造价咨询等单位。承包商应根据项目实施中所确定的组织结构关系,同他们建立必要的经济合同关系,在工作中建立友好的协作关系,在各方面能相互配合、相互支持,在合同履行上诚实守信,树立良好的自身形象,从而来润滑决算各环节,为搞好决算创造一个良好的外部环境。

12.3.4　园林工程决算审核

工程决算审核,主要是依据国家建设行政管理部颁发的预算定额、工程消耗标准、取费标准以及人工、材料、机械台班价格参数、设计图纸及工程实物量,以承包合同为基础,在竣工验收合格后结合施工变更、工程签证情况,作出符合施工实际的竣工造价审核结果,是业主方进行的最终工程价款决算,也是施工企业向业主方收取工程价款的依据。

1) 工程决算审核中存在的问题

工程决算审核中存在的问题主要有两方面,一方面是承包方存在的问题:如送审资料不完整、现场签证表述不清及手续不全、高套定额、重复计算工程量、编制假预算等。另一方面是业主方存在的问题:如业主方领导及有关管理人员对有关工程建设的法律、法规及专业知识学习不够、缺乏技术专管人员、从事工程技术工作的人员专业技术知识和道德水准不高,造成工程项目施工中不合规的变更签证增多等,只有采取切实有效的措施才能彻底解决这些问题,合理评价工程造价,切实维护业主方和施工企业的经济利益。

2) 对策

(1) 建立健全工程决算送审资料完整性与符合性审查制度,从源头把关,避免工程决算失真

① 完整的送审资料包括　招投标文件、中标通知书、工程施工合同及协议;施工图和竣工图、招标答疑文件、图纸会审记录;有效隐蔽工程验收记录、设计变更签证单及现场签证资料;工程决算书(含工程量计算书、综合价格分析表、材料调价表、钢筋抽筋表、造价汇总表);工程竣工验收合格证明(消防验收合格证

明、规划验收合格证明、环境检测验收合格、档案验收合格)、工程付款证明等相关资料。

对于送审资料要有专人审查报送的资料是否齐全,对符合条件的决算审核资料统一编号、登记台账、报送人签字后收存。因缺项、漏项等不符合要求的,应及时要求送审单位在规定时间内补齐全部资料后再予以审核。特别注意的是委托中介机构进行工程决算审核的,工程决算资料必须由业主方报送,避免承包方与审核人员交往密切,串通一气。

② 符合性审查 指园林工程是否符合国家经济政策、法律规定,是否符合工程造价管理的有关规定,是否符合预、决算管理的有关规定的审查。如现场签证,发生签证事项的原因、位置、时间、手续是否清楚、完整;竣工图绘制是否符合规定要求,是否加盖竣工图章;隐蔽验收记录是否注明深度、宽度、用料,验收签证手续是否齐全等。

(2) 规范工程变更管理程序,做好工程变更单价审核 工程变更是指工程项目实施过程中,由于前期未能预测到、受当时客观条件限制或考虑不周而引起的设计变更、合同变更,主要包括工程量变更、工程项目变更、进度计划变更、施工条件变更以及原招标文件和工程量清单中未包括的新增工程等。

承包合同规定的项目可按常规进行审核,而要把一些非预期的动态项目证明资料(技术联系单、设计变更单、现场签证单)作为审核的重点,要认真仔细的分析其客观真实性,不能看到变更单、签证单就照套不误。总结几年来决算审核工作实践,要挤掉决算中的水分,防止工程造价虚增,确实降低工程成本,各种变更单、现场技术签证费用的计算格外的重要。尤其是在一些设计深度不够、规模较大、结构复杂的工程项目中,设计变更十分频繁、现场突发事件概率大大增加,各种技术签证不可避免,因此对工程变更,要做到规范管理、客观公正、合理合法。

(3) 以工程施工合同为依据,严格按照合同进行决算审核 建设工程施工合同即建筑安装工程承包合同,是业主和承包人为完成商定的建筑安装工程,明确相互权力、义务关系订立的合同。合同内容从双方的责任、施工组织设计、工期、合同价款支付、材料及设备供应、工程变更、竣工验收到竣工决算都作了明确的约定,是竣工决算的主要依据。

工程竣工后,业主方和承包方按规定进入工程决算审核阶段,有的业主方有能力和人员进行工程决算审核(内部审核),有的业主方由于人员少或审核工作量大,委托会计师事务所等中介机构进行工程决算审核(即社会审核),但无论什么形式的工程决算审核,都必须以工程施工合同为依据,在时间上必须遵守合同中规定的决算时间。对于合同中没有规定的新增部分,对照竣工图纸、设计变更、现场签证等依法进行审核,做到心中有数、思路清晰、客观公正、有效控制。

(4) 运用计算机进行快捷准确的辅助审核,提高审核效率和质量 工程量及其单价是影响工程价格的两个因素,工程量的准确与否决定了造价的准确与否。同一个项目,工程量应该是常量,但是常出现同一个工程经不同的人计算工程量,结果也不一样,这就是计算上产生了误差,采用计算机辅助审核就避免了这类问题。

每项工程决算审核的主要步骤是:复核工程量→核对单价或综合单价→材料调价(定额计价)→计费汇总。

此外,利用计算机网络有助于及时了解相关政策、标准规范、价格信息、新建材品种及价格,提高审核效率和质量。

(5) 加强专业知识学习,提高工程决算审核人员的能力和素质 工程决算审核是集技术、经济于一体的业务工作,它要求审核人员既有良好的职业道德修养,又具有较高的专业技术技能,懂得相应的经济法律、法规、政策,采用适当的方法,抓住关键点,把握重要环节。在专业技能方面熟悉变更单价的基本定价方法,准确确定变更类别;熟悉施工合同,招投标文件;了解材料市场价格;正确套用本地定额等。业主方领导还要高度重视,舍得人力物力的投入,给工程决算审核工作提供良好条件。而在实际工作中,一些单位工作人员不熟悉施工图纸、变更图纸及招投标文件,不了解现场施工工艺、实际工料投入,不经常深入工地,缺乏经验,往往是纸上谈兵,被承包方牵着鼻子走,从而导致变更不合理、材料价格审定偏高、预算审核不严等情况发生,因此从事工程决算审核人员要加强学习,提高道德水准和业务能力。

12.3.5 园林工程审计

1) 园林工程造价审计的常用方法

造价真实性审计是投资审计工作的重中之重。审计部门要在园林工程造价控制与管理的各个环节中充分发挥控制、把关与监督作用,既确保真实性、客观性,又能够达到工作快捷高效,以实现在提高审计质量的前提下,最大限度地节约审计成本,提高审计工作效率,根据园林工程项目的不同特点采取不同的审计方法显得尤为重要。

(1) 全面审计法 是指按照国家或行业园林工程预算定额的编制顺序或施工的先后顺序,逐一的全部进行审查的方法。其具体计算方法和审查过程与编制施工图预算基本相同。此方法的优点是全面、细致,经审计的工程造价差错比较少、质量比较高,但工作量较大,对于工程量比较小、工艺比较简单、造价编制或报价单位技术力量薄弱甚至信誉度较低的单位须采用全面审计法。

(2) 标准图审计法 是指对于利用标准图纸或通用图纸施工的工程项目,先集中审计力量编制标准预算或决算造价,以此为标准进行对比审计的方法。按标准图纸设计或通用图纸施工的工程可集中审计力量细审一份预决算造价,作为这种标准图纸的标准造价,或用这种标准图纸的工程量为标准,对照审计,而对局部不同的部分和设计变更部分作单独审查即可。这种方法的优点是时间短、效果好、定案容易。缺点是只适用按标准图纸设计或施工的工程,适用范围小。

(3) 分组计算审计法 这是一种加快工程量审计速度的方法。即把组成单位工程的最基本元素——分项工程划分为若干组,并把相邻且有一定内在联系的项目编为一组,审计计算同一组中某个分项工程量,利用工程量间具有相同或相似计算基础的关系,判断同组中其他几个分项工程量计算的准确程度的方法。

(4) 对比审计法 是指用已经审计的工程造价同拟审类似工程进行对比审计的方法。这种方法一般应根据工程的不同条件和特点区别对待。

2) 园林工程竣工决算审计

园林工程竣工决算具有材料规格品种多、变更签证多、隐蔽项目多等特点,分析计算量较复杂,加之新材料、新工艺不断出现,定额制定具有一定滞后性,给承包方通过高估冒算提供了可乘之机。

(1) 在园林工程竣工决算审计中发现主要存在以下问题

① 低价中标,办理竣工决算时抬高工程造价 按照国家规定达到一定价款的工程都必须进行招投标,这个过程是比较复杂的。承包方在投标时常常采取少报工程量、漏项等手段达到低价中标的目的,但在办理竣工决算时又将少报的工程量、漏项部分计入工程造价,从而抬高造价。

② 工程量计算不实 多计工程量是承包方造假的一种较为普遍的手法,即把现有的工程量扩大、重复计算等。

③ 重复套用定额 现有工程预算定额具有一定综合性,定额子目包括为完成该分项工程的全部施工工序内容。

④ 高套定额单价 预算定额常结合工程施工中常见的不同做法和采用不同材料而列出许多子目。有的承包方却钻分档的空子,在套用子目时哪个单价高就套用哪个子目。

⑤ 混用工程定额 建筑、装饰、市政、园林工程定额在部分分项上子目常常相同,但不同定额的预算价格是不同的,有的承包方不按工程性质使用定额,在套用子目时哪套定额高就套用哪套定额,变相抬高价格。

⑥ 随意拆换定额 国家颁布的定额具有法令性,每套定额、每个分部分项子目都有详细的测算依据及编制说明,是否允许换算及如何换算都有明确的规定。有的承包方随心所欲,有法不依,常常毫无根据地换算定额,胡乱调整人工及材料含量,从而达到抬高造价的目的。

⑦ 无定额计价 工程施工中,由于新材料、新工艺不断出现,定额制定具有一定滞后性,还有些跟不上园林行业的发展,存在一些缺项在所难免。有的承包方以此为借口,不套定额,采用市场估价的办法,不切实际的高估冒算。有的还将估价部分计入直接费,以取得直接费和利润。

⑧ 多计材差　园林材料种类繁多,同种材料由于产地、品牌不同而价格相差很大,有的承包方在编制竣工决算时,明明是用的低档材料而以高档材料的价格调差,有的故弄玄虚,明明是国产材料却按进口材料调差。

(2) 针对工程决算中的常见问题,审计时应注意把握以下重点

① 重点把握基本情况,搜集、查询工程施工图,设计变更通知、各种签证,材料的合格证、单价等竣工资料　在工程施工过程中,由于各方面的原因往往会发生对原设计图纸的变更。审计时,审计人员首先要向建设方收集各种设计变更资料和隐蔽工程的实际收方签证,然后深入工程现场进行实地查看,并核对签证内容是否与原合同规定相符,是否偏离过大,防止承包方和业主方相互勾结、串通一气营私舞弊。

② 重点审计工程量计算情况　在工程决算审计中,查看施工图纸、施工变更单、隐蔽工程记录、施工合同等资料,对承包方所报的工程量按规则逐一进行审查核实,必要时要对施工现场进行抽样检查,验证隐蔽工程记录的真实性。特别注意有无以低价中标高额索赔的情况,结合招投标文件及合同按照计算原则进行审查核实。

③ 重点审计定额套用情况　工程预算定额是工程造价和办理工程决算的重要依据,随着市场经济的发展,建筑工程的新工艺、新方法不断出现,与定额子目不完全相同做法的项目也越来越多。在审计过程中,审计人员应重点审查承包方套用定额子目时是否进行了合理的定额换算,有无低套高或在套用了综合定额后再套用单项定额的现象。

④ 重点审计材料差调整情况　建筑工程的材料品种繁多,产品来源渠道不一样,价格差别很大,致使承包方以次充好现象时有发生。在审计时,审计人员应及时了解建筑材料市场的当期价格行情,是否存在跨期高套单价、虚抬单价的行为。同时应重点审查承包方有无舍近求远购买质次价高的材料以及将不允许调整材料价差的材料进行价格调整。以当地造价管理部门定期发布,当地材料价格信息为主要依据,对材料价格信息中明确的材料单价,可结合审计人员掌握的市场行情,合理确定其价格;对材料价格中未明确的材料单价,要采取市场调查、直接向商家询价的方法,调查掌握材料的真实价格;对一些凭一般的知识和方法难以认定材质和价格的材料,还要请专家进行评估、鉴定,以确定其价格。

3) 园林工程全过程跟踪审计

(1) 及时开展园林工程前期工作审计　尤其重视施工图设计阶段和招投标程序的审计,减少因设计不合理进行的变更签证。如果说招标文件是整个招投标的核心,那么工程量清单就是这个核心的关键,设计工作就是控制这个关键的基础。因为工程量清单主要是依据施工设计图纸、实物工程量清单等进行编制的。能否编制完整、严谨的工程量清单,直接影响招标的质量,是招标成败的关键,也是控制工程造价的关键。由于一般的园林绿化方案设计中,苗木的品种不够明确和细化,比较含糊,因此,容易导致投标方报价的不一致。例如:在同等规格下,桂花中的金桂、银桂比四季桂的单价要高0.7倍;杨柳中的金丝柳比垂柳单价要高1倍,垂柳比立柳单价要高10倍;等等,此种价格差价,容易给投标单位投标报价产生歧义,为保证设计图纸及设计文件的质量,应认真贯彻执行施工图的审查审计制度,进一步加强设计质量和技术管理,使工程造价专业人员能够快捷、准确地计算实物工程量,减少因图纸的错、漏、缺等现象而产生的计价失误。

(2) 重视施工合同的审计,为竣工决算打好基础　一是注意掌握合同文件中关于工程量清单表的规定。工程量清单表是施工合同的总纲,是招投标的基础,也是工程决算的重要依据。例如有的招标文件规定:"本工程量表所列的工程量是按照设计图纸和工程量计算规则计算列出,作为投标报价的共同基础;本合同项下的全部费用都应包含在具有标价的各项目价格单项中,没有列出项目的费用应视为已分配到有关项目的价格中。除非招标文件中另有规定,承包商所报的价格应包括完成所需进行的一切工作内容的费用。如果报价表未列出,业主方将认为承包商不收取这方面的费用,或在其他款项下已经综合进行计算,勿需附任何说明。"二是重视合同的条款措辞。施工合同一旦签订,就具有一定的法定效力。因此,在施工合同的条款措辞上应仔细斟酌,反复推敲,防止出现歧义,从而导致日后竣工决算出现争议。如某园林工程施工合同在工程价款决算一栏中写明工程价款采用固定价方式,园林苗木材料调差除外,变更签证

增减按照投标所报的下浮率同比例调整。在竣工决算时,业主方与承包商对"除外"这一表述各执一词:业主方认为,"除外"是指园林苗木材料调差不在固定价格决算范围内,应当按实计算,同比下浮。承包商则认为,"除外"是指园林苗木材料调差不在下浮之列,引起了争议。

(3) 加强施工阶段跟踪审计,分清签证权限,加强施工变更签证的审计管理　签证必须由谁来签认,谁签认才有效,什么样的形式才有效等事项必须在施工合同审计时予以明确,对单张签证的权力限制和对累积签证价款的总量达到一定限额的限制都应在合同条款中予以明确。如某园林工程施工合同明确规定,所有涉及工程价款的工程签证,必须由驻工地的代表签字确认,监理工程师证明,加盖基建管理部门的印章后,以变更工程价款的金额按财务管理规定的审批权限逐级审批,两张以上签证的工程价款达到上一级签证权限时,合并上报审批。工程变更签证审批完毕后对涉及的工程价款由审计部门进行审计。这样由于工程变更签证在变更前已经被有效地运用和审计,在工程竣工决算时就可以方便地运用叠加法进行计算,就会大大地提高工程造价决算的准确性和工作效率。

(4) 继续做好园林工程后期管理跟踪审计　由于园林工程的特点,后期养护管理是很重要的一个环节,尤其是绿化工程中,栽植苗木只是完成了全部工程量的一道工序,最终能否实现设计效果,更有赖后期的养护管理,包括修剪、治虫、除草、浇水、松土、施肥、扶正等。这就要求审计人员继续做好园林工程后期管理跟踪审计,对工程加强督查、考核、回访,促使承包方全面履行合同职责。

主要参考文献

1. 梁伊仁.园林工程建设.北京:中国城市出版社,2000.
2. 唐来春.园林工程与施工.北京:中国建筑工业出版社,1999.
3. 孟兆祯.园林工程.北京:中国林业出版社,2002.
4. 董三孝.园林工程施工与管理.北京:中国林业出版社,2004.
5. 本书编委会.园林工程现场管理一本通.北京:地震出版社,2007.
6. 筑龙网.园林工程施工组织设计范例精选.北京:中国电力出版社,2007.
7. 蒲亚锋.园林工程建设施工组织与管理.北京:化学工业出版社,2005.
8. 钱昆润.建筑施工与管理实用手册.南京:东南大学出版社,1991.
9. 魏连雨.建设项目管理.北京:中国建材工业出版社,2004.
10. 陈科东.园林工程施工与管理.北京:高等教育出版社,2002.
11. 黄复瑞,刘祖祺.现代草坪建植与管理技术.北京:中国农业出版社,1999.
12. 陈慧玲,马太建.建设工程招标投标指南.南京:江苏科学技术出版社,2003.
13. 吴立威.园林工程招投标与预决算.北京:高等教育出版社,2005.
14. 梁伊任.园林建设工程.北京:中国城市出版社,2000.
15. 中国建设监理协会.建设工程投资控制.北京:知识产权出版社,2003.
16. 中国机械工业教育协会.建筑工程招投标与合同管理.北京:机械工业出版社,2003.
17. 史商于,陈茂明.工程招投标与合同管理.北京:科学出版社,2004.
18. 朱永祥,陈茂明.工程招投标与合同管理.武汉:武汉理工大学出版社,2004.
19. 刘钦.工程招投标与合同管理.北京:高等教育出版社,2004.
20. 巢时平.园林工程概预算.北京:气象出版社,2004.
21. 曹慧明.建筑项目跟踪审计.北京:中国财政经济出版社,2005.
22. 董三孝.园林工程概预算与施工组织管理.北京:中国林业出版社,2003.
23. 姚先成.国际工程管理项目案例.北京:中国建筑工业出版社,2007.
24. 杨凯.国有建筑企业如何实施成本战略.北京.建筑经济杂志社,2004 第8期.
25. 陈祺,杨斌.景观铺地与园桥工程图解与施工.北京:化学工业出版社,2007.
26. 张舟.园林景观工程工程量清单计价编制实例与技巧.北京:中国建筑工业出版社,2005.
27. 本书编写组.建筑施工手册(第四版).北京:中国建筑工业出版社,2003.